Concurrences interrégionales Asie-Europe au XXIe siècle

P.I.E. Peter Lang
Bruxelles · Bern · Berlin · Frankfurt am Main · New York · Oxford · Wien

Pierre Chabal (dir.)

Concurrences interrégionales Asie-Europe au XXIe siècle

Enjeux internationaux
Vol. 33

Avec le soutien de la Fondation SEFACIL / Fondation de France

Cette publication a fait l'objet d'une évaluation par les pairs.

ISSN 2030-3688
ISBN 978-2-87574-277-3
eISBN 978-3-0352-6549-1
D/2015/5678/45

Information bibliographique publiée par « Die Deutsche NationalBibliothek ».

« Die Deutsche NationalBibliothek » répertorie cette publication dans la « Deutsche Nationalbibliografie » ; les données bibliographiques détaillées sont disponibles sur le site <http://dnb.d-nb.de>.

Remerciements

Ce livre est issu des conférences Europe-Asie « L'interrégional dans tous ses états : concurrences Europe-Asie au XXIe siècle » organisées en 2012 au Havre et en 2014 à Almaty par les universités du Havre, de Xiamen (Chine), d'InHa (Corée), de Mongolie (MUIS) et du Kazakhstan (KazNU *al-Farabi*).

L'organisation de conférences internationales n'est possible que grâce à une convergence de bonnes volontés. Nous remercions ici les universités partenaires, les collectivités locales de Normandie – Communauté de Communes (CODAH) et Région Haute Normandie – et toutes les instances de l'Université du Havre.

Ces soutiens viennent aussi du « monde tel qu'il est » (L. Wittgenstein), qui n'est plus, au XXIe siècle, « extérieur » tout à fait à l'université. De très nombreuses entreprises privées et des fondations ont montré, par leur confiance, que les questions d'Europe et d'Asie concernent tous les acteurs de la vie internationale. Personne n'a le monopole du savoir, encore moins de l'expérience.

Nous remercions pour leur soutien et leur participation : Hyundai Merchant Marine, Hanjin Shipping, Fondation SEFACIL/Fondation de France, Union Maritime et Portuaire UMEP, Tramar-Syndicat des Transitaires, Terminaux de Normandie, Maison de l'Europe, Société Générale Étudiants, CASDEN-BP, Crédit Mutuel Enseignants, C.A. Entreprises, Région Haute Normandie, CODAH/Mairie du Havre, C.C.I. Le Havre, C.C.I. International Normandie, Ambassades de Corée, du Kazakhstan, de Mongolie et d'Ouzbékistan, Facultés des A.I. et LSH, laboratoires de recherche GREDFIC et CIRTAI, Conseil Scientifique, Consortium G.U.8 / S.R.I. de l'Université du Havre.

Ces remerciements ne seraient pas complets sans notre collègue Delphine Levée pour sa patience et son salutaire sens de l'humour tout au long des mois de travail. Les corrections finales sont l'œuvre de Daphnée et de Jeanne-Laure.

Ces conférences étaient les troisième et quatrième d'une série se poursuivant, tous les deux ans, en Eurasie : en 2012 en France, en 2014 au Kazakhstan ; en 2016 en Mongolie, en 2018 en Turquie et en 2020 en Roumanie. Elles doivent beaucoup aux collègues des universités partenaires, grâce auxquels est possible la compréhension de « la nouvelle Asie » depuis 1991 par « l'Europe nouvelle » depuis 1945, en comparant systèmes institutionnels, politiques de coopération, concurrences, limites des constructions, risques d'implosion, retour des États et relances régionales au fil des décennies.

Ces thèmes forment donc le socle de ces rencontres Europe-Asie. C'est une aventure de les organiser, une aventure humaine de coordonner un groupe de collègues, à géométrie ouverte, reliés en un réseau informel de bonnes volontés et d'analyses complémentaires.

Avant-propos

Le comparatisme facilite l'analyse des régions. Il inspire ici les efforts des auteurs de cet ouvrage collectif, qui porte surtout sur l'Asie et l'Europe mais qui fait une place réelle à l'Afrique du Nord, à l'Amérique latine, et décline l'Asie selon ses sous-régions, au moins deux d'entre elle : l'Asie de l'Est et l'Asie centrale. Il n'est de frontière qui vaille s'il s'agit de comprendre le monde qui change.

Le thème de la « concurrence » entre régions renvoie tout autant à leurs divergences qu'à leurs convergences. L'isolationnisme n'était guère possible qu'avant les grandes découvertes et les *circumnavigations*, qui engendrèrent la première mondialisation au XVIe siècle. Désormais, rien n'est possible sans l'autre. « Divergence » ne revoie plus au seul fait pour une région de croire pouvoir ignorer l'autre. « Convergence » signifie d'ailleurs le degré où chacune est obligée de tenir compte de l'autre.

Cela ne signifie pas se diluer les unes dans les autres et perdre toute singularité. On assiste en même temps à l'affirmation de régions transnationales et à la montée de farouches défenses des nations. C'est vrai des nations « nouvelles » ou « renouvelées », et d'abord celles d'Asie centrale, mais c'est vrai de toutes les nations « après la guerre » – guerre d'indépendance, guerre mondiale, guerre froide, etc. Construire une région entre voisins après la guerre… Tout est là !

Y a-t-il contradiction entre les mouvements centrifuges qui constituent les régions et les mouvements centripètes qui défendent les nations ? Il y a plutôt concurrence. Ou plutôt des formes multiples de concurrence : institutionnelle et politique (quel modèle adopter ?), économique et commerciale (comment emporter les marchés ?), idéelle et civilisationnelle (avec quelles valeurs conquérir les esprits ?). La matière, riche, devait être traitée par un groupe d'analystes, ce qui est plus facile si les auteurs d'un ouvrage collectif sont divers.

Ce livre propose une trentaine de chapitres de collègues en poste dans une quinzaine de pays et quatre continents (Asie, Europe, Afrique, Océanie). Voilà une diversité réelle, comme le montrera la lecture des analyses qui suivent. Leurs auteurs mêlent des origines historiques et des traditions intellectuelles issues des deux côtés du rideau de fer, où la plupart d'entre eux a grandi. Il est temps de leur laisser la parole.

Le Havre, avril 2015

Table des matières

Partie II. Des ruptures historiques aux coopérations concrètes

Partie III. Des territoires régionaux aux sécurités sectorielles

Partie IV. Droit, accords juridiques et institutions

Préface

Le nord de l'Afrique dans les printemps arabes

Jean-Philippe Bras

Université de Rouen et IFRE-Maghreb, France

L'histoire semble condamner le nord de l'Afrique au statut de sous-ensemble régional, terre de conquêtes. Carthage étant détruite, l'Afrique au nord devenait romaine dans un statut provincial, inscrite dans une latinité, puis dans une chrétienté que viendront tenter de réactiver les colonisateurs européens du XIXe et du début du XXe siècle, avec un médiocre succès. Mais avant ce retour à l'« arc latin », méditerranéisant et berbérisant, l'« Afrique du Nord » dans l'entreprise de domination de la rive nord de la *Mare Nostrum* sur sa rive sud, l'intermède est plus que millénaire. Les invasions arabes de la fin du VIIe siècle marquent le début d'une occidentalisation du nord de l'Afrique en l'inscrivant dans un ensemble arabo-musulman qui fait monde. La Méditerranée est dorénavant frontière. Le nord de l'Afrique devient Maghreb, extrémité, « couchant » d'un monde où les circulations se font transversales, par la foi (le pèlerinage), par le savoir (les grands voyageurs : Ibn Battûta, Ibn Khaldoun, etc.), par le commerce. Il se rétrécit également, l'Égypte basculant dans la partie orientale (le Machrek) de cet ensemble. Certes, la centralité politique à l'est reste toujours problématique, à travers les avatars du Califat, d'est en ouest (des Abbassides aux Grenadins), laissant des temps de respirations aux royaumes maghrébins : ifrikiyens à l'est du Maghreb, marocains à l'ouest. Et la construction des pouvoirs s'y fait sur d'autres articulations régionales, souvent tournées vers le sud, africanisant le Maghreb, par ses invasions méridionales (Almoravides et Almohades) et ses prospérités tirées du commerce transsaharien. La domination ottomane qui s'installe à partir du XVe siècle instaure une nouvelle centralité, musulmane mais non plus arabe, au nord plus qu'à l'est, renvoyant le Maghreb à son statut provincial. La Sublime Porte laisse cependant le Maroc hors de l'emprise impériale, confortant ainsi une exceptionnalité historique du royaume chérifien dans la continuité de son autonomie, dont les monarchies marocaines contemporaines ne manqueront pas de tirer profit. De plus, les beylicats maghrébins connaîtront des périodes de relâchement du lien avec Istanbul sur lesquelles les historiographies postindépendance s'appuieront pour dégager les linéaments d'une personnalité nationale, plus affirmés encore dans le moment réformiste du XIXe siècle.

I. Le Maghreb des indépendances : fragmentation, verticalité et mobilité des alliances

Refermant les parenthèses coloniales, l'Afrique du Nord des indépendances redevient maghrébine, mais sous des auspices différents. Le présent est celui d'États-nations s'inscrivant volontairement dans des ensembles régionaux. Leur souveraineté s'exprime d'abord dans les relations de voisinage régional, au rythme oscillatoire. Les perspectives unionistes dans le prolongement des solidarités nées de la lutte commune contre le colonisateur – la réunion de Tanger en 1958 – vont vite s'effacer, laissant la place à un scénario *compétitif* entre États-nations, s'exprimant en longs contentieux de frontières. La compétition entre Algérie et Maroc pour un *leadership* régional trouve son point de fixation dans le conflit du Sahara occidental, position axiale dans cette configuration du Maghreb, les États périphériques tentant de préserver leurs intérêts dans des jeux de rapprochements alternatifs avec les deux puissances maghrébines. Une autre perspective, de rééquilibrage de la région à l'est par une fusion entre Tunisie et Libye, sera à peine entraperçue en 1974, avec la fameuse déclaration de Djerba, dénoncée par la partie tunisienne. Sinon, la fermeture quasi totale des frontières jusqu'au début des années 1990 et le renvoi périodique des travailleurs tunisiens en Libye feront le principal des relations tuniso-libyennes, avec les visites impromptues du président Kadhafi sur le sol tunisien… Dans cette configuration fragmentée, le Traité constitutif de l'Union du Maghreb Arabe signé à Marrakech le 17 février 1989 par les cinq chefs d'État (Algérie, Libye, Maroc, Mauritanie, Tunisie) et l'ouverture des frontières entre l'Algérie et le Maroc ne constituent qu'un bref intermède. Le traité donna peu de résultats tangibles, sinon la mise en place des instances de l'Union. Les frontières se refermèrent dès 1994. De ce défaut de cohérence régionale, il ressort une fragmentation et une « verticalisation » du Maghreb, sur un axe nord-sud. Dans ses relations au nord, le bilatéralisme prévaut soit avec les États européens, soit avec l'Union elle-même, notamment à travers les accords de libre-échange. Ou le Maghreb se trouve dilué dans des dispositifs qui l'englobent, tel le partenariat Euromed (Processus de Barcelone, 1995) ou l'Union pour la Méditerranée (fondée le 13 juillet 2008). Seul le Dialogue « 5+5 » instauré en 1990 lui donne une identité internationale dans ses relations avec les pays de la rive nord de la Méditerranée, mais sur des domaines de coopération précis, surtout la sécurité et les migrations.

Les relations au sud aussi s'inscrivent dans un paradigme de rivalités intermaghrébines. La carte africaine sera largement utilisée par l'Algérie dans la gestion du conflit du Sahara occidental, avec succès, qui entraînera le retrait du Maroc de l'Organisation de l'Unité Africaine (OUA) quand, en novembre 1984, celle-ci reconnaîtra la République Arabe Sahraouie Démocratique (RASD), émanation du Front Polisario. L'Algérie tentera d'occuper une place centrale dans les dispositifs de sécurité régionale, notamment dans les relations avec les États-Unis après le 11 septembre 2001, en se positionnant comme chef de file de la lutte contre le terrorisme dans la région. Mais elle se heurtera aux ambitions africaines du président Kadhafi, après son *turn-out* des grandes sagas de l'unité arabe et islamique. Il fera de l'OUA 'sa chose', la transformant en une Union Africaine au sommet de Syrte en 1999 et déversera un peu de la manne pétrolière sur les pays de la région. De son côté, le Maroc aura une politique très active de coopération bilatérale avec les États africains « modérés » sous Hassan II, et participera à plusieurs missions africaines de l'ONU pour contrecarrer le voisin algérien. Mohamed VI continuera dans cette voie, mais tentant de s'appuyer aussi sur des organisations régionales (CEDEAO, UEMOA, COMESSA). Des politiques de grandes infrastructures marqueront la volonté royale de faire du Maroc un « pont » entre Europe et Afrique.

L'un des paradoxes régionaux tient à la prévalence des liens nord-sud, inscrivant le Maghreb dans une verticalité entre Europe et Afrique subsaharienne, alors qu'il revendique un positionnement à l'ouest, dans une horizontalité identitaire, d'un ensemble constitué du monde arabe et musulman. Ce décalage vient de facteurs objectifs liés au volume d'échanges économiques et aux flux migratoires, qui font de la rive nord de la Méditerranée l'interlocuteur principal des relations entre Maghreb et autres ensembles régionaux. L'ancrage est au nord, mais les affirmations identitaires et les solidarités politiques sont souvent à l'est, comme le proclament les préambules des constitutions maghrébines, même si elles laissent une place aux appartenances africaines des nations. Les premières décennies d'indépendance sont d'abord arabes, avec une forte polarité égyptienne, temps des beaux jours de la Ligue arabe (Caire, 1945) et des solidarités palestiniennes. Puis les défaites militaires contre l'ennemi israélien et la révolution iranienne vont islamiser les solidarités avec un déplacement des centralités politiques vers l'est (États du Golfe, Iran), et la promotion d'autres instruments de coopération régionale : la Ligue islamique mondiale (fondée à La Mecque en 1962), l'Organisation de la conférence islamique (sommet de Rabat, 1969), mais les projets d'unité arabe ou de *oumma islamiya* ne sont pas synonymes d'unité maghrébine. Bourguiba se méfie des premiers, parce que ses deux voisins les mobilisent en vue d'assurer une suprématie régionale qui menace directement l'indépendance de la Tunisie. Le déplacement du siège de la Ligue arabe du Caire à Tunis en 1979, à la suite des accords de Camp David, et l'accueil de l'OLP en 1982 dans la banlieue sud de Tunis, sont autant la caution arabe de Bourguiba envers ses voisins que la marque de la solidarité tunisienne pour la nation arabe et la cause palestinienne. Quant aux projets d'une grande communauté islamique, ils sont également utilisés dans des jeux de contrepoids régionaux, comme ce fut le cas pour le Maroc, dont le roi prend la présidence du comité Al Qods de l'OCI à sa création en 1979 pour ne plus la quitter, ce qui lui fournit une pièce dans le jeu diplomatique face à l'Algérie. Le président Kadhafi passe d'un registre à l'autre, d'abord acteur de projets d'unions panarabes tournés vers l'Orient (Union des Républiques Arabes avec Syrie et Égypte), puis initiateur de projets de fusions avec ses voisins maghrébins, endossant ensuite les habits de *leader* du monde islamique et enfin du continent africain. Les solidarités moyen-orientales des États maghrébins sont donc tributaires des relations intra-maghrébines. Leur instabilité chronique, leur faible institutionnalisation, dont l'échec de l'UMA est l'expression, expliquent la plasticité, la variabilité des alliances entre États de la région et les autres États et organisations régionales. Cette faiblesse constitutive de la région les met en état de dépendance vis-à-vis de leurs interlocuteurs : un dialogue asymétrique, où la variable décisive est ce que l'autre met sur la table, et la variable dépendante la manière dont la relation va conforter la position de l'État vis-à-vis de ses voisins. Tant que les États du Moyen-Orient n'ont pas mis grand-chose sur la table, Europe et États-Unis ont pu disposer de leviers dans les questions régionales.

II. Les printemps arabes changent-ils le positionnement régional du Maghreb ?

Le scenario des printemps arabes éclaire la géographie politique de la région. D'abord, ils se déclenchent au nord de l'Afrique, entre janvier et février 2011, où les mobilisations populaires font tomber les régimes et les *leaders* (Tunisie, Égypte) ou les obligent à des mesures d'urgence, répressives et redistributives (Algérie, Libye) ou d'ouverture politique (Maroc). La contagion gagne au Moyen-Orient, mais les mobilisations politiques y sont initialement moins menaçantes pour les régimes en place, et plus tardives, sauf peut-être à Bahreïn et au Yémen ; et certains sont épargnés : Arabie Saoudite et dans une certaine mesure le Liban. Ensuite, le printemps s'est inscrit tout de suite dans l'échelle *régionale* du monde arabe, rapporté à la formule de l'autoritarisme politique régissant les États de la région. Il fait donc vivre ou revivre une entité, le monde arabe, et y inclut d'emblée le nord de l'Afrique. C'est l'occident du monde arabe qui est le foyer des mutations régionales, ce qui est une nouveauté dans l'histoire contemporaine de la région. L'anomalie de départ – Tunisie, petit pays dont les relations avec le nationalisme arabe sont marquées par la complexité, devenu porte-étendard du printemps arabe – est vite corrigée : l'Égypte, berceau du nationalisme arabe, reprenant le flambeau.

Enfin, le caractère d'abord nord-africain du mouvement est un indicateur de spécificités qui devraient inviter à réfléchir sur la pertinence d'une grille de lecture générale relative à un réveil d'un monde arabe, s'inscrivant dans un processus général de démocratisation. Le déroulement du processus de changement politique confirme ce doute, sous la forme d'un décrochage, entre l'Occident et l'Orient, du monde arabe. Les printemps nord-africains s'inscrivent dans un cadre *national*. Le sujet du changement politique est le peuple exprimant la volonté de la nation. Les nouvelles constitutions expriment cette unité de la communauté nationale, qui affirme son identité et choisit ses appartenances (au monde arabe et musulman, à l'entité maghrébine, au continent africain) et ses valeurs. Elles convoquent la mémoire de la nation : la tradition réformiste de la Tunisie, l'unité du Maroc autour de l'institution de la monarchie, et en Égypte une histoire lumineuse de l'État née sur les rives du Nil. Quant à la non-révolution algérienne, elle renvoie à un effet de mémoire nationale : la guerre civile des années 1990. Le tableau moyen-oriental offre un contraste saisissant. Le mouvement de contestation politique débouche sur un risque de dislocation de l'entité nationale, exacerbant clivages communautaires et régionaux, que ce soit en Syrie, au Yémen, à Bahreïn, dans des situations rappelant celle de l'Irak depuis la seconde guerre du Golfe.

L'affirmation des unités nationales maghrébines – moins évidente pour la Libye, travaillée par l'irrédentisme de la Cyrénaïque et les jeux tribaux –, couplée avec les processus de démocratisation (et les incertitudes qui les caractérisent) est-elle un facteur favorable à la réactivation des projets d'une organisation régionale du Maghreb ? Au lendemain de la révolution tunisienne, la relance de l'UMA semblait programmée avec l'annonce de la tenue d'un sommet des chefs d'État à Tunis à l'automne 2011. Ce sommet ne s'est finalement pas tenu. La rencontre des ministres des Affaires étrangères de l'Union à Rabat, en février 2012, fut un fiasco : la partie marocaine tenta d'imposer un changement d'appellation de l'organisation pour la transformer en Union Maghrébine, initiative soutenue par la Mauritanie, avec en arrière-fond la question berbère. De plus, la question du Sahara occidental a donné lieu à de nouveaux raidissements marocains, face à la volonté des États-Unis d'élargir la mission des Nations unies aux droits de l'homme. Les positions invariables de l'Union africaine ou les débats dans l'enceinte de l'ONU sur la situation coloniale au Sahara occidental, à propos desquels l'Algérie a exprimé sa grande satisfaction, n'ont pas contribué non plus à éclaircir l'horizon sur ce contentieux qui reste le principal facteur de blocage de la relance de l'UMA.

D'autres évolutions au sud du Maghreb sont également source de tensions entre États de la région, alimentant les susceptibilités nationales. La chute du régime du colonel Kadhafi a eu pour effet de lâcher dans la nature des milices armées, avec des effets de connexion aux groupes islamistes radicaux trouvant refuge au Sahara après la fin de la guerre civile algérienne, et les menées touaregs dans une zone sahélienne qui s'en trouve globalement déstabilisée. Cette déstabilisation d'est en ouest a plusieurs conséquences. Elle arrime sur un mode nouveau, quasi mécanique, les États du Maghreb à leur sud et aux États limitrophes (Mali, Niger, Tchad, Soudan), dans la perspective d'un règlement global de la question sahélienne. Elle confronte la région à la présence de forces militaires étrangères, après l'intervention française et africaine au Mali, dans l'attente d'une hypothétique mission onusienne. Elle induit des problèmes de contrôle de leurs propres territoires méridionaux, donc sahariens, pour chacun des États maghrébins. Le Maroc craint une onde de choc sur le Sahara occidental. L'Algérie a vu le franchissement d'une ligne rouge avec l'attaque du complexe gazier d'In Amenas au mois de janvier 2013. La Libye a ses Toubous. La Tunisie est confrontée à une situation inextricable au sud : effondrement du commerce inter-frontalier avec la Libye, qui faisait la (relative) prospérité de la région, et incursions de groupes armés, se réclamant d'Al Qaïda au Maghreb.

Cette situation attise les tensions entre États maghrébins, chacun voyant la main du voisin dans ces déstabilisations. L'incursion terroriste au Jebel Chaambi à l'est de la Tunisie, au printemps 2013, fut d'abord imputée à un groupe armé provenant d'Algérie, d'où un ferme démenti des responsables de la sécurité algérienne, puis de Libye, et enfin du Mali... Cette menace au sud renforce le climat d'incertitude politique à l'intérieur, déjà alimenté par les maladies ou les prises de distance des chefs d'État dans les pays qui n'ont pas connu de changement de régime politique, ou les difficultés des processus de transition (notamment constitutionnelle) dans les autres, en sachant que l'administration des territoires sahariens a toujours été l'affaire des militaires.

Les printemps arabes ont également induit des évolutions sensibles dans les relations des pays du nord de l'Afrique avec ceux du Moyen-Orient, qui avaient déjà connu de profondes transformations : économiques, avec le développement des investissements des pays du Golfe au Maghreb depuis les années 1980 et les nouveaux et importants flux migratoires maghrébins et égyptiens vers les économies prospères du Golfe ; culturelles, à travers la floraison à la fin des années 1990 de chaînes satellitaires moyen-orientales, et leur succès auprès des audiences maghrébines. Les États du Golfe, surtout l'Arabie saoudite, déjà fortement présents dans la région par leurs investissements depuis plusieurs décennies, faisaient figure de bailleurs de fonds alternatifs aux pays occidentaux. Accueillir leurs investissements dans le cadre de partenariats permettait de mettre en scène sur le plan économique les solidarités arabes et islamiques... Mais pas trop : les financements saoudiens et autres étaient aussi le ferment de l'islamisme radical, perçu au fil des dernières décennies comme la menace principale pour les régimes autoritaires en place.

Les mobilisations initiales des printemps arabes n'avaient guère de composante islamique mais les élections compétitives organisées ensuite ont amené aux responsabilités gouvernementales des partis islamiques se réclamant de la mouvance des Frères Musulmans : en Égypte bien sûr, mais aussi en Tunisie et au Maroc. La situation est moins claire sur la coloration politique du parlement libyen, les deux-tiers des sièges y étant attribués à des candidats indépendants des partis politiques. Mais une majorité à tendance islamique semble bien s'y dessiner. L'Algérie a fait exception avec un recul des partis islamiques aux élections législatives de mai 2012. Les printemps arabes ouvrent donc la fenêtre vers l'Orient, mais selon des modalités nouvelles. L'Égypte peut espérer recouvrer une certaine influence intellectuelle et politique sur la région, perdue avec le déclin des nationalismes arabes, mais cette fois-ci sur le registre islamique. Les États du Golfe ont une opportunité d'affermir leur *leadership* régional en le confortant à l'ouest du monde arabe, dans le conflit qui les oppose à l'Iran et à son allié syrien. Mais cette action extérieure des pays du Golfe, activée par les printemps arabes, se déploie sous un régime de division du travail et aussi de concurrence entre le Qatar et l'Arabie saoudite. Le premier fait du Maghreb son principal champ d'intervention à travers des aides financières massives dans le cadre de campagnes électorales puis la mise en œuvre des programmes d'action publique des nouveaux gouvernements maghrébins et égyptien, d'autant que des solidarités anciennes avec le mouvement des Frères musulmans (dont les lignes éditoriales de la chaîne Al-Jazeera sont l'expression) ouvraient une voie royale à de telles coopérations. La seconde porte son effort principal sur sa périphérie proche, l'Irak, la Syrie, Bahreïn, pour défaire un axe chiite et iranien lourd de menaces, et n'a guère de propension à soutenir des régimes dominés par les Frères musulmans, pour des raisons historiques et tenant à la situation politique intérieure. Ses soutiens vont plutôt vers les mouvements salafistes, qui par leur activisme radical enfoncent une sérieuse épine dans le pied des gouvernants « fréristes » des États du Maghreb, mettant à mal la ligne de l'islamisme « modéré » que tentent de promouvoir les nouvelles équipes gouvernementales en place. Le voyage de Doha se fait avant celui de Riad... pour les nouveaux chefs d'État et de gouvernements de la région. Une autre visite imposée est Ankara, tant le

« modèle turc » est devenu la référence de ces nouveaux gouvernants, par sa combinaison de prospérité économique et de référence islamique. Mais le modèle est plus ambigu qu'il n'y paraît : les déclarations du Premier ministre turc Recip Erdogan au Caire en octobre 2011, lors d'une tournée triomphale dans la région, rappellent la dimension laïque de l'État turc. Si la Turquie est devenue une puissance économique *régionale*, il n'est pas sûr qu'elle dispose pour ses coopérations de moyens équivalents à ceux des États du Golfe ; et sa montée en puissance vers un *leadership* régional semble freinée par une crise syrienne sans dénouement (cf. *infra* le texte d'E. Lagro).

Et le monde occidental ? Les États-Unis semblent se désintéresser du Grand Moyen Orient pour des priorités asiatiques, même si la question d'une présence militaire dans le nord de l'Afrique reste d'actualité. L'Europe est embarrassée. Ses propres clivages nord-sud sur la priorité à donner aux politiques méditerranéennes sont une donnée structurelle qui continue de freiner ses coopérations maghrébines. Les instruments de coopération régionale, partenariat Euromed puis Union pour la Méditerranée, fonctionnent peu. On continue de s'en remettre au « 5+5 » et aux partenariats bilatéraux. Si les printemps arabes sont accueillis avec sympathie, déclenchant des soutiens aux processus démocratiques, l'arrivée au pouvoir de partis islamiques a refroidi les enthousiasmes. Les interdépendances restent tangibles, sur les questions migratoires et de sécurité – plus marquées dans ce secteur après l'intervention française au Mali – et à travers le volume des échanges économiques. Un recul des coopérations, tentant car l'avenir des capacités financières de l'Union est sombre, se traduirait par une perte d'influence de l'Europe au sud de la Méditerranée et donc de capacité de gestion de ces interdépendances, d'autres acteurs (moyen-orientaux et orientaux) attendant au tourniquet pour combler les places laissées vides.

La crise sahélienne peut fragmenter plus encore le Maghreb ou au contraire ouvrir de nouvelles perspectives pour l'UMA, dans une gestion commune des questions de sécurité régionale. Outre les effets de prospérité économique que l'on peut attendre d'un renforcement de l'UMA, qui se traduirait par la naissance d'un grand marché maghrébin, la consolidation d'un interlocuteur maghrébin ne serait pas forcément une mauvaise affaire pour l'Europe, chaque ensemble agissant en fonction de son intérêt bien compris. À l'opposé, la faiblesse persistante de l'ensemble régional maghrébin pourrait faire revenir la Méditerranée à un statut de frontière, qu'il n'a jamais – il est vrai – totalement abandonné pour les Maghrébins désireux de se rendre en Europe.

Pour l'Afrique du Nord aussi, la construction régionale devient une base de réflexion pertinente pour préparer la mise en place d'un jeu plus égal avec les Européens et les autres parties du monde : l'Asie…

INTRODUCTION

L'interrégionalisme, l'Union européenne et les puissances émergentes

Trajectoires, situation actuelle et perspectives

Sébastian SANTANDER

Université de Liège, Belgique

L'Union européenne sert ici de prisme au régionalisme international. Il s'agit d'analyser l'influence de l'UE, notamment les effets de son action extérieure envers d'autres ensembles régionaux. Les normes et les principes régulant l'intégration européenne exercent une influence au-delà des frontières communautaires. Cette influence est examinée dans les relations entre l'UE et les groupements de pays en développement, plus particulièrement en Amérique latine. La construction de l'Union comme acteur international, appréhendée dans un contexte de relance du fait régional dans l'après-guerre froide (I) place l'interrégionalisme dans la projection internationale des blocs régionaux (II) pour jauger de l'importance du phénomène interrégional dans la projection internationale de l'UE (III), spécifiquement l'interrégionalisme euro-latino-américain et son évolution récente (IV).

I. La construction de l'Europe comme acteur international

L'analyste de l'intégration européenne tend à retenir sa dimension interne mais, depuis vingt ans, aussi la dimension extérieure de l'UE. Le contexte international des années 1990 a permis à l'Union de consolider ses structures internes et aussi la « voie d'une affirmation plus nette de son identité d'acteur international »[1]. S'ajoute son poids sur la scène

[1] Eric Remacle (2000), « De l'Euro à la PESC, d'Amsterdam à Helsinki : les balbutiements d'un "acteur" international », *Annuaire français de relations internationales*, vol. I, Bruxelles, Bruylant, pp. 487-501 ; Michel Foucher (2010), « Europe, Europes », *La Documentation française*, 8074, mars/avril ; Boris Grésillon

économique et commerciale internationale. Après 60 années d'intégration commerciale, l'Europe communautaire s'est hissée au premier rang des puissances commerciales du monde. Elle pèse 20 % du volume total des importations et exportations mondiales (15 % pour les États-Unis ; 9,9 % pour la Chine ; 7 % pour le Japon ; 2 % pour la Russie ; 1,65 % pour l'Inde et 1,25 % pour le Brésil), ce qui en fait le plus grand exportateur et importateur du système économique international, dans le domaine des biens et dans les services[2].

Premier acteur du commerce mondial de biens et services, l'UE est le principal débouché de plus de 130 pays dans le monde[3]. Nombre d'entreprises européennes figurent dans les premières mondiales pour des activités à forte valeur ajoutée (énergie, finance, banque, assurance, automobile, électronique, chimie, pharmacie, grande distribution) rendant l'économie européenne puissante et diversifiée[4]. Le PIB de l'Union, 13 000 milliards d'euros, représente 24 % de la richesse mondiale (21 % pour les États-Unis ; 9,5 % pour la Chine ; 9 % pour le Japon ; 3 % pour le Brésil ; environ 2,5 % pour l'Inde et la Russie), faisant d'elle une économie dominante de la scène internationale. Ses États-membres offrent 55 % de l'aide totale mondiale et 55 % de l'aide humanitaire[5].

La somme des données empiriques ne fait pas de l'UE *de facto* un acteur du monde. L'Europe poursuit son intégration et approfondissement – non sans résistances nationales – avec les traités de Maastricht (1992), Amsterdam (1997), Nice (2000) et Lisbonne (2009). Ce renforcement dans le champ de la « *low politics* » (commerce, humanitaire, environnement, coopération au développement) a nourri des avancées en « *high politics* » (diplomatie, sécurité, défense). Ces

---

(2010), « Économie : diversité et puissance », *La Documentation française*, 8074, mars/avril ; Christopher Hill, Michael Smith (2011), *International Relations and the EU*, Oxford, Oxford University Press, 556 p.

2 Gouvernement du Québec, MDEIE : « Note sur l'économie et le commerce en Russie », 31 mai 2010 ; « Note sur l'économie et le commerce en Inde », 22 nov. 2010 ; « Note sur l'économie et le commerce au Brésil », 16 juin 2011 ; Neil Nugent (2010), *The government and politics of the European Union*, New York, Palgrave/Macmillan (7e édition), p. 371 *sq.*

3 Olivier Cattaneo (2002), « Quelles ambitions de politique commerciale de l'UE ? », *Les notes de lIFRI*, 39, p. 12.

4 Boris Grésillon (2010), « Économie : diversité et puissance », *La Documentation française*, 8074, mars/avril.

5 Commission européenne (2007), *L'Union européenne et le monde. La politique extérieure de l'Union européenne*, Direction générale de la communication, Bruxelles ; Neil Nugent (2010), *op. cit.*, p. 371 *sq.*

divers traités ont étendu les politiques communautaires et les ont projetées dans tous les domaines de la politique mondiale[6].

L'action de l'Union n'a pas la même acuité dans tous les secteurs de la politique mondiale mais elle peut influencer des domaines très variés : commerce international, coopération au développement et lutte contre la pauvreté, environnement et développement durable ou promotion des droits de l'homme et démocratie. Elle s'engage aussi dans des institutions internationales (OMC, ONU), développe des relations avec les grandes puissances et les pays émergents par l'instauration de partenariats stratégiques, institutionnalise des relations avec des pays et des groupements régionaux partout dans le monde.

Il faut encore œuvrer sur la faiblesse de l'UE dans sa projection globale, favoriser le développement et la consolidation de sa visibilité et son rôle international, l'amener à parler davantage d'une seule voix dans les grands dossiers de politique mondiale[7].

II. L'émergence du régionalisme international

Dans sa stratégie de déploiement international, l'Union favorise ses relations avec des groupements régionaux. Le régionalisme comme « fait de coopération entre pays voisins » est l'une des tendances centrales des relations internationales de l'après-guerre froide. En l'absence de structures mondiales satisfaisantes, le développement de structures régionales acquiert de l'importance. À partir de la deuxième moitié des années 1980, cela va sensiblement dépasser l'effet intégrateur des périodes antérieures[8].

Le système international post-guerre froide voit émerger de plus en plus de nouvelles organisations régionales et la relance de vieux accords régionaux[9].

---

6 Charlotte Bretherton et John Vogler (2006), *The EU as a Global Actor*, Londres, Routledge, 273 p. ; Franck Petiteville (2006), *La politique internationale de l'Union européenne*, Paris, Presses de Sciences Po, 272 p.

7 Le traité de Lisbonne a doté l'UE d'un président permanent et d'un Haut représentant pour la politique extérieure. Le service d'action extérieure du HR a la mission d'améliorer l'impact, la cohérence et l'efficacité de l'action extérieure de l'UE. Ce qui semble un embryon de ministère des Affaires étrangères pour l'Europe.

8 Frank Petiteville (1997), « Les processus d'intégration régionale, vecteurs de structurations du système international ? », *Revue Études Internationales*, vol. XXVIII, pp. 511-533 ; Walter Mattli (1999), *The Logic of Regional Integration. Europe and Beyond*, Cambridge University Press, 205 p.

9 Hors d'Europe existent d'anciennes intégrations : Communauté économique des États de l'Afrique de l'Ouest (CEDEAO 1975), Union économique et monétaire ouest-africaine (UEMOA 1994), Organisation de l'unité africaine (OUA 1963), Union africaine (UA 2000), Association des nations d'Asie du Sud-Est (ASEAN 1967),

Ce « nouveau régionalisme » marque le contexte de globalisation. Ces processus régionaux se déroulent pourtant de manière disparate, chaque espace régional évoluant dans un contexte spécifique. Il existe une multiplicité de formes d'intégration régionales qu'il faut différencier : elles poursuivent un objectif commercial strict (régionalisation) ou dépassent ce stade pour adopter des stratégies communes (régionalisme)[10].

La régionalisation est liée à la globalisation en ce qu'elle renvoie à des processus économiques. Les accords de Marrakech (avril 1994, en vigueur janvier 1995) créent l'Organisation mondiale du commerce. Leur article 24 hérité du *Gatt* constitue une exception à sa clause de la nation la plus favorisée (NPF, article 1er) : il sanctionne la dimension régionale de la globalisation. Il permet à un nombre limité d'États d'instaurer des accords « préférentiels », tels que zones de libre-échange ou unions douanières. L'idée de l'article 24 est que les accords régionaux sont une étape pour la libéralisation à l'échelle mondiale et peuvent favoriser la globalisation économique et commerciale.

Le concept de « régionalisme » renvoie à un phénomène plus complexe. Ici, l'intégration est portée par un régionalisme politique. Au-delà de « l'ancien » régionalisme qui a prévalu durant la guerre froide, le « nouveau » régionalisme est ouvert sur la globalisation et plus multidimensionnel que par le passé[11]. Il ajoute à l'agenda de coopération des questions liées au commerce *mais aussi* à l'environnement, à la sécurité, à la défense, à l'enseignement ou à l'infrastructure.

Pour certains, ce régionalisme a sa vie propre suscitée par l'action des acteurs de la région. Il diffère du régionalisme de la guerre froide (qui venait de l'influence et l'action des superpuissances) : les groupements régionaux actuels construisent sur une logique *bottom-up*[12]. Les processus d'intégration de l'après-guerre froide doivent surtout leur impulsion à leurs États-membres respectifs, ont pour acteurs des entreprises, des

Communauté caribéenne (Caricom 1973) et de nouveaux espaces régionaux : Marché commun du sud (Mercosur 1991), Accord de libre échange nord-américain (Alena 1993/1994), Coopération économique Asie Pacifique (Apec 1989), Communauté pour le développement de l'Afrique australe (Sadc 1992), Union des nations sud-américaines (Unasur 2008).

10 Sebastian Santander (2008), *Le régionalisme sud-américain, l'Union européenne et les États-Unis*, Bruxelles, éditions de l'université de Bruxelles, 280 p.

11 Michael Schulz, Fredrik Söderbaum et Joakim Öjendal (2001), *Regionalization in a Globalizing World*, Londres, ZedBooks, 304 p.

12 William Wallace (1994), *Regional Integration : the West European Experience*, Washington, Brookings Institution, 142 p. ; Björn Hettne, András Inotai et Osvaldo Sunkel (1999), *Globalism and the New Regionalism*, New York, MacMillan, 270 p. ; Mario Telò (2007), *European Union and New Regionalism. Regional actors and Global Governance in a Post-Hegemonic Era*, Angleterre, Ashgate, 406 p.

syndicats, des universités, des organisations non gouvernementales ou entités infra-étatiques. Le régionalisme se trouve ainsi ordonné par des règles communes à l'organisation et investi par des acteurs propres[13].

Le nouveau régionalisme se démarque aussi par sa tendance à développer des relations extérieures de type bilatéral mais aussi interrégional[14].

III. Interrégionalisme et stratégie européenne de soutien au régionalisme international

1. De l'ancien au nouvel interrégionalisme

Les ensembles régionaux sont dotés par leurs membres d'instruments leur permettant de formuler et poursuivre des objectifs pour accentuer leur présence sur la scène mondiale. De plus en plus d'entre eux acquièrent une personnalité juridique de droit international qui leur permet d'agir en bloc vis-à-vis de l'extérieur. À l'instar de l'UE, ils insistent pour nouer des liens avec d'autres groupements régionaux. Cet intérêt particulier pour les relations de groupe à groupe régional est logique : elles contribuent à renforcer la cohésion interne de l'intégration régionale et accroître sa légitimité d'acteur en gestation de la scène mondiale. L'interrégionalisme devient ainsi une marque distinctive du nouveau régionalisme.

Les premières traces de l'interrégionalisme (années 1970) sont limitées à l'initiative européenne. C'est plutôt une expérimentation. Fin des années 1960, l'Europe communautaire offre un appui à certains efforts d'intégration régionale en Asie, Amérique latine et Afrique. Elle use des liens interrégionaux surtout comme instrument pour promouvoir la coopération intrarégionale[15]. Ce soutien est destiné à l'ASEAN, au Pacte andin et, en Afrique, aux espaces régionaux des signataires de la 2e convention de Yaoundé. Il est justifié : les pays européens veulent maintenir une influence politique sur leurs anciennes colonies.

L'appui européen à ces groupes régionaux se limite d'abord au commerce et à la coopération au développement. Il s'élargit à des « thèmes de nature politique, tels que la prévention des conflits et la lutte contre le trafic de drogue qui pouvaient être appréhendés de façon plus appropriée

---

[13] Jacques Ténier (2003), *Intégrations régionales et mondialisation*, Paris, Les études de la documentation française, 232 p.

[14] Heiner Hänggi, Ralf Roloff et Jürgen Rüland (2006), *Interregionalism and International Relations*, New York, Routledge, 364 p. ; Fredrik Söderbaum et Luk Van Langenhove (2006), *The EU as a Global Player*, Londres, Routledge, 139 p.

[15] Heinner Hänggi (2000), « Interregionalism : empirical and theoretical perspectives », Communication présentée à la conférence *Dollars, Democracy and Trade : External Influence on Economic Integration in the Americas*, Los Angeles, 18 mai 2000.

par l'approfondissement des efforts menés au niveau régional »[16]. La Coopération politique européenne facilite le dialogue de groupe à groupe régional[17].

Cette vague interrégionaliste dépendait du bon vouloir de l'action européenne. Simple stratégie de soutien européen à la coopération intrarégionale, elle était limitée par le contexte bipolaire international. La fin de la guerre froide, la globalisation et le nouveau régionalisme donnèrent jour à des relations interrégionales caractérisées par un simple appui européen unilatéral à la coopération intrarégionale mais développèrent aussi des relations à « double sens » directement liées au nouveau régionalisme et dépassant en importance celles des périodes antérieures. L'ancienne vague interrégionale gravitait autour de la Communauté. Les nouvelles expériences régionales déploient des relations avec d'autres espaces régionaux. L'interrégionalisme ne se limite plus à une stratégie européenne. Il devient l'apanage de groupes régionaux d'autres continents. S'affirme une diversité de formes interrégionales[18].

Les associations interrégionales actuelles marquent pourtant la volonté d'établir un agenda *multidimensionnel* couvrant des questions plus variées : commerce, enseignement, coopération au développement, dialogue politique, immigration, etc.

Corollaire du nouveau régionalisme, l'interrégionalisme contribue aussi à renforcer le régionalisme.

La relation à double sens entre les deux phénomènes en fait des caractéristiques de la gouvernance post-guerre froide à multiples niveaux[19]. Comme le nouveau régionalisme, l'actuel interrégionalisme n'apparaît pas en contradiction avec l'idéologique dominante de la globalisation car il se développe dans l'économie politique globale et est déterminé par elle. L'agenda des relations interrégionales comporte ainsi des programmes de libéralisation commerciale réciproque, conformes

---

16 Commission européenne (1995), « Appui de la Communauté européenne aux efforts d'intégration économique régionale des pays en développement », *Communication de la Commission*, COM (95) 219 final, p. 2.

17 Elfriede Regelsberger (1998), « Group-to-Group Dialogues – a Prominent Role in the EU's External Relations ? », C*FSP Forum*, Bonn, p. 2.

18 On classe parfois les associations interrégionales selon leurs ressemblances/différences : cf. Heiner Hänggi (2006), « Interregionalism as a multifaceted phenomenon. In search of a typology », in H. Hänggi, Ralf Roloff et Jürgen Rüland, *Interregionalism and International Relations*, New York, Routledge, pp. 31-62.

19 Sébastian Santander (2006), « The European Partnership with MERCOSUR : a Relationship Based on Strategic and Neoliberal Principles », in Frederik Söderbaum et Luk Van Langenhove, *The EU as a Global Player : The Politics of Interregionalism*, Londres, Routledge, pp. 37-58.

aux règles de l'OMC et se révélant plus ambitieux que ceux au niveau multilatéral. Se voulant « OMC-plus », ils aident à « verrouiller les réformes » d'ajustement structurel. Cette compatibilité exigée par l'OMC entre règles multilatérales et tout autre type d'accord de libre-échange préférentiel réduit la place, dans les accords interrégionaux, de politiques traditionnelles de coopération au développement (systèmes de préférence généralisés – SPG – accordés de manière unilatérale par l'Europe communautaire à des espaces régionaux rassemblant des pays en voie de développement (PVD).

La relation interrégionale se démarque par un schéma d'échange commercial à forte empreinte nord-sud. Les associations interrégionales apparaissent comme des cadres légitimant et garantissant la pérennité de l'ordre économique international néolibéral.

2. *L'intérêt européen pour les relations interrégionales : stratégie, moyen, discours*

En quête de visibilité extérieure, l'UE veut se présenter à ses partenaires extérieurs comme union politique et renforcer sa légitimité comme acteur international. Elle soutient donc activement le développement et la consolidation du régionalisme international.

Cette stratégie vise à modeler les autres intégrations régionales à son image pour répandre la vision européenne d'une gouvernance mondiale axée sur des groupements régionaux. Pour la légitimer envers ses interlocuteurs, l'UE a un discours communautaire exaltant le « succès » « *sui generis* » de l'intégration européenne, « défenseur naturel » des initiatives régionales. L'UE s'affirme aux autres groupes régionaux comme « référence »[20], forte de « l'avantage comparatif sans égal » qu'elle aurait en matière d'intégration[21].

Pour exporter son intégration et sa gouvernance régionale, l'UE offre des moyens. Afin d'appuyer leur régionalisme international, la Commission offre l'assistance technique, logistique, financière, institutionnelle et politique : par exemple, les programmes APRIS[22]

---

20 Parlement européen (2003), « Résolution sur les zones régionales de libre-échange et la stratégie commerciale de l'Union européenne », Commission de l'industrie et du commerce extérieur, de la recherche et de l'énergie (rapporteur Mme Erika Mann), Bruxelles, A5-0115/2003, 03/04/2003, 29 p.

21 Commission européenne (1995), « Unión Europea y América Latina : actualidad y perspectivas del fortalecimiento de la asociación, 1996-2000 », *Comunicación de la Comisión al Consejo y al Parlamento Europeo*, COM (95) 495 final, 23 octobre, 39 p.

22 *ASEAN-EU Programme for Regional Integration Support* (Programme ASEAN-UE pour l'appui à l'intégration régionale). Nous en sommes actuellement au deuxième programme APRIS.

(pour l'ASEAN) et le RIP[23] (pour le Mercosur). Les savoirs de l'intégration européenne sont transférés au personnel institutionnel local par des cours, séminaires, conférences ou stages dans les institutions de l'UE, qui encourage la supranationalité de nouveaux organes institutionnels : cours de justices, parlements régionaux, organes de type Commission européenne ou Comité économique et social. Des liens interinstitutionnels se créent entre les institutions européennes et leurs homologues issus des intégrations non européennes.

L'UE fait pression sur ses homologues pour qu'ils dotent leur groupe régional de la personnalité juridique de droit international. Elle appuie le développement du commerce intrarégional et l'adoption de stratégies communes, telles la mise en place de : tarif extérieur commun, marché intérieur, harmonisation des politiques économiques et monétaires. Elle entend promouvoir la forme normative régissant son marché intérieur, encourageant l'adoption, par les autres, des normes industrielles, phytosanitaires et vétérinaires européennes.

Le régionalisme promu par l'UE en Afrique, Amérique latine ou Asie, imprégné de doctrine économique libérale, doit aider la compétitivité, les économies d'échelle et l'initiative privée. La stratégie européenne de consolidation des autres intégrations prépare le terrain à des accords de partenariat économique interrégionaux (APE), dont le contenu est ambitieux : propriété intellectuelle, libéralisation des produits industriels, services, investissements et marchés publics, sécurité juridique (protection des règles de marché), etc.

L'UE développe des relations réciproques avec les régions pour remplacer à terme le système de préférence généralisé (SPG) par des accords interrégionaux de libre-échange. L'accord de Cotonou (relations entre pays d'Afrique, Caraïbes et du Pacifique[24]), engage l'UE à démonter le traitement préférentiel octroyé à la Communauté andine[25], à l'Amérique centrale pour le remplacer par des accords de libre-échange conforme aux normes de l'OMC.

Les régionalismes ouverts à la concurrence sont mobilisés dans la politique européenne d'aide au développement. Ces Accords de Partenariat Économique interrégionaux (APEs) sont un enjeu dépassant le cadre interrégional : ils doivent asseoir la présence de l'Union et des entreprises européennes dans les PVD, renforcer sa position face aux puissances émergentes, peser dans les nouvelles règles du commerce

23 *Regional Indicative Programme for Mercosur* (Programme indicatif régional pour le Mercosur).

24 Voir les articles 28, 29, 30 et 37 de l'Accord de Cotonou.

25 Bolivie, Colombie, Équateur, Pérou. Le Venezuela s'est retiré de la CAN en 2006 pour adhérer au Mercosur.

mondial. L'appui aux efforts d'intégration tient en ce que le régionalisme serait la meilleure voie pour la stabilité politique et la prospérité économique et sociale des sociétés, pour une intégration « humaine » et « durable » dans la globalisation[26].

La rhétorique pro-développement de l'UE promeut la politique commerciale extérieure d'une Europe humaniste : les APEs sont une chance pour les groupes régionaux car ils les consolident. Une relation économico-commerciale réciproque avec l'UE est bénéfique : la politique commerciale européenne crée des relations « justes, équitables ». L'UE combine aide au développement et au commerce, promeut la « participation de la société civile ». Le terme de « partenariat », selon les institutions européennes, désigne des relations interrégionales idéalisées : équité, coopération ; ni inégalités, ni rapport de puissance.

L'idée véhiculée est que les pays bénéficiaires ont tout à gagner à développer des relations avec l'UE : à l'inverse d'autres stratégies, celles de l'UE seraient sans « visée hégémonique »[27]. Les institutions communautaires estiment que leur action est bénéfique pour le monde en développement : « la mondialisation des valeurs européennes (démocratie, justice sociale, développement durable) implique une politique européenne de solidarité »[28].

Ce discours diffuse l'image d'une UE soucieuse d'un ordre économique international socialement plus équilibré et d'un acteur mondial bienveillant. En idéalisant l'action extérieure communautaire, il démontre que l'UE tiendrait pour secondaires les intérêts marchands ou géopolitiques.

IV. Les relations UE – Amérique latine : de l'interrégionalisme au bilatéralisme ?

Les relations entre Europe communautaire et Amérique latine (AL) remontent aux années 1980, marquées par la relance de la construction européenne et les conflits armés centraméricains. L'Europe veut s'impliquer dans la résolution pacifique des conflits et l'AL veut voir l'Europe s'engager davantage dans les affaires latino-américaines. Cela permit de structurer avec plus de cohérence les relations entre rives de l'Atlantique. Jusque là, la stratégie de la CEE envers le sous-continent latino-américain était

---

26 Entretien avec Walter Kennes, DG Développement de la Commission européenne, Bruxelles, 21 avril 2004.

27 Cf. aussi CESE (2001), « Les négociations entre l'Union européenne et le Mercosur et le Chili : aspects économiques et sociaux », *Avis du CESE* (rapporteur M. José María Zufiaur), 932/2001, 12 juillet, pp. 14-15.

28 Commission européenne (2000), « La politique de développement de la Communauté européenne », *Communication de la Commission au Conseil et au Parlement*, Bruxelles, COM (2000) 212 final, 26 avril, pp. 12-13.

confuse, dépourvue d'intérêt politique, conditionnée par la bipolarité de la guerre froide. Les accords entre l'Europe communautaire et les pays d'Amérique latine s'avèrent souvent des coquilles vides.

Les conflits centraméricains amenèrent la CEE à jouer un rôle politique d'intermédiaire international, au moment où naissait une Coopération politique européenne.

Deux raisons expliquent cet engagement : la crainte des membres de la CEE de voir les crises d'Amérique latine opposer les États-Unis et l'URSS et impacter l'Europe occidentale ; l'interface qu'est l'Espagne entre l'AL et la CEE avant même son adhésion et dont la politique extérieure 1982-1996 a pour priorité : intégration à la CEE et relations avec l'AL.

L'Espagne lie les deux priorités pour être l'intermédiaire premier dans la résolution des conflits centraméricains tout en achevant son adhésion européenne[29]. Faisant pression pour que l'Europe s'engage dans l'isthme centraméricain, elle obtient que son Traité d'adhésion à la CEE (1986) s'accompagne d'une déclaration en faveur des relations avec l'Amérique latine.

La position espagnole dans le dossier centraméricain rejoint la Communauté. L'approche européenne se dissocie des États-Unis sur l'interprétation et les réponses aux conflits centraméricains. Reagan, analysant les guerres centraméricaines selon un clivage Est-Ouest, proposait une intervention armée. L'Europe, prenant bonne note que la crise économique et sociale liée à la dette en AL est la cause de conflits dus à la pauvreté et aux inégalités dans les sociétés centraméricaines[30], en appelait à une solution négociée. La stratégie latino-américaine que la CEE commençait de mettre en place était guidée par une série de valeurs et de principes à promouvoir en Amérique centrale : refus de l'autoritarisme, instauration de la démocratie, défense des droits de l'homme, interdépendance commerciale et promotion du régionalisme. Sur cette base, la CEE et ses membres soutinrent les plans de paix élaborés par le Groupe de Contadora (Colombie, Mexique, Panama et Venezuela), prenant le contre-pied de la politique extérieure américaine et son plan de paix pour le seul Nicaragua[31].

---

29 Sébastian Santander (2013), « The Role of the Iberian States in EU-LA Interregionalism », in F. Söderbaum *et al.*, *Intersecting Inter-Regionalism. New Regionalism, Multilateralism and the EU*, Londres, Springer.

30 Andrew Crawley (2006), « Europe-Latin America relations : Towards interregional coalition-building ? », in Heiner Hänggi, Ralf Roloff et Jürgen Rüland, *Interregionalism and International Relations*, *op. cit.*, pp. 167-181.

31 Hazel Smith (1998), « Actually existing foreign policy – or not ? The EU in Latin and Central America », in John Peterson et Helen Sjursen, *A Common Foreign Policy for Europe ?*, Londres, Routledge, pp. 152-168.

L'Europe institutionnalise alors sa relation avec l'Amérique centrale : la rencontre de San José en 1984 réunit les ministres des Affaires étrangères de la CEE, de l'Espagne, du Portugal, leurs homologues des Costa Rica, Guatemala, Honduras, Nicaragua et Salvador, et du Groupe de Contadora. Cette première réunion d'une longue série formalise un dialogue politique interrégional, le « Processus de San José », dont la Communauté se saisit pour relancer le processus d'intégration par le marché commun centraméricain : MCCA[32].

Forte de son expérience, l'Europe communautaire voit dans le régionalisme le moyen de consolider les nations centraméricaines par la garantie de stabilité. Elle signe un accord de coopération interrégional avec le MCCA pour offrir son savoir-faire, relancer la coopération entre voisins, inciter l'intégration économique, stimuler le commerce intrarégional. Cet accord projette son modèle d'intégration régionale, accroît sa légitimité d'acteur international. Le dialogue de San José donne à la CEE une image d'acteur bienveillant, une « puissance civile » privilégiant légalité internationale, diplomatie, négociation et coopération entre les nations. La volonté est de démontrer qu'elle écarte l'action unilatérale et la force et favorise la coopération au développement, non basée d'abord sur des considérations sécuritaires.

Si l'investissement de l'Europe communautaire dans le conflit centraméricain renouvelle ses relations avec l'Amérique latine, c'est le contexte post-guerre froide qui dote les Européens d'une stratégie globale pour l'ensemble du continent, qui tient à deux facteurs :

- l'évolution du continent latino-américain : accueillie en Europe avec enthousiasme, elle crée en AL une nouvelle stabilité politique ; la transition démocratique, l'adoption d'un modèle de développement économique de compétition extérieure et de libre marché, bref un régionalisme « ouvert » compatible avec la globalisation.

- les projets de redéploiement des États-Unis sur la scène internationale après la guerre froide : créer un réseau stratégique d'accords régionaux en Asie pacifique[33], aux Amériques[34] ou en Europe[35], et créer un réseau d'accords de libre-échange faisant tache d'huile sur la libéralisation internationale du commerce, gênant toute velléité protectionniste européenne et japonaise.

---

32 Costa Rica, Guatemala, Honduras, Nicaragùa et Salvador.

33 Avec la Coopération économique pour l'Asie pacifique (APEC).

34 Avec l'Accord de libre-échange Nord-américain (ALENA) et le projet de Zone de libre-échange pour les Amériques (ZLEA).

35 Avec le projet de zone de libre-échange transatlantique (TAFTA).

Les États-Unis obtiennent aussi la mise en place de l'OMC traitant des marchandises mais aussi de services, de propriété intellectuelle[36], etc. Ils tentent ainsi d'intégrer la planète dans un cadre de normes et de comportements – juridiques, économiques, commerciaux, politiques, culturels – s'inspirant du « projet sociétal » nord-américain[37]. En réponse, l'Union européenne intensifie ses relations avec l'Amérique latine.

La Commission Delors II (1988-1992) élabore une stratégie-cadre pour les relations entre l'UE et le continent latino-américain[38] à partir d'une série de thèmes, dont le régionalisme. L'UE apporte son savoir-faire en intégration régionale pour consolider les groupes régionaux émergents en AL latine, éviter qu'ils ne soient absorbés par l'intégration des Amériques promue par les États-Unis et exporter son modèle de gouvernance régionale.

Cette stratégie de présence internationale de l'UE sert les relations interrégionales par les négociations d'accords d'association avec des groupements latino-américains reposant sur trois piliers. i) politique : des relations interrégionales respectant la démocratie et les droits de l'homme, ii) coopératif : un soutien au développement du régionalisme, et iii) économique : la création de zones de libre-échange interrégionales.

Les années 1990 sont celles d'un optimisme dans les relations Europe / Amérique latine. Ce rapprochement a permis à l'UE de devenir un partenaire économique important pour l'AL. L'UE est pour le continent latino-américain le principal fournisseur d'aide au développement, le principal investisseur extérieur et le deuxième partenaire commercial après les États-Unis.

La promotion européenne du régionalisme a revigoré les projets d'intégration latino-américains par l'aide à la création de ZLE, unions douanières et marchés communs, le soutien aux stratégies et institutions régionales. L'UE a incité les membres de groupes régionaux d'AL à se coordonner dans les tractations internationales. L'aide technique au régionalisme d'AL, le dialogue politico-institutionnel furent essentiels en cette période d'incertitude[39].

---

36 Voir le chapitre de Chan-Mo Chung dans cet ouvrage.

37 Alfredo Valladão (1995), *Le retour du panaméricanisme*, Paris, Les cahiers du CREST, 149 p. ; Nicola Phillips (2003), « Hemispheric integration and subregionalism in the Americas », *International Affairs*, 79, 2, pp. 327-349.

38 Stratégie évoquant deux documents de la Commission : « Documento básico sobre las relaciones de la Unión Europea con América Latina y Caribe », *Organisation des États Ibero-américains*, 31/10/1994, 10 p. ; « Unión Europea y América Latina : Actualidad y perspectivas del fortalecimiento de la asociación, 1996-2000 », *Comunicación de la Comisión al Consejo y al Parlamento Europeo*, 23/10/1995, 39 p.

39 Sebastian Santander (2002), « EU-Mercosur Interregionalism : Facing Up to the South-American Crisis and the Emerging FTAA », *European Foreign Affairs Review*, 7, 4, pp. 491-505.

Ces dernières années, l'Europe a perdu son intérêt pour l'interrégionalisme, accordant plus d'importance aux relations avec les États latino-américains qu'elle estime « sérieux » et des acteurs « clé » du continent. Bien qu'elle continue à appuyer les intégrations régionales, l'UE pense que la stratégie commerciale interrégionale a échoué et qu'il faut négocier des accords bilatéraux, après le Mexique (1999) et le Chili (2002), avec la Colombie et le Pérou (2010), au détriment de la Communauté andine et des rapports interrégionaux de longue date. Elle développe des relations bilatérales avec les émergents d'Amérique latine. En 2007 avec le Brésil, un « partenariat stratégique » crée un dialogue spécial individualisé. L'UE n'a pas abandonné le projet d'un accord d'association avec le Mercosur mais a inversé la logique de la relation entretenue durant plus de vingt ans avec le bloc sud-américain.

En conclusion, cette nouvelle approche a suscité des confusions auprès des autres membres du Mercosur, qui redoutent ce partenariat première étape vers un accord de libre-échange UE-Brésil. Cette approche bilatérale déstabilise les groupes régionaux d'Amérique latine. Elle augmente fragmentation et rivalité au sein de ces intégrations[40]. Un canal direct et régulier avec le Brésil reflète l'adaptation de l'UE aux mutations ces dernières années du système international et de la scène politique d'AL. La première décennie du XXe siècle demeure marquée par la montée en puissance des « pays émergents » et le décentrage du pouvoir mondial. Les « partenariats stratégiques » avec des « puissances émergentes » aide Bruxelles à retirer des avantages économiques pour les entreprises européennes et accroître sa visibilité comme acteur de la scène mondiale, sa capacité à se mouvoir dans un monde stato-centré[41].

Le virage bilatéral de la stratégie européenne est en décalage par rapport aux idées et principes véhiculés par l'Union : favoriser le régionalisme et développer un dialogue privilégié bilatéral avec quelques États expose l'Europe à l'incohérence et la contradiction. Sa démarche interrégionale décrédibilise l'Union auprès du régionalisme d'AL – et d'Asie ? L'UE oublie qu'elle n'est pas un État mais une organisation régionale, que son modèle d'intégration lui a servi ces vingt dernières années pour se bâtir une identité d'acteur international envers d'autres blocs régionaux et accroître sa visibilité sur la scène mondiale.

---

40 Cf. Sebastian Santander (2013), « L'UE, l'interrégionalisme et les puissances émergentes. Le cas du 'partenariat' euro-brésilien », *Politique européenne*, n° 39, pp. 106-135.

41 Cf. Sebastian Santander (2012), *Les puissances émergentes un défi pour l'Europe ?*, Paris, Ellipses, 281 p.

Partie I

De l'idée de région au concept de concurrence interrégionale

L'*idée d'Asie* et l'*asianisme* dans la pensée politique moderne de la Chine et de l'Asie de l'Est (Japon et Corée)

Yun-Ping Wang

Université de Xiamen, Chine

(traduit de l'anglais par P. Chabal)

Les pays d'Asie orientale se sont « pensés » les uns les autres dans l'histoire d'une manière les affectant encore alors que le monde connaît des coopérations régionales. Les unions européenne et africaine, la ligue des États arabes, la communauté des États indépendants, ont servi la coopération politique et économique de ces régions et les affinités géographiques ou culturelles de leurs nations. Mais en Asie, l'Association des nations d'Asie du Sud-Est est un organisme relâché. La possibilité existe d'une association (est)-asiatique des peuples proches par la géographie ou la culture mais l'on voit peu de signes de coopération, plutôt des contradictions entre pays de la région. Le Japon s'est ouvert le premier au monde mais la pensée chinoise ancienne a façonné l'image de l'Asie et du monde et transformé l'idée d'Asie dans la région (I). Examiner l'idée d'Asie dans les deux perspectives, chinoise et japonaise (II), éclaire son implication actuelle sur les relations internationales d'Asie orientale (III).

I. L'ancienne perspective chinoise de l'Asie et du monde

Les peuples d'Asie orientale partagent une civilisation originelle : « la similitude de leurs origines ... [leur donne]... une confiance en la région d'Asie » (Shang Banghe, 2005 : 1) ; idéogrammes chinois et pensée confucéenne sont une part essentielle de la culture japonaise (Yoshibumi Wakamiya, 2008 : 84) ; les bouddhistes sont venus d'Inde vers la Chine et la Corée, même si cette compréhension commune est parfois remise en question.

Dans l'ancienne vision chinoise d'il y a trois mille ans, la vie politique de l'Asie de l'Est est une sphère avec la Chine au centre et les barbares autour, sentiment de supériorité où la Chine est « tous sous le ciel », le centre culturel du monde, au sommet du développement moral. Les Chinois ont noué des relations avec leurs voisins en fonction des affinités culturelles de ces voisins envers eux et des distances depuis la Chine. « La première : la 'zone sinique' avec la Corée, le Vietnam et, à de brefs intervalles, le Japon » (Wang, 1999 : 289).

Dans cette vision, le monde est un échiquier de cases homocentriques. Plus un peuple est marginal, plus sa civilisation est basse. C'est l'ancienne approche chinoise de l'espace : le ciel est rond (un chapeau de bambou), la terre est carrée (un échiquier), centré vers Luoyang (province du Henan actuel). Non pas compréhension scientifique et géographique du monde, cette philosophie interprète le monde et sa civilisation comme formés dans la culture chinoise : les anciens Chinois sont au centre du monde, leur civilisation est supérieure aux autres nations, les angles de l'échiquier, inférieurs en civilisation et richesse, doivent être régis par le centre[1].

Le Japon, « barbare de l'est » (Zhai, 2005 : 71) semble meilleur que les autres voisins. L'influence chinoise y remonte à l'époque Yayoi (IIIe siècle avant l'EC/Qin, au IIIe siècle de l'EC/Han). Il envoie des ambassadeurs en Chine, considérée comme vraie origine vénérable de la culture. À l'ère pré-moderne, il a des relations paisibles avec les pays asiatiques mais vers la fin de la dynastie Shogun, il veut prendre la place de la Chine comme centre de la sphère (Zhang Yiguo, 2006 : 25) pour établir un ordre nippo-centré. Dès 1574-1622 AD, il revoit sa position envers la Chine (Zhai Yian, 2005 : 71-72), se veut « Empire » du Ciel, non plus Fils « du Ciel » (la Chine), au même niveau que les Tang, supérieur aux autres barbares, surtout coréens. C'est l'idée d'une sphère d'Asie de l'est centrée sur le Japon. Au XVIIe siècle, l'érudit confucéen Ansai Yamazaki (1618-1682) demande à ses élèves : « si la Chine envahissait le Japon avec Confucius comme général et Mencius comme commandant, que devrions-nous faire, nous étudiants de la doctrine de Confucius et de Mencius ? » et répond : « S'il arrivait une telle infortune, nous devrions capturer Confucius et Mencius pour démontrer notre attachement à notre pays. Ainsi de la façon de Confucius et de Mencius ! »

Avant l'ère moderne, les Japonais ne connaissent en Asie que la Corée et la Chine. Les Chinois n'ont pas plus d'idée claire du monde, auquel le Japon fut le premier à s'ouvrir, grâce aux premiers voyageurs étrangers et à « se penser » dans la perspective de l'Occident : l'idée japonaise de l'Asie s'est formée à travers la description [de l'Asie] faite par l'Occident (Ichiro Kourogi, 1996 : 31). À l'ère Edo (1603-1867 AD), les érudits japonais échangent avec l'extérieur par les Pays-Bas et les livres chinois.

---

1 Consulter : <http://hi.baidu.com/ye115892033/blog/item/08e614f5b94fe469dcc474c4.html>.

Fin XVIIIe, Sugita Genpaku, médecin, introduit la médecine occidentale en traduisant un manuel d'anatomie, fasciné au point de considérer la Chine comme petit « coin de l'océan austral ». Les livres européens de géographie ont nourri des préjugés sur l'Asie du Sud-Est, la Chine et la Corée, peignant les Japonais comme supérieurs aux Chinois et aux Coréens. Le choc qu'ils causent a influencé l'idée japonaise du monde extérieur, en particulier de l'Asie, en l'élargissant.

Ces savoirs occidentaux ont permis au Japon de dépasser l'absurde ancienne vision du monde (Chine au centre, ciel rond, horizon carré, culture chinoise civilisée, exemple pour les barbares autour) et de se ré-identifier. Un livre hollandais place les Japonais au-dessus des Chinois, en apparence et spiritualité : en médecine, astronomie, science historique et géographie, le Japon, certes après l'Europe, est classé plus haut que la Chine (Ichiro, 1996 : 32).

Le Japon, rompant la marginalisation sino-centrée, découvre l'Europe comme nouveau « centre », s'autonomise de la Chine et s'attache à l'Occident. Séparation d'avec l'Asie et renforcement de la « conscience asiatique », voilà sa façon de remplacer la Chine comme centre d'Asie, ouvrant la transformation radicale de la vision japonaise moderne de l'Asie.

II. L'*idée d'Asie* à l'ère moderne : perspectives chinoises et japonaises

L'*idée d'Asie* évoque l'« asianisme », son contraire l'« anti-asianisme », un « asianisme culturel », un « asianisme général », etc., à partir de fin XVIIIe, début XIXe siècles, quand l'accès au savoir occidental change la vision du monde (Nobuhiro Katurajima). La révélation qu'existent des centaines de nations dans le monde ébranle la vision traditionnelle (Chinois/Barbares ; Chine-centre) pour une nouvelle carte politique et culturelle. Jyoken Nishikawa (1648-1724) lance une « perspective asiatique » dans son esquisse des nations du monde (Sin-ichi Yamamuro). Arai Hakuseki (1657-1725) distingue « l'Occident » du « Japon » (*The Western Observations*). Puis l'idée japonaise « d'asianisme », de « promotion de l'Asie » et de « séparation de l'Asie » se transforme durant l'ère Meiji à partir de 1868 (Ge, 2002).

1. L'asianisme japonais à partir de l'ère Meiji

La nouvelle conscience est celle d'une identité en Asie pouvant conduire celle-ci à être « civilisée » : « [p]endant l'ère Meiji, le Japon commence d'être ouvert et modernisé sous la pression des puissances occidentales ... [et] l'idée japonaise d'Asie connaît une profonde transformation » (Yoshibumi, 2008 : 84) formée notamment par les écrits occidentaux.

Avant l'ère Meiji, le Japon est fermé aux relations internationales. Les invasions occidentales mi-XIXe (États-Unis, Angleterre, France et Russie) créent une crise nationale contre le gouvernement (Shogunat) plongeant le pays dans une ère de transformation radicale, économique et politique, vers la modernisation de l'Asie. Le Japon découvre autour de lui d'autres pays d'Asie à la traîne, la Chine perd la guerre de l'opium face à l'Angleterre (1840) et aussi l'admiration traditionnelle du Japon. Cette crise touche les intellectuels chinois : ils appellent le peuple à ouvrir les yeux sur le monde mais leurs livres ont plus d'écho au Japon.

L'ère Meiji forge une éthique qui prône l'Occident, déprécie la civilisation orientale et suggère même d'améliorer l'ethnicité japonaise par des mariages avec des occidentaux. « Séparer le Japon de l'Asie » (Fukuzawa) est une idée à l'écho retentissant. « L'Asie » est un concept flou et surtout une région à la traîne : « Notre pays ne doit pas [...] attendre que nos voisins soient civilisés pour revitaliser l'Asie [...] avec nous. Nous devrions [...] nous séparer de l'Asie, aller [...] avec la civilisation occidentale [...] traiter Chine et Corée non [comme] voisins avec soin ; [...] mais [comme] les Occidentaux les ont traités » (Fukuzawa, *Se séparer de l'Asie*, 1885 in Zhang, 2006 : 26).

Fukuzawa enjoint le Japon à s'éloigner des pays d'Asie, tenir la civilisation occidentale comme amicale, pour se développer favorablement. Les pays d'Asie sont restés à un état « incivilisé » ou semi-civilisé. Il critique la Chine, la Corée et leur civilisation de façon acerbe :

> Les Chinois [tiennent leur] monarque autocrate absolu pour le plus respectueux et le plus fort. Sur ce point, la vision chinoise est pauvre. [...] la Chine n'est pas un pays bon en réformes mais enclin à défendre les [...] enseignements d'il y a mille ans. Ils ne savent pas s'adapter à l'évolution des circonstances, se livrent à l'auto-illusion ; ne savent pas qu'il y a des choses appréciables dans les pays avancés, ni suivre leur exemple pour réformer leur propre pays. Ils vont donc provoquer des catastrophes en raison de l'arrogance [...]. (Fukuzawa, *Se séparer de l'Asie*, 1885)

La Corée lui semble un pays arriéré, mauvais, diabolique, pire qu'une nation de barbares, n'offrant aucun avantage au Japon, Ces propos méprisants suggèrent l'infortune d'avoir pour voisins des nations « non civilisées », ce qui résulte du confucianisme. Ses mots sont bruts : peuples « très cruels », sans « sentiment de honte » : autocratie obsolète, absence de lois auxquelles se conformer, intellectuels se complaisant dans l'ignorance de la science. Ces pays adverses apportent une influence néfaste, obstacle à la diplomatie du Japon. La civilisation occidentale lance un défi au pays : pour être civilisé, il doit se séparer de l'Asie : « Le Japon est rencogné à l'est de l'Asie mais l'esprit national va couper le lien avec l'obstination de l'Asie (s'accrocher à ses vieilles habitudes) vers la civilisation occidentale. Pays le plus avancé et civilisé, le Japon se place au-dessus, nouveau *leader* de l'Asie, chef de la nouvelle alliance »[2].

La « séparation d'avec l'Asie » est une « idée d'Asie » qui favorise la modernisation du Japon : se séparer de l'Asie des vieilles institutions, fermant les yeux au monde extérieur, rejetant la modernité européo-américaine, refusant de bâtir un État moderne. Fukuzawa veut protéger l'Asie de l'invasion occidentale. En 1881, dans *Parler des événements actuels* :

> De nos jours, le Japon est au centre de la civilisation des pays d'Asie orientale et le premier contre les puissances occidentales. Il faut être conscient de la responsabilité de protéger l'Asie de l'Est, que les pays occidentaux ont contraint à se soumettre, mais nos pays, surtout les voisins proches, Chine et Corée, sont obtus dans leur réponse, incapables de résister, comme les maisons en bois ne peuvent éviter d'être brûlées par le feu. Le Japon doit donc les aider par la force. C'est aussi dans l'intérêt du Japon lui-même. (Yoshibumi, 2008 : 85)

Ces critiques de Fukuzawa sont relayées par les grands journaux de l'ère Meiji qui abreuvent le public d'une vision fière d'un Japon civilisé, méprisant l'Asie (Ge, 2002). Jusqu'en 1884, gouvernement et peuple croient diriger une alliance asiatique. Apparaît au Japon un « asianisme culturel » (Kakuzo Okakura, fondateur du Collège des Beaux-Arts de Tokyo, qu'il dirige en 1890 – Sheng, 2005 : 2-3). Dans *L'idéal des pays de l'Est*, Okakura préconise l'asianisme culturel ; dans *L'éveil de l'Asie*, il exprime un sentiment fort d'asianisme culturel, faisant de Confucius un pacifiste, pour sortir l'Asie de la guerre, la mener à la paix par la doctrine confucéenne, sans renier l'avantage que l'Ouest offre au Japon.

> L'esprit de l'Asie, ingénieux pour notre aspiration, nous a transmis la culture antique. Parmi les innombrables enfants de l'Asie, notre pays est le meilleur dans sa pratique du Confucianisme.

Le Japon est selon lui sorti de sa léthargie mais Chine et Corée sont encore en profond sommeil. Il appelle les Occidentaux à une meilleure connaissance de l'Orient, au-delà de leurs malentendus et préjugés envers les Asiatiques.

Un autre penseur, Inoue Enryo, partisan de l'asianisme culturel, est né en 1858, a appris le chinois dans l'enfance, puis le savoir occidental. Il fonde en 1887 le *Philosophy Hall* (aujourd'hui Université Toyo), où sont célébrés Sakyamuni, Bouddha, Confucius, Mahomet et Jésus. Alors que le nationalisme japonais est populaire, Enryo prône un nationalisme

---

2 Sur les arguments ci-dessus et les commentaires de Fukuzawa, voir Wei (2011).

asiatique contenant le nationalisme japonais. La guerre sino-japonaise (1894-1895) lui suggère un Japon fort, dominant l'Asie, un pays au statut international, chef de file de l'Asie.

Shumei Ohkawa (futur criminel de guerre de rang A) contribue au nationalisme asiatique. Dans *L'histoire de la civilisation japonaise* (1921), *Questions de revitalisation de l'Asie* (1922) et *Le constructeur de l'Asie* (1940), le rôle du Japon, pays avancé, est de lancer l'Asie.

À partir de l'ère Meiji, l'humeur floue du Japon tient à la fierté envers la prospérité, le progrès et la modernisation du pays, *et* la réticence à quitter l'Asie. L'identité géographique et la contrainte exercée par l'occident font qu'il ne peut ni se séparer de l'Asie, ni rejoindre l'Europe. Certains Japonais cherchent en leur propre espace une affinité en Asie, d'où l'ambigu concept d'asianisme « japonais ». La transformation du monde et la croissance économique du Japon donnent à ce dernier le sentiment durable de diriger et protéger l'Asie.

L'idée japonaise d'Asie est donc logiquement devenue un nationalisme étroit, excuse pour envahir Chine et Corée. Fukuzawa, défenseur du « sanctuaire de Yasukuni », bâti en 1869 pour « l'esprit des morts à Tokyo », déclare en 1895, après la guerre sino-japonaise : « Si nous devons avoir une autre guerre, sur quoi appuyer notre défense nationale ? Sur l'esprit de marche en avant avec courage, défiant la mort. Donc, c'est notre entreprise urgente de cultiver cet esprit. Conférons à ceux tombés dans la bataille et leurs survivants la plus grande gloire qui leur permettra de ressentir le bonheur infini de mourir au combat. » (Liu, 2002 : 24).

Le lien entre « grand asianisme » et « grande sphère de coprospérité d'Asie de l'est » est clair mais l'esprit y diffère de celui de Fukuzawa (Yoshibumi Wakamiya). Rash Behari Bose a d'ailleurs critiqué l'idée japonaise de « grand asianisme » : « Il est pitoyable que des intellectuels japonais crient fort à l'émancipation de l'Asie mais poursuivent la grande union des ethnies colorées, insultent les Chinois, préconisent l'infériorité-par-nature des gens de couleur par rapport aux blancs. Peu de personnes au Japon connaissent vraiment le pays et ont une connaissance claire de l'Asie »[3] (cf. Takeshi Nakajima).

2. *La vision chinoise de l'Asie et de l'asianisme*

La vision chinoise ancienne (« tous sous le ciel ») n'offre pas de conscience de l'Asie mais un cosmopolitisme sino-centré. C'est la

[3] Chiang Kai-shek critique cela aussi : « "Construire un nouvel ordre en Asie de l'Est" est le slogan dont les Japonais sont le plus fiers. Sans en apparence de connotation malveillante, il signifie pourtant que le Japon veut renverser l'ordre international de l'Asie de l'Est, asservir la Chine, dominer le Pacifique et conquérir le monde. C'est un terme inclusif, qui promeut toutes ces tentatives » (Yoshibumi, 2008 : 95-99).

géographie occidentale qui force les Chinois à admettre une notion d'Asie. Leur sens traditionnel de supériorité rend ce « retard » dur à accepter. La Chine a, comme le Japon, un sentiment complexe d'Asie : le savoir géographique n'engendre pas forcément l'identification politique, laquelle n'est pas compatible avec le cadre « Chinois-Barbares ». De plus, l'asianisme japonais renvoie à l'expansion du Japon, d'où la vigilance chinoise envers toute idée d'Asie. Les intellectuels chinois qui ont une bonne connaissance de l'Occident et du monde suggèrent alors une sorte d'asianisme culturel.

a) L'idée chinoise d'Asie aux temps modernes : Sun Yat-sen

L'idée chinoise d'Asie se résume en un « grand asianisme », qu'en 1924 à Kobe, Sun présente en plaçant la « culture » au centre de l'idée d'unité asiatique.

> Notre Asie est l'origine de la plus ancienne culture du monde qui, il y a mille ans, a atteint un très haut niveau. Les Asiatiques partageaient une culture philosophique, religieuse, éthique et industrielle. (Sheng 2005 5)

Cette civilisation peut être unie. L'Asie moderne a pris du retard et placé trop d'espoir sur le Japon, premier pays indépendant d'Asie à intégrer les pays avancés dans le monde.

> Nous sommes dans le nouveau monde. Quelle sera la base de notre nationalisme asiatique ? C'est notre culture inhérente : l'accent sur la moralité, la bienveillance et la droiture, qui sont l'âme de l'Asie, la base de notre nationalisme asiatique. [...] Le Japon a obtenu la culture de la règle dominante et aussi la culture de la domination bienveillante. Il faut choisir entre faucons et chiens de la culture occidentale de domination, et soldats de la culture orientale du règne bienveillant.

L'Asie a évolué après le sort douloureux au XIXe siècle : perdre la guerre de l'opium prive la Chine du prestige de puissance protectrice et la force à se protéger des voisins. L'idée d'Asie de Sun, fin XIXe siècle, consiste à vouloir l'indépendance des pays de la région, face à un Japon indépendant et modernisé. Il a vécu à Honolulu, Hong Kong, reçu une éducation occidentale, profil inhabituel. Il connaît mieux le monde, les Japonais et les autres peuples d'Asie et veut combiner la « vitalisation de la Chine » avec la « vitalisation de l'Asie ». Pour lui, certaines idées japonaises d'Asie sont dangereuses pour elle (Chen, 1990 : 104-5).

La vision d'Asie de Sun tient à cinq éléments. Sa connaissance en histoire et culture de l'Asie lui fait croire en la renaissance de cette dernière. La revitalisation de l'Asie dépend des Asiatiques : ils doivent s'unir contre le colonialisme et l'impérialisme occidentaux. Une fois indépendants, les pays d'Asie instaureront une autre manière de se traiter les uns les autres. Sans illusion de paix, Sun en appelle à la force pour atteindre ce but d'union. Résoudre le problème de la Chine est la première étape de la revitalisation de l'Asie même si Sun n'est pas nationaliste. Le monde est une seule communauté ; le destin chinois est lié aux autres.

Son idée d'Asie permet une alliance ou coopération sino-japonaise, d'où son regret : « J'essaie de bâtir une communauté de nations d'Asie depuis 30 ans. Mais l'indifférence japonaise n'a pas permis de la mettre en pratique » (Sun, 1982 : 134). « Le Japon et la Chine sont comme les lèvres et les dents : partageant ethnicité et culture, ils sont complémentaires pour l'Asie orientale et malgré des désaccords devraient prêter attention aux intérêts de l'ensemble » (Sun, 1982 : 26).

Si le Sino-Japon vivait en amitié et coopération, l'ordre pacifique du monde serait atteint (Sun, 1982 : 16). Sun sollicite au début l'appui du Japon, où il séjourne longtemps pour ses activités révolutionnaires, obtient en 1913 un soutien financier envers la république chinoise établie en 1911, et veut un « grand asianisme » commun pour chasser d'Asie les colonisateurs occidentaux. Il y retourne après l'échec de la deuxième révolution en Chine mais n'y est pas bien accueilli et comprend la vraie intention du pays : non pas revitaliser l'Asie mais profiter de la Chine. Devenu critique envers le Japon, Sun le voit avaler la Corée, perdre les cœurs de toute l'Asie même s'il garde l'espoir que des Japonais perspicaces convainquent leurs dirigeants d'abandonner la stratégie d'expansion et demeurer aux côtés des peuples opprimés d'Asie jusqu'à sa dernière conférence publique sur le « grand asianisme » en novembre 1924.

Les deux périodes de l'idée de Sun évoquent la Première Guerre mondiale. Avant la guerre, l'Asie comprend géographiquement l'Asie de l'Est et du Sud-Est. Après 1918, elle s'étend à la Turquie, la Perse, l'Inde et les États arabes. Au début, Sun s'efforce de soutenir le mouvement nationaliste est-asiatique et sud-est-asiatique, notamment les guerres d'indépendance (Philippines, Vietnam) et les débuts de la république de Chine et ses difficultés militaires et financières et n'oubliera jamais la lutte des peuples d'Asie. Son idée d'Asie a évolué avec son expérience pratique : il souligne d'abord la concurrence ethnique des relations entre États de l'Est et de l'Ouest, puis la lutte entre favorisés et défavorisés, puis l'autonomie nationale, proposant d'aider les nations faibles contre les nations puissantes, désormais le Japon.

Son idée d'Asie connaît une autre évolution, envers la Russie, dont le tsar fut envahisseur de la Chine et du Japon. Quand Lénine encourage l'autonomie nationale, Sun reconnaît l'URSS comme un espoir dans le monde et surtout en Asie. Il a plus tard souhaité s'unir à elle, tout en exhortant le Japon à s'allier avec la Chine et la Russie pour revitaliser l'Asie.

Sun était en avance sur la plupart des révolutionnaires et hommes politiques de son temps. Son idée d'Asie a eu un impact sur l'émancipation nationale de l'Asie. Il a mérité la reconnaissance des peuples d'Asie : Japon, Philippines, Corée, Indonésie, Vietnam, etc. En 1956, à Bandung, Sukarno déclare à son épouse, Song Qingling : « Pour la première fois, j'entendais exprimée l'idée que l'Asie est une famille »[4].

b) Zhang Taiyan a lui aussi préconisé l'intégration culturelle asiatique

Zhang rejoint la révolution après 1894, publie en 1897 *On Asia, Be Lips and Teeth* dans le journal *Current Affairs*, où il propose de s'unir au Japon contre l'impérialisme occidental dirigé par la Russie. Il crée en 1907 une *Asian Affinity Assembly* composée de la Chine, l'Inde, le Japon, la Corée, la Birmanie et la Malaisie, sur la base suivante :

> À part les chauvins, tous les Asiatiques, qu'ils soient nationalistes, républicains, socialistes, anarchistes, sont les bienvenus. Chaque pays d'Asie souffre d'être colonisé. Le but de l'Assemblée est de promouvoir le soutien mutuel pour l'indépendance. Si un de nos pays mène une révolution, d'autres de nos membres doivent se renforcer et coopérer, directement ou indirectement.

Pour Zhang, l'intégration culturelle de l'Asie est un éventail dont la Chine est l'ossature, l'Inde le papier et le Japon la corde. L'Asie, culturellement unie autour du confucianisme et du bouddhisme, est contestée par la culture occidentale. Il faut renouveler la culture d'Asie par intégration et soutien mutuel. Zhang est inquiet pour la Chine et la Corée car le Japon joue un rôle négatif. Son idée d'intégration culturelle renvoie donc à l'asianisme non gouvernemental du Japon (Sheng, 2005 : 7-8). Pour promouvoir l'asianisme culturel, il crée en 1917 la *Asian Ancient Learning Association* entre pays d'Asie de même origine culturelle (Sheng, 2011 : 183).

c) Le fruit de cette discussion entre Sun et Zhang

Emergeant dans une période troublée, la vision chinoise de l'Asie est emplie de tension. Sun et Zhang plaident un asianisme culturel en écho à l'idée japonaise de grand asianisme, armant les pays d'Asie contre les Occidentaux. L'asianisme « culturel » est un vœu pieux : « l'Asie "imaginée" », sans fondement historique et culturel, pouvait mal être reconnue comme sphère politique partagée même si certains érudits chinois de l'époque avaient une certaine intimité avec le Japon et plaidaient pour une sorte d'asianisme culturel » (Ge, 2002).

---

[4] Cf. *People's Daily*, 21/9/1956 ; et Chen (1990) pour la référence à l'évolution de « l'idée d'Asie » chez Sun.

L'occupation par les pays occidentaux pousse la Chine à s'unir avec d'autres peuples d'Asie, notamment le Japon, pour lutter ensemble contre eux mais les Chinois voient l'intention japonaise derrière l'idée d'asianisme : « Récemment, certains, y compris Sohou Tokutomi, ont préconisé un 'Grand Asianisme'. Nous, Asiatiques, sommes inquiets d'entendre cela. Nous devons regarder cela assez clairement pour avoir des commentaires » (Li Dazhao, *Big Asianism and New Asianism*, 1919).

Le « grand asianisme », expression énigmatique d'un « Chine-isme », voit le Japon engloutir la Chine sans la partager avec d'autres et se débarrasser de ces autres. C'est un « grand asianisme », plus du tout affectueux, un « Grand japonisme », empêchant l'Occident de s'étendre plus à l'est mais entraînant la domination du Japon sur l'Asie « en plus de celle des Occidentaux, pas celle des peuples asiatiques : c'est l'Asie du Japon », selon Li.

Li enjoignit les lettrés japonais d'empêcher un « grand asianisme », déstabilisateur des nations, à l'Est comme à l'Ouest, et menant à la guerre, « suicide » pour le Japon, et à une « Union américaine » et une « Union européenne ». L'Asie deviendrait une région non par un « grand asianisme » promu par le Japon mais par un « nouvel asianisme » reposant non sur une alliance sino-japonaise mais sur l'émancipation et la revitalisation de chaque nation d'Asie.

Des pays colonisés d'Asie libérés pourrait émerger une union semblable à celle de l'Ouest, complétant l'union du monde et le bonheur des humains. Par rapport au « grand asianisme » du Japon, l'idée d'Asie chez Li semble plus idéaliste, une paix contre l'antagonisme et la domination. Un siècle plus tard, l'idée d'Asie chez Li semble encore raisonnable.

Fin XIXe et début XXe, l'identification asiatique renvoie au Japon, pays moderne vainqueur de la Chine et de la Russie. L'Asie n'accepte plus la structure injuste du monde, sa marginalisation géographique mais l'idée d'asianisme n'est pas une identité Chine-Japon. C'est un intérêt du Japon : « l'asianisme » est l'asianisme du Japon, non celui de la Chine. La communauté d'Asie est imaginaire. Cette idée d'Asie est empêtrée dans le nationalisme.

III. L'*idée d'Asie* au Japon après 1945

Il est à nouveau courant de parler d'Asie à propos de Chine, nouvel imaginaire politique dépassant l'État national mais il faut préciser, comme Ge, de quelle Asie l'on parle : de l'Asie orientale ou *aussi* de l'Asie de l'Ouest, du Sud, de l'Asie moyenne ? De l'Asie comme espace géographique mais comment peut-elle être un espace d'identification *culturelle et politique* ? L'Asie que le Japon reconnait est-elle une communauté politique ou culturelle à laquelle la Chine peut s'identifier ? Une communauté d'identification à construire, déjà reconnue ? Est-ce de l'histoire ou encore un avenir espéré ?

« L'Asie » dépasse Japon et Chine mais une « union asiatique » dépend des deux pays[5]. Le Japon est un des pays au monde qui accordent le plus d'attention au problème de l'Asie. La Chine est préoccupée de son propre développement économique : achever de construire une « société relativement prospère ». En même temps, elle revendique la paix, sans chercher à dominer les autres. Son intention est de prendre part aux activités internationales, offrir un soutien financier aux pays défavorisés, surtout en Asie. La Chine tire son identité de l'Asie.

L'identité du Japon en Asie est mouvante. Pays asiatique géographiquement, ethniquement et culturellement, ses sentiments ambigus envers elle affectent « l'Asie » et une « union asiatique ». C'est un État caractérisé comme l'Europe ou l'Amérique, comme le révèle sa politique diplomatique. Perdre la Seconde Guerre mondiale a marqué la faillite de sa stratégie de « substance coordonnée de l'Asie de l'Est » ou « grande sphère de coprospérité est-asiatique » (Yuan Jingyu, 2010) sans annuler l'idée de « séparation de l'Asie et d'entrée dans l'Europe » dans une version *économique* : se séparer de l'Asie et aller en Amérique par le suivi en Asie de la politique américaine, coordonnée « de tout cœur » sur l'Asie-Pacifique.

L'idée d'Asie pour le Japon après 1945 est « séparation de l'Asie », devenir membre du monde occidental, par ses institutions politiques et économique, suivant les pays occidentaux.

Après 1991, la désintégration de l'URSS, base stratégique d'unification du Japon et des États-Unis contre l'Est, voit émerger un certain état d'esprit anti-américain au Japon, dont le PIB dépasse en 1987 celui des États-Unis, d'où un sentiment de supériorité inspirant le rêve de superpuissance politique dans le monde, en commençant par un « revenir » en Asie.

> L'avenir du Japon se trouve en Asie. À présent, il n'existe aucun autre endroit que l'Asie où la diplomatie japonaise puisse avoir de perspective. ... Le Japon doit prendre l'Asie-Pacifique comme centre pour développer des capacités

[5] Sheng croit en l'intégration de l'Asie mais que « L'Asie devrait rechercher une dynamique "gagnant-gagnant" et promouvoir le développement. Avec les efforts de la Chine et d'autres en Asie, le développement économique, la sécurité et la coopération politique de haut niveau sont réalisables et durables. La similitude de leurs origines historiques et culturelles donne aux pays asiatiques des attaches et une confiance profondes envers la région de l'Asie ». (Sheng, 2005 : 1). Il parle d'Asie comme exclusivement Japon et Chine.

nationales et ajuster exhaustivement sa politique et sa stratégie asiatiques afin de tendre vers le super-cercle asiatique.[6]

Une ferveur s'est alors élevée au Japon : prendre le Japon comme membre de l'Asie, le retour à l'histoire, la culture et la politique des pays d'Asie. Sa diplomatie s'est tournée vers l'Asie, soulignant que le Japon en est membre. Selon, le politicien de droite Shintaro Ishihara : « Le Japon va mener l'Asie par une ligne de bataille asiatique, avec lui au centre et les institutions japonaises comme exemples, rivaliser avec les puissances occidentales menées par les USA. »

Cette vision d'Asie est minoritaire. Les Japonais amicaux envers les USA proposent de revenir en Asie, de la diriger par une alliance Japon-Amérique par la position de la « chauve-souris » (Tian Qingli). Au long de la construction de son identité, le Japon est passé de la « séparation d'avec l'Asie » au « retour en Asie », de l'ouest à l'est en pleine conscience. Par réalisme pragmatique, le Japon instrumentalise son « identité asiatique ». Il n'a pas d'identité asiatique cohérente et systématique, ni de définition simple de l'Asie (Yuan, 2010 : 43-44)[7].

En conclusion, pendant un siècle, Chine et Japon ont eu leur propre « idée d'Asie », différentes mais, toutes deux, source aujourd'hui « d'intégration de l'Asie ». L'idée d'« union asiatique » distincte du « grand asianisme » ou de « grande sphère de coprospérité est-asiatique » japonaise date de la seconde moitié du XIXe siècle au Japon. Elle harmonise Chine et Japon contre l'invasion et l'économie occidentales (Sheng, 2005 : 8-9). Sur le long terme, Chine et Japon ont formé les conditions culturelles nationales dans la pensée confucéenne. Le « grand asianisme » et « l'intégration culturelle » (Zhang Taiyan) partagent une « même origine » de culture sino-japonaise, identification culturelle créant un sentiment d'harmonie et de coopération.

Passant de l'origine culturelle à la réalité d'une mondialisation et d'une régionalisation intenses, la coopération régionale devient de plus en plus importante mais elle est en difficulté en Asie de l'Est à cause de l'identité asiatique incertaine du Japon, qui veut aujourd'hui en être le

6 « La croissance rapide de son économie pousse le Japon vers d'autres pays d'Asie, plus importante que jamais pour lui mais il n'est pas prêt pour cette nouvelle situation car il n'a pas résolu la question des idées historiques et ne peut nourrir avec eux une bonne relation. Bien qu'ils soient d'Asie, les Japonais se voient rarement comme asiatiques, connaissant mieux l'occident que l'Asie. Le Japon semble encore à la recherche de son identité asiatique perdue » (Ichiro Kourogi, 1996 : 31).

7 Pour le romancier Kenzaburo Ooe, « Le Japon est un pays inconsistant Nous n'appartenons pas vraiment à l'Asie. Nous y sommes seuls, que ce soit dans la culture, l'art, la politique ou la société. Parfois, nous nous pensons séparés de l'Asie, membre de la culture européenne. Mais nous n'appartenons pas à l'Europe, ni à l'Asie. Nous sommes très seuls. » (Bao, 1996 : 87).

leader et y promouvoir la coopération pour renforcer sa propre influence, sans perdre la protection des États-Unis alors même que son sens de la coopération régionale est affaibli par sa crainte d'une Chine renforcée par la coopération est-asiatique.

Ces élans contradictoires tirent le Japon en directions opposées. Après la guerre et de nos jours, « réconciliation et nationalisme » sont une tension entre désir de réconciliation et désir de sens national. Balançant entre les deux, le pragmatisme tire le Japon vers son intérêt propre.

Bibliographie

Bao, Qinxia (1996), « Seeing Japan's View of Asia from the Perspective of 'Separating from Asia' and 'Entering into Asia' », *The Academic Journal of Fudan University* (Social Science Edition), n° 2, pp. 83-88.

Chen, Xiqi (1990), « An Outline of Sun Yat-sen's View of Asia », *Modern History Research*, n° 6, pp. 103-113.

Ge, Zhaoguang (2002), « Imaged and Reality : Who Identifies Asia ? », *Journal of History*, Taiwan University, <http://www.doc88.com/p-49528553577.html>.

Ichiro, Kourogi (1996), « Japanese View of Asia in History », *The Academic Journal of the Pacific*, n° 1, pp. 31-33.

Li, Dazhao (1919), « Big Asianism and New Asianism », *National Journal*, n° 2, <https ://epress.anu.edu.au/chinese/lidazhao/marxist.org-chinese-lee-19190101.htm>.

Liu, Jiangyong (2002), « The Historical Lessons and East-Asia Cooperation in the 21st Century – On the Transformation of Japan's View of Asia in Modern Times », *Research on Asia and Africa*, n° 2, pp. 22-43.

Sheng, Banghe (2000), « Japan's Asianism at the Turn of the 20th Century », *Historical Research*, n° 3, pp. 125-135.

Sheng, Banghe (2005), « On the Idea of Asia in China and Japan since Modern Times – A Review of the Idea of 'Asian Unity' », *International Observation*, n° 4, pp. 1-9.

Sheng, Banghe (2011), « A Discussion of Zhang Taiyan's Idea of Asia », *Zhongzhou Journal*, n° 1, pp. 181-185.

Sun, Yat-sen (1982), « Sun Yat-sen's Completed Works », vol. 3, Beijing, Zhonghua Publishing House.

Tian, Qingli (2009), « The Dilemma of Japan's Asia Identity Construction and Its Choice », *Japan Journal*, n° 1, pp. 51-62.

Yoshibumi, Wakamiya (2008), « Reconciliation and Nationalism », translated by Wu Jinan, Shanghai, Shanghai Translation Publishers, 2008.

Yuan, Jingyu (2010), « Japan's Perspective of Asia after WWI and Its Impact on East-Asian Cooperation », *The Academic Journal of Inner Mongolia Finance and Economics College*, n° 3, pp. 42-45.

Wei, Juan (2011), « An Interpretation of Fukuzawa Yukichi's View of Asia from His 'Idea of Separating from Asia' », *Intelligence*, vol. 35, pp. 227-228.

Zhai, Yian (2005), « On the Transformation of Japan's View of Asia », *Journal of Lanzhou University* (Social Sciences), vol. 33, n° 3, pp. 71-76.

Zhang, Yiguo (2006), « On the Modern Transformation of Japan's Idea of Asia », *Social Scientist*, n° 2, pp. 25-27.

Harvard University (2010), Conference, « Tagore and His Time's View of Asia », *Foreign Literature*, n° 1, pp. 154-155.

Wang, Q. Edward (1999), « History, Space, and Ethnicity : The Chinese Worldview », *Journal of World History*, vol. 10, n° 2, pp. 285-305.

La concurrence interrégionale comme nouvel ordre international

Pierre Chabal

Université du Havre, France

Campus Europe-Asie de Sciences-Po

Les nationalismes dans les relations internationales sont peu à peu remplacés par des régionalismes caractérisant l'après-guerre froide méta-régionale et bilatérale. En Asie-Pacifique, dès le « dépérissement » de la concurrence USA-URSS, les nations ont innové par une coopération économique à l'instar de l'APEC[1]. D'autres régions du monde ont suivi le mouvement, suggérant une coexistence entre elles plus paisible que durant la guerre froide mais pas en termes d'affirmations interrégionales, réalité plus complexe et surtout plurielle.

Depuis les années 1990, quatre dynamiques majeures sont devenues structurantes : une *coopération* dans l'APEC dès 1989, une *unionisation* dans l'Union européenne à partir de 1992, une *coopération* dans la dynamique de Shanghai à partir de 1996 et une *association* dans « l'Asean + 3 » en 1997 et même un projet de *communauté* d'Asie orientale[2].

Cette 'prolifération' de groupes interétatiques (après celle des États : décolonisation ; démantèlement de l'URSS – Boniface, 2000), crée une concurrence interrégionale, dont la nature est floue, à la fois commerciale, financière, informationnelle et communicationnelle,

1 Le premier Sommet de l'APEC s'est tenu à Canberra en 1989, le deuxième à Séoul en 1990. L'Apec est une initiative largement « lancée » par l'Australie et le Japon.

2 L'Asean + 3, forum visant à coordonner la coopération entre l'ASEAN et les trois pays d'Asie de l'Est (Chine, Japon, Corée du Sud), est créé en 1997. Son impact est renforcé par la crise asiatique de 1997-1998. C'est une réaction à l'APEC, à l'ASEM et à la dynamique de Shanghai. En 2010, l'ASEAN + 3 est devenue l'ASEAN + 6, avec l'Australie, la Nouvelle Zélande et l'Inde.

mais qui sera féroce[3] dans une vision hégémonique et mahanienne[4] entre « États-Régions ».

Trois concurrences interrégionales sont analysées pour comprendre la nature de la tension : en Asie-Pacifique, en Asie, en Eurasie. Au-delà de l'école réaliste, l'hypothèse d'une tension mondiale accrue détermine les relations internationales après la guerre froide. Les groupes se substituant aux blocs de l'Est et de l'Ouest sont des réactions à l'APEC : les Sommets Asie-Europe (ASEM) depuis 1996 la *même année* que la dynamique de Shanghai, et 'l'ASEAN + 3' lancé en 1997. Ces coïncidences imposent que l'émergence d'organismes interrégionaux de coopération soit analysée de façon stratégique, pas seulement descriptive. L'émergence régionale, concept à facettes multiples (I), sert l'analyse appliquée (II).

I. L'émergence régionale comme concept à multiples facettes

La fin de la guerre froide apaise les tensions, ouvre les frontières, démantèle les régimes communistes[5]. Les régions, libérées d'un monde bipolaire, s'organisent et se construisent librement sans les idéologies binaires. Cette dynamique régionale voit la confrontation militaire reculer (1) mais idéologie (2) et confrontation culturelle (3) s'attardent.

---

3 Que les régions deviennent concurrentes renvoie à la réalité. La crise *internationale* de 2007-2008 a produit des solutions *régionales* concurrentes, différentes en Occident et en Asie. Dans le roman *1984*, G. Orwell dépeint les régions du monde – Océanie, Eurasie, Anglamerica – dans un état de guerre « perpétuelle ».

4 Alfred Mahan, conceptualisateur de la puissance maritime, a fourni une analyse historique de la stratégie navale et la vision selon laquelle la maîtrise de la puissance navale est directement liée au contrôle de la dynamique mondiale. Dans son *The Influence of Sea Power upon History 1660-1783*, publié en 1890, il suggère que l'espace maritime n'est pas le complément de l'espace terrestre mais l'essence même de la projection de la puissance et que les États-Unis doivent transformer les côtes des autres pays en frontières des États-Unis, patrouillant et occupant les mers et les océans. Cette vision a influencé la stratégie navale étatsunienne jusqu'à aujourd'hui : le positionnement des flottes étatsuniennes à demeure dans divers endroits du globe : la 6e flotte en Méditerranée orientale, la 7e dans le Pacifique du Nord-Est, etc.

5 Le concept de « fin » de la guerre froide n'a pas de signification simple, communément entendue. Il suggère plutôt un glissement dynamique, depuis un « bilatéralisme global » vers un « pluricentrisme à facettes multiples et multisectoriel ». C'est la période qui suit 1972 et le rapprochement interallemand, qui marque, pour la première fois depuis le début de la guerre froide, un relâchement des tensions Est-Ouest, bientôt suivi par le processus d'Helsinki, puis en 1975 par la Conférence pour la sécurité et la coopération en Europe (CSCE), elle-même transformée en 1995 en Organisation pour la sécurité et la coopération en Europe (OSCE).

1. L'obsolescence du militarisme, absent de la plupart des régionalismes

L'après-guerre froide consiste en un démantèlement de la tension militaire comme affirmation internationale[6], qui suit celui de l'URSS et du pacte de Varsovie (Chabal, 2004b). Aucune organisation militaire n'y est créée. L'OTAN, modifiée par le traité de 1999, évolue depuis un commandement militaire vers un forum de *doctrine* de sécurité. L'organisation de coopération de Shanghai (2001), se veut organisation de sécurité, pas de nature militaire[7]. Le militarisme est absent des constructions régionales. Europe communautaire, ASEAN, Ouest-africanisme, Latino-américanisme... n'articulent pas autour du militarisme[8]. Deux exemples en attestent.

Les tentatives *militaires* européennes ont échoué. Une Communauté européenne de défense franchit toutes les étapes mais dépérit au Parlement français en 1954. Les Européens devenus « partenaires » ne sont pas alors prêts à se faire confiance militairement. Ils disposent, entre les années 1950 et 1980, de l'Union de l'Europe occidentale (UEO), alternative européenne à l'OTAN qui ne décolla jamais même après que la CEE eut rassemblé neuf puis dix membres en 1981. Depuis 1992, l'Europe a intégré l'ambition de l'UEO dans le traité européen mais ses capacités de déploiement militaire rapide n'ont pas été utilisées hors OTAN (Chabal 2004c)[9]. Le militarisme européen est incompatible avec l'atlantisme : l'Europe utilise la protection de l'OTAN dominée par les USA[10]. La construction européenne est un modèle institutionnel lancé pour des raisons géopolitiques, une quête subtile d'influence, non de domination directe ou de « premier visage » du pouvoir[11]. Le

[6] N'oublions pas les interventions militaires de l'après-guerre froide, notamment au Koweit en 1991 et en Irak en 2003, mais c'est durant la guerre froide que la confrontation militaire incarnait le jeu international, d'abord en Corée, puis au Vietnam, etc. Aujourd'hui, elle se produit encore mais marginalement.

[7] Même si ses États-membres mènent régulièrement des exercices militaires conjoints et si les analystes occidentaux s'interrogent sur sa vraie nature, l'OCS n'est pas une organisation militaire.

[8] L'envoi de « troupes CEDEAO » en Côte d'Ivoire en 2002 et 2003 gagnerait à être exploré : cet envoi était et est demeuré une exception, il n'a pas conduit à une « militarisation » de la CEDEAO.

[9] LA CEE a été « relancée » ou « approfondie » par le traité de Maastricht, signé en 1991, ratifié en 1992 et entré en vigueur en 1993, qui promeut la nature « intégrative » de la construction européenne (politiques communes, décisions à la majorité dans des secteurs de plus en plus nombreux).

[10] L'éventualité d'une « distanciation » se réduit encore lorsque la France rejoint (avril 2009) le commandement intégré de l'OTAN.

[11] Sur les divers « visages » du pouvoir (Steven Lukes 1974), voir section II, paragraphe 1 de ce chapitre.

but de l'UE est d'être le premier bloc commercial avec aussi la capacité institutionnelle d'influencer les autres régions et leurs institutions.

Les affaires *atlantiques* ont connu le succès. L'OTAN, créée en 1949 contre l'URSS du Pacte de Varsovie, permet à ses membres européens de contrer l'effet « domino » dès les années 1950 et aux États-Unis et au Canada de rester impliqués en Europe en temps de paix. L'OTAN n'a pas d'ambition régionale. C'est un commandement intégré entre alliés. Des alliés s'entendent au-delà d'espaces géographiques, ici dans la dynamique de la guerre froide. Des voisins s'unissent par leurs frontières communes, ici dans l'ère post-guerre froide. L'Atlantique n'est pas une région mais un espace géopolitique de tensions stratégiques entre les deux rives d'un océan[12]. Depuis 1999 et son traité prolongé, l'OTAN a servi deux fins. En Bosnie, en 1995, elle a remplacé l'ONU et évité un front d'instabilité à ses portes, hors article 5 du traité initial. Au Kosovo, en 1999, elle l'évite à nouveau, en conformité avec l'article 5 du traité renouvelé, se prenant pour un organisme de maintien de la paix doté de programmes éducatifs et humanitaires[13]. C'est l'alliance multilatérale la plus durable de l'histoire contemporaine.

L'Europe n'est pas militaire. L'atlantisme n'est pas régional. L'aspect militaire est absent des groupements régionaux ; présent dans les groupes non régionaux. Le régionalisme est une « coopération intégrative[14] » des voisins ; le militarisme renvoie aux alliances.

2. *L'accent sectoriel : vers une confrontation secteur par secteur*

Ce recul du militarisme laisse ouvertes d'autres confrontations, convoyeurs de rapports de force à travers la sectorisation des régions, dont il existe deux tendances.

Le sectorialisme stratégique : les régions s'organisent par secteurs de politiques publiques, non en « termes politiques globaux ». L'après-guerre froide est un double passage : de l'échelle mondiale à l'échelle régionale ; et d'une gestion globale à une gestion sectorielle des affaires intergouvernementales. L'ONU cède de plus en plus à des branches

---

12 Voir H. Coutau-Bégarie, *Géostratégie du Pacifique*, 2001, *La Puissance maritime*, 1998, *La Lutte pour l'empire de la mer*, 1999, *Traité de stratégie*, 2003. Le Royaume Uni aurait maintenu jusqu'en 1943 des plans secrets pour envahir les États-Unis.

13 L'auteur de ce chapitre, *Research Fellow* (civil) de l'OTAN sur l'Asie de l'Est en 1994-1996 : rapport final *L'émergence d'un cadre de sécurité collective en Asie du nord-est* (<http,//www.nato.int/acad/fellow/94-96/f94-96.htm>), chercheur associé en 1998-2000 (<http,//www.nato.int/acad/fellow/98-00/deraulin.pdf>).

14 Le concept de « coopération intégrative » provient de notre rapport à l'OTAN (1996) – voir note précédente.

sectorielles : OMC, FMI, BM, BOI, et intervient moins directement, cédant même le maintien de la paix à l'OTAN. Cette nouvelle gouvernance offre une latitude à des *nexi* régionaux de pouvoir et leurs voisinages « intégratifs ». La différence entre « termes politiques globaux » et « secteurs régionaux de politiques publiques » est simple. Une construction régionale globale pousserait les « régions se construisant » vers un jeu à somme nulle contre d'autres régions, un régionalisme comme 'continuation' du nationalisme 'par d'autres moyens'[15] : s'intégrer pour 'revitaliser'[16]. Une construction régionale sectorisée permet aux « régions se construisant » une division similaire du travail de politiques publiques, d'où une coopération entre elles, non une construction de blocs hostiles. La confrontation, possible, passe d'une échelle holiste à une concurrence par secteurs. L'Europe, l'APEC, l'ASEAN et le MERCOSUR s'organisent ainsi sur une base non pas sous-régionale mais sectorielle. Le principe fondateur est le voisinage comme cadre d'actions sectorielles : les voisins unissent leur force politique pour gérer l'avenir en mettant l'accent sur leur présent commun ou « communautaire »[17].

Le sectorialisme de confrontation est une concurrence. Cette gestion commune de l'avenir s'inspire de paix pour contrôler la concurrence interrégionale, qui demeure présente. Les voisins unis veulent dominer les autres régions, secteur par secteur. Le commerce est propice aux jeux de « *soft power* ». En concurrence internationale, les chiffres du PIB, les parts de marché, les taux de croissance remplacent la course aux armements. Être ou ne pas être membre de l'OMC était pour la Chine des années 1990 une question stratégique, comme la guerre du textile sino-européenne des années 2000[18]. Le transport des marchandises épouse la concurrence commerciale. Globale par nature, elle expose les acteurs publics mondiaux (États), aux acteurs mondiaux privés (compagnies maritimes). Les régions, territoriales et liées aux services communicationnels, demeurent féroces de concurrence[19]. La sécurité des

---

15 Carl von Clausewitz (2007), *De la Guerre*, Oxford World's Classics, Oxford University Press.

16 Voir F. Ratzel (1897), *Politische Geographie* et le concept « d'espace-vital ». Sur l'idée de « revitaliser » une région, cf. Wang dans cet ouvrage.

17 Par exemple, l'un des principes fondateurs de l'Organisation de coopération de Shanghai est le « bon voisinage », un concept ouvert capable de tout suggérer, depuis la paix jusqu'à l'intégration.

18 Le succès économique de la Chine et ses forts taux de croissance tout au long des années 1980 et 1990 et son rôle dans la crise économique asiatique de 1997-1998 ont conduit à son entrée dans l'OMC en 2001.

19 Les questions de transport sont complexes. Il est nécessaire pour une région de disposer d'une certaine capacité interne avant de pouvoir rivaliser en termes de logistique mondiale. Voir P. Chabal (2004). Voir aussi dans cet ouvrage les chapitres de Alix/Verny et Khojayev/Agzamov.

routes maritimes rend encore des guerres possibles et la néo-piraterie préoccupe États et transporteurs. L'éducation est devenue « *soft power* ». Pendant la guerre froide, les étudiants restaient dans leur bloc (URSS-RDA-RPC / USA-Unis-Angleterre-Australie). Désormais, le processus stratégique de Bologne « aligne » les pays sur un modèle commun, le « LMD », qui crée une circulation des élites *à la Pareto*[20] imposant un modèle (Chabal, 2006a). Un modèle institutionnel génère la confrontation stratégique interrégionale, sinon vers la guerre, du moins dans un positionnement agressif. L'UE formalise les accords de coopération contre les manières américaines et asiatiques de dominer, d'où la prolifération de dialogues interrégionaux (sommets Asie-Europe, Europe-Amérique Latine[21]). Il faut concevoir des institutions « efficaces », à l'air paisible, pour les exporter vers d'autres régions.

Les régions s'affrontent non par les armes mais par outils économiques, monétaires et commerciaux dans un cadre institutionnel. La tension porte sur les échanges internationaux économiques, logistiques, éducatifs ou institutionnels, mais aussi politiques et culturels.

3. Beaucoup de bruit pour le culturalisme : valeurs, identités, projets

Les aspects culturels « continuent » eux aussi les nationalismes. Pour légitimer leurs efforts régionaux, les dirigeants en appellent aux identités. L'Asie du Sud-Est et l'Afrique de l'Ouest disent « non ! » aux néo-influences européennes, l'Amérique latine dit « pas dans mon arrière-cour ! » aux USA, l'Europe dit « oui ! » à elle-même. L'identité est outil de légitimation.

Le rapport régional à l'identité varie. Le processus régional commence par la construction institutionnelle puis œuvre à son identité (en Europe), ou par les valeurs et l'identité puis les institutions (en Asie, où les contre-identités – ni européennes, ni occidentales – rallient les voisins-partenaires). Le débat sur les cultures ne porte pas sur les valeurs. Il vient après la légitimation des efforts politiques pour unir les régions. Le débat sur les valeurs porte sur la légitimité, qui est un consentement au *leadership*, donc une acceptation de « l'autorité » régionale[22]. Légitimer,

[20] V. Pareto a démontré une forme d'inégalité sociale : un nombre limité de personnes influentes, ou élites, tendent à occuper des positions au sommet, de manière 'rotative' en circulant de l'une à l'autre. Voir Pareto V., *The Mind and Society*, [*Trattato di Sociologia Generale*], Harcourt, Brace, 1935.

[21] Voir le chapitre de S. Santander dans cet ouvrage.

[22] Analysant le *leadership* comme autorité – traditionnelle, légale-rationnelle, charismatique – Weber découvre la nature du consentement des gouvernés à confier le pouvoir aux gouvernants et accepter leur gouvernement.

c'est rendre acceptable la valeur politique d'une région qui subsume les références nationales des peuples de la région. La légitimité est au cœur du régionalisme. Sans elle, pas de capacité à mobiliser, ni de région. Elle est la substance de la construction régionale car elle est la substance de la politique. Les régions sont des construits politiques, *chacune avec son propre « leitmotive » légitimant* :

- l'Europe se bâtit avec « la paix ». Construit politique, elle stagne ou évolue en fonction des progrès et reculs de son identité. Le traumatisme initial (de la guerre de Trente ans aux guerres mondiales) est celui de « destruction » conventionnelle « mutuellement assurée ». Les institutions supra-souveraines de la paix sont peu efficaces pour l'identité, d'où le débat sur la légitimité « contre » le « déficit démocratique », qui divise à la fois les partis politiques en leur sein et les candidats au Parlement européen.

- l'Asie se construit avec « les valeurs », débat qui précède la construction institutionnelle[23] : « l'ASEAN + » existe par l'ASEM ; l'APEC n'est pas régionale ; et l'OCS déjoue la communauté de l'Asie de l'est mais les asiatiques dépassent leurs différences. Leur construction est culturelle, non intégrante (Chabal, 2006b). La dynamique intégrative diffère de l'Europe : elle est populaire, par la musique, le divertissement, les films[24]. Les valeurs visent l'avenir, la mise en commun, non l'isolement. Si les valeurs européennes de paix ont rendu la guerre impossible, la construction asiatique rend possible la croissance économique.

- l'Asie-Pacifique se construit avec « le libre-échange ». L'accent identitaire est pragmatique et opportuniste. La chronologie le souligne : les sommets de Canberra (1989) et Séoul (1990) lancent l'APEC *au moment* de la chute du mur de Berlin (octobre 1989) et du sommet de Malte (décembre 1989) Reagan-Gorbatchev peu avant la fin de l'URSS (décembre 1991)[25]. Le pragmatisme invente un noyau géoéconomique autour de l'océan : se régionaliser comme coopération et proposer dès 1994 une zone de libre-échange de l'APEC d'ici à 2020, sans les étapes préalables (communauté, marché unique).

La comparaison tient. L'APEC est une entité commerciale, l'Asie une entité culturelle et l'Europe une entité politique apaisée : le régionalisme

---

23 Voir Jung-Ho Kim, *The 'Asian Values' debate and new East-Asian democratic values*, in Chabal (2010a), pp. 96-115.

24 Le phénomène récent de « vague coréenne » ou *Hallyu* offre des produits artistiques si populaires dans toute l'Asie qu'ils créent une vague de « coréanité » et une valeur ajoutée pour la balance commerciale du pays et un renouveau diplomatique également pour la Corée.

25 La promptitude des États baltes à déclarer leur indépendance de l'URSS même avant cette date : le 11 mars pour la Lituanie, les 20 et 21 août pour l'Estonie et la Lettonie … 1989 !

par l'invention d'une culture qui fasse sens dans la région face aux forces contraires à repousser : guerre et destruction en Europe, colonialisme et soumission en Asie, division continentale et néo-colonialisme en Asie-Pacifique. Ces constructions en cours veulent rendre ces réalités du passé impossibles demain.

La construction régionale engendre la concurrence régionale, du militarisme vers le structurel et le culturel. Une fois identifiées *intra*-régionalement par leurs institutions et leurs valeurs (I), les régions s'engagent *inter*-régionalement dans des groupements en rivalité centrifuge, voulant élargir leurs partenariats avec d'autres mais devenant concurrentes de ces autres, d'où le risque de 'continuation' d'un jeu d'imposition à somme nulle universaliste (II).

II. Utiliser les émergences régionales pour l'analyse appliquée

En tant qu'acteurs des relations internationales[26], les régions sont (école critique) des hégémons commerciaux transnationaux en cours d'affirmation et incarnant une division internationale du travail et de répartition des moyens de la production internationale ; ou (école libérale) des maçons d'un système international capable de fonctionner à un niveau méta-national et agissant sur un niveau infra-mondial mais sans produire d'intégration mondiale ; ou (école réaliste) des concurrents intergouvernementaux se « parlant fort » (1) lors de négociations farouches (2) en course institutionnelle auto-entretenue et belligène (3).

1. Les discours politiques « durcis » sur l'universalité des valeurs

La construction des régions évolue par identité militante et valeurs centrifuges. D'un noyau vers la périphérie, leurs valeurs évoquent une dynamique hégémonique ou culture universaliste, sorte d'idéologie culturelle. Les « valeurs universelles » prônées par les dirigeants pour favoriser l'intégration impliquent la subsomption de valeurs existantes, nationales et locales, sous « l'autorité » intégrante de ces valeurs régionales.

Au-delà de la construction identitaire d'une culture infrarégionale, existe la tendance réaliste et humaine à l'hégémonie. L'influence/puissance a un sens si elle est absolue (Haushofer 1941), élan hégémonique prenant forme universaliste par la culture des valeurs universelles : « quel ordre

[26] S. Santander (2007) analyse l'UE comme acteur cohérent des relations interrégionales, capable d'exporter un modèle et pouvant influencer d'autres régions en négociant leur alignement institutionnel.

mondial – démocratique, libéral, éclairé – devrait devancer quel autre ordre – économique, étatiste, conservateur – après la fin du bloc de l'Est ? Les régions, plus nombreuses que les camps de la guerre froide – l'Ouest, l'Est, les non-alignés[27] –, imposent leurs valeurs, par centrifugation, aux autres régions.

Une dérive s'est produite, discrète, à partir des valeurs en général (paix, identité, libre-échange) comme justifications acceptables, nationales ou régionales et légitimes, vers des valeurs « universelles en particulier » : vues multilatérales de valeurs universelles, nationales ou régionales, des buts universels. Il s'agit *de facto* d'une universalisation de ces valeurs et buts. Les valeurs passent, de bases d'identité, à des ingrédients militants pour concurrencer d'autres valeurs dans d'autres régions. L'universalisation implique un rôle actif d'imposition de valeurs et de buts aux autres, « contre » leur résistance. Cet exercice d'imposition de pouvoir, expansion culturelle et non territoriale, la science politique, depuis Dahl (1962), en a exploré les « visages » (Lukes, 1974, 2005). Une telle imposition fonctionne en trois phases.

- Vue *unidimensionnelle* du pouvoir interrégional appliqué. Une région *impose* ses valeurs *par-dessus la résistance des autres régions*, situation bloc à bloc de la guerre froide où l'Occident/États-Unis auraient « gagné » (la chute de l'URSS est pourtant une implosion). Une région, se comportant « comme si » elle devait être suivie, s'impose unidimensionnelle[28], ainsi de l'UE assenant ses intérêts commerciaux au groupe ACP stupéfait (renégociations des accords de Lomé, 1994), ou d'un membre de l'ALENA imposant ses vues aux pays émergents du MERCOSUR après 1993 (le libre-échange trop précoce États-Unis/Canada/Mexique compromet l'économie mexicaine, impréparée à résister à la levée des barrières douanières).

- Vue *bidimensionnelle* du pouvoir. Une région *parvient à son intérêt au nom de la protection des autres régions*. Cherchant à dominer indirectement, elle engage l'autre dans une égalisation « compensant » les déséquilibres violents du passé. Le processus ASEM depuis 1996 agrandit l'Europe (de l'Ouest) et l'Asie du Sud-Est. Ni l'une ni l'autre ne cherche vraiment à protéger le partenaire ni à lui demander protection. Les deux veulent se renforcer ensemble dans le nouveau jeu mondial, protégeant identité et rôle régionaux par une visibilité créative renouvelée. L'ASEM est le premier dialogue interrégional institutionnel au monde.

---

[27] Le mouvement des non-alignés dans les années 1950 avait déjà ajouté une troisième partie à la dichotomie entre l'Ouest mené par les États-Unis et l'Est mené par l'URSS.

[28] Le pouvoir charismatique ou l'autorité charismatique puise à l'adhésion inconditionnelle de « fidèles » envers les préférences du dirigeant.

- Vue *tridimensionnelle.* Une région *convainc d'autres régions que ses valeurs (à elle) sont bénéfiques pour elles.* Dans l'AGF, c'est s'imposer en exportant un modèle institutionnel de construction régionale[29], changer la dynamique ouverte d'*imposition* en incitation couverte d'*imitation*, convaincre d'autres régions : il est plus facile pour elles d'interagir si elles s'ouvrent aux façons de la région inspirante, relayant le niveau régional envers leurs identités nationales constituantes. C'est un moyen puissant mais plus « doux » d'influencer les autres.

Entre universalisme (aujourd'hui), colonialisme (hier) et impérialisme (avant-hier), la différence est de degré, pas de nature. Le recours à l'imposition n'a pas changé. Sa forme s'est adaptée à une dynamique entre États souverains et régions inégales. Que les premiers cèdent ou non aux Régions-États, ce jeu favorise les *régions* concurrentes entre elles.

2. Lancements régionaux conflictuels entre régions et « prolifération » des régions

L'émergence de régions partout en même temps crée une « course aux ressources » influentielles, non l'harmonisation progressive des présences régionales dans le monde.

Cette multiplication globale des régions touche le monde entier, passé de quelques dynamiques régionales avant 1990 à plusieurs dizaines, véritable « prolifération des régions » au-delà de l'Asie-Pacifique[30], où le processus de régionalisation est très précoce. Il commence dès 1989 par l'APEC (sommets de Canberra 1989 et Séoul 1990), avant la fin de la guerre froide (1991)[31]. Cette initiative (terme neutre) ou

---

29 Des séminaires sont organisés dans ce but. Voir *Is There a European Model of Governance ? A Comparative Perspective*, Conférence de l'AISP, 18-20 mars 2010, Bâtiment Jean Monnet, Commission Européenne.

30 Ce chapitre se centre sur l'Asie-Pacifique mais son analyse se veut valable pour d'autres régions également. Le Mercosur et Maastricht en 1991 ont entraîné l'Alena en 1993. L'UE de 1992 a conduit l'Afrique de l'Ouest à ajouter en 1994 une Union économique et monétaire oust-africaine à la Communauté économique des États d'Afrique de l'Ouest de 1975. Et la fin de la guerre froide et de l'apartheid a mené l'Afrique australe en 1992 à inclure l'Afrique du Sud dans la Communauté de développement de l'Afrique australe, tandis que l'Asie du sud similairement a réactivé en 1992 l'Association d'Asie du Sud pour la coopération régionale. Des projets comme celui d'un grand marché commun de la Mer noire dans les années 1990 et de conseils comme le conseil de coopération du Golfe, bien que créé en 1981, y font écho.

31 Décembre 1991 est le démantèlement de l'URSS. L'effondrement du mur de Berlin se produit en octobre 1989, le sommet de Malte a lieu en décembre 1989 et le retrait des républiques baltes de l'URSS, a anticipé de plus d'une année sur cette rupture, du moins pour la Lituanie (voir *supra* note 5).

offensive (expression réaliste) comble le vide de l'après-bipolarité, unit le Pacifique, espace géopolitique considéré moins « vital » que d'autres, en une communauté du Pacifique complétant la communauté Atlantique et multilatérale au-delà des traités bilatéraux États-Unis/Japon (1953) et États-Unis/Corée (1954). Régionalisation et multilatéralisation sont deux faces d'une même pièce.

La partie américaine de l'Asie-Pacifique lance tôt deux initiatives : sud-américaine (MERCOSUR, 1991) et nord-américaine (ALENA, 1993), en contre-offensive à Maastricht. Quarante ans durant, la guerre froide empêchait les régions de décider de leur action par nécessité de s'aligner sur une superpuissance[32] et l'Europe s'unit au départ « par » les États-Unis[33]. Désormais libres, elles créent leur propre voie. La régionalisation est donc aussi un désalignement.

La partie asiatique de l'Asie-Pacifique déclenche en 1995-1996 trois initiatives concomitamment à des dynamiques européennes.

L'Asie du Sud-Est élargit l'ASEAN de six à dix membres en quatre ans (1995-1999)[34]. C'est une « ASEAN-II », innovant avec « l'ASEAN +3 » en 1997 (« +6 » depuis 2010) et le Forum régional de l'ASEAN en 1994. Ce potentiel politique est détourné après 2001 par le terrorisme mais donne sens à une communauté d'Asie de l'Est : les pays du Nord-Est (Chine, Corée, Japon) rejoignent une « communauté de l'Asie de l'Est » (premier sommet en 2005).

La Chine et la Russie engagent l'Asie centrale dans un « groupe de Shanghai » en 1996, offensive soustrayant les républiques indépendantes à l'influence occidentale (États-Unis, UE). L'Ouzbékistan, tourné vers l'Occident au début des années 1990, s'engage dans la région après 2005 (sanctions imposées par l'Occident suite à la répression d'Andijan), rejoint en 2001 l'organisation de coopération de Shanghai. Cette offensive précoce (dès la fin de la guerre civile tadjike 1992-96) associe Chine *et* Russie pour la première fois après 1956 ; et rallie Asie centrale et Russie *indirectement* via la Chine, donnant à celle-ci un rôle de premier plan.

Une offensive *réactive*, les Sommets Asie-Europe en 1996, vise deux buts : elle permet à l'ASEAN de ne pas être isolée (par Shanghai) et engage

---

32 Ceci doit être affiné pour la Chine, alignée sur l'URSS de 1949 à 1956, puis « engageant » les États-Unis dans un rapprochement qui porte ses fruits au début des années 1970.

33 Organisation pour la coopération et le développement en Europe, 1948 ; le plan Marshall est proposé par les États-Unis aussi à l'Europe de l'Est et l'URSS, dont le refus est un point de départ de la guerre froide.

34 Le Vietnam est admis en 1995 (pourtant un régime communiste alors qu'en 1967 l'ASEAN représentait « l'Asie qui peut dire non au communisme »), le Laos et le Myanmar en 1997, le Cambodge en 1999.

« l'ASEAN +3 » tout en donnant une substance à une politique étrangère de l'UE : le traité de Maastricht comprend une politique étrangère et de sécurité commune (Chabal, 2004c) ; elle permet à la Chine de réagir face aux Européens et de servir son rôle de carrefour : symbolique et cartographique. L'ASEM relie Asie du Sud-Est et Eurasie occidentale, « endiguant » donc l'Asie de Shanghai[35].

Six offensives sous-régionales en six ans ! Décor riche : un panasiatisme (ASEAN + 'contre' Shanghai) et un pan-est-asiatisme (sommet de l'Asie de l'Est), et non coïncidence. Intense concurrence pour le pouvoir géopolitique et le *leadership* interrégional. Seule la Chine est membre de toutes les dynamiques d'Asie : APEC, ASEAN +, OCS et ASEM. Les États-Unis (membre de l'APEC et de l'ALENA mais ni de l'ASEAN +, ni de l'ASEM, ni de l'OCS) ne sont un concurrent pour la Chine qu'en termes *globaux*[36]. La tension États-Unis/Chine dès le début des années 1990 évolue vers la guerre à travers l'analyse *interrégionale*[37].

3. *La nouvelle hypothèse « confrontationnelle » de la nouvelle guerre froide*

Ces facteurs discursif (1) et proliférant (2) créent entre régions une concurrence, dont l'histoire a montré (Thucydide, guerres du Péloponnèse) la victoire « à somme nulle ». L'âpreté de la concurrence se décline en tension commerciale UE/Chine (textile) et UE/Russie sur le gaz (au moment où l'Ukraine pourrait élargir *ou* l'Europe *ou* l'Eurasie).

Cette tension interrégionale impose de redéfinir la bipolarité. Depuis 1991, la nouvelle guerre froide, interrégionale par essence, vise deux « super-régionaliseurs » (Chine, États-Unis), deux activistes multilatéraux interdépendants. Chacun cherche, non plus à « diviser pour régner » mais à « intégrer pour mieux régner »[38] et offre aux régionalisations ouvertes des « coprospérités » en se plaçant au carrefour de trois régionalismes, la Chine pour *répondre à des besoins*, les USA pour *projeter leur puissance en offrant de la sécurité*.

---

35 Sur « l'Asie innovée », l'Asie centrale s'équipe de plusieurs structures centralasiatiques : P. Chabal, « Euro-Centralasian interregional recognition in the post cold war : comparing some conceptual and interpretative suggestions », in C. Puigelier (dir.), *La Reconnaissance*, Bruxelles, Bruylant, 2011, pp. 401-433.

36 Les États-Unis (et le Japon) ont demandé le statut d'observateur de l'OCS, ce qui leur a été refusé.

37 La fin de la guerre froide suggère que la tension USA-URSS du passé récent soit remplacée (immédiatement ?) par une tension (aussi féroce ?) entre USA-Chine.

38 Puisque chacun dirigeait un camp retranché, 'verticalement', en quelque sorte. 'Associer' en 's'accordant', comme dans l'accord de libre-échange d'Amérique du Nord (ALENA), ou 'intégrer' par le seul impact d'avantages quantitatifs comme dans l'OCS, voici deux formes différentes de « régionalisation par dessein ».

La Chine, dans chaque coopération intégrative d'Asie – l'europacifique-asianisme[39] de « l'ASEAN + », l'OCS et l'APEC –, sert son besoin d'être légitimée en acteur multipolaire. L'ASEAN, après ses élargissements dès 1995, a besoin de la Chine, d'où « l'ASEAN +3 », pour attirer l'Europe dans l'ASEM. Ce dernier n'a de sens que par l'ASEAN « +3 ». La dynamique de Shanghai correspond au besoin postsoviétique de réguler les relations Russie-Asie centrale et, pour la Chine, d'une politique énergétique vers l'ouest. L'APEC, ambition globale pour le Pacifique, a besoin de la partie est-asiatique de son pourtour (et de Taiwan, avec qui la RPC peut coexister : l'APEC n'est pas une organisation interétatique).

Les États-Unis ont une politique étrangère de projection[40] pour sécuriser continents et océans (Atlantique, Amériques, Pacifique), dynamique de *leadership.* L'atlantisme et l'OTAN sont une forme *sectorielle* (militaire, pas holistique) *réduite* (Europe de l'Ouest, pas l'Eurasie) de transformer la puissance projetée en 1917 et 1941 en une sécurisation permanente de l'Eurasie non communiste[41]. Le commercialisme ALENA en Amérique du Nord vise une marchandisation de l'Amérique du Sud (MERCOSUR). « L'Amérique aux Américains » signifie en 1823 « pas aux Européens » ; aujourd'hui « pas à d'autres régionaliseurs ». Le coopérationnisme du Pacifique, sécurisation réactive d'un espace qui complète l'Atlantique, place les États-Unis au centre de commandement de deux océans[42], justifiant Mahan (note *supra*).

Cette institutionnalisation régionale ouverte (plus multilatérale pour la Chine que pour les USA ; plus verticale pour les USA que pour la Chine) confronte deux régionaliseurs, non pas deux civilisations s'affrontant l'une l'autre ouvertement (Huntington, 1993) (la dissuasion a rendu obsolètes les agressions ouvertes) mais une tension renforcée sans guerre majeure. La nature de cette tension diffère du passé (superpuissances s'affrontant en tactiques de même nature dans un miroir inversé) et offre deux nuances.

Une différence dans la constance du multilatéralisme régional : Chine et USA sont impliqués mais Beijing plus que Washington. À l'origine, l'unilatéralisme états-unien et la centralité chinoise sont

---

[39] Le concept « d'asianisme » ici sous l'angle stratégique. Pour une approche historique, voir le chapitre de Yun-ping Wang sur « L'idée d'Asie et d'asianisme » dans la pensée politique chinoise et japonaise.

[40] Un des postulats de la pensée géopolitique d'A. Mahan est que l'espace maritime est, pour les États-Unis, un espace de projection naturelle de puissance, les frontières des États-Unis étant les côtes des autres nations.

[41] C'est exactement le même scenario que celui suivi par les États-Unis en Arabie saoudite depuis 1990/1991, après l'intervention concernant le Koweit.

[42] Comme on l'a dit *supra*, l'APEC est une initiative japonaise et australienne dès la fin des années 1980.

comparables mais la Chine, depuis la fin des années 1990 et sa « retenue » dans la crise économique de 1997-1998[43], s'est adaptée à un monde multirégional et désaligné (essais nucléaires indiens et pakistanais ; programmes nucléaires nord-coréen et iranien). Son rôle en Asie change. Elle accepte les besoins de l'ASEAN, la stabilisation de la Russie et le jeu de l'APEC. C'est un exemple pour l'Asie centrale, l'Asie de l'Est et la Russie. Le multilatéralisme de certains est confronté au poids multilatéral moindre des autres : les États-Unis dominent l'ALENA et l'OTAN et veulent continuer à dominer. Leur difficulté est conceptuelle et diplomatique : une région a un sens géopolitique et entraîne des obligations malgré sa dimension plurinationale ; la confrontation est devenue plus subtile qu'au temps de l'impérialisme et du colonialisme, attitudes de la guerre froide.

Une différence dans le degré concret des réalisations complexes : Chine et États-Unis donnent des signes clairs de participation régionale mais Beijing plus que Washington. Le multilatéralisme aide à convaincre par actes concrets, économiques ; l'unilatéralisme veut s'imposer par les idées, voire les jugements abstraits, dont les « chocs » (Huntington, 1993). L'asianité de la Chine (le commerce comme principal mode d'interaction) est un atout. L'occidentalité des États-Unis (accords formels comme principal mode d'échange) est une rigidité. Multilatéralisme et unilatéralisme ont besoin d'armes mais croissance multilatérale dans un cas et positionnement de valeur vis-à-vis du bien ou du mal[44] dans l'autre.

Des initiatives-offensives, des concurrences-endiguement, des interrégionalismes comme nationalismes : un après-guerre froide bien moins pacifique qu'envisagé en 1989-1991...

En conclusion, l'analyse de régionalismes opposés (Eurasie, Asie, Asie-Pacifique) éclaire la nature de leur concurrence : diversifiée par secteurs, intensifiée en détermination, clarifiée dans ses acteurs. De nouveaux « super-régionaliseurs » changent l'idée d'un apaisement international d'après-guerre froide en une radicalisation interrégionale. En quarante ans, le monde est passé d'Helsinki à Kaboul. La vision helsinkienne d'une réconciliation Est-Ouest cède à une évolution rapide

---

43 *Leader* de la croissance peu affecté par la crise (internationalisation limitée de son secteur public et bancaire), son attitude macroéconomique fut la solidarité régionale : une dévaluation du *yuan* ajoutée à la chute des monnaies thaï, coréenne, indonésienne et japonaise, aurait ruiné l'avantage comparatif exportateur résiduel de ces pays, seul atout qui leur restait (faire rentrer des devises par leurs exportations). Dévaluer correspondait pourtant à la longue hésitation chinoise de dévaluer le *yuan* pour stimuler ses exportations et frapper le Japon.

44 Le 'bien' comme 'valeur' universelle. Le 'mal' comme 'axe' particulier (voir l'axe du mal, expression de George W. Bush en 2001).

illustrée par l'enjeu Afghan : l'influence occidentale dans la région, le pays ne pouvant pas réconcilier les influences et devenant source de confrontation entre régionaliseurs, Chine et États-Unis[45] : retrait des troupes occidentales ou mouvement centripète chinois sous l'égide de l'OCS ?

La concurrence est un cas spécifique d'internationalisation de la liberté. Dans l'après-guerre froide, 'international' signifie 'régional'. Seul phénomène mondial des vingt dernières années, la régionalisation accélérée fait des régionalisation*s* des régionali*smes* à la nature confrontationnelle mutuellement assurée[46]. 'Liberté' signifie moins de codification, donc plus de concurrence, ce qui est paradoxal : la codification accrue (l'OMC a plus de pouvoir que le GATT) et le droit international cohabite avec une agressivité que la disparition des frontières et des blocs a diversifiée. C'est la liberté d'affronter, d'agresser, de contester dans un monde « dé-frontiérisé ». La liberté est *essentiellement* concurrentielle[47], dominatrice, du commerce à l'information, du militaire au scientifique, de la coopération au terrorisme.

Notre notion de la concurrence est politiste. Pour le juriste, « concurrence » évoque la réglementation qui « règle » les différends[48]. Pour l'économiste, « concurrence » permet que, sur le marché, une main « invisible » équilibre l'offre et la demande. Pour le politiste, « règlement » ou « équilibre » ne s'appliquent pas : « concurrence » évoque des jeux de pouvoir débouchant non sur la domination *par un seul* mais sur des dynamismes de pouvoir *entre tous*. La main « cachée » dissimule l'équité *des vainqueurs*, imposant *leur* justice, impériale, coloniale, néocoloniale. L'après-guerre froide n'est pas pacifique. Le transport de l'énergie depuis la Caspienne vers la mer d'Oman oppose les États-Unis/OTAN à la Chine/OCS dans leur concurrence interrégionale. Cette confrontation massive et belliciste se produira même si, pour le moment, seule la Chine est dans une vraie dynamique régionale avec l'OCS ; et les États-Unis encore dans une confrontation État à État. L'OTAN n'est pas une organisation régionale, l'OCS l'est bien, ceci *en tout réalisme*.

---

45 La « confrontation » ou, dans un vocabulaire plus approprié à l'après-guerre froide, la « concurrence confrontationnelle ».

46 Voir P. Chabal (2012), *What does 'International' mean ?*, exposé lors de la conférence consacrée au centenaire de la naissance de S. Kunaev, Almaty, Kunaev University, 25 mai.

47 Une nature, dont l'essence est la concurrence : Voir Steven Lukes (1974), *Power*, Londres, MacMillan, 63 p.

48 De fait, le droit de la concurrence peut-il conduire au commerce équitable ou ne s'inscrit-il pas plutôt dans une dynamique plus complexe ?

Sigles utilisés

AL / LA	Amérique Latine / Latin America
ALENA	Accord de Libre-Échange Nord-Américain (NAFTA en anglais)
APEC	Asia-Pacific Economic Cooperation / Coopération Économique de l'Asie-Pacifique
ASEAN	Assocation des Nations d'Asie du Sud-Est / Association of Southeast Asian Nations (ANASE)
ASEAN + 3	ASEAN Plus Trois (China, South Korea, Japan)
ASEAN + 6	ASEAN Plus Six (China, South Korea, Japan, Australia, India, New Zealand)
ASEM	Dialogue Europe-Asie / Asia-Europe Meeting
BM / WB	Banque Mondiale / World Bank
BIT / ILO	Bureau International du Travail / International Labour Office
CAE / EAC	Communauté de l'Asie de l'Est / East Asian Community
CED / EDC	Communauté Européenne de Défense / European Defence Community
CEDEAO	Communauté des États d'Afrique de l'Ouest (ECOWAS en anglais)
EU / USA	États-Unis / United States of America
FMI / IMF	Fonds Monétaire International / International Monetary Fund
FRA / ARF	Forum régional de l'ASEAN / ASEAN Regional Forum /
GATT	Accord Général sur les tarifs douaniers et le commerce (AGETAC)
GB / UK	Grande-Bretagne / United Kingdom
LMD	'Licence' (BA), Mastère, Doctorat
MERCOSUR	Marché Commun du Sud / Mercado Commùn del Sur
OCS / SCO	Organisation de Coopération de Shanghai / Shanghai Cooperation Organisation
OMC / WTO	Organisation Mondiale du Commerce / World Trade Organisation
OTAN / NATO	Organisation du Traité de l'Atlantique Nord / North Atlantic Treaty Organisation
PESC / CFSP	Politique Extérieure de Sécurité Commune / Common Foreign and Security Policy
PESD / ESDP	Politique Européenne de Sécurité et de Défense / European Security and Defence Policy

PNB / GDP	Produit Intérieur Brut / Gross Domestic Product
SAE / EAS	Sommet de l'Asie de l'Est / East Asian Summit
UEMOA	Union Économique et Monétaire de l'Ouest Africain (EMUWA)
UE / EU	Union Européenne / European Union
UEM / EMU	Union Économique et Monétaire / Economic and Monetary Union
UEO / WEU	Union de l'Europe Occidentale / West European Union (WEU)
URRS	Union des Républiques Socialistes Soviétiques

Bibliographie

Beits, Charles (1979), *Political Theory and International Relations*, Princeton University Press, 253 p.

Boniface, Pascal (1998), « The proliferation of States », *The Washington Quarterly*, Summer, pp. 111-127.

Boniface, Pascal (dir.) (2000), dossier « La prolifération étatique », *La Revue Internationale et Stratégique*, n° 37, Printemps.

Chabal, Pierre (2004a), « From Bilateral Decolonisation to Regional Construction : The Case of Western Africa », *Revue Juridique et Politique des États francophones*, n° 3, juillet-septembre, pp. 420-451.

Chabal, Pierre (2004b), « What security for Western Eurasia after the demise of the Warsaw Pact ? Evolving concepts and security strategies », NATO, *Modernisation Processes in Central Asia : models of future*, Ablai Khan University, Almaty, Kazakhstan, October 28-29, publié dans *Bulletin of Al-Farabi Kazakh National University* (Series in International relations & law), 2007.

Chabal, Pierre (2004c), « Europe's foreign policy in the light of its new 'constitutional Treaty' », Korean Society of Contemporary European Studies & Korea Research Foundation, *A Constitution for Europe and the Future of European Integration*, Seoul, 26 novembre 2006.

Chabal, Pierre (2006a), « International integration of higher education systems : the end of structural differentiation ? », in conference *The Processes of International Integration in the Field of Higher Education*, the Russian Academy of Finance, in *Review of the Finance Academy*.

Chabal, Pierre (2006b), « On the concept of a (regional) Cultural Community », seminaire du Northeast Asian Network forum, Yonsei University, Seoul, February

Chabal, Pierre (2007), « Interpretative and Conceptual approaches of the interregional Euro-Centralasian relations in the post cold war », Atelier

Central Asia in the new interregional geopolitical relations, 3e Congrès du Réseau Asie, CNRS-Asieme, Paris, 26-27-28 septembre. Publié in C. Puigellier (dir.) *La Reconnaissance*, Paris, PUF, 2011, pp. 35-68.

Chabal, Pierre (dir.) (2010a), *Institutionalising Regions : East-Asian and European perspectives on regional regime dynamics*, Paris, Apopsix, 391 p.

Chabal, Pierre (dir.) (2010b), *Régions, Institutions, Politiques : perspectives euro-asiatiques institutionnelles et fonctionnelles*, Paris, Apopsix, 328 p.

Coutau-Bégarie, Hervé (2001) *Géostratégie du Pacifique*, Économica ; (1998) *La Puissance maritime*, Paris, Fayard ; (1999) *La Lutte pour l'empire de la mer*, Économica ; (2003) *Traité de stratégie*, Économica.

Cox, Robert (1983), « Gramsci, Hegemony and International Relations : an essay in method », *Millennium – Journal of International Studies*, vol. 12, n° 2, pp. 162-175.

Gilson, Julie (2005), « New Interregionalism ? The European Union and East Asia », *European Integration*, vol. 27, n° 3, September, pp. 307-326.

Gilson, Julie (2002), « The Development of Europe's linkages with East Asia : Hybrid Trans-Regionalism ? », in *Working paper 2002-2003*, Institute of European Studies, University of California Berkeley, December, 66 p.

Hänggi, Heiner (2003), « Regionalism through interregionalism », in Liu, Fu-Kuo & Régnier, Philippe (eds.), *Regionalism in East Asia : Paradigm shifting ?*, Curson, Routledge, 257 p.

Hänggi, Heiner (2000), « Interregionalism, empirical and theoretical perspectives », Paper presented at the workshop *Dollars, Democracy and Trade ; External influence on Economic Integration in the Americas*, Los Angeles, The Pacific Council of International Policy, May, 14 p.

Haushofer, Karl (1941), *Das Werden des deutschen Volkes* ; *Von der Vielfalt der Stämme zur Einheit der Nation*, Berlin, Propyläen-Verlag.

Hettne, Björn (2004), « Interregionalism and World Order », Paper read at Section 33 *States, regions and regional world orders*, SGIR, 5th Pan-European International Relations Conference, The Hague, September 9-11, 26 p.

Hettne, Björn et Söderbaum Fredrik (1999), « The new regionalism approach », *Politeia-Journal of the Departments of Political Sciences and Public Administration*, University of South Africa, vol. 17, n° 3, pp. 6-21.

Hettne, Björn (2003), « The New Regionalism Revisited », in Söderbaum, Fredrik et Shaw, Timothy M. (eds.), *Theories of New Regionalism*, Palgrave, Macmillan, 272 p.

Huntington, Samuel (1993), « The Clash of Civilisations and the Remaking of World Order », *Foreign Affairs*, vol. 72, n° 3, Summer issue, pp. 22-49.

Lukes, Steven (1974, 2nd ed. 2005), *Power : a radical view*, Macmillan Press, 64 p.

Mattli, Walter (1999), *The Logic of Regional Integration*, Cambridge University Press, 207 p.

Milliken, Jennifer (1949), « The Study of Discourse in International Relations, a critique of end and methods », *European Journal of International Relations*, vol. 5, n° 2, pp. 225-54.

Orwell, George (1949), *Nineteen Eighty-Four*, publié en France en 1950, Paris, Gallimard, 439 p.

Pareto, Vilfredo (1916), *Trattato di sociologia generale*, Firenze, G. Barbéra, traduit en 1935 : *The Mind and Society*, Harcourt, Brace.

Ratsel, Friedrich (1897) *Politische Geographie*, 2nd edition 1903, Oldenbourg Munich-Berlin.

Ripsman, Norrin (2005), « Two Stages of Transition from a Region of War to a Region of Peace : realist transition and liberal endurance », *International Studies Quarterly*, n° 49, pp. 669-693.

Rüland, Jürgen (2002), « Interregionalism in International Relations », Conference Summary, Arnold-Bergstaesser-Institute, Freiburg, Germany, 31 janvier et 1er février.

Rüland, Jürgen (2002), *Inter and Transregionalism : Remarks on the state of the Art of a New Research Agenda*, Paper to Workshop on Asia-Pacific Studies in Australia and Europe, Australian National University, National Europe Centre Paper, n° 34, 5-6, July.

Reiterer, Michael (2002), « The Asia Europe Meeting : the importance of the 4th ASEM Summit in the light of 11 September », *European Foreign Affairs Review*, vol. 7, issue 2, Summer, pp. 133-152.

Santander, Sebastian (2007), « Global framework of regional economic integration », in Mario Telò (dir.), *European Union and New Regionalism : regional actors and global governance in a post-hegemonic era*, London, Ashgate, pp. 327-356.

Slocum, Nikki et Van Langenhove, Luke (2004), « The meaning of regional integration : introducing positioning theory in regional integration studies », *Journal of European Integration*, vol. 26, n° 3, pp. 227-252.

European Commision (2010), « Is There a European Model of Governance ? A Comparative Perspective », IPSA Conference, March 18-20.

La mondialisation économique durable en crise depuis 2008

L'absence de solution interrégionale comme cause de guerre ?

Victor-Romeo IONESCU

Université Danubius, Roumanie

(traduit de l'anglais par P. Chabal)

L'histoire économique connaît de profonds changements. Si l'humanité a été, à la fin du XXe siècle, protégée d'un conflit militaire de grande envergure, le début du XXIe siècle voit l'émergence d'un autre type de conflit mondial : pour la survie économique. Les États participent globalement à cette lutte, où tous les coups semblent permis. Le mythe de solutions économiques globales – penser globalement, agir localement – relève de la fiction.

La crise depuis 2008 démontre que la mondialisation est une approche globale du monde mais qu'elle néglige une caractéristique de l'espèce humaine : vivre ensemble pour se protéger et se développer. Depuis deux siècles, elle est pourtant utilisée par une minorité afin de dominer la majorité, d'où une course vers le bas aggravant les disparités mondiales.

Ceci engendre une concurrence théorique entre régionalisme et mondialisation. Cette dernière a besoin d'outils pour développer/détruire les mécanismes économiques. L'existence du FMI, de la Banque mondiale ou de l'OMC suppose un conflit, une crise économique, sociale et politique. Ces organes internationaux ont éliminé un élément fondamental de l'économie : l'impossibilité d'expérimenter sur les personnes les instruments économiques !

L'équilibre de la puissance en économie mondiale et le processus de mondialisation dans la recherche en cours (I) définissent l'évolution de ce processus, dont l'année 2008 a changé le cours (II). D'où les prévisions économiques mondiales (III) et de deux organismes régionaux : l'UE et le BRIC (IV). L'équilibre change : les moteurs de l'économie mondiale ne sont plus les États-Unis, l'UE-28 et le Japon mais la Chine, l'Inde, le Brésil, le Vietnam, etc.

I. État de la recherche en relations économiques internationales

L'analyse économique de la mondialisation[1] suggère que seule l'approche globale peut résoudre les grands problèmes sociétaux : pollution, réchauffement, terrorisme, réduction des ressources, etc.[2]. Le déficit commercial des États-Unis pèse plus sur les entreprises du pays après l'adhésion à l'ALENA[3] et dans la mondialisation[4].

Pour d'autres, la mondialisation offre aux firmes multinationales une péréquation générale des prix, des biens, des salaires, des taux d'intérêt et des bénéfices[5] dans l'économie mondiale[6]. Elle intègre les économies nationales en une économie internationale aux flux clarifiés : commerce, IDE, capitaux à court terme, travailleurs, travail et technologie[7].

L'on a critiqué les effets négatifs des blocs régionaux sur le travail[8], les perspectives de l'économie mondiale contemporaine[9], la crise mondiale actuelle. Les crises en Asie et en Amérique latine sont un avertissement. Comme les maladies résistent aux antibiotiques, les maux économiques, après la dépression de 1929, sont réapparus. L'échec à réglementer un système financier à la dérive, a précipité le monde dans la pire crise financière depuis 1930 mais des mesures peuvent en limiter l'ampleur et le remettre à flot[10].

---

1 Levitt, Th. (1983), « The Globalisation of Markets », *Harvard Business Review*, mai-juin.

2 Florini, A. (2000), *The Third Force*, Tokyo, CIE.

3 Nag, A. et Goldfarb, J. (2001), *Bethlehem Files for Chapter 11*, Reuters News Service, October 15.

4 Scott, R.E. (2001), *NAFTA Hidden Costs*, Economic Policy Institute, Washington D.C.

5 Shariff, Ismail (2003), « Global Economic Integration : Prospects and Problems », *International Journal of Development Economics*. Development Review, vol. 1, n° 2.

6 Gabel, N. et Bruner, H. (2003), *Global Inc.: An Atlas of the Multinational Corporation*, New York, The New Press.

7 Bhagwati, J. (2004), *In Defence of Globalization*, Oxford, Oxford University Press.

8 Bacon, D. (2004), *The Children of NAFTA : Labor wars on the U.S./Mexico Border*, Berkeley, University of California Press. Voir aussi MacGillivray, Alex (2006), *A Brief History of Globalization : the Untold Story of our Incredible Shrinking Planet*, New York, Carroll & Graf Publishers.

9 Stiglitz, Joseph E. (2006), *Making Globalization Work*, New York, W.W. Norton & Company, Inc.

10 Krugman, Paul (2009), *The Return of Depression Economics and the Crisis of 2008*, New York, W.W. Norton & Company.

Des spécialistes roumains analysent la dynamique de marché ouvert[11], surtout au sein du capitalisme, la concurrence entre paradigmes, la montée et la chute du « fondamentalisme du marché », le rôle de l'éthique dans la vie économique, la doctrine et l'action politique dans l'après-communisme, la relation entre mondialisation et dynamique du capitalisme, le développement postcommuniste en Roumanie et la signification de la crise financière actuelle.

La mondialisation impacte l'environnement par la démarche de développement durable, comme croissance économique liée à la protection de l'environnement[12]. C'est une nouvelle approche de la mondialisation[13].

II. L'année du changement et du basculement : 2008

La crise mondiale actuelle diffère des précédentes : elle affecte le monde économique dans son ensemble. Pour la première fois, toutes les économies nationales sont face à des défis communs. De plus, la crise représente une opportunité pour les économies capables de s'adapter plus rapidement aux nouvelles conditions.

Les acteurs économiques mondiaux les plus puissants peinent à opposer des solutions viables à la crise, exportée d'un pays et continent à l'autre. Les organisations d'intégration *régionale*, modèles de réussite il y a peu, s'essoufflent à créer la croissance durable. Les décisions politiques qu'elles prennent créent l'opposition de gouvernements *nationaux*.

S'impose une analyse comparée entre les plus grands acteurs économiques mondiaux liée à leurs possibilités de faire face à la crise. L'évolution du PIB suggère que la crise a eu des effets différenciés sur diverses économies (voir Fig. 1).

---

11 Daianu, D. (2009), *Capitalismul încotro ? Criza economică, mersul ideilor, instituţii*, Bucharest, Polirom.

12 Bran, Florina, Ioan, Ildiko (2009), *Globalizarea şi mediul*, Bucharest, Editura Universitara.

13 Ritzer, G. (2011), *Globalization. The essentials*, UK, Wiley-Blackwell.

Figure 1 : La croissance économique dans la crise mondiale (%)
(Source : V. Ionescu)

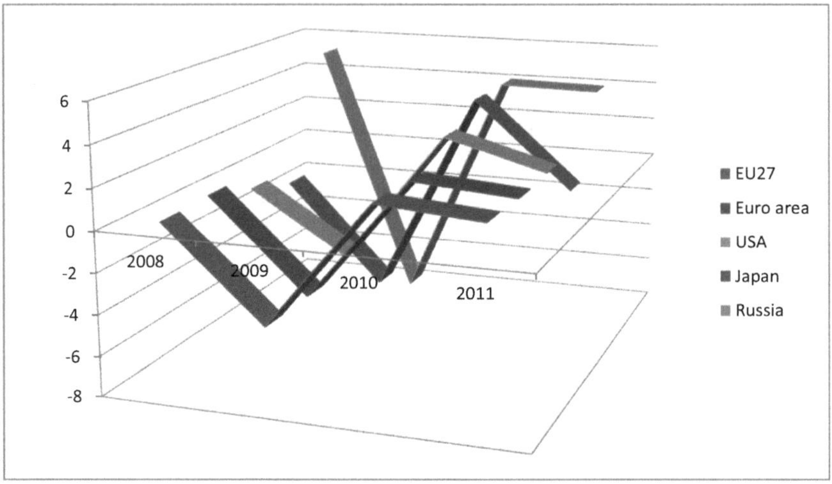

Ces acteurs économiques (Fig. 1) ont tous connu la récession en 2009, année où seule la Chine a enregistré un taux de croissance positif, plus faible qu'en 2008. L'exportation de la crise aux USA a touché d'abord le Japon (2008). Les autres économies ont enregistré des taux de croissance négatifs en 2008, ont dépassé la récession en 2010. En 2011, cinq de ces six pays ont eu un taux de croissance positif plus faible, sauf le Japon (catastrophe de Fukushima).

Seuls trois pays ont été en mesure de se remettre complètement de la crise de croissance économique en 2010-2011 : les États-Unis, la Chine et la Russie. La reprise économique au Japon, dans la zone euro et dans l'UE-28 n'a pas suffi pour retrouver les taux de croissance d'avant la crise[14].

L'évolution des pays BRIC au cours de la crise montre qu'ils ont pu atteindre des taux de croissance élevés, d'où un développement plus rapide (voir Fig. 2). Ces pays sont dotés de fortes ressources en matériaux précieux, de hautes capacités de production industrielle, qui influencent les prix mondiaux des matières premières et aussi ceux des biens industriels.

---

14 Commission Européenne (2011), *European Economic Forecast – Autumn*, in European Economy, n° 6, Bruxelles.

Figure 2 : La croissance économique dans les pays du BRIC (Source : V. Ionescu)

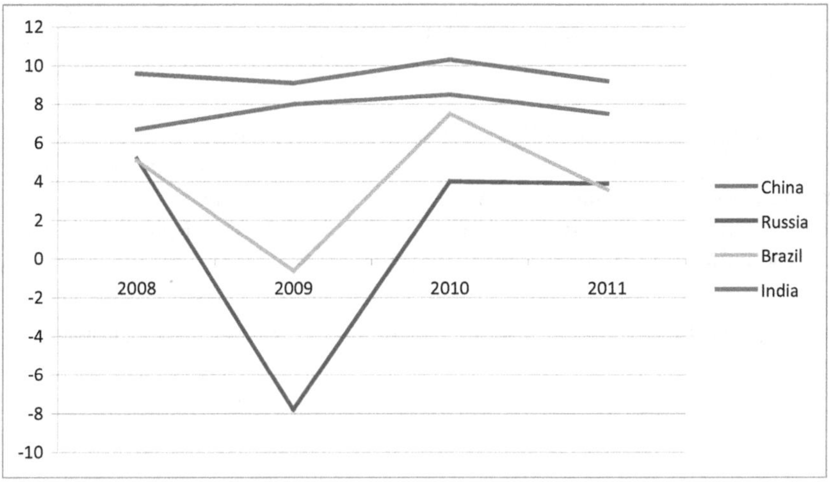

Ces grands pays émergents ont bénéficié d'un avantage comparatif au cours de la crise. Leurs taux de croissance ont diminué en 2011 mais ils représentent de nos jours les moteurs du développement économique mondial.

III. Et ensuite ? Prévisions économiques mondiales

Une crise permet peu les prévisions macroéconomiques fiables, à moyen et long terme, qui ont quasi disparu. Les évolutions économiques actuelles permettent juste des prévisions à court terme. Celles des organismes statistiques spécialisés changent sans cesse. Eurostat, organe officiel de l'UE-28, en fait deux chaque année (printemps et automne) et sur seulement deux ans. La vérification de ces prévisions est malaisée dans le désordre.

La crise mondiale a renforcé l'idée que les solutions *globales* ne servent pas chaque économie *nationale*. Les grands organismes économiques régionaux ne peuvent donc trouver de solution idéale pour tous leurs membres. Gérer l'impact de la crise a gêné l'UE-28, la zone euro, l'ALENA, l'ASEAN, les BRIC, etc. Le marché mondial est devenu un champ de bataille, où les pays capables d'en couvrir une grande partie vont survivre à la néo-guerre économique, où les combattants s'affrontent autrement que par le système politique économique traditionnel.

Les instituts financiers internationaux peuvent développer l'impact de la crise à l'aide des prévisions économiques dédiées. Les récentes prévisions de la Banque mondiale utilisent quelques idées, telles que : « Les pays en développement doivent se préparer au pire » ou « l'économie mondiale fait face à des incertitudes renouvelées »[15]. Ces déclarations ont le pouvoir de conduire l'évolution économique mondiale dans une direction spécifique. Aujourd'hui, les principaux acteurs économiques sont l'UE et l'Asie émergente.

Les prévisions officielles restent importantes pour attirer les IDE potentiels dans les régions les plus « durables » mais Eurostat et la Banque mondiale divergent dans leurs prévisions, notamment pour 2012-2013. La zone euro bénéficie d'une approche plus optimiste de la part d'Eurostat que de celle de la Banque mondiale (voir Fig. 3).

Figure 3 : Les prévisions pour la Zone Euro (%) (Source : V. Ionesu)

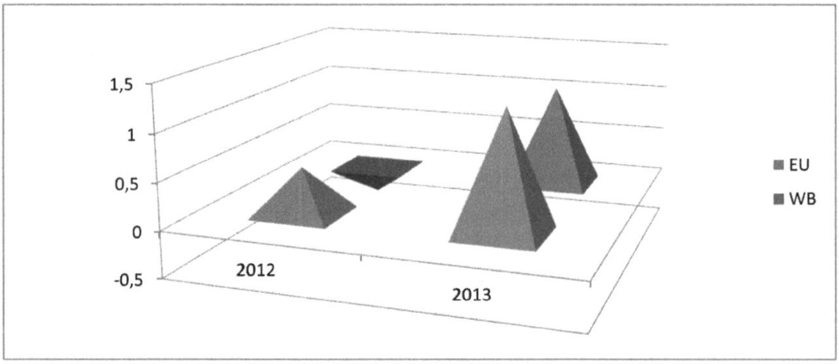

La Banque mondiale parlait de récession en 2012 (-0,3 %) et de reprise plus faible (1,1 %) en 2013 dans la zone euro. Eurostat prévoyait une tendance positive en 2012-2013 avec des taux de croissance annuels élevés (0,5 % et 1,3 %). Un investisseur qui fait confiance à la Banque mondiale aura donc investi hors de la zone euro en 2012. Il n'investira dans la zone euro que s'il croit les prévisions d'Eurostat.

Les mêmes prévisions « pessimistes » d'Eurostat vont au Japon : 2,8 % de croissance en 2012-2013, à comparer à 3,5 % dans celles de la Banque mondiale (voir Fig. 4).

15 Banque mondiale (2012), *Global Economic Prospects*, vol. 4, January, Washington D.C., pp. 3-4.

Figure 4 : Les prévisions pour l'économie japonaise (%)
(Source : V. Ionesu)

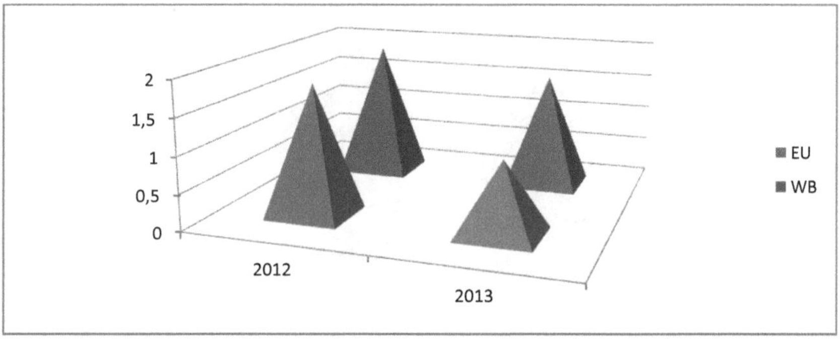

Les disparités les plus faibles entre les prévisions pour 2012-2013 sont celles qui sont liées à l'économie chinoise (voir Fig. 5).

Figure 5 : Les prévisions pour l'économie chinoise (%)
(Source : V. Ionescu)

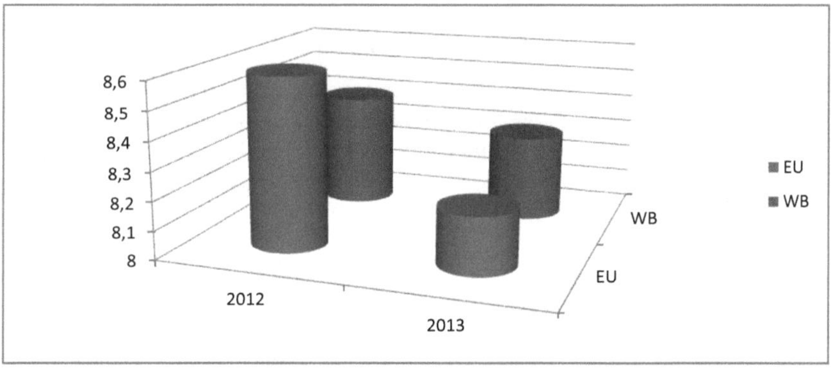

Certaines disparités sont liées à l'économie russe également. La différence est que, cette fois, les prévisions de la Banque mondiale sont plus pessimistes (voir Fig. 6).

Figure 6 : Les prévisions pour l'économie russe (%) (Source : V. Ionescu)

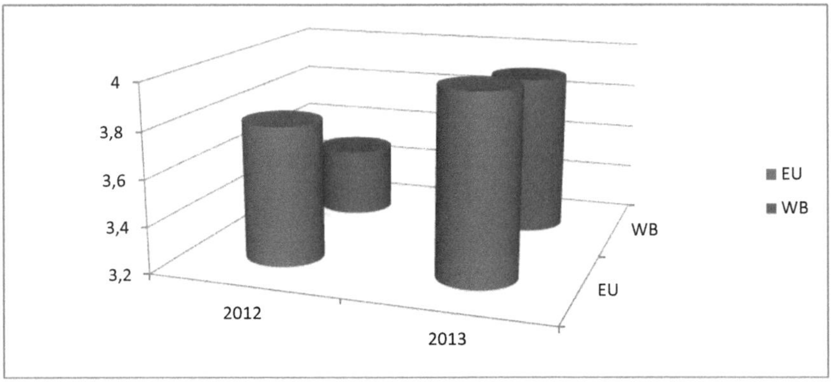

L'évolution dans le temps peut changer ! Supposons la guerre en Iran. Quelle en seront les effets ? Ou quelles seront les évolutions économiques si la Russie arrête les exportations de gaz ? Et quels seront les effets économiques d'une récession en Chine ? Dévastateurs. Quel sera le déficit de confiance si la Grèce quitte la zone euro ? Quel impact sur l'UE-28 ?

IV. À la recherche de solutions perdues ?

L'ALENA, l'ASEAN ou l'UE-28 ne sont pas en mesure de faire face à la crise mondiale sans évolutions négatives. Les pays en développement essaient donc de trouver d'autres solutions que les blocs régionaux, construits par proximité géographique. Un exemple intéressant en est une organisation atypique comme les BRIC[16].

Figure 7 : L'organisme BRIC

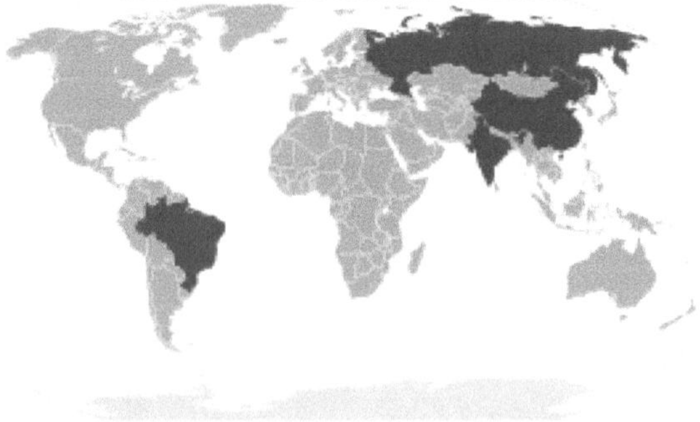

[16] Le Brésil, la Russie, l'Inde et la Chine.

Brésil, Russie, Inde et Chine ont formé le BRIC, organisation définie à Ekaterinenburg en juin 2009[17]. Leurs économies émergentes offrent 15 % du PIB mondial. Selon la Goldman Sachs, le BRIC peut dépasser en PIB le G-7 dans les vingt ans à venir, résultat appuyé par la crise actuelle. Si les pays occidentaux sont en déclin économique, les membres du BRIC ont continué leur croissance économique.

L'impact de ce nouvel organisme sera fort si ces pays recherchent ensemble d'autres moyens que ceux utilisés sur les marchés développés. Ces pays veulent réformer le FMI pour y accroître leur influence : Brésil et Inde ont une part de vote de moins que les Pays-Bas. Le BRIC, pour changer cet « équilibre de la puissance », veut acheter plus d'obligations du FMI.

Le BRIC veut diversifier les réserves nationales de devises, réduire l'influence du dollar américain mais ses membres ont un degré de développement différent, d'où des difficultés dans sa gestion. La Chine est le plus grand fournisseur mondial, la Russie et le Brésil de grands exportateurs de matières premières et l'Inde offre des services de technologies moins chers. Ces pays sont en mesure d'influencer l'économie mondiale s'ils travaillent ensemble.

Le BRIC peut générer un conflit économique interne. Chine et Inde sont intéressées par la diminution des prix des matières premières, mais Russie et Brésil veulent les consolider. Konstantin Kosaciov, président du Comité des Affaires étrangères de la Douma à Moscou, estime la « Coopération de Shanghai » (entre pays d'Asie centrale, Russie et Chine[18]) plus importante pour la Russie que le BRIC. Elle se centre sur les problèmes de sécurité[19].

Dans ce monde de coopération sélective, les alliances traditionnelles cèdent à des coalitions à court terme, flexibles, autour d'un intérêt stratégique. Les relations internationales montrent la coexistence entre ordre et désordre, entre société et anarchie. La stabilité du système tient à la capacité des grandes puissances à parvenir à un consensus sur les règles du jeu et à exiger le respect de ces règles de la part des États qui les rejettent.

Le principal défi stratégique pour la communauté euro-atlantique, ces vingt-cinq prochaines années, sera d'intégrer les puissances émergentes au système de règles établies par l'Europe et les USA, qui aspire tout

---

17 Voir O. Serafim (2009), « BRIC – an economic organisation formed by Brazil, Russia, India and China », Radio Free Europe, 16 June.

18 La Mongolie, l'Iran, l'inde, le Pakistan, la Biélorussie et l'Afghanistan sont observateurs. Sur l'Organisation de Coopération de Shanghai, voir P. Chabal (dir.), *La Nouvelle Asie de l'Organisation de coopération de Shanghai*, 2015.

19 Ionescu, R. (2010), *European Business Environment*, Galati, Galatz University Press.

dans une spirale d'ordre de normes euro-atlantiques. En cas d'échec, ces grands pays émergents pourraient devenir des puissances révisionnistes.

Le principal avantage de l'Occident envers le Bric est le système capitaliste lui-même. La prospérité des puissances émergentes est un produit des marchés, celle du Bric dépend de son intégration dans l'économie mondiale. Il bénéficie du capitalisme, d'où son intérêt pour la préservation d'un système de protection sociale. Le Bric ne peut détruire le *statu quo* sans risquer le suicide économique. Ses membres veulent se situer dans le système, non en dehors.

La stratégie de l'Ouest liée au Bric se centre sur l'intégration du Bric dans la « grande paix capitaliste » à la condition que les pays du Bric acceptent les normes euro-atlantiques.

En conclusion, la crise exige des sacrifices. L'endettement augmente, les organismes financiers internationaux se développent. De nombreux États ont à choisir entre maintien de la souveraineté nationale et acceptation des conditions imposées par les prêteurs. Le monde a besoin d'un nouveau modèle de développement économique et de nouvelles idées. Les petites et moyennes économies en développement, comme la Roumanie, disposent d'un arsenal limité de solutions et d'outils d'intervention pour faire face aux défis de la crise mondiale.

L'équilibre global des forces change. Les moteurs de l'économie mondiale ont cessé d'être les États-Unis, l'UE-28 et le Japon, remplacés par la Chine, l'Inde, le Vietnam, le Brésil, etc. Les grandes décisions mondiales, prises par une minorité, touchent tous les pays.

Bibliographie

Bacon, David (2004), *The Children of NAFTA : Labor wars on the U.S./Mexico Border*, Berkeley, University of California Press, 348 p.

Bhagwati, Jagdish (2004), *In Defence of Globalization*, Oxford, Oxford University Press, 344 p.

Bran, Florina et Ioan Ildiko (2009), *Globalizarea şi mediul*, Bucharest, Editura Universitara, 188 p.

Daianu, Daniel (2009), *Capitalismul încotro? Criza economică, mersul ideilor, instituţii*, Bucharest, Polirom, 264 p.

Florini, Ann (2000), *The Third Force : The Rise of Transnational Civil Society*, Tokyo, CIE, 301 p.

Gabel, Medard, Bruner Henry (2003), *Global Inc.: An Atlas of the Multinational Corporation*, New York, The New Press, 176 p.

Ionescu, Romeo (2010), *European Business Environment*, Galatz, Galatz University Press, 234 p.

Krugman, Paul (2009), *The Return of Depression Economics and the Crisis of 2008*, New York, W.W. Norton & Company, 224 p.

MacGillivray, Alex (2006), *A Brief History of Globalization : the Untold Story of our Incredible Shrinking Planet*, New York, Carroll&Graf Publishers, 338 p.

Ritzer, George (2011), *Globalization. The essentials*, UK, Wiley-Blackwell, 325 p.

Scott, Robert E. (2001), « NAFTA Hidden Costs : trade agreement results in job losses, growing inequality and wage suppression for the US », Washington D.C., Economic Policy Institute.

Shariff, Ismail (2003), « Global Economic Integration : Prospects and Problems », *International Journal of Development Economics. Development Review*, vol. 1, n° 2.

Stiglitz, Joseph E. (2006), *Making Globalization Work*, New York, W.W. Norton & Company, Inc., 384 p.

European Commission (2011), « European Economic Forecast – Autumn », *European Economy*, n° 6, Brussels.

World Bank (2012), *Global Economic Prospects*, vol. 4, January, Washington D.C.

Serafim, Oana (2009) « BRIC – an economic organisation formed by Brazil, Russia, India and China », Radio Free Europe, 16th of June.

Nag, Arindam et Goldfarb, Jefferey (2001), « Benthlehem Files for Chapter 11 », Reuters News Service, October 15th.

Repenser l'affiliation régionale de la Mongolie dans la nouvelle Asie du Nord-Est

Jamsran Bayasakh

Université nationale de Mongolie

(traduit de l'anglais par P. Chabal)

L'appartenance régionale est une question cruciale depuis vingt-cinq ans. Pendant la guerre froide, l'idéologie politique divisait le monde en deux, l'Est et l'Ouest : démocratie contre communisme. La Mongolie, au cœur de l'Asie, relevait des pays communistes, et était peu souvent considérée comme pays asiatique. Soudain, avec la chute du mur de Berlin et de l'Union soviétique, la Mongolie a commencé de penser à la région d'Asie : son affiliation à la région pourrait bénéficier à son développement dans un futur proche. Les Mongols ont choisi la voie démocratique du développement et ont déclaré la volonté de construire une démocratie dans la vie politique orientée vers l'économie de marché. Au début des années 1990, la Mongolie était en suspens : tous ses partenaires de l'Est l'avaient quittée et la pierre angulaire de sa politique intérieure et extérieure, les Soviétiques, avait disparu dans le néant de la transition russe. La Mongolie se sentait comme un orphelin, oublié et négligé par les Dieux.

Ce choc a été amorti par l'adoption d'une nouvelle Constitution en Mongolie en 1992, qui dote le pays d'une orientation démocratique et d'un système parlementaire. Après cela, la communauté internationale s'est tournée vers la Mongolie et, parmi les pays occidentaux, le Japon[1] [*sic*] lui a tendu la main. La Mongolie devint le principal destinataire de son aide toute la décennie 1990, au cours de laquelle elle s'est affirmée un pays démocratique, stable dans son système parlementaire multipartite et son économie libre de marché. En 1993, le pays adopta pour la première fois un 'concept' de politique étrangère et déclara sa politique étrangère 'libérale et pragmatique'. Ces progrès dans la consolidation

[1] Considérer le Japon comme un pays du bloc de l'*Ouest* [*sic*] est un écho direct aux analyses de Yun-ping WANG dans cet ouvrage.

de la démocratie ont cédé la place à des changements positifs dans ses politiques internes et externes.

Pendant cette transition, la Mongolie s'est déclarée pays d'Asie du Nord-Est, ce qu'ont accepté les États-Unis et d'autres pays d'Asie du Nord-Est [*sic*][2]. Les États-Unis, qui la situent également en Asie-Pacifique, l'ont accueillie dans les principales activités de cette région maritime. Nous avons, après plusieurs réflexions et publications, clarifié nos analyses lors de conférences internationales[3] : la Mongolie pourrait être incluse dans l'Asie du Nord-Est, avec les provinces du Nord-Est de la Chine – Jilin, Liaoning, Heilongjiang –, avec l'Extrême-Orient russe, les deux Corées et le Japon[4]. Cette question du positionnement régional de la Mongolie suggère pourtant, y compris du point de vue américain, comme nous l'avons découvert lors d'un séminaire sur la sécurité à l'APCSS, d'ajouter Taiwan aux pays d'Asie du Nord et de la région et donc repenser l'appartenance régionale de la Mongolie.

Ces réflexions amènent à s'interroger sur une double définition des régions (I) et de leur rôle (II).

I. Les régions, qu'est-ce que c'est ?

Une définition de travail est que les régions sont des zones géographiques contiguës considérées comme ayant suffisamment de points communs pour se différencier des autres régions[5]. Des éléments d'unité régionale sont alors :

- la géographie de la zone, la race ou l'ethnie et la langue des populations

- la politique, l'économie, le religieux et l'histoire qui « relient les pays aux régions »[6]

---

2 L'efficacité de la politique de projection de puissance de la part des États-Unis depuis la fin du XIXe siècle, fondée en partie sur les thèses d'Alfred Mahan, font des États-Unis une puissance « d'Asie »…

3 Voir Bayasakh. J., « Northeast Asia and Mongolia », *North East Asian Studies Journal*, n° 1 (11), April 1999, pp. 15-19.

4 Voir Bayasakh. J., « Northeast Asia and Mongolia », in International Conference on the Northeast Asian Economic Cooperation, 16-18 June 1998, Ulaanbaatar, Mongolia.

5 Pour une définition du concept de « région », voir P. Chabal « L'idée de région : un concept sécuritaire », in P. Chabal (dir.), *Régions, Institutions, Politiques : perspectives euro-asiatiques institutionnelles et fonctionnelles*, Paris, Apopsix, 2010, pp. 15-48.

6 Voir Lu Xia, « Région, régionalisme et régionalisation : l'impact de l'OCS dans la « mise en relation » des nations et de la région », in P. Chabal (dir.) *La Nouvelle Asie de l'Organisation de Coopération de Shanghai*, à paraître en 2015.

- le sentiment « d'appartenance » à la communauté ou le « sentiment du 'nous' »

- l'existence de divers mécanismes organisationnels

Le centre du continent asiatique se trouve à Touva, une république de la Fédération de Russie, très proche de la Mongolie. Cela suggère que la Mongolie fait partie du cœur de l'Asie.

De plus, toute l'Asie du Nord est habitée par les Mongoloïdes, c'est-à-dire les Mongols, les Coréens, les Japonais, les Chinois du Nord. La majorité de ces nations sont des groupes ethniques non-Han. Et les Mandchous, les Mongols, les Coréens et d'autres peuples tels que les Mongoloïdes non Russes – Coréens, Mongols Buryat, Evenks et quelques Toungouses – sont majoritaires dans les régions altaïques et parlent des langues altaïques et turques.

Les systèmes politiques sont divers. À part le totalitarisme nord-coréen, ce sont des régimes autoritaires, dont la Russie, alors que certains sont des systèmes de gouvernance démocratiques : Corée du Sud et Mongolie. Au plan économique, les pays de la région ont des systèmes différents. Le sens de la communauté est faible. Les organisations internationales communes n'existent pas vraiment. Le projet de la rivière Tumen de l'ONU (TRBDP), lancé en 1992, en est encore à un stade embryonnaire et ne fonctionne toujours pas.

Ces éléments de l'unité régionale ne sont pas forts. La cohésion régionale existe sur le papier, dans l'encrier, dans l'esprit des intellectuels et des universitaires comme nous-mêmes.

Les caractéristiques des régions mettent en jeu un certain nombre d'éléments abstraits ou « imaginaires ». Parmi ceux-ci, on peut citer, mais non de manière exhaustive, le fait que :

- les régions sont inventées ou « construites », souvent par les gouvernements

- leurs limites régionales sont parfois obscures et contestées

- les régions sont variables : elles montent en puissance, tombent, se divisent ou disparaissent

- les régions et les appartenances régionales peuvent faire, et font souvent, chevauchement.

Le gouvernement de la Mongolie s'est imaginé pays d'Asie du Nord-Est. Les frontières régionales ne sont pas claires et même contestées. La Mongolie n'inclut pas Taïwan dans cette région. Une région d'Asie « du nord-est » ne peut pas considérer les États-Unis. Géographiquement, l'Asie du Nord-Est existe, mais, dans la dernière décennie, le terme le plus largement utilisé est « l'Asie orientale », qui comprend l'ASEAN « plus » trois pays : Chine, Japon, Corée du Sud. Mais ni la Corée du Nord, ni la Mongolie ne sont mentionnées dans cette nouvelle « Asie de l'Est », expression apparue au milieu des années 1970 et devenue populaire après le lancement du Forum régional de l'ASEAN (FRA) en 1993-1994. La Mongolie, membre du FRA, peut utiliser ce terme et envisager d'être dans cette région mais son appartenance à l'Asie de l'Est demeure incertaine et contestée.

II. Les régions, pourquoi sont-elles importantes ?

Les régions servent un but. Source d'identité de groupe, elles séparent ou unissent les peuples. Elles peuvent refléter les agendas politiques et nationaux. Les nations peuvent les utiliser à des fins diverses. Les régions peuvent faciliter la coopération internationale.

Pourtant, le régionalisme est une idéologie[7]. Les régionalistes voient dans les régions une dynamique de promotion de la coopération et de l'harmonie. Ils tendent à considérer les régions comme des antidotes à des conflits et des rivalités nationales. Par exemple, certains considèrent l'UE comme un modèle, presque un but en soi. Cela revient à considérer le régionalisme comme une « vague pour l'avenir » – mais qu'est-il en réalité ?

La Mongolie s'est déclarée pays d'Asie du Nord-Est avec l'espoir que cette affiliation l'aidera à « se lever » et promouvoir la coopération internationale mais la région n'a jamais été telle qu'elle puisse être considérée comme un antidote aux conflits nationaux, qui ne se sont pas produits en Mongolie depuis les années 1920. Le pays est homogène, dépourvu de luttes ou rivalités nationales. Le modèle de l'UE est attractif en général et même un but pour les États-membres de l'ASEAN, pas pour les pays d'Asie du Nord-Est pour les prochaines décennies.

Des obstacles gênent la construction de la région. Ainsi, l'occupation japonaise avant la Seconde Guerre mondiale et le contenu des manuels d'histoire y blessent encore le cœur de millions de personnes, notamment en Corée et en Chine. La montée de la Chine continentale et ses ambitions envers les pays voisins sont un problème, tout comme la tension entre Taiwan et la République populaire de Chine, ou le différend territorial entre Japon et Corée sur l'île Tokto, ou l'isolement de la Corée du Nord, le conflit autour des îles Kouriles du Sud entre Japon et Russie. S'y ajoutent des questions transnationales comme le crime, le terrorisme, la pollution, etc., qui perturbent les relations régionales entre voisins.

Le désir d'être « maîtres de notre propre maison régionale » a diminué dans la région. Il est faible si on le compare avec la même volonté au sein de l'ASEAN.

---

7 Voir Lu Xia, *op. cit.* Voir la question de la légitimation des régions par P. Chabal dans cet ouvrage (pp. 60-62).

En conclusion, l'Asie du Nord-Est existe ; une organisation régionale comme l'ASEAN aussi. Mais l'Asie du Nord-Est n'existe pas comme région institutionnalisée à travers une organisation comme l'Organisation de coopération de Shanghai (Asie orientale et centrale), le Forum régional de l'ASEAN (Asie du Sud-Est et du Nord-Est) ou des organismes sous-régionaux tels que la Commission du fleuve Tumen (ONU).

Aujourd'hui, les vieilles régions se désagrègent, de nouvelles régions se forment, comme la région d'Asie centrale, qui regroupe les anciennes républiques soviétiques – Kazakhstan, Ouzbékistan, Kirghizstan, Tadjikistan, Turkménistan. Selon la classification de la Banque Asiatique de Développement (ADB), la Mongolie, la Russie, la Chine, l'Afghanistan et l'Azerbaïdjan sont devenus des pays « entourant » les pays d'Asie centrale.

L'affiliation régionale de la Mongolie est contestable : fait-elle partie de l'Asie du Nord-Est, de l'Asie orientale, de l'Asie centrale ou de la région Asie-Pacifique ? Pays enclavé, c'est aussi un « pays-pont[8] » entre Asie centrale et Asie du Nord-Est ou les régions de l'Asie de l'Est. C'est un pont terrestre entre Asie sinique (Chine) et Asie islamique (Moyen Orient – « Asie de l'Ouest »). Sa civilisation nomade est au cœur de l'ensemble du monde eurasiatique.

8 Voir le texte de N. Altantsetseg dans cet ouvrage, et également le concept même de « espace-lien » développé par D. Pushkina et H. Zincavage, également dans cet ouvrage.

Déconstruire l'enjeu Europe-Turquie par le rapprochement Turquie-Asie

Esra LAGRO

Université Namik Kemal, Turquie

(traduit de l'anglais par P. Chabal)

La déconstruction de l'enjeu UE-Turquie vis-à-vis de l'Asie relève du concept de « puissance relative » en relations internationales[1]. Les récents changements de doctrine de la politique étrangère turque l'illustrent à travers le rapprochement entre la Turquie et l'Asie. La puissance relative associe distribution interne et externe de l'identité nationale, qui converge ou diverge avec la puissance d'un État dans un contexte de relations internationales. C'est ce qui émerge depuis un peu plus d'une décennie de politique étrangère turque.

La mise en perspective de la politique étrangère turque (I), les glissements de ses paradigmes de « puissance relative » (II) et son rapprochement avec l'Asie (III) et l'Organisation de coopération de Shanghai (IV) expliquent ses relations distendues avec l'Europe (V) et la direction où sa « puissance relative » va amener le pays (VI).

I. La Turquie et sa politique étrangère en perspective

Acteur aujourd'hui puissant sur l'échiquier mondial, la Turquie est membre actif du G-20, avec l'Inde et la Chine. Les prévisions pour 2050 en font la dixième économie du monde par la croissance. Placée par sa géopolitique sur les principales routes énergétiques, elle mérite plus d'attention. Riche en matières premières, sa démographie est favorable : l'âge moyen de ses 72 millions d'habitants est de 30 ans seulement.

La position géostratégique du pays, unique, est un espace-pivot entre le continent européen, la Russie et le Moyen-Orient, surtout si l'on tient compte des routes de l'énergie. Son dynamisme, sa diplomatie multilatérale,

---

[1] Henry Nau, *At Home Abroad : Identity and Power in American Foreign Policy*, Ithaca et Londre, Century Foundation, 2002.

sa politique étrangère diversifiée, sont intégrés dans son présent et son avenir jusqu'à l'Extrême-Orient, la Chine, l'Inde et l'Afrique.

La conduite de la politique étrangère turque repose, dans l'après-guerre froide, sur la dynamique de divergence et de convergence de son identité nationale, à l'intérieur comme à l'extérieur. Ce (re)flux d'identité nationale définit ses relations avec le reste du monde. Le pays a accumulé une « puissance relative » considérable par rapport à la dernière décennie, qu'il augmente encore grâce à sa puissance économique en contraste avec la crise économique dans l'UE et ses effets de contagion sur l'économie mondiale, qui s'ajoutent aux effets politiques des attentats du 11 septembre 2001.

II. La puissance relative : récents glissements de paradigme de politique étrangère

Puissance moyenne, la Turquie mène une politique étrangère proactive et déterminée, qui nourrit les débats couvrant un large spectre, du décalage de l'axe au fait que la Turquie est ou non un acteur régional, voire mondial. Au-delà des commentaires sur sa politique étrangère, qu'en est-il en réalité ? La politique étrangère turque émerge selon les paramètres et paradigmes internationaux du nouvel ordre mondial et selon son identité nationale interne.

L'identité nationale turque et ses intérêts nationaux en politique étrangère, divergent ou convergent selon les contextes de puissance dans le monde, égaux ou inégaux. De récents changements de paradigme dans cette politique étrangère conduisent la puissance relative de la Turquie en politique mondiale dans un glissement notable envers l'Asie.

Ces changements de paradigmes de politique étrangère plongent en des variables à la fois nationales et internationales. Pour ces dernières : la recherche d'un équilibre de puissance mondiale après la guerre froide, les perceptions changeantes des menaces nationales et internationales, la conduite politique de ses alliés occidentaux envers la Turquie, surtout l'UE et les États-Unis, l'économie mondiale et le fossé sociétal croissant entre nantis et démunis.

La variable interne consolide la puissance politique turque et la confiance en soi envers l'étranger : croissance économique accélérée, demande accrue de groupes économiques auparavant reclus, de nouveaux marchés d'exportation. La tension entre forces laïques et religieuses, la montée du nationalisme, du populisme et l'opinion publique pèsent plus.

Puissance régionale et acteur mondial, la Turquie veut être un pays entendu et respecté, au potentiel prometteur. Entre cette vision et la réalité, le chemin dépend pourtant de la puissance globale d'autres États et de leur propre « puissance relative » dans le monde. L'identité nouvelle de Turquie tient au mélange de variables et de changements de paradigme internationaux dans son voisinage et au-delà, dont dépend sa « puissance relative ». Ses préoccupations de politique étrangère n'ont pas le même poids et ne convergent pas toujours.

III. Le rapprochement turc avec l'Asie et le reste du monde

Un autre engagement qu'à l'Ouest, utopique il y a peu – pour la Turquie comme pour l'Ouest –, évoque de nos jours la nouvelle politique étrangère et économique turque depuis dix ans et son rapprochement accéléré avec l'Asie. L'orientation conventionnelle vers l'ouest est contrebalancée par celle vers l'est. La Turquie se définit de plus en plus comme pays d'Asie plutôt qu'européen *per se.* Elle renforce ses partenariats stratégiques avec la Russie, l'Inde, la Chine, le Moyen-Orient et l'Afrique et vise des résultats positifs d'ensemble pour sa politique.

Ce changement de paradigme – un rapprochement avec l'Asie contre l'enjeu de l'UE – détient plusieurs clefs contemporaines à court et moyen terme envers de nombreux pays.

Au Moyen-Orient, la Turquie se sent chez elle comme puissance régionale. Ses relations étroites avec l'Irak, la Syrie, l'Égypte, la Jordanie et l'Iran sont cohérentes avec sa politique « zéro problème avec les voisins ». Nouvel acteur régional, elle recueillera des dividendes politiques dans les années à venir, grâce en partie à la situation dans la région. Son rôle de *leader* régional peut changer après que la région aura trouvé un nouvel équilibre.

La Turquie cherche au Moyen-Orient à renforcer ses relations prioritaires, bilatérales et multilatérales. Les négociations sur le conflit israélo-arabe relèvent des questions stratégiques, comme les relations avec l'Irak, l'Iran et la Syrie[2]. Un consensus en Irak entre les différents groupes verrait les liens turco-irakiens renforcés vers l'intégration économique. La Turquie renforce ses liens avec l'Iran, vers une solution sur le programme nucléaire iranien.

Le printemps arabe pose un défi à la « puissance relative » turque. Sa position envers la Syrie influe sur les relations avec les États-Unis[3]. Son discours de politique étrangère prêche aux dirigeants syriens la

2 L'accord récent avec Syrie et Irak suggère une autre politique régionale : voir J.W. Walker, 2009, « Turkey's changing internal and international dynamics : from where to what », *Seta Policy Brief*, n° 40, December.

3 « Ankara has refused to act unilaterally thus far, despite stalwartly opposing the Syrian regime » – S. Ulgen, 2013, « Ankara and Washington need an ambitious approach towards Syria » – <http://carnegieeurope.eu/2013/05/16/can-its-neighbors-save-syria/g3mv>.

démocratie et les droits fondamentaux mais l'orientation normative en Turquie est de plus en plus conservatrice : les lois et règlements turcs sur la liberté d'expression et de la presse réduisent cette liberté. On retrouve ici l'écart entre convergence et divergence d'identité, les dilemmes et limites de la « puissance relative » de la Turquie.

Dans la région Moyen-Orient et Caucase-Balkans, la Turquie aspire à être un médiateur, voire changer la donne, avec peu de résultats tangibles encore. Sa présence y est réelle mais les relations internationales ne sont pas un jeu à un coup, ni la possibilité de gagner à tout coup. La prise de convergence d'intérêts dans le voisinage immédiat n'est pas toujours une donnée pragmatique. La Turquie se voulait un médiateur entre Russie et Géorgie (2008), mais sans résultat tangible : son affirmation d'elle-même n'était pas présente il y a dix ans. Et un *leadership* régional normatif plaidant pour la démocratie ne soutient guère la puissance relative de la Turquie envers le Moyen-Orient, où le discours démocratique peut créer de graves failles pour la politique étrangère turque et pour la Turquie elle-même.

Au sud Caucase, la Turquie cherche à résoudre des problèmes, y compris le conflit du Haut Karabakh, la normalisation de relations avec l'Arménie et l'unité territoriale géorgienne. Ces problèmes sont une cible principale de stabilité, laquelle est peu probable compte tenu de la politique turque de « zéro problème avec les voisins », qui est plus idéal romantique que politique étrangère réaliste, en raison de la nature conflictuelle des relations internationales.

Avec la Russie, les relations bénéficient d'accords bilatéraux signés ces dernières années et qui se poursuivront malgré les tensions au Moyen-Orient, sur la situation syrienne et sur les questions énergétiques[4]. La visite du président russe en 2010 a vu signés dix-sept accords de coopération. La Russie est le deuxième partenaire commercial de la Turquie ; celle-ci le septième partenaire de la Russie. Leur partenariat stratégique s'accélère par de fréquentes réunions de haut niveau et un dialogue sur les questions énergétiques[5]. En avril 2013, les ministres russe et turc des Affaires étrangères forment le groupe de planification stratégique conjointe (JSPG), sous-groupe du conseil de coopération de haut niveau turco-russe (HLCC).

Avec les républiques d'Asie centrale, proches alliés culturels et historiques, un nouveau Conseil de coopération des pays de langue

---

4 Voir <http://www.sundayszaman.com/sunday/newsDetail_getNewsById.action?newsId=230794> « Pipeline politics : Turkey's Russia rapprochement ».

5 Pour le porte-parole du MAE russe, les relations Turquie-Russie sont meilleures surtout en matière d'énergie. <http://www.aa.com.tr/en/economy/161641--turkey-russia-relations-level-up-to-strategic-partnership>.

turcique (TSCCC) a débuté ses activités en 2010. Il accélère la coopération dans d'autres domaines de priorité de la politique étrangère turque. Le volume récent des échanges entre ces républiques et la Turquie est en hausse, témoin de l'importance pour la Turquie de liens économiques se rapportant à sa *realpolitik*.

En Afghanistan, la Turquie veut une approche régionale pour résoudre les problèmes du pays et renforcer son propre développement économique dans le pays. Un sommet régional à Istanbul (janvier 2010) a discuté de ces possibilités d'aide. En mars 2013, Turquie et Afghanistan ont fêté la 92e année de leurs relations bilatérales et l'aide turque touche le niveau militaire mais aussi le niveau diplomatique par les relations entre Turquie et pays de la région, notamment le Pakistan, pays important dans la politique étrangère turque de la main tendue vers l'Afghanistan et ce pour plusieurs raisons, d'abord les liens historiques. En 2009 déjà, une déclaration politique commune marquait cette coopération politique et militaire entre les deux pays, qui revêt une importance géopolitique partagée dans leur région respective. Leurs relations économiques, encore faibles, sont appelées à s'intensifier.

L'Inde remonte dans les priorités de la politique étrangère turque depuis dix ans[6]. C'est grâce en partie à l'amélioration des bases économiques des deux pays dans le système mondial. La Turquie est devenue membre actif du G-20 et poursuit des relations étroites avec l'Inde, la Chine, l'Afrique du Sud, le Brésil, le Mexique, Cela confirme un changement de politique étrangère conventionnelle de la Turquie depuis cette décennie.

En Asie du Sud, région-clef de l'évolution de l'ordre mondial, la Turquie voit un intérêt stratégique dans le développement de ses liens surtout avec l'Inde et la Chine. En juillet 2010, elle a signé le traité ASEAN d'amitié et de coopération en Asie du Sud-Est (TAC), augmentant ainsi son potentiel de coopération sectorielle avec l'organisation.

En Asie-Pacifique, nouvelle base de puissance régionale, la Turquie renforce ses liens, au niveau bilatéral et multilatéral, surtout avec les pays du G-20 : Chine, Japon, Corée du Sud, Inde, Indonésie et Australie. Elle ouvre de nouvelles ambassades, accroît le volume de ses relations économiques[7] et suit de près l'évolution de l'Apec[8].

---

6 Pour l'accent mis sur l'Inde, voir « Turkey-India Relations in the Framework of Ankara's New South Asian Strategy » – <http://www.turkishweekly.net/print.asp?type=4&id=3649>.

7 Voir « Turkey's Asia – Pacific Initiative : an Outlook for 2012 » – <http://www.usak.org.tr/EN/hyazdir.asp?id=2065>.

8 Voir « Turkey to increase commercial relations with Asia-Pacific countries » – <http://www.aa.com.tr/en/rss/133396--turkey-to-increase-commercial-relations-with-asia-pacific-countries>.

IV. Le rapprochement avec l'Asie via l'Organisation de coopération de Shanghai

L'accord signé par la Turquie le 26 avril 2013 confirme le rapprochement avec l'Asie. Il fait d'elle un « partenaire de dialogue » de l'Organisation de coopération de Shanghai (OCS), qui est l'une des initiatives pour combler le vide politique et sécuritaire en Asie centrale après la fin de la guerre froide. L'OCS entend équilibrer les conflits de puissance politique en Asie centrale et, pour la Russie et la Chine, contenir les États-Unis.

L'OCS visait au départ à résoudre les différends frontaliers entre la Chine et les trois républiques voisines d'Asie centrale – Kazakhstan, Kirghizstan, Tadjikistan. Se révélant plus que cela, elle comprend Russie, Chine, Kazakhstan, Kirghizstan, Tadjikistan et (depuis 2001) Ouzbékistan. En sont devenus observateurs la Mongolie (2004) et l'Iran, le Pakistan et l'Inde (2005). La Biélorussie et le Sri Lanka en sont partenaires de dialogue (2009) et un groupe permanent pour l'Afghanistan existe en son sein (2004). En juin 2011, le président chinois visite l'Ukraine, en route pour le sommet annuel de l'OCS, cette année-là à Astana.

La Chine favorable à la participation turque à l'OCS, la Turquie avait en 2011 exprimé son intérêt puis reçu le statut de « partenaire de dialogue » en juin 2012 lors du Sommet sous présidence tournante de la Chine[9], qui a fait de l'Afghanistan un observateur et du Turkménistan un invité. Deux mois plus tard, le Premier ministre Erdoğan avait confirmé « l'intention de la Turquie de devenir un membre à part entière de l'OCS au milieu de ses différences croissantes avec l'Europe »[10].

Lors de la cérémonie officielle scellant le partenariat Turquie-OCS, en avril 2013, le ministre des Affaires étrangères turc souligne le « destin commun » et le début d'une « longue route où la Turquie et l'OCS marchent main dans la main »[11]. Ce nouveau lien entre Turquie et pays de l'OCS prévoit des rapports particulièrement forts en termes d'enjeux économiques.

V. Les relations distendues avec l'Europe : un rapprochement Turquie-Asie sans surprise

Les relations Turquie-UE relèvent d'une « prétention partagée ». Sous les effets de la crise financière mondiale sur la zone euro et des grandes

---

9 « Turkey opts for SCO », *Voice of Russia*, 27/72012 – <http://english.ruvr.ru/2012_07_27/Turkey-opts-for-SCO/>.

10 *Ibid.* Voir aussi le communiqué de presse du ministre turc des Affaires étrangères sur le statut de partenaire de dialogue de la Turquie dans l'OCS – <http://www.sectsco.org/EN123/show.asp?id=341>.

11 <http://www.mfa.gov.tr/turkey-and-the-shanghai-cooperation-organization-dialogue-partnership-memorandum-was-signed-in-almaty.en.mfa>.

questions qui ont surgi après Lisbonne (2007), l'UE s'est « introvertie ». La Turquie, de son côté, dans un monde en pleine mutation, a réorienté ses priorités de politique étrangère. L'UE a dans une large mesure « perdu » la Turquie politiquement, malgré des liens économiques encore forts. Les nouvelles relations économiques et commerciales turques vers d'autres régions et l'Asie n'est pas une surprise.

Que la « puissance relative » et l'activisme de politique étrangère de la Turquie offrent des résultats tangibles dépend de l'équilibre entre ses conduites unilatérale et multilatérale. Membre de plusieurs institutions internationales et de nombreux accords internationaux, elle respecte ses engagements multilatéraux. Ces résultats tangibles suggèrent que sa politique étrangère se concentre sur sa crédibilité et intégrité. Les dirigeants turcs croient en leurs perceptions de puissance nationale et de politique étrangère affirmée. La mise en œuvre de leur politique étrangère de puissance centrale ou État-pivot, nécessite un pied à la fois à l'ouest et à l'est. Le pays ne doit pas perdre de vue qu'il doit maintenir des résultats de politique étrangère crédibles et efficaces tenant compte de chocs extérieurs éventuels.

L'utilisation accrue de la diplomatie publique comme stratégie est un aspect tardif mais bienvenu, surtout en tenant compte de l'opinion publique, en Europe de l'Ouest et ailleurs.

VI. Jusqu'où mène la « puissance relative » de la Turquie ?

Avec la tension entre valeurs occidentales et valeurs turques en pleine affirmation, le vide qualifié de puissance en relations internationales et la « puissance relative » turque mènent à l'inconnu. Nul ne peut prévoir où mènera la politique étrangère internationaliste turque, à la fois ambitieuse, réaliste et normative. Actuellement, elle ne conduit pas vers l'ouest – alors que cela est encore pris pour acquis – et est plus unilatérale. La nouvelle doctrine de relations internationales de la Turquie a été qualifiée de « gaullisme turc »[12] :

> Le Gaullisme turc est une question de confiance en soi et d'indépendance turque vis-à-vis de l'Occident. Par exemple, une Turquie gaulliste peut, dans le long terme, décider de ne plus poursuivre l'adhésion insaisissable à l'UE. Elle peut même s'interroger sur son alliance militaire avec les États-Unis [...] Comme la France l'a fait sous de Gaulle dans les années 1960, la Turquie peut opter pour sa propre « force de frappe » – c'est-à-dire une force de dissuasion nucléaire – et pour sa propre *realpolitik* avec des pays comme la Chine, l'Inde et la Russie. Elle pourrait même envisager de quitter

[12] Voir Ömer Taspinar (2011), « Rise of Turkish Gaullism », *Washington Institute for Near Eastern Policy Notes*, n° 3, Janvier 2011.

la structure militaire de l'OTAN, comme la France sous de Gaulle, tout en conservant son appartenance politique dans l'organisation.

En outre :

> Le Gaullisme turc définira de plus en plus la politique étrangère d'Ankara. Dans le passé, Américains et Européens demandaient souvent si la Turquie avait des alternatives géopolitiques réalistes, se rassurant complaisamment qu'elle n'en avait pas. Aujourd'hui, de telles alternatives semblent plus réalistes pour de nombreux Turcs. [...] Les Turcs recherchent déjà des opportunités économico-stratégiques en Russie, Inde, Chine et au Moyen-Orient et en Afrique. Le Gaullisme [...] peut-être le véritable avenir de la Turquie au XXIe siècle.

Les élections turques de 2011 ont reconduit les dirigeants du pays et la politique étrangère de la Turquie est en expansion au-delà de son statut conventionnel ; et les élections locales en 2014 ont permis de tester les politiques gouvernementales en quelque sorte. Celles de 2015 peuvent changer cela.

En conclusion, la politique étrangère de la Turquie depuis dix ans tourne plus autour de l'identité nationale que de la puissance conventionnelle. Ses projets spécifiques à moyen et long termes se précisent, comme l'indique le discours du ministre turc des Affaires étrangères à la 3e conférence des ambassadeurs à Ankara, en janvier 2011. La future Turquie est « un État sage permettant un pont entre cultures et civilisations anciennes et la modernité pour l'avenir du monde, sans appartenir à une seule culture ou un groupe civilisationnel unique ».

La politique étrangère turque équilibre un axe « puissance internationale/intérêts conventionnels » à côté de sa « puissance relative » nouvelle. Comment va progresser son rapprochement avec l'Asie ? La Turquie continuera d'être le principal acteur Est-Ouest et d'accroître sa puissance relative au-delà d'un « pont ». C'est la recette de « puissance relative » de sa politique étrangère. Alors que l'UE est centrée sur ses problèmes internes, le rapprochement entre la Turquie et l'Asie est susceptible de s'accélérer dans les années à venir.

Partie II

Des ruptures historiques aux coopérations concrètes

Héritages historiques de la colonisation 1598-1914 dans les relations Europe-Asie

John Barzman

Université du Havre, France

(traduit de l'anglais par P. Chabal)

Les relations Europe-Asie existent depuis plus de deux mille ans mais l'héritage de quatre siècles d'activités coloniales européennes en Asie est particulièrement pertinent dans les discussions actuelles entre les deux continents. Quelques faits récents en témoignent.

En 2012, la France a rendu des manuscrits volés en Corée il y a plus d'un siècle. Cet héritage de l'ère du colonialisme européen est une grande nouvelle aujourd'hui en Corée.

> Le premier lot de livres royaux coréens pillés par les militaires français il y a 145 ans est rentré à la maison jeudi. Les troupes françaises avaient emporté des centaines de manuscrits coréens et mis feu à cinq mille de plus en attaquant une bibliothèque royale en 1866 sur une île au large de la côte ouest. Après 20 ans de négociations, la France a décidé [en 2011] de restituer les livres sur la base d'un « bail renouvelable » en conformité avec la loi française.[1]

Un collègue coréen dissertant sur les valeurs asiatiques[2] doit reconnaître, avant une discussion objective des avantages et inconvénients du confucianisme, que « les défenseurs du confucianisme soutiennent l'utilité des valeurs confucéennes et critiquent la position des démocrates comme occidentalo-centrée ». L'association avec l'Europe est un facteur négatif.

---

1 *The Washington Times*, 14 avril 2011.

2 Jung-Ho Kim, « Le débat sur les 'valeurs asiatiques' et les nouvelles valeurs démocratiques est-asiatiques », in P. Chabal (dir.) *Institutionnalising regions*, Paris, Apopsix, 2010, pp. 96-115.

Ainsi, la principale relation entre Europe et Asie est-elle asymétrique : pendant quatre siècles, les États européens ont colonisé des territoires asiatiques alors que les États asiatiques n'ont jamais colonisé les territoires européens[3]. La durée et l'ampleur de cette relation coloniale marque les relations actuelles entre les deux régions.

En 1914, seuls quatre pays d'Asie du Sud et de l'Est étaient demeurés indépendants et souverains tout au long : Népal, Japon, Chine, Thaïlande ; mais ces deux derniers n'avaient maintenu qu'une indépendance formelle, perdant plusieurs provinces et villes à la colonisation ou aux concessions étrangères ; et le Népal était soumis à la Grande-Bretagne. Pourquoi et quand certains pays d'Asie sont-ils devenus les colonies des puissances européennes ?

I. Délais et configurations particulières

Deux configurations ont successivement dominé : la configuration mercantiliste de 1498 à 1840, et la configuration industrielle de 1840 à 1914 et après.

Dans la phase mercantiliste, seuls deux territoires furent totalement conquis et transformés en colonies européennes : les Philippines et l'Indonésie, devenus des États souverains de la fin du XXe siècle [*sic*] D'autres colonies européennes furent des comptoirs de commerce ou des forteresses, parfois avec un certain territoire autour de l'avant-poste.

Dans la phase industrielle, seuls le Japon, la Chine, la Thaïlande et le Népal sont restés indépendants pendant toute la période. Les autres pays ont été colonisés : Inde, Afghanistan, Pakistan, Bangladesh, Ceylan, Birmanie, Malaisie, Singapour, Vietnam, Cambodge, Laos et Corée, devenus des États souverains à la fin du XXe siècle.

Quand, comment et pourquoi est-ce arrivé ?

II. Formes de pénétration et de conquête dans la phase mercantiliste

1. Grands et petits États d'Asie au XVIe siècle

Les grands pays étaient la Chine sous les dynasties Ming et Qing, l'Inde sous l'Empire moghol, partageant parfois son pouvoir avec les États rivaux comme l'Empire Hindou Vijayanagara, et le Japon des Tokugawa.

[3] Analyse tempérée par les invasions mongoles des Huns puis de G. Khan et des Ottomans jusqu'à Vienne. (NdE).

Les petits États étaient les royaumes du modèle confucéen chinois en Corée et au Vietnam, les royaumes hindou et bouddhiste de Birmanie, Thaïlande et Cambodge, les royaumes nomades et semi-nomades de Mongolie, du Turkestan, du Tibet, de Sibérie et de Mandchourie [et le royaume de Ryukyu] et les principautés de l'Asie du Sud-Est basées sur une ville portuaire animée alliée aux chefferies dans l'arrière-pays.

Les grands États comme l'Empire moghol, l'empire des Ming et des Tokugawa au Japon avaient accepté tôt que les commerçants étrangers – arabes, persans, indiens, malais, chinois, japonais – s'implantent dans certaines villes portuaires et organisent des communautés autonomes. À l'arrivée des marchands européens, marins et missionnaires, ces gouvernements leur ont accordé des concessions ou des enclaves territoriales. L'avantage était de fournir à l'Empire des produits difficiles à obtenir : armes, argent-métal, produits tropicaux.

Les États asiatiques plus petits ont souvent ajouté à ces avantages l'espoir que les Européens les aideraient à contrer les rivaux locaux.

2. Objectifs des puissances européennes en Asie

Les puissances européennes cherchant en Asie à établir des avant-postes commerciaux étaient les suivants : le Portugal, l'Espagne, la Hollande, l'Angleterre et la France.

Leurs activités alliaient l'imposition d'une taxe aux navires circulant dans l'océan Indien, l'achat de biens rares en Europe, leur transport et leur vente en Europe pour un grand profit. Les biens rares en Europe étaient les suivants : épices, thé, café, sucre, tissu de coton, soie, porcelaine et meubles laqués. En échange, les Européens vendaient des armes et de l'argent-métal provenant d'en-dehors de l'Asie, et des biens entre régions de l'Asie.

Pour faire ce commerce, Portugais, Néerlandais, Français et Anglais n'avaient besoin que de contrôler une ville portuaire où construire des entrepôts pour stocker les marchandises après les avoir achetées ou avant de les vendre ; et de protéger leurs entreprises avec des forteresses et des garnisons, quelques navires militaires et des alliances avec des chefs locaux.

Ce mode de conquête ou concession coloniale fut utilisé par le Portugal pour acquérir Goa, Colombo, Malaka, le Timor oriental, Macao ; par les Hollandais pour prendre aux Portugais Colombo et Malaka, acquérir les ports de Formose et le droit de commercer à Nagasaki au Japon ; par les Espagnols pour établir une base à Manille. Les Anglais eurent de petits avant-postes (Madras, Calcutta), les Français en Inde, le plus célèbre étant Pondichéry.

3. Trois cas de faiblesse asiatiques ouvrent la voie à de nouvelles conquêtes

Ce système initial de petits avant-postes commerciaux et de petites enclaves pouvait évoluer si l'hôte asiatique montrait des signes de faiblesse.

Aux Philippines, les Espagnols, sentant que les chefferies tribales et les petits rajahs musulmans de l'archipel opposeraient peu de résistance à de nouvelles conquêtes, ont établi leur domination sur les îles centrales et les basses terres et ont contrôlé le reste des îles.

Dans les îles de la future Indonésie, la *Dutch East Asia Company* profita de la fragmentation du royaume de Majapahit pour dominer l'ensemble du pays et sa nouvelle capitale, Batavia (Jakarta). L'innovation des Néerlandais dans les Indes orientales fut de réorganiser l'exploitation de produits tropicaux exportés : ils ont introduit un système mixte de plantations, le travail forcé et la culture obligatoire de certaines espèces, transformant la société indigène et faisant des Indes néerlandaises l'une des colonies les plus rentables du monde.

En Inde, l'Empire moghol a décliné, contesté par les princes hindous (Rajputs et Marathas), par des vassaux musulmans et plus tard par les princes sikhs. Au cours de ces guerres, un côté s'alliait avec les Britanniques ou les Français. Ceux alliés aux Britanniques tendaient à gagner et Londres profita de leurs victoires pour étendre le territoire contrôlé par la *British East India Company* et établir une première base territoriale importante en Inde en ses enclaves et en s'alliant avec les princes indiens locaux.

L'expérience de ces trois territoires coloniaux – Philippines espagnoles, Indes néerlandaises et *British East India Company* – ne fut pas reproduite dans d'autres régions d'Asie. Vers 1800, le Japon, la Chine, la Corée, le royaume de Ryukyu, le Vietnam, le Cambodge, la Thaïlande, les sultanats malais et la Birmanie sont restés indépendants alors que l'Inde a maintenu des royaumes relativement indépendants hors de la sphère d'influence britannique.

III. Formes de pénétration et de conquête dans la phase industrielle

1. Grande-Bretagne, Inde et Chine

Les choses changèrent radicalement avec l'avènement de la révolution industrielle, d'abord en Angleterre à partir de 1760 et, au moins soixante ans plus tard, d'autres États d'Europe occidentale lancèrent des révolutions industrielles similaires, suivis à la fin du XIXe siècle par les retardataires comme l'Allemagne, la Russie et, en Asie, le Japon.

Un bon exemple de relation coloniale entre Europe industrielle et Asie est la production du tissu de coton entre Angleterre et Inde. Si, dans la phase mercantile, Londres importait d'Inde du tissu de coton finement manufacturé, elle protège dans la phase industrielle sa naissante industrie cotonnière (importations indiennes) par des droits de douane (système des *Navigation Acts*). Une fois son industrie du coton industrialisée et concurrentielle, elle ouvre sa colonie indienne aux importations de coton britannique sans permettre à l'Inde de protéger ses fileurs et tisserands. Cela conduit à la ruine de l'industrie du coton en Inde. En 1857, des soldats indiens de l'armée britannique (*Sepoys*) se révoltent contre la domination britannique, rejoints par nombre d'Indiens dans un grand mouvement insurrectionnel. La révolte écrasée, la Grande-Bretagne abolit l'Empire moghol et fit de toute l'Inde une colonie britannique gouvernée par la reine Victoria, impératrice des Indes.

Cette dynamique imposée à l'Inde par la Grande-Bretagne pour la contrôler fut aussi d'introduire la culture du thé et de l'opium dans les plantations. Le thé indien était exporté par les britanniques partout dans l'Empire, en Chine et en Europe, commerce très rentable.

Les Anglais espéraient que le commerce de l'opium deviendrait rentable et testèrent sa distribution en Chine. Le gouvernement chinois s'y opposa, d'où la fameuse guerre entre Grande-Bretagne et Chine (1840-1843), remportée par Londres qui découvrit la faiblesse de l'Empire Qing face à la *Royal Navy* : concessions de Hong Kong pour 99 ans.

2. *La ruée vers l'Asie*

Les puissances européennes, constatant la faiblesse de la Chine devant l'Angleterre, craignirent que Londres ne conquît toute la Chine et le reste de l'Asie et se mirent à imiter son modèle pour tenter leur chance. Leurs projets économiques et militaires similaires, dans la plupart des cas, obtinrent des résultats semblables. Les biens industriels européens étaient aisément compétitifs par rapport à l'artisanat traditionnel asiatique, les communications européennes (bateaux à vapeur, chemins de fer, télégraphe) donnaient aux Européens des informations supérieures et les cuirassés d'acier, l'artillerie moderne et les fusils assuraient la victoire aux armées européennes sur les armées asiatiques mal équipées.

Les armées françaises conquirent Vietnam, Cambodge et Laos, et firent des incursions en Corée. L'armée néerlandaise étendit la puissance hollandaise en Indonésie. Les armées russes conquirent des parties de la Mandchourie et les provinces maritimes d'Extrême-Orient. L'Allemagne demanda des concessions en Chine et obtint Tsingtao, etc. Le Portugal et l'Espagne, affaiblis, obtinrent le soutien britannique ou allemand pour garder leurs colonies. Les États-Unis, considérés comme une néo-Europe ou comme partie de « l'Occident », entrèrent dans la course et prirent les Philippines à l'Espagne.

Devant la ruée européenne des colonies d'Asie, l'Angleterre décida de consolider son emprise sur l'Inde par des territoires voisins : Afghanistan, Birmanie, Malaisie et Singapour.

Plusieurs pays asiatiques indépendants tombèrent dans la bousculade interrégionale mais la rivalité entre puissances européennes donna aux puissances asiatiques survivantes une marge de manœuvre pour garder une certaine forme d'indépendance ou résister. L'Empire chinois fit des concessions aux Européens mais joua sur leurs divisions pour maintenir son indépendance. De même la Thaïlande joua la Grande-Bretagne contre la France.

3. L'exception japonaise

Comme la Chine, le Japon fut en mesure de jouer un pays européen contre un autre. Plus éloigné des centres de la puissance européenne, il bénéficia de pouvoir être un « témoin » des guerres de l'opium en Chine dix ans avant d'être en 1854 la cible d'une agression de la flotte des USA commandée par le Commodore Perry. Cela lui donna le temps d'étudier la possibilité de déclencher sa révolution industrielle à partir d'une économie déjà commerciale. Entre cette première agression et 1868, la société japonaise donna naissance à une révolution qui créa l'État du Meiji et son vaste programme d'industrialisation. L'ère Meiji permit au Japon de demander la révision des traités inégaux avec les puissances européennes après 1854, puis de commencer à construire son propre empire colonial en Asie.

Le Japon obtint des concessions en Chine, la suzeraineté sur les îles Rukyu, l'île de Taiwan et un protectorat sur la Corée. Sa guerre avec la Russie (1904-1905) lui offrit les positions russes en Mandchourie, dont Port Arthur (Dalian), la moitié sud de l'île de Sakhaline et le pouvoir de consolider son contrôle de la Corée. Il devint une puissance industrielle comparable aux puissances européennes, bientôt doté d'un empire colonial similaire.

En conclusion, ce processus ne laisse en 1914 que quatre pays d'Asie indépendants : le Japon industriel à la tête de son empire, la Chine, la Thaïlande malgré la perte de certaines provinces et octroi de concessions, le Népal qui accepte d'aider la domination anglaise en Inde. Le reste de l'Asie devient colonies d'Europe, du Japon et des USA (Philippines).

Aucun pays d'Asie, directement comme colonie ou indirectement comme *dominion*, ne put organiser un décollage industriel après le Japon, et ce pendant près de cent ans (1970). L'héritage colonial, même après la fin du régime colonial, se fait encore sentir.

Tableau 1. États souverains d'Asie de l'Est et du Sud en 2008 et colonisation entre 1498 et 1914

États souverains en 2008	**Colonisé entièrement par une puissance européenne**	**Colonisé partiellement par une puissance européenne**	**Colonisé par une puissance asiatique**	**Jamais colonisé**
Japon				X
Thailande				X
Népal				X
Corée du Nord			X	
Corée du Sud			X	
Mongolie			X	
Chine		X	X	
Taiwan	X			
Les Philippines	X			
Vietnam	X			
Laos	X			
Cambodge	X			
Malaysie	X			
Singapour	X			
Indonésie	X			
Timor oriental	X			
Birmanie	X			
Bhoutan	X			
Bangladesh	X			
Ceylan	X			
Inde	X			
Pakistan	X			
Afghanistan	X			

L'intégration régionale par la force

Autoritarisme économique japonais et résistance nationale coréenne par la religion au XXe siècle. Le rôle des adeptes du *Tonghak* en Corée pendant l'occupation japonaise

Chang-hee Nam

Université InHa, Corée du Sud

(traduit de l'anglais par P. Chabal)

Les vestiges attestant que des millions de Coréens pratiquaient la méditation *mantra* à l'apogée de l'occupation japonaise (1905-1945) montrent combien l'idée de changement cosmique était répandue chez les adeptes du *Tonghak* au début du XXe siècle. Les enseignements de la méditation *Gurigol* attiraient surtout les paysans de la province du Nord-Jeolla, frappés par les pires exigences japonaises de production forcée de riz. Leur vision de paix éternelle, leur foi en la libération de l'occupation japonaise, peut expliquer un paradoxe : les groupes les plus révolutionnaires semblaient, comme par ironie, se conformer à cette politique d'exploitation. Après la révolte *Tonghak* (1894) au Nord-Jeolla (I), la production forcée de riz imposée par le Japon après 1920 (II) voit s'élever non une autre révolte, mais l'idée de changement cosmique et de paix éternelle (III) comme si l'impérialisme était perçu avec détachement (IV).

I. Les paysans coréens du Nord-Jeolla après la révolte des *Tonghak*

Fin dynastie Joseon (1392-1910), le gouvernement confucéen subit la politisation rapide des paysans, frustrés d'un État-rentier demandant toujours plus. Fin XIXe siècle, les impôts exigés par les fonctionnaires locaux et propriétaires fonciers créent une crise générale de subsistance. Pour les penseurs coréens dissidents, les rébellions successives après la révolte de Gyeong-rae Hong (1811) font suite inévitable à la mauvaise gestion du pays par le régime[1].

1. Les facteurs internes

La frustration accrue des paysans et roturiers envers la structure de classe facilita les idées égalitaires au milieu du XIXe siècle. Pour le penseur Je-u Choi, les hommes sont égaux : chacun est lié à l'être divin, le Ciel. Le système inégal de classes et la discrimination fondée sur le genre doivent cesser, en rupture avec la vision confucéenne traditionnelle des femmes. Le but principal de ses enseignements *Tonghak* est pourtant moins la réforme sociale que la transformation rapide et profonde de l'ordre cosmique. Son idée d'évolution cosmique renvoie aux croyances populaires traditionnelles coréennes : une nouvelle société utopique, égalitaire et prospère, après le jugement final du chef de l'univers. Le « changement cosmique » de Choi n'est pas neuf dans ces croyances, ce qui confirme l'influence rémanente du moine bouddhiste Jinpyo (royaume Silla, VIIIe siècle.). Les Coréens croient depuis longtemps que le seigneur de ciel Toushita (où vit le Bouddha Maitreya) viendra dans ce monde pour sauver les êtres humains de toutes les souffrances et créer un paradis (*yonghwa*).

Les convictions de Choi, proches du jugement dernier chrétien, se répandirent vite parmi les paysans. En 1860, il dit avoir reçu mandat céleste : dire à l'humanité le changement cosmique prochain vers un nouveau monde. Selon son *Dialogue avec le ciel*, l'Être suprême lui a donné un *mantra* divin à chanter pour l'Illumination (les soldats *Tonghak* l'entonnaient lors de rassemblements et défilés). Les idées *Tonghak* prédisent un changement sans précédent, l'avènement d'un nouveau monde. Par intervention de l'Être suprême, l'évolution cosmique apportera au monde la paix éternelle et l'harmonie pour cinquante mille ans[2].

Choi fut exécuté (1864) : pour les autorités coréennes, ses enseignements étaient une menace envers l'ordre confucéen. Mais son idée égalitaire fut reprise par les intellectuels radicaux dissidents comme base théorique de leurs idées révolutionnaires.

Bong-jun Jeon, chef révolutionnaire *Tonghak*, leva en 1894 une force paysanne pour renverser le régime en déclin et l'exploitation impitoyable

---

1 Heung-Soo Hahn étudie la détérioration du système vers la fin de la dynastie Joseon : *Geundae hanguk minjok juui yeogu* [A Study on Modern Korean Nationalism], Seoul, Yonsei University Press, 1977.

2 Seok-san Yun (dir.), *Donggyong daejeon* [Teachings of Tonghak], Seoul, Donghaksa, 1996.

du gouverneur local, Byeong-gab Jo (comté de Gobu). Après la bataille victorieuse (Hwangtojae), ses forces en remportèrent d'autres et son influence dépassa la province du Jeolla pour gagner tous les comtés de la province et 53 groupes révolutionnaires (jibgangso) créés pour appliquer ses réformes[3].

Les disciples de Jeon ne surent pourtant pas imposer un programme concret assurant un nouvel ordre social. Jeon voulait construire une société sans classe, ni discrimination sexuelle, où les paysans échapperaient aux fonctionnaires exigeant d'exorbitants impôts. Ses idées étaient limitées : il ne proposait pas une démocratie républicaine remplaçant le système politique confucéen. Des facteurs externes rendirent ses slogans populaires aux paysans.

2. *Les facteurs externes*

L'intrusion de puissances européennes en Chine changea l'ordre est-asiatique[4], sino-centré et confucéen. La « diplomatie de la canonnière » des Européens[5] humilia la cour des Qing (guerre d'opium 1840 ; rébellion Taiping 1850) et avertit les penseurs japonais : l'Asie serait asservie sauf à acquérir une capacité de défense fiable. En 1868, les jeunes samouraïs de classe inférieure (fiefs de Choushu, Satsuma, Tousa et Hizen à l'ouest) réagirent vite : le régime Bakufu (Tokugawa), dépassé, fut remplacé par un État Meiji moderne et ouvert aux sciences administratives et militaires européennes[6].

Une décennie après (1876), Meiji contraint la Corée de s'ouvrir aux puissances étrangères, émulant la diplomatie de la canonnière de Perry. La cour coréenne hésita à céder à l'exigence du Japon de participer au nouvel ordre international. Pour les lettrés confucéens, peu au fait de la diplomatie moderne, l'idée d'égalité entre Empire du Milieu (Chine) et Corée était inconnue. Leur réaction maladroite envers Occidentaux et Japon permit à ces puissances étrangères de s'engager dans la domination impériale du peuple coréen.

---

3 Sur la révolte Tonghak, voir Bok-ryong Shin, *Tonghak sasanggwa hanguk minjokjuui* [Ideas of the Eastern Learning and the Korean Nationalism], Seoul, Pyeongminsa, 1983.

4 Cf. le chapitre de Yunping Wang dans cet ouvrage.

5 Key-hiuk Kim, *The Last Phase of the East-Asian World Order*, Berkeley, University of California Press, 1980. L'ordre mondial sino-centré d'Asie de l'Est débute quand le regime de Joseon accepte la suzeraineté de la Chine, selon les lettrés néo-confucianistes de Corée en 1392. Voir le chapitre de Wang *supra*.

6 Theda Skocpol, *States and Social Revolutions*, Cambridge, Cambridge University Press, 1979.

Par impact économique, les produits textiles (fil de coton) issus des usines modernes du Japon inondèrent le marché coréen[7], d'où une crise de l'économie paysanne en Corée où les propriétaires terriens, avides, vendirent le riz aux Japonais. La pénurie de l'offre nationale de riz frappa les roturiers et l'on tenta d'interdire ces exportations par crainte d'une crise de subsistance.

Le Japon, nouvel acteur de concurrence impérialiste, y fut agressif. Quand éclate la révolte paysanne en Corée dans le Jeolla (1894), l'armée nippone affronta les forces chinoises pour asseoir son influence en Corée. Son armée et sa marine gagnèrent sans mal, l'effort de la cour coréenne redoubla pour réprimer la révolte paysanne adepte du *Tonghak* de Choi. Face à cette ambition impérialiste japonaise, l'armée Tonghak (220 000 hommes) ajouta des slogans antijaponais aux bannières anti-régime lors du soulèvement dans la ville de Samrye. Les paysans armés de lances de bambou furent face aux troupes d'élites japonaises et à leur propre gouvernement : des milliers de paysans périrent dans la bataille de Gongju.

Jeon fut arrêté et exécuté. Les paysans rentrèrent chez eux profondément frustrés et plein de sentiments antijaponais, parmi eux Hyeong-Yeol Kim, Gyeong-Seok Cha et Gong-u Bak, qui fondèrent des écoles religieuses diverses sur la base d'enseignements post-*Tonghak*.

Le Japon annexa la Corée (1910) et le sort des déçus du *Tonhak* empira : le Jeolla devint la province fournissant le plus de riz au Japon. Les paysans ne profitaient plus de leur récolte. Le Japon exigeait une exorbitante production. Pourtant, étrangement, jusqu'à la fin de l'occupation (1945), le Nord-Jeolla résista moins aux autorités d'occupation que d'autres régions du nord de la péninsule[8], où des grèves et affrontements armés furent menés par les communistes coréens mais des emplois et technologies créés à Pyongyang, Wonsan, Sinuiju.

En revanche, le Jeolla, berceau de la révolte Tonghak, ne fut pas un refuge pour les indépendantistes. De petites grèves d'occupation foncière y survinrent mais les comtés du Jeolla ne furent plus au cœur de la lutte armée pour la libération de la Corée occupée.

Qu'est-il arrivé à ces paysans révolutionnaires de la province du Nord-Jeolla ? Cette incongruité ironique – plus d'extraction et moins de résistance – mérite une explication.

---

7 Kanji Ishii, *Nihon Keizaishi* [Japanese Economic History, 2e edition], Tokyo, Tokyo Daiggaku Shuppankai, 1991, pp. 267-68.

8 Sur les grèves de fermiers en Corée occupée, cf. Je-hwa Lee *Hanguk Geunhyeondae Mjinjokhaebang Undongsa* [History of National Liberation Movement in Korea], Seoul, Baeksanseodang, 1988, pp. 215-222.

Notre réponse : les nouvelles croyances populaires des paysans ont altéré leur attitude envers l'occupation, évolution dans la perception de l'impérialisme japonais partagée par les penseurs coréens. Les disciples de Jeung-san, figure influente se croyant réincarnation du Bouddha Maitreya, fondèrent des groupes religieux après l'annexion définitive de la Corée (1910), dont le principal, Bocheongyo, rassembla jusqu'à des millions d'adeptes, nombres qui diminuèrent après les répressions du Gouvernement général japonais dans les années 1930.

Comment, pourquoi les adeptes du *Tonghak*, très militants, furent-ils immergés dans les idées de Jeung-san malgré un processus forcé et exorbitant d'extraction de riz ?

II. Le programme japonais d'extraction de riz dans la Corée occupée

Le Japon exige une double croissance économique. L'extraction de riz est telle que, dès 1918, éclate une « révolte du riz » qui n'arrête pourtant pas les exportations.

1. L'économie japonaise de double croissance et la révolte du riz de 1918

Les réformateurs Meiji savent que modernisation et croissance rapide du Japon exigent capital et technologie. La première étape : disposer de sources de devises fortes pour promouvoir la production gouvernementale et privée et aussi importer des machines et des ressources naturelles dont le Japon, industrialisé tard, a désespérément besoin.

Pour obtenir ces capitaux, le pays siphonna l'épargne intérieure et les propriétaires fonciers et les paysans, en partie par une lourde taxe foncière : nombre de petits propriétaires durent abandonner leur terre, se tourner vers l'affermage[9]. À l'ombre de l'industrialisation, les fermiers durent payer de lourds loyers pour la terre. Impôts perçus par l'État et loyers exigés par les propriétaires absentéistes, dont d'anciens *daimyos*[10], permirent au Japon d'investir dans des banques et des industries modernes à Tokyo, Yokohama, Osaka et Kobe.

---

9 Tsutomu Ouchi, *Nihon Keizairon-Jou* [Théories de l'économie japonaise], Tokyo Daigaku Shuppankai, 1962 ; Takao Tsuchiya, *Nihon Keizaishi Kaisetsu* [Analyse générale de l'histoire économique japonaise], Tokyo Daigaku Shuppankai, 1968 ; Ishii, *op. cit.*, pp. 114-23 ; Ryoichi Miwa, *Kaisetsu Nihon Keizaishi – Kingendai* [Aperçu d'histoire économique japonaise], Tokyo, Toky Daigaku Shuppankai, 1993, p. 78. Une description occidentale : G. C. Allen, *Japan's Economic Policy*, Londres, The Macmillan Press Ltd., 1980.

10 Seigneurs locaux héréditaires du système feudal japonais durant la période Tokugawa (1603-1867).

Ces impôts appauvrirent même certains agriculteurs japonais au point de devoir envoyer leurs filles en ville comme ouvrières d'usine. Les familles paysannes fournirent la main-d'œuvre à bas salaire de l'industrie textile (filatures de coton, de soie, etc.) et d'autres industries légères à forte main-d'œuvre[11]. Cette main-d'œuvre permit au Japon d'imposer ses produits textiles à bas prix sur le marché international, rattrapant son déficit commercial.

Ces investissements manufacturiers (*shokusan kougyou* : « implanter l'industrie et encourager le commerce ») créèrent un secteur primaire structurellement sous-développé[12], une « économie duale » à taux de croissance différant entre agriculture et industrie. Les dirigeants Meiji servirent la production manufacturière, qu'ils dirigeaient, au détriment du secteur primaire, qui stagna. Ils maintinrent de lourds impôts fonciers pour les agriculteurs afin de financer l'ambitieuse industrialisation. Les agriculteurs japonais se mirent à élever des vers à soie, plus rentables que le riz, d'où une pénurie de riz pour les travailleurs urbains plus nombreux. Cultures et récoltes ne purent rattraper le besoin de la main-d'œuvre urbaine accrue.

Avec la disparité structurelle croissante entre deux secteurs, le Japon ne pouvait avoir plus de croissance industrielle. La diminution de la demande étrangère pour ses exportations après 1914 frappa alors son économie. L'émeute du riz (*beikki* – 1918) fut nationale : ménagères et ouvriers envahissent la rue, exigeant du riz moins cher. Le premier ministre démissionna et le gouvernement proclama la loi martiale dans tout le pays.

Le gouvernement japonais, pour calmer dissidence interne et « économie duale » et régler la pénurie, développa l'agriculture des colonies (Corée, Taiwan) : importer plus de riz d'outre-mer pour en abaisser le prix, résoudre la crise de subsistance des travailleurs au Japon.

2. *L'extraction massive de riz coréen vers le Japon après 1920*

Le Gouvernement général colonial (GGC) lança en 1920 en Corée et Formose (Taiwan) une extraction massive de riz. Grâce aux recensements fonciers 1910-1920 en Corée, les autorités d'occupation confisquèrent la terre non enregistrée, spoliant les agriculteurs coréens qui, mal informés, ne l'avaient pas déclarée, et offrit à des agriculteurs

---

11 Ishii, *op. cit.*, 1991, pp. 151-66 ; H. T. Patrick, *Japanese Industrialization and its Social Consequences*, Berkeley, University of California Press, 1976.

12 Takafusa Nakamura, *Economic Growth in Pre-war Japan*, Yale University Press, 1971 ; Kazushi Ohkawa and Henry Rosovsky, *Japanese Economic Growth*, Stanford University Press, 1973 ; Ishii, *op. cit.*

japonais arrivés peu avant, et à de grandes entreprises, une terre plus fertile, surtout dans le Jeolla.

Ces entreprises (*zaibatsu*) dont Mitsui, la Société de Développement Oriental (*Toyoutakushokukaisha*) et autres investisseurs en bénéficièrent. Les grands propriétaires terriens coréens éduqués, bien informés, comme Nyon-su Kim (Gochang, Jeolla) purent se protéger mais les paysans ordinaires, souvent analphabètes, en perdirent une partie importante[13]. Le J.O. du GGC – « recensement des 25 années d'administration (shisei nijugonenshi) » – décrit la situation au Japon et la politique qui s'est ensuivie en Corée :

> À cette époque, le Japon a importé 3 à 5 millions de *seom* de riz étranger en raison de l'extrême pénurie de riz [au Japon], qui avait atteint 4,64 millions de *seom*[14], d'où en 1918, des 'émeutes du riz' dans tout le pays. [...] La perspective d'augmenter la production agricole au Japon demeurait sombre. Le système d'irrigation étant en Corée peu développé et la plupart des rizières étant cultivées avec l'eau de pluie, il ne fut difficile de mettre en œuvre un projet de développement agricole massif [en Corée].[15]

Graphique 1

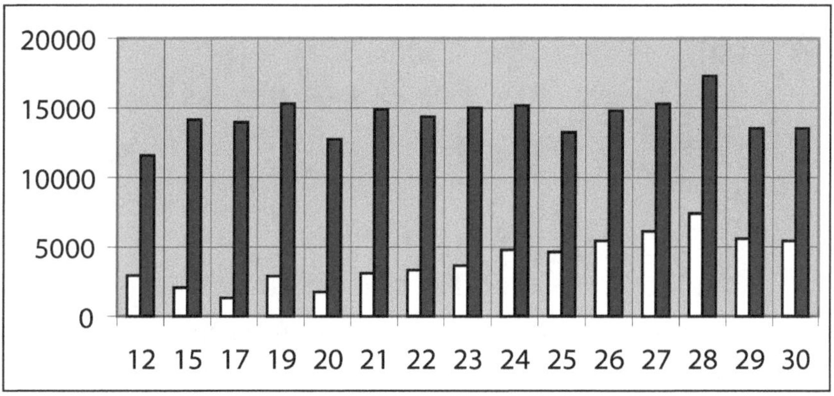

Production de riz en Corée et exportation (barres blanches) au Japon depuis 1912[16].

[13] Histoire détaillée des Gochang Kims : Carter J. Eckert, *Offspring of Empire : The Koch'ang Kims and the Colonial Origins of Korean Capitalism, 1876-1945*, University of Washington Press, 1991.

[14] Un *seom* (seok) est égal à 5,13 *bushels* américains et 47,6 *gallons* américains.

[15] Gyeong-sik Pak, *Ilbon jegukjuui ui Chosun jibae* [L'occupation japonaise de la Corée], Tokyo, Heibonsha, 1986, p. 223.

[16] L'unité de production de riz est le millier de *seok : Chosen Beikoku Yoran*, cité par *Gyeong-sik Bak, Ilbon ui Joseon Jibae* [L'occupation japonaise de la Corée], Tokyo, Heibonsha, 1986, p. 236.

Le GGC ne se contenta pas d'exporter les quantités de riz produites en Corée. Il augmenta la production agricole dans les deux colonies pour répondre à la demande croissante au Japon. Le graphique 1 montre l'accélération de production du riz coréen par imposition d'un système d'irrigation et d'engrais ; l'augmentation d'exportations vers le Japon après 1921.

L'exploitation des paysans coréens permit une augmentation encore plus nette des exportations de riz vers le Japon. Devant payer de 50 à 80 % de leur récolte en loyer à leur propriétaire foncier (coréen ou japonais) ils passèrent, de 1923 à 1939, de 44,7 à 55,7 % de la population totale de la Corée occupée, la moitié des ménages paysans coréens vivant en dessous du niveau de subsistance[17]. Le graphique 2 montre l'objectif réel de la production de riz en Corée : malgré l'augmentation des cultures dans les terres, les Coréens avaient moins à manger à cause de l'exportation massive de riz au Japon, destiné à nourrir les travailleurs japonais des villes industrielles au détriment de la sous-consommation de riz par les Coréens.

Graphique 2

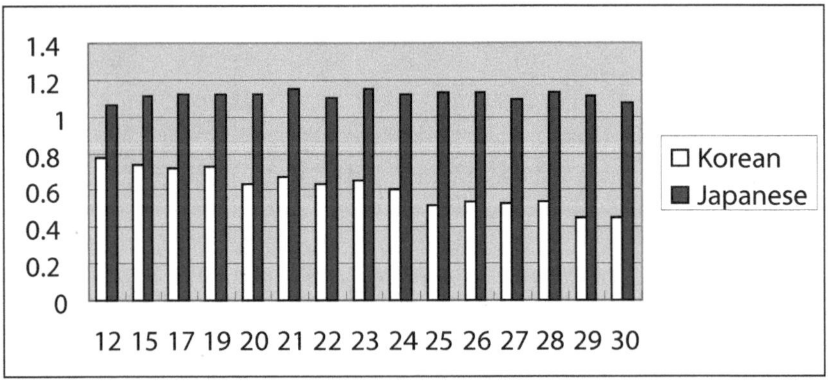

Consommation annuelle de riz par habitant après 1912 (unité : *seok*)

Une étude confirme que les Coréens ont souffert plus encore que les Formosans.

> La Corée cultivait moins de superficie à proportion de sa superficie totale. Une plus grande partie de sa population est enrôlée dans l'agriculture : presque toutes les rizières bien irriguées en Corée méridionale vont aux mains des

17 Jong-hwan Ju, « Ssali eopneun Jeung-san, nongeop » [Production increase without rice to eat, agriculture], in *Hanguk heondaesa, vol. 4*, Seoul, Singumunhwasa, 1967.

Japonais, accaparant beaucoup de la terre nécessaire aux indigènes : l'énorme *Compagnie Orientale de Colonisation* possédait, grâce aux subventions et achats gouvernementaux, une grande quantité de terres agricoles.[18]

Cette extraction intensive du riz intégra la Corée et Taiwan dans l'économie régionale du Japon. Les deux pays, contributeurs contraints et forcés de la croissance industrielle japonaise, fournirent en produits alimentaires peu chers la main-d'œuvre industrielle japonaise. Le tableau 1 totalise pour 1903-1929 les importations du Japon et l'expansion rapide des importations de riz, révélant des importations japonaises (matières premières alimentaires et manufacturées) fortement accrues de 1920 à 1929. En 1930, les denrées alimentaires venant de Corée et de Formose forment 64 % du total des importations alimentaires au Japon[19].

Tableau 1

Période	**Matières premières**		**Produits alimentaires manufacturés**
	Produits industriels	**Produits alimentaires**	
1901-04	45	175	131
1915-09	65	111	104
1910-14	100	100	100
1915-19	149	99	91
1920-24	190	208	168
1925-29	253	277	204

Augmentation des denrées étrangères dans le total des importations du Japon[20]

Les familles des colonies manquaient toujours plus d'un riz qui allait au Japon. Les industriels japonais purent maintenir plus bas que les Occidentaux les salaires et les prix des produits d'exportation, notamment les textiles de coton. Tokyo pouvait compter sur une croissance industrielle et l'exportation sans le problème chronique de pénurie alimentaire.

En Corée, cela paupérisa la plus grande province agricole (Jeolla). Les paysans de Jeongeup (près de Gobu), Buan, Gimje, Okgu et Iksan (Nord-Jeolla), zones les plus fertiles de Corée, ont le plus souffert de la quête de

[18] I-te Chen, « Japanese Colonialism in Korea and Formosa : A Comparison of its Effects upon the Development of Nationalism », Ph.D dissertation, University of Pennsylvania, 1968, pp. 215-216.

[19] William W. Lockwood, *Economic Development of Japan*, Princeton University Press, 1968, p. 383.

[20] Les quantités de 1910-1914 sont prises comme indice de base 100. Source : Oriental Economist, *Foreign Trade of Japan : A Statistical Survey*, Tokyo, n.d., 1930, pp. 699-700, cité par William W. Lockwood, *Economic Development of Japan*, Princeton, Princeton University Press, 1968, p. 355.

profit des propriétaires coréens et grands colons japonais comme Toutaku Co., Yamazaki, Ukon, Taki, Sato, Hosokawa et Akamoto[21].

Tableau 2

Comté	Nombre de ménages fermiers agricoles coréens (A)	Nombre de ménages fermiers agricoles coréens sous l'autorité de propriétaires terriens japonais (B)	B/A (%)
Jeonju	23,185	8,051	34,7
Jeongeup	24,174	5,622	23,3
Buan	13,989	4,599	32,9
Gimje	16,054	10,487	65,3
Okgu	11,607	7,144	61,5
Iksan	19,335	10,016	51,8

Ménages de fermiers agricoles coréens sous l'autorité de propriétaires terriens japonais dans les comtés près de Jeonju et Jeongeup en 1927

Le GGC renforça les installations portuaires de Gunsan (nord-ouest de la province du Nord-Jeolla), pour faciliter l'exportation du riz produit en Corée, comme à Gimje et Jeongeup.

Ainsi, l'impérialisme japonais basé sur le conflit de classe indigène fut-il perfectionné tout proche du lieu de naissance de la révolte *Tonghak*. La plupart des élèves, qui fondèrent des écoles religieuses fortes de millions de Coréens, venaient de cette province du Nord-Jeolla.

III. Répandre l'idée de « changement cosmique et paix éternelle » dans la Corée occupée

Dans ce cadre paradoxal – violence économique coloniale et non-violence paysanne –, l'attitude des jeunes philanthropes envers la révolte *Tonghak* semble l'emporter, tout comme l'idée, surprenante, de « changement cosmique » et de « don mutuel de la vie ».

1. L'attitude des jeunes philanthropes envers la révolte Tonghak

Jeung-san Sangjenim, né en 1871 dans un petit village (Gaekmangri, comté de Gobu, province du Nord-Jeolla[22]), n'a pas vingt ans quand éclate la révolte *Tonghak*. C'est un érudit prêchant en faveur des non-possédants, faibles, femmes et quasi-esclaves coréens (*meoseum*). Dans

[21] North Jeolla Provincial Government, *Jeolla Bukdoji-vol. 3* [Encyclopedia of North Jeolla Province], Jeonju, North Jeolla Provincial Government, 1991, pp. 1001-1037.

[22] North Jeolla Provincial Government, *Jeolla Pukdoji-vol. 3* [Encyclopedia of North Jeolla Province], Jeonju, North Jeolla Provincial Government, 1991, pp. 885-926.

les années 1930, sa compassion chaleureuse pour les êtres humains et les grands malades s'illustre par sa capacité à traiter certains par une médecine de plantes et la guérison spirituelle. Par sa clinique (Donggol, village de Guri), près du Temple du Bouddha Maitreya (Geumsan, Nord-Jeolla), connue comme centre de méditation, de guérison et de rétablissement, il acquit une renommée nationale même des régions reculées (Île de Jeju...). Il guérissait et offrait à la fois aux pauvres une vision optimiste d'un monde nouveau[23]. Il rencontra la révolte *Tonghak*, soulèvement paysan massif, dans son comté natal de Gobu.

Bong-jun Jeon, jeune philanthrope menant la résistance à la fois contre les étrangers et le gouverneur local avec le slogan « Défendre la nation et assurer la subsistance des gens » (*bongukanmin*) demanda l'aide de Jeung-san. Soucieux de la défaite proche des forces *Tonghak*, celui-ci répondit en enjoignant Jeon de s'en tenir à l'insurrection armée : « Vous ne finirez que par tuer de nombreux innocents pour rien »[24]. Jeon refusa et lança sa campagne.

Au contact de Jeung-san, nombre de combattants Tonghak devinrent ses adeptes. Pil-Seong An quitta l'armée paysanne et était devenu son ami quand Jeung-san se mit à enseigner sa théorie de la paix, unique, à partir de 1902. Observant la révolte, le philanthrope conseilla aussi à Hyeong-Yeol Kim (canton de Suryu, comté de Geumgu) de quitter la rébellion. Kim suivit son conseil et rejoignit le club d'étude des adeptes de Jeung-san, dans le village de Guri, comme dirigeant de l'école[25]. On ne connaît pas le détail de l'opposition de Jeung-san à la méthode violente des partisans *Tonghak* mais sa vision explique son attitude envers la révolte.

2. L'idée de 'changement cosmique' et de 'don mutuel de la vie' chez Sang-Saeng

Jeung-san évoque « transformation cosmique » et « explosion spirituelle » sans détailler la théorie cosmologique ésotérique, ni celle de l'inéluctabilité de la transformation cosmique. Le lien entre « changement cosmique » ou nouvel ordre mondial et « changement

---

23 Selon divers documents historiques, il était connu dans tout le pays comme érudit maîtrisant les classiques du Confucianisme, du Bouddhisme, du Taoïsme et les principes Yin-yang.

24 Dojeon Pyeonchan Wiwonhoi [DPW], *Jeung-sando Dojeon* [Enseignements du Jeunsando], Seoul, Daewon, 2003, p. 94.

25 Il épouse Ho-yeon Kim, qui suivait ses conférences en témoin rapproché de ses performances de « guérison spirituelle » et meurt en 1922. Selon l'Association des études Jeung-sando, Ho-yeon Kim a confié des témoignages précieux sur ses enseignements (Historical Recording and Publication Committee).

cosmique convenable » vient de la théorie *I-ching* de Il-bu Kim, son camarade d'études en pensée traditionnelle asiatique, que Jeung-san évoqua pour expliquer son idée de changement cosmique[26]. Kim est l'auteur de *Le changement convenable* (*jeongyeok*, 1884-1885), qui évoque le cours inévitable de l'univers pour corriger le cours déformé du Ciel et de la Terre. Par la cosmologie de Shaoyang[27], Kim pose que l'univers déséquilibré ira dans « la bonne direction » et la transformation fondamentale du cycle long de l'évolution cosmique.

Selon Il-bu Kim, chaque être est une combinaison de deux éléments opposés : le *Yin* (énergie en contraction), le *Yang* (énergie en expansion). Le changement cosmique se produira quand le mouvement d'expansion du bois et de l'énergie du feu parmi les Cinq mouvements de l'univers (*Fuxing*) atteindra sa limite et se transformera en processus de contraction du métal et de l'énergie de l'eau[28]. Au moment du changement, le déséquilibre entre le *Yin* plus petit et le *Yang* plus grand sera corrigé par une relation équilibrée entre Ciel et Terre[29]. Une société harmonieuse embrassera l'humanité, où le principe universel des relations humaines sera mutuellement vivifiant, non concurrent comme jusque-là.

Interprétant ce métadiscours de Kim, Jeung-san convient que le monde est celui du *Yin* opprimé (la Terre, énergie féminine) et du *Yang* vénéré (le Ciel, énergie masculine) par la discorde inhérente aux deux forces[30]. À partir des mathématiques antiques (Hado, Nakseo)[31], Kim soulignait que la force du *Yang* est structurée pour être supérieure à celle du *Yin*, d'où inégalité, coercition, oppression et conflit entre puissants et faibles. La persistance des conflits entre grands et petits a maintenu le monde en satiété guerrière, d'occupation et d'exploitation.

Privation relative et sentiment d'aliénation transforment la dimension spirituelle du monde en énergie destructrice et vengeresse ou « explosifs

---

26 La philosophie du changement depuis 5000 ans en Corée et en Chine, y compris Taihaw Fuhsi (ancienne Corée), le roi Wen, le duc de Chou, Confucius et Il-bu Kim (Corée du XIXe siècle ; JDPA, 1997, *op. cit.*, p. 43).

27 Shaoyang (A.D. 1011-1077) était le théoricien le plus en vue en matière de numérologie et de cosmologie pendant la dynastie chinoise des Sung.

28 Pour une explication détaillée de cette cosmologie, fondée sur la science médicale asiatique, voir Dong-seok Han, *Uju Byeonhwa ui Wonri* [Principes du changement cosmique], Seoul, Daewon, 1966.

29 Pour des discussions ontologiques et cosmologiques détaillées de ce concept de changement cosmique, voir Chang-ryeol Yun (1992), Yong-uk Kim (1992) et surtout Gyeong-jeon Ahn (1994, 2001).

30 DPW, pp. 130-131 ; DPW, pp. 148-149.

31 Voir Nam Chang-hee « Nuclear arms control in light of the Hado-Nakseo model : a constructivist element in the Yin-Yang inversion model process », in P. Chabal (dir.), *Institutionnalising Regions*, Paris, Apopsix, 2011, pp. 217-235.

spirituels »[32] (ainsi la frustration, l'amertume, la tristesse et la rancune partagées par les paysans-soldats vaincus, défaits et capturés de la révolte *Tonghak*). Selon Jeung-san et le concept d'énergie spirituellement mortelle, la nature intrinsèquement concurrente du monde a exigé de l'humanité une « marche d'austérité » : le conflit et la concurrence mutuels régit les affaires humaines, générant progrès technologiques et sociétaux par besoin désespéré d'adaptation et de survie.

Contexte, rancunes et douleur accumulées inondent le royaume spirituel de l'univers. L'énergie mortelle matérialisée dans le monde provoque des guerres horribles couplées avec la course aux armements sans fin, aboutissant à l'invention autodestructrice d'armes de destruction massive (ADM). Jeung-san dépeint une bombe capable de démolir une ville entière et avertit ses élèves : l'humanité sera exterminée sauf si l'énergie vengeresse proliférante des ADM n'est contrôlée. Quand tous les *won* (rêves non réalisés) et *han* (amertume et douleur) accumulés depuis le début de l'histoire seront résolus, la paix éternelle se réalisera. Cette résolution spirituelle de tous les *won* et de tous les *han* est la seule façon vers la paix véritable.

La méthode de Jeung-san pour parvenir à la paix structurelle implique l'illumination des individus, non un recours à la force (révolution des opprimés), surtout lors du changement cosmique. L'homme dont la conduite est réajustée selon l'ordre cosmique harmonieux est considéré comme fruit et but ultime de l'évolution longue de l'univers. L'harmonie complète dans l'humanité l'emportera après que les deux sources, cosmique et spirituelle, de conflit seront supprimées. Quand chaque individu atteindra l'illumination (*dharma*), se synchronisera mentalement avec l'esprit toujours générateur de vie de l'univers dans la transformation cosmique et guérison spirituelle, il n'y aura plus de conflits entre individus, ni entre États-nations. L'acte de vengeance ne résout ni ne démantèle le cumul « d'explosivité spirituelle ». Il ne sert qu'à amplifier et renforcer l'énergie destructrice et vindicative du feu.

Cette vision de l'univers explique que Jeung-san livre à ses disciples une vision tout autre pour libérer la Corée de l'exploitation du Japon : la souffrance des Coréens est une expression symbolique et représentative du conflit dans un monde disharmonieux[33], point de vue sur l'impérialisme largement partagé parmi ses disciples.

---

32 L'auteur mécomprend (1999, *Korea* Observer) la doctrine-clef de ses sermons : l'interaction inséparable entre les dimensions spirituelle et matérielle font se produire les événements dans le monde réel.

33 Il dit même à ses partisans qu'après la libération de la Corée, le pays sera divisé par la formation d'un *Taiji* le long du 38e parallèle, que le *han* (ressentiment) entre Coréens accumulé par la division se transformerait en énergie spirituelle dirigée vers le désir des sud-coréens pour une paix éternelle dans la région et le monde.

IV. Vues sur l'impérialisme japonais parmi les disciples de Jeung-san

Les partisans de Jeung-san étaient partagés sur l'occupation japonaise. Si, selon leur maître, l'avidité impérialiste (Japon, Occident) provenait de l'énergie cosmique inharmonieuse et expansive, la puissance industrielle du Japon envers les Coréens favoriserait un fort désir chez les intellectuels coréens frustrés et envieux de leur propre modernisation. Le gouverneur général en Corée avait alors besoin de développer une infrastructure économique, telle que les chemins de fer, afin d'exporter efficacement le riz et d'autres ressources naturelles de Corée : « La Corée acquerra de nouvelles technologies du Japon parce que, ces 300 dernières années, les Japonais ont étudié avec succès l'art de gagner richesse et pouvoir »[34].

Selon Jeung-san, le Japon introduit « avec la diligence d'un serviteur » la technologie industrielle moderne en Corée occupée pour remplir son objectif avide d'étendre son empire. Il prévoit l'intégration industrielle coercitive du Japon avant même l'annexion de la Corée (1910), prouvant sa capacité inhabituelle envers ses disciples. L'infrastructure moderne débute avec l'expansion des chemins de fer de Corée sous l'occupation japonaise (tableau 3).

Tableau 3

Année	Nombre de gares	Longueur des voies (miles)	Index de longueur
1910	105	674,00	100
1929	189	1157,40	172
1930	377	1735,40	257
1940	629	2677,70	397

Expansion des chemins de fer publics en Corée (Gouvernement général), 1906-1942[35]

L'expansion industrielle transforme la Corée pour servir l'ambition continentale du Japon, tout comme l'intensification des cultures (années 1920) vise à augmenter la production en Corée du riz qui manquait au Japon. Les Japonais firent de la Corée une base sécurisée pour l'invasion en Sibérie et Chine, menant divers projets de développement social et économique en Corée et Mandchourie[36]. Plus d'électricité a rapidement

34 DPW, p. 529 ; *Ibid.*, pp. 540-41.

35 Chosen Sotokufu, *Tokei Nempo 1906-1949*, cited by Kwang-tiek Kim, « Industrialization of Korea under Japanese Rule », Ph.D. dissertation, University of Maryland, 1974, p. 138.

36 Bruce Cumings présente ce processus « The Origins and Development of the Northeast Asian Political Economy : Industrial Sectors, Product Cycles, and Political Consequences », in Frederic Deyo (dir.), *The Political Economy of the New Asian Industrialism*, Cornell University Press, 1987. Carter J. Eckert, *op. cit.*

été fournie après 1930 en Corée occupée pour accroître l'industrie de munitions, surtout au nord du pays[37].

Selon Jeung-san, l'introduction de technologies modernes japonaises ne convaincrait pas les Coréens à cause du pouvoir impitoyable des occupants, l'empire japonais ne durerait pas, ses tentatives incessantes de s'étendre étaient vouées à l'échec par la capacité limitée à soutenir les expéditions militaires à l'étranger. Même avant l'annexion de la Corée (1910), il prédit que l'Empire japonais s'effondrerait par « trahison spirituelle » : acquérir la technologie des Occidentaux – Hollandais et Américains – après la restauration Meiji – puis les retourner contre eux était trahir le maître bienveillant. L'irresponsable entrée en guerre contre les États-Unis finirait par causer sa dévastation par la puissance militaire américaine et deux bombes nucléaires. Il conseilla à ses partisans de ne pas lutter contre le Japon avant l'entrée en guerre des États-Unis et de méditer, en attendant, sur le mantra *Taeeulju* pour atteindre l'illumination, mentalement cultivé pour un nouvel univers du changement cosmique à venir.

Ces vision et message furent enseignés par les partisans de Jeung-san[38] jusqu'à la défaite du Japon en 1945[39]. Parmi eux, le *Bocheogyo* de Gyeong-seok Cha aurait eu des millions d'adeptes en Corée[40]. Après sa conversion en club de méditation *Gurigol* – à partir d'un statut de militant participant au soulèvement Tonghak – Gyeong-seok Cha a rassemblé des millions d'adeptes dans les années 1920. Son influence inquiéta les gouverneurs généraux, y compris Saito, qui le rencontra en personne. On sait que les organisations nationales de Cha collectaient des fonds pour le gouvernement coréen en exil à Shanghai[41] ; également que le *Bocheongyo* a tenté de financer les combattants antijaponais en

---

37 Kwang-tiek Kim, *op. cit.*, p. 142.

38 Le groupe Bocheongyo animé par Gyeong-seok Cha, le bouddhisme Maitreya enseigné par Hyeong-Yeol Kim, le Taeeulgyo dirigé par Gong-u Bak et le Jehwagyo conduit par Chi-bok Lee.

39 Bureau des relations publiques du Comté de Jeongeup, *Naegojang Jeontong Munhwa* [Culture traditionnelle de notre Comté], Jeonju, Jeongeup County Office, 1983, pp. 119-122 ; North Jeolla Provincial Government, *op. cit.*, pp. 885-926 ; Kang-O Yi, *Hankuk Sinheung Jonggyo Chongram* [Survey of Korea's New Religions], Seoul, Taeheung Gihoik, 1992. La capacité miraculeuse de ses adeptes enjoint les penseurs Gurigol à croire qu'il était bien le Bouddha Maitreya réincarné, sensé descendre dans ce monde pour sauver l'humanité.

40 Sur la surveillance japonaise : un livre trouvé dans la *Precious Historical Material Room* de la bibliothèque de l'université Yonsei, Bocheongyo Junganghyeopjeongwon [Bocheongyo's headquarters], *Bocheongyo Yeonhyeoksa* [History of Bocheongyo], Seoul, Bocheongyo Center, 1961.

41 Jongryeol Bak, *Cha Cheonja ui Ggum* [Le rêve de devenir empereur], Seoul, Jangmunsa, 2002.

Mandchourie[42]. Compte tenu de la taille de l'organisation et des preuves historiques, le Bocheongyo aurait été le centre du soutien financier au mouvement d'indépendance de la Corée dans les années 1920 et 1930[43]. Craignant leur nature subversive, le Gouvernement général décida (1936) de démanteler les organisations religieuses *Bocheongyo.*

Cette pensée régnait sur d'anciens partisans de la révolte *Tonghak* et les communautés du Jeolla, ce qui explique que les paysans, dans le lieu même de la naissance du soulèvement *Tonghak*, aient semblé se plier au joug japonais, militants désorganisés de la lutte antijaponaise. Cette résistance affaiblie aida la force coloniale japonaise à développer l'industrie des munitions dans le nord de la Corée, héritage malheureux après 1945 : les communistes au nord purent fabriquer armes et munitions pour envahir le sud (juin 1950). La notion de « changement cosmique » avait convaincu les paysans du Jeolla que la Corée serait libérée et jouirait de la paix éternelle au premier rang du monde à venir[44]. Les autorités d'occupation réprimèrent impitoyablement ces religions indigènes et ces associations de méditation après l'entrée du Japon dans la guerre sino-japonaise en 1937.

En conclusion, ces croyances semblent une ironie de l'histoire, que les études actuelles peinent à saisir. Par ces croyances partagées entre des millions d'adeptes du groupe *Gurigol* pendant l'occupation, Jeung-san visait une vue coréenne du conflit et de la paix, en créant deux dimensions incompatibles lors de l'intégration économique de la Corée au Japon. Les interactions économiques et politiques, l'idée de changement cosmique introduite démontrent l'influence des idées et des croyances des fidèles. Les adeptes de *Tonghak*, anciennement militants dans la Corée de la fin du XIXe siècle, semblaient se conformer à la domination étrangère quand leurs conditions de vie continuaient de se détériorer.

Souffrant de difficultés matérielles, les adeptes du *Gurigol* propagèrent leurs idées parmi les anciens de *Tonghak*, idées coïncidant avec le besoin d'une promesse utopique parmi les paysans et intellectuels défaits et frustrés du Jeolla. Leur utopisme et égalitarisme attiraient ceux

[42] Takashi Tanabe, Dpt de Police du Gyeonggi, « Regarding an attempt to deliver war funds for Korean anti-Japanese militants », *Dokripgun Jageum Mojip* vol. 8 [War fundraising of Independence Army] of *Hanminjok Dokripundongsa Jaryojip* [Historical Records of Korea's Independence Movement]. Sur <http://history.go.kr> (accédé le 20/7/2007) ; Chief of Dongdaemun Police Station, « Regarding the subversive document incident of a Bocheongyo office », Keitokeikobi n° 3545 [Classified Report of Dongdaemun Police Station, Seoul], 2 octobre 1923.

[43] Un argument similaire a été récemment mis en avant par Bak, *op. cit.*

[44] Rapport du chef du bureau de police de Suweon en 1940. « Report regarding subversive remarks of Jeung-sangyo followers », Suwon Kobi n° 3877 [Classified Report from Suweon District Court], 26 octobre 1940.

aspirant à une solution pour leur sort, d'où la prolifération de mouvements religieux, surtout parmi les paysans du Nord-Jeolla qui souffraient le plus. Le *Bocheongyo* attirait le plus grand nombre en présentant une vision de libération et aidant les dirigeants coréens en exil.

Jeung-san convainquit les paysans appauvris, bâtit une croyance selon laquelle l'occupation finirait mais aussi le carcan du « conflit mutuel » de l'humanité. Ses millions d'adeptes, à l'apogée de l'occupation, montrent l'impact de ses idées en Corée au début du XXe siècle.[45]. Il faut comprendre ces idées partagées par les paysans de la Corée occupée pour connaître l'histoire de la Corée moderne[46].

Bibliographie

Allen, George Cyril (1980), *Japan's Economic Policy*, London, The Macmillan Press Ltd.

Allen, George Cyril (1981), *The Japanese Economy*, London, Weidenfeld and Nicolson.

Ahn, Gyeong-jeon (1994), *Ikeotii Gaebyeokida* [This is the Great Opening], 2 vol., Seoul, Daewon Chulpansa, 433 p.

Ahn, Gyeong-jeon (2001), *Jeung-sando ui Jinri* [The Teachings of Jeung-sando], Seoul, Daewon Chulpansa, 498 p.

Ahn, Unsan et Ahn Gyeongjeon (2005), *The Dao of Gaebyeok* (in English), Seoul, Daewon Chulpansa, 256 p.

Bak, Jongryeol (2002), *Cha Cheonja ui Ggum* [A Dream to be an Emperor], Seoul, Jangmunsa.

Chen, I-te (1968), « Japanese Colonialism in Korea and Formosa : A Comparison of its Effects Upon the Development of Nationalism ». Ph. D. dissertation, University of Pennsylvania.

Dojeon Pyeonchan Wiwonhoi (2003), *Jeung-sando Dojeon* [Preachings of Jeung-sando], Seoul, Daewon Chulpansa, 1184 p.

Jeongsin Munhwa Yeonguweon (1992), *Hanguk Minjok Munhwa Daebaekgwa Sajeon*, Seoul, Jeongsin Munhwa Yeonguweon.

45 « Seong-lin Lee and a few others attempting to wage an independence movement with the prospect of Emperor Cha are indicted », *Donga Daily*, 22 juin 1921. Cheong Lee, « Cha Gyeong-seok and Bocheongyo », *Wolgan Chosun* [Monthly Chosun] (juillet 2007), pp. 464-465 ; Won-jeon An, 1991a, *op. cit.* ; Jeongsin Munhwa Yeonguwon, *Hanguk Minjok Munhwa Daebaekgwa Sajeon* [Encyclopedia of Korean National Culture], Seoul, Jeongsin Munhwa Yeonguwon, 1992, pp. 873-874.

46 Sur l'importance de comprendre l'histoire de la Corée pour en saisir les logiques contemporaines, voir G. Kallander dans cet ouvrage ; et P. Chabal « Situation géostratégique de la Corée et perspectives de réunification dans le multilatéralisme interrégional : en relisant Myun-Hyun Cho », in *Les pays du Pacifique en crise : à la recherche de l'unité dans la multiplicité*, Paris, L'Harmattan, 2002, pp. 47-81.

Jeongeup County Public Relations Office (1983), *Naegojang Jeontong Munhwa.* [Traditional Culture of Our County], Jeoju, Jeongeup County Office.

Chu, Chong-hwan (1967), « Ssali Eopneun Jeung-san, Nongeop » [Production Increase without Rice : Agriculture], *Hanguk Hyeondaesa.* vol. 4, Seoul, Singu Munhwasa.

Cumings, Bruce (1981), *The Origins of the Korean War*, Princeton, Princeton University Press.

Cumings, Bruce (1984), « The Origins and Development of the Northeast Asian Political Economy : Industrial Sectors, Product Cycles and Political Consequences », *International Organization*, vol. 38, n° 1, Winter, pp. 1-40 ; (1987) in F. Deyo (dir.) *The Political Economy of the New Asian Industrialism*, Ithaca, Cornell University Press.

Eckert, Carter J. (1991), *Offspring of Empire : The Koch'ang Kims and the Colonial Origins of Korean Capitalism, 1876-1945*, Seattle and London, University of Washington Press.

Han, Dong-seok (1966), *Uju Byeonhwa ui Wonri.* [Principles of Change of the Universe], Seoul, Haengrim, 461 p.

Ishii, Kanji (1992), *Nihon Keizaishi.* [Japanese Economic History], Tokyo, Tokyo University Press 327 p.

JDPA 1995 (Jeungsan-do Dojeon Publication Association), *Jeung San Do Do Jeon* (in English), Seoul, Daewon, 648 p.

JDPA 1997 (Jeung-sando Dojeon Publication Association), *The Teachings of Jeung San Do* (in English), Daejeon, Jeung San Do Publication Center.

Kim, Chan-mun et Tae-jin Kim (1990), *Cheonji Gongsa Silrok- Dongkok Biseo*, Seoul, Daeheung.

Kim, Ju-seong (1999), *Jeongyeok Jipju Bohae* [Understanding Right Change], Seoul, Taehun.

Kim, Key-hiuk (1980), *The Last Phase of the East-Asian World Order*, Berkeley, University of California Press, 414 p.

Kim, Kwang-tiek (1974), « Industrialization of Korea under Japanese Rule », Ph. D dissertation, University of Maryland.

Kim, Yong-uk (1992), « Chayeongwahakjeok Cheukmyeon eseo Bullihaebon Gaebeok Sasang », [The Idea of the Great Opening in the Perspectives of Natural Sciences], *Jeung-sando Sasang Yeongu*, n° 1, pp. 218-266.

Lee, Cheong (2007), « Cha Gyeong-seok and Bocheongyo », in *Wolgan Chosun* [Monthly Chosun] (July), pp. 454-470.

Lockwood, William W. (1968), *Economic Development of Japan*, Princeton, Princeton University Press.

Miwa, Ryoichi, Kaisetsu (1993), *Nihon Keizaishi Kingendai* [Overview of Modern and Contemporary Japanese Economic History], Tokyo, Tokyo Daigagu Shuppankai, 222 p.

Nakamura, Takafusa (1971), *Economic Growth in Pre-war Japan*, New Haven, Yale University Press.

North Jeolla Provincial Government (1989), *Jeolla Bukdoji, vol. 1.* [Encyclopedia of North Jeolla Province], Jeoju, North Jeolla Provincial Government.

North Jeolla Provincial Government (1991), *Jeolla Bukdoji-vol. 3.* [Encyclopedia of North Jeolla Province], Jeonju, North Jeolla Provincial Government.

Ohkawa, Kazushi et Henry, Rosovsky (1973), *Japanese Economic Growth*, Stanford, Stanford University Press.

Ouchi, Tsutomu (1962), *Nihon Keizaron-Jou.* [On the Japanese Economy], Tokyo, Tokyo Daigaku Shuppankai.

Pak, Gyeong-sik (1986), *Ilpon Jegukjuui uiJoeson Jibae.* [The Japanese Occupation of Korea], Tokyo, Heibonsha.

Patrick, H. T. (1976), *Japanese Industrialization and its Social Consequences.* Berkeley, University of California Press.

Shin, Bok-ryong (1983), *Tonghak Sasangkwa Hanguk Minjokjuui* [Ideas of the Eastern Learning and the Korean Nationalism], Seoul, Pyeongminsa, 154 p.

Skocpol, Theda (1979), *States and Social Revolutions.* Cambridge, Cambridge University Press.

Tsuchiya, Takao, *Nihon Keizaishi Kaisetsu.* [General Review of the Japanese Economic History], Tokyo, Tokyo Daigaku Shuppankai, 2444 p.

Yi, Kang-o (1992), *Hanguk Sinheung Jonggyo Chongram.* [Survey of Korea's Recently Established Religions], Seoul, Taeheung Gihoik.

Yun, Chang-yeol (1992), « Yeokhakjeokeuro Bon Jeung-sando ui Seonhucheongwan » [Jeung-sando's View of Great Changes in the Philosophy of Change], *Jeung-sando Sasang Yŏnku*, n° 1, pp. 49-87.

Yun, Seok-san (dir.) (1996), *Donggyeong Daejeon* [Teaching's of *Tonghak*], Seoul, Donghaksa.

Construire la confiance régionale en Asie de l'Est

La Corée pré-moderne à la fin du XVIe siècle

George KALLANDER

Université de Syracuse, États-Unis

(traduit de l'anglais par P. Chabal)

L'Asie orientale connaît aujourd'hui un calme relatif après la première moitié du XXe siècle : guerres impériales (Japon), civile (Chine), de décolonisation (Corée, Vietnam), conflits internes. Des tensions dans la région peuvent pourtant rallumer une conflagration – programme nucléaire nord-coréen, conflits territoriaux et insulaires, relations intercoréennes – mais les gouvernements sont plus intéressés par le calme : la coopération régionale apporte plus de prospérité et d'enrichissement que la confrontation. Comprendre la dynamique des relations en Asie de l'est aujourd'hui oblige à se tourner vers le passé.

La stabilité internationale comme facteur de prospérité économique a déjà existé en Asie de l'Est et en Corée dans les relations pré-modernes, avant le droit international occidental introduit à la fin du XIXe siècle. L'interaction historique entre la Corée et la région a semé des graines de paix par les pratiques politiques, économiques et culturelles du passé (I). La première rupture majeure de cet équilibre fut l'invasion japonaise de la Corée fin XVIe siècle (1592-1598) et la guerre interrégionale menée ensemble par la Chine et la Corée contre le Japon (II).

I. Les relations entre la Corée et l'Asie de l'Est avant le XXe siècle

Avant l'impérialisme occidental et les idées de nation moderne, l'ordre international en Asie de l'Est reposait sur le système tributaire[1]. La Corée

[1] Etudes en anglais sur les relations en Asie de l'Est pré-moderne : Gari Ledyard, « Yin and yang in the China-Manchuria-Korea triangle », in Morris Rossabi (ed.) *China Among Equals : The Middle Kingdom and its Neighbours, 10th-14th Centuries*, Berkeley, University of California Press, 1983, pp. 313-353 ; Kirk Larsen, *Tradition,*

suivait une série d'exigences et de protocoles. Le roi, représenté par un ambassadeur, devait se rendre à Pékin, se prosterner à neuf reprises, cacher son visage et accepter le calendrier et les grâces de la Chine, qui ratifiait les successions en Corée. Malgré tout, la Chine donnait plus qu'elle ne recevait en tributs.

Avec la dynastie Choson (1392-1910), les ambassades coréennes ont continué, vers la Chine trois à quatre par an, vers le Japon tous les quinze à vingt ans. Elles arrivaient quelques jours avant le nouvel an. La veille du jour de l'an, l'empereur présentait le calendrier et offrait aux diplomates des cadeaux officiels. Comptant cent à deux cents personnes (jusqu'à six cents au début du XVIIe siècle), ces missions représentaient toutes les classes, sauf les femmes, restaient hors de Corée environ huit mois et constituaient le commerce avec la Chine. Chacun emportait des biens à échanger sur la route de Pékin grâce au *P'alp'o* (paiement d'argent) des marchandises coréennes demandées en Chine (*ginseng*, papier, etc.) à trois principaux arrêts. Les membres des ambassades étaient des nobles (*Yangban*) mais, ne voulant pas s'occuper d'argent, ils vendaient leur droit de commercer et recevaient l'argent avant le départ de Corée. Le commerce remplaçait le salaire. Le volume d'échanges important était taxé par le gouvernement central coréen, source de revenus supplémentaires pour l'État. Les XVIIe et XVIIIe siècles furent ainsi très prospères pour la Corée de Chosŏn.

Outre le commerce, les ambassades collectaient des renseignements. Les dirigeants coréens voulaient connaître les affaires courantes en Chine, qui pouvaient affecter la stabilité en Corée. Les ambassades s'enquerraient des rébellions chinoises, informant le roi à Séoul. La Chine tenait ces diplomates pour des espions et les surveillait durant leur séjour dans le pays.

Le Japon était présent en Corée par les îles Tsushima/Tokdo. Aucun traité n'existait depuis le début du XVIIe siècle, seul un accord commercial (nombre de navires, tonnage/volume d'échanges, fiscalité, statut des commerçants japonais à Tongnae/Pusan). Ces îles servaient d'intermédiaire entre la Corée et le Shogunat d'Edo. S'il survenait un problème majeur, une mission était envoyée à Pusan mais peu souvent. La relation Corée-Japon était limitée bien que fructueuse. Tokdo était une fenêtre sur la Corée et les Japonais de Pusan espionnaient la Corée. Pour les occasions importantes, la Corée envoyait un ambassadeur au Japon, pas l'inverse.

Treaties, and Trade : Qing Imperialism and Chosŏn Korea, 1850-1910, Harvard University Asia Center, 2008 ; et Joshua Van Lieu, « Divergent Visions of Serving the Great : The Emergence of Chosŏn-Qing Tributary Relations as a Politics of Representation », PhD dissertation, University of Washington, 2010.

De 1609 à 1813, seules treize ambassades coréennes allèrent au Japon, permettant de se renseigner sur les Tokugawa. Le Japon, pourtant, prit l'avantage en les qualifiant de « mission venue de l'étranger pour rendre hommage », manipulation faisant croire que le Japon limitait le nombre d'étrangers autorisés à entrer. Après 1813, ce système prit fin. La Corée ne pouvant se permettre d'envoyer des ambassades, ni le Japon de les recevoir.

II. De la paix à la guerre : l'invasion par Hideyoshi de la Corée à la fin du XVIe siècle

Ces ambassades n'empêchèrent pas l'invasion japonaise de 1592[2]. Au XVIe siècle, le Japon subit les étrangers qui arrivent dans ses ports (1541), établissent des bases à Kyushu et convertissent au christianisme cent mille Japonais en quelques années. Au XVIIe siècle, le pays persécute les chrétiens mais se procure grâce aux Portugais des mousquets, technologie qui révolutionne l'armée, aide à unifier le pays et à étendre sa puissance militaire à l'étranger[3].

Le Japon vivait une guerre civile pour s'unifier et dominer par le commerce, non plus le subir. C'est une cause de l'invasion de la Corée (1592). Les va-t-en guerre venaient de Kyushu, où les samouraïs les plus liés à l'Europe, désireux d'expansion, considéraient la péninsule comme espace à prendre. La Corée sous-estima ces événements : certains, prédisaient l'invasion, sommaient le roi de s'armer, bâtir des navires, etc. mais furent ignorés à cause des factions : au lieu d'observer le Japon, ses forces et faiblesses et se préparer à une invasion, le gouvernement coréen n'avait que condescendance pour lui.

La Corée subit aussi sa tradition confucéenne, en plein essor au XVe siècle, philosophie civile qui dédaignait la guerre et entendait maintenir la paix par l'autorité morale. Au XVIe siècle, l'armée est faible et l'État néglige aussi le profit économique, nécessaire à bâtir une armée. S'il y a du riz et que les gens peuvent payer leurs impôts, cela suffit pour soutenir le système. Si le gouvernement fait du profit, il encourt la colère des confucéens, tenant les marchands pour des profiteurs moralement bas. Les fonctionnaires-lettrés ne veulent ni cultiver, ni vendre, ni consommer plus que nécessaire, pour ne pas accumuler des richesses.

---

2 Sur cette invasion : voir Asao Naohiro, « The Sixteenth Century Unification », in John Whitney Hall (dir.), *The Cambridge History of Japan : Volume 4*, Cambridge University Press, 1991, pp. 70-78.

3 Les Japonais construisirent six usines fabriquant des mousquets et créèrent une industrie entière de munitions, toutes manufacturées en grandes quantités.

La Corée ignora le Japon, dénué lui de ces contraintes, le pays n'ayant pas autant rallié le confucianisme. Au XVIe siècle, des moines bouddhistes y parlent du confucianisme mais il ne s'y est pas développé comme en Chine ou en Corée.

En 1590, le Japon est unifié par Hideyoshi (1536-1598), serviteur devenu soldat, fonctionnaire, samouraï puis dictateur, qui place le pays sous le contrôle d'une autorité centrale et accapare pour elle les ressources économiques, ce qui marque le début d'un véritable État japonais. Hideyoshi veut faire du pays une puissance commerçante, d'où le besoin de l'accès à la Chine. La Corée est le seul pays ouvrant un chemin ; il espère donc l'obliger à participer à une guerre contre la Chine. Son plan est de détrôner la dynastie chinoise Ming et capturer l'Inde, patrie du bouddhisme et envers laquelle, bouddhiste, il a une attirance émotionnelle.

Pour préparer l'invasion, il envoie en Corée une missive diplomatique expliquant vouloir passer par la Corée vers la Chine. Le gouvernement coréen, en bonne relation avec les Ming, considérés comme civilisation supérieure, ne crut pas cela possible et sous-estima le danger d'un Hideyoshi menaçant. La Corée envoya une ambassade s'observation à Osaka. Composée de membres de deux factions opposées, un rapport soutint que Hideyoshi était amical, l'autre qu'il était une menace. La première avait le pouvoir à l'époque et fut entendue.

Le 13 avril 1592, le Japon débarqua 250 000 soldats à Pusan. Ils envahirent la ville, visèrent Séoul, qu'ils prirent en trois semaines, avant la Mandchourie, parcourant toute la péninsule en deux mois. L'armée coréenne s'effondra : les soldats rentraient chez eux au lieu de se battre. Une guerre civile contre l'État éclata : des esclaves incendiaient le bureau des peines. Le roi et le gouvernement avaient fui vers le nord.

Après l'invasion, la Corée sollicita l'assistance des Ming, qui ne crurent pas que le Japon pût les conquérir mais pensèrent que Corée et Japon agissaient ensemble car des pirates japonais répandaient la rumeur que les deux s'alliaient pour attaquer la Chine. Les Ming retardèrent plusieurs mois l'envoi de troupes et le roi coréen, acculé à Ŭiju, au bord du Yalu, ne pouvait pas quitter le territoire coréen selon la croyance confucéenne.

Enfin, des envoyés chinois vinrent entendre la version coréenne et virent que les Japonais avaient envahi. Mais l'armée chinoise était dispersée trop loin, au nord (contre les Mongols) et au sud (Birmanie et Thaïlande). Seule une force en Mandchourie pouvait engager les Japonais mais pour l'utiliser les Ming devaient avoir l'aide mandchoue, sans qui la Chine ne pouvait affronter l'armée japonaise. Cette force fut envoyée en Corée et battit le Japon à Pyongyang, le repoussant jusqu'à Séoul.

Les troupes japonaises mal ravitaillées s'essoufflèrent face à la résistance populaire coréenne (*ŭibyong*) : des soldats du cru coordonnés localement par des confucéens d'un certain rang, qui appelaient à défendre la communauté et les sanctuaires ancestraux autant que le pays, ce qui était efficace si toutes les communautés s'y mettaient. Ces troupes amateurs, organisées et loyales, marchaient derrière amis et voisins, connaissant le terrain et empêchant les Japonais de trouver de quoi se nourrir, comme des épines dans leur flanc.

Les forces de l'amiral Yi Sunsin (1545-1598) jouèrent un rôle crucial. Depuis leur base navale du Chŏlla, ils attaquaient le long de la côte les convois ravitaillant l'armée japonaise. La marine coréenne coupa l'armée japonaise de ses approvisionnements, coula trois cents navires japonais (en bois) à coups de vaisseaux-béliers équipés de plaques métalliques. Les Japonais commirent l'erreur tactique de déplacer leurs navires en bloc et ne purent déjouer la flotte coréenne. Les forces navales coréennes en mer et les troupes chinoises à terre sauvèrent ainsi la Corée des Japonais[4].

Défaits à Pyongyang, repliés en positions fortifiées au sud, les Japonais négocièrent la paix avec la Chine (la Corée tenue à l'écart, mal informée de pourparlers). L'idée était de diviser la Corée (la Chine au nord ; le Japon au sud) et reconnaître Hideyoshi comme roi du Japon, offre qu'il prit pour condescendante, exigea de prendre des princes coréens en otages et de garder un pied économique en Corée. Les Chinois offraient la paix et l'honneur de l'investiture chinoise, qui aurait donné au Japon un accès politique à la Corée.

Hideyoshi voulut plus, rappela des troupes et ré-envahit la Corée mais sans succès car les Chinois engagèrent leurs troupes contre les Japonais, à Taejŏn et dans le centre-sud, tinrent l'avantage par leurs troupes plus nombreuses et mieux organisées, malgré les mousquets japonais. Ces derniers se retranchèrent et furent défaits par la faim : les troupes chinoises, reliées par route à la Chine, étaient ravitaillées en moins d'un mois. Hideyoshi mourut en 1598 et la campagne militaire prit fin[5].

Cette défaite japonaise ne fut pas une victoire de la Corée. À l'est et au centre, les Japonais corrompirent les assiégeants chinois (argent, épées, chevaux) pour qu'ils retiennent leurs attaques et permettent aux soldats japonais de se retirer. Pour les Chinois, cela permettait de sauver des vies, après la perte de dizaines de milliers d'hommes, gêne politique pour Beijing, où les chefs souffraient politiquement des factions rivales

---

4 Les Chinois sont-ils nécessaires à la Corée ou Yi Sunsin et les *ŭibyŏng* sont-ils les sauveurs de la Corée ? L'histoire populaire tend à exclure l'action chinoise, qui fut pourtant cruciale pour la survie de la Corée.

5 Aujourd'hui, le Japon prétend que ce fut en raison de la mort de Hideyoshi que l'invasion fut arrêtée. Pourtant, le fait est que le Japon ne put battre les Chinois.

cherchant à arrêter la guerre contre le Japon car, en cas de lourdes pertes, les généraux chinois encourraient des sanctions. Cela ne correspondait pas à la stratégie de la Corée : détruire les Japonais. Yi entendait tuer autant de Japonais, couler autant de navires que possible. La politique chinoise inquiéta la Corée, qui aurait préféré que l'armée chinoise forme l'armée coréenne jusqu'en 1601.

Ainsi, le sort de la Corée fut suspendu aux luttes de factions à Pékin. La Chine hésita puis l'Empereur décida d'envoya l'armée pour défendre la péninsule, qui survécut de justesse à l'engagement militaire du Japon. Le clan Hideyoshi céda le pouvoir aux Tokugawa, qui dirigèrent le Japon pendant des décennies. En Chine, les lourdes pertes Ming renforcèrent les Mandchous, alors que les Coréens avaient cru que l'engagement Ming durerait cent ans. Ce fut le début de la modernisation et du renforcement des défenses coréennes sans compter sur la Chine. En dix ans, la Corée rebâtit son économie, sa société, reprit les relations avec le Japon.

En conclusion, cet exemple du XVIe siècle livre quatre leçons pour la paix. La paix est menacée quand un pays est exclu du commerce international : le Japon exigeant d'accéder à la richesse chinoise, le seul moyen de l'atteindre passait par la conquête militaire. La politique coréenne intérieure (factionnalisme, condescendance pour le Japon) empêcha le pays de préparer sa défense : l'idée d'une Corée moralement supérieure conduisit à la rupture des relations et l'incapacité de comprendre la menace militaire d'un Japon renforcé envers la paix en Asie de l'Est. Le dédain confucéen envers le surplus (militaire, budgétaire) où puiser en cas de crise, fut presque fatal. Le factionnalisme intérieur chinois gêna l'envoi de troupes quand l'engagement chinois dans des guerres frontalières menaçait sa capacité à répondre aux crises.

Aujourd'hui, la région est prospère, plus qu'à aucun autre moment dans l'histoire – la Corée du Nord souffre de pauvreté mais les élites civiles et militaires ont trop à perdre à déclencher une guerre. La région bénéficie de prospérité, de relations diplomatiques et d'interdépendance. Un changement de ces facteurs romprait l'équilibre de puissance et la paix.

Inventer la confiance mutuelle en Asie depuis 1992

La *Conférence pour l'interaction et les mesures de confiance en Asie* (CICA)

Klara Makasheva

Université Nationale Kazakhe al-Farabi, Almaty

Les relations internationales ont changé dans les années 1990 du fait de la mondialisation. Pendant la guerre froide, les États agissaient par confrontation entre blocs et confinement de l'information. Désormais, la prolifération de la communication, des marchés (capitaux et marchandises) et de la concurrence technologique entre agents économiques a intensifié les contacts, modifiant la nature des relations entre les pays, devenus désormais partenaires.

En même temps, le monde est face à de nouveaux défis, entre un retour à la bipolarité et un passage à un ordre plus stable, fondé sur des principes collectifs : confiance mutuelle et respect du droit international. Il existe une perspective réelle de réorienter les ressources consacrées avant 1991 à l'équilibre de la puissance, vers la résolution de sujets urgents : pauvreté et retard socio-économique, enrichissement mutuel des cultures. La mondialisation s'accélère, le monde est plus interdépendant, économiquement mais aussi politiquement.

La mondialisation offre des avantages (développement de l'économie, libéralisation des relations commerciales et des marchés) et des faiblesses (exploitation économique et politique par les grands États). Une controverse touche au développement rapide de l'économie et la répartition de la démocratie : la globalisation a internationalisé aussi les menaces, y compris le terrorisme. En Asie, la seule voie pour bénéficier de la mondialisation et lutter contre les nouveaux défis est le dialogue et la coopération dans un environnement sûr et stable.

La communauté internationale a connu des changements radicaux en Europe et en Asie et les problèmes exigent par leur nature une approche commune. La mondialisation est un facteur supplémentaire d'approche collective pour réduire les différences entre les peuples. La coopération et la concurrence entraînent un changement de politique internationale.

L'importance croissante de l'Asie tient à six facteurs. Sa sécurité est plus menacée par des défis non traditionnels puissants (terrorisme international, extrémisme religieux, nationalisme agressif, séparatisme politique, etc.) qui peuvent diviser les peuples. Les trafics de drogue et d'armes et la criminalité organisée alimentent des luttes autour de centres de la région eurasienne, d'où des problèmes sociaux et économiques. La propagation possible d'armes de destruction massive crée une inquiétude en partie incontrôlable. La région est riche en ressources naturelles (énergie, ressources minérales précieuses : uranium, or, etc.), d'où un nouveau « grand jeu » entre puissances pour leur contrôle. L'Asie devient un « nœud » de transport entre Orient et Occident, entre Nord et Sud, d'où sa nouvelle valeur ajoutée. La croissance économique est forte (Chine, Japon, Corée, Inde, Singapour, etc.) là où habite la plupart des habitants de la planète, ce qui attire les investissements[1].

Cette place du continent asiatique dans l'espace géopolitique mondial est destinée à relier ces ressources humaines et territoriales à une croissance économique durable malgré des conflits armés majeurs (Moyen-Orient, Irak, Afghanistan, Cachemire, etc.), des catastrophes naturelles (tsunamis en Asie du Sud et au Japon), qui sont aussi une spécificité de la zone. Le besoin d'une confiance mutuelle (I) a ainsi logiquement nourri un processus durable (II).

I. L'idée d'une conférence sur la confiance en Asie : des origines soviétiques à N. Nazarbayev

L'Asie n'a pas de structure continentale se chargeant, face à ces défis, de promouvoir la paix, la sécurité et la stabilité. L'idée de créer un mécanisme de sécurité en Asie avait été proposée par des d'États mais elle n'a pas trouvé de soutien avant le processus qui a conduit à la CICA. Dans les années 1970, l'URSS avait proposé un système de sécurité collective en Asie mais cela a provoqué la résistance des services diplomatiques des États concernés.

Les réalités géopolitiques voient le nouveau président kazakh proposer une telle idée : des mesures de confiance en Asie. En 1992, lors de la 47e session de l'Assemblée générale des Nations unies, il prend l'initiative de convoquer une CICA en Asie.

[1] Nirmala Joshi, « Asian security and the Conference on interaction and confidence building measures in Asia // Fifteenth anniversary of the CICA : through the prism of years », Almaty, 2007, 258 p.

> [Un] aspect sur lequel je voudrais attirer l'attention – c'est le problème de la paix et de la sécurité dans notre continent, en Asie, ou même plus largement en Eurasie. Il s'agit d'une initiative de la République du Kazakhstan pour une *Conférence sur l'interaction et les mesures de confiance en Asie* (CICA). L'idée est la création, sur le continent, de la sécurité et de la coopération en Asie, sur le type de la CSCE en Europe, etc.[2]

Dans le contexte post-guerre froide d'une évolution géopolitique/géoéconomique rapide, l'idée de convoquer une CICA fut soutenue par des d'États qui jouent un rôle important dans le climat politique du continent et les organismes internationaux (ONU, OSCE, Ligue arabe), notamment seize pays d'Asie qui en devinrent membres : Afghanistan, Azerbaïdjan, Égypte, Israël, Inde, Iran, Chine, Kazakhstan, Kirghizstan, Mongolie, Pakistan, Palestine, Russie, Tadjikistan, Ouzbékistan et Turquie. « Je me réjouis que la convocation de la Conférence soit approuvée par des États couvrant 90 % du territoire de l'Asie et dont la population représente trois milliards de personnes, la moitié de la population du globe »[3].

L'initiative vise à reprendre les anciennes tentatives infructueuses envers une structure efficace et universelle de sécurité dans le continent asiatique. « Dans le premier semestre de 1990, la situation géopolitique a changé plusieurs fois dans la région d'Asie centrale, le continent asiatique et le monde entier, comme la nature des menaces et des défis envers la sécurité internationale. Mais la CICA reflète les méthodes, pratiques et perceptions de la sécurité caractéristiques des politiques et diplomaties du XXe siècle »[4].

Positionné au cœur du processus CICA, le Kazakhstan a compris la complexité de créer une telle structure de sécurité : l'Asie est le continent le plus diversifié, aux plans politique, économique, religieux, ethnique et culturel. En outre, il existe un degré élevé de tension dans/entre certaines régions d'Asie à cause de conflits prolongés et des méfiances établies.

II. Le début du processus de la CICA

Les questions conceptuelles vinrent d'emblée. D'autres modèles de sécurité régionale (OSCE, ...) ne s'appliquaient pas directement au processus de la CICA. Il fallait donc procéder à des consultations multilatérales continues pour la favoriser. Le Kazakhstan et ceux

---

2 Discours du Président de la République du Kazakhstan, Nursultan Nazarbayev, lors de la 47e session de l'ONU/Assemblée générale // <http://www.akorda.kz.> Site : présidence de la République du Kazakhstan.

3 Discours du Président de la République du Kazakhstan lors du Sommet de la CICA de juin 2002 // <http://www.akorda.kz>.

4 Voir Murat Laumulin : <http://www.ia-centr.ru/expert/2216>.

favorables à l'initiative ont mené un travail soutenu, d'abord des réunions au niveau de représentants des MAE, visant à promouvoir le processus de la CICA, jusqu'à la première réunion des ministres des affaires étrangères, point culminant, dont la première s'est tenue à Almaty le 14 septembre 1999, adoptant la déclaration de principe régissant les relations entre États-membres de la CICA[5], base du développement ultérieur du processus de la CICA.

Le premier sommet de la CICA et le développement ultérieur du processus

Le premier sommet des Chefs d'État et gouvernement des pays de la CICA (Almaty, 4 juin 2002) marque la naissance de ce forum multilatéral de coopération pour la paix, la sécurité et la stabilité en Asie. Il réunit des chefs d'État et de gouvernement et des envoyés spéciaux des seize pays signataires : Afghanistan, Azerbaïdjan, Chine, Égypte, Inde, Iran, Israël, Kazakhstan, Kirghizstan, Mongolie, Pakistan, Palestine, Russie, Tadjikistan, Ouzbékistan et Turquie, et adopta le « règlement d'Almaty ». Aujourd'hui, la CICA compte dix-huit membres avec le Royaume de Thaïlande (2004) et République de Corée (2006).

La deuxième réunion de ministres des Affaires étrangères, à Almaty le 22 octobre 2004, adopta le « catalogue de mesures de confiance CICA » contenant les principes de mise en œuvre des mesures de confiance dans le cadre de la Conférence. Les mécanismes détaillés furent adoptés en mars 2007, à Bangkok, par le Comité de hauts fonctionnaires de la CICA, dans une « approche coopérative de mise en œuvre des mesures de confiance de la CICA ».

Les États prennent des « mesures de confiance » habituelles pour réduire les menaces et méfiances entre eux, y compris la guerre. Ce concept provient des tentatives pour éviter la guerre nucléaire à la suite d'un accident ou d'une erreur. Ces « mesures » sont perçues comme une coopération dans le domaine militaro-politique réduisant les tensions entre les nations.

Au-delà de ces mesures habituelles, les chefs d'États-membres ont posé que, dans le monde interconnecté et interdépendant du XXIe siècle les mesures socio-économiques sont aussi importantes que les mesures militaro-politiques. Le « catalogue des mesures de confiance de la CICA » identifie cinq dimensions de mise en œuvre : domaine militaire-politique ; nouveaux défis-menaces ; domaine économique ; questions écologiques ; action humanitaire.

5 Déclaration de principes : //<http://www.akorda.kz>.

La diversité des États-membres et du continent asiatique fait commencer par des mesures de lutte contre les nouvelles menaces et défis à dimensions économique, écologique et humaine. Leur mise en œuvre dans ces domaines créera une atmosphère de bonne volonté et renforcera les relations entre les pays, pierre angulaire de mesures politico-militaires.

Le deuxième sommet de la CICA et la continuation du processus

Il réunit (Almaty, 17 juin 2006) des chefs d'État et gouvernement (Afghanistan, Azerbaïdjan, Chine, Kazakhstan, Kirghizstan, Pakistan, Russie, Tadjikistan, Ouzbékistan, Thaïlande) et hauts représentants (Égypte, Inde, Israël, République de Corée, Mongolie, Palestine, Turquie), adopta la « déclaration du deuxième sommet de la CICA »[6], qui reflète la vision des membres sur les questions de sécurité et coopération en Asie et dans le monde. Ce sommet renforça la coordination des efforts des membres, appuya les mesures de sécurité dans la région et établit une coopération économique efficace. Pour réaliser ces objectifs, l'on créa un réseau de partenariats avec un éventail d'organisations internationales et régionales dont sont membres les États CICA (ONU, OCS, OSCE, ASEAN, BAD, APEC, CEEA, etc.).

Ces mesures ont débuté dans quatre domaines socio-économiques. Huit États-membres (Azerbaïdjan, Inde, Iran, Kazakhstan, République de Corée, Russie, Tadjikistan, Turquie) ont exprimé la volonté d'agir comme coordinateurs pour la mise en œuvre des projet et mesures de confiance à dimension humanitaire dans la lutte contre les nouvelles menaces et défis, le développement de corridors de transport sûrs et efficaces, les technologies de l'information, la sécurité énergétique, le tourisme, la lutte contre les trafics de drogue.

Le troisième sommet de la CICA et l'ouverture interrompue du processus

Le troisième sommet (Istanbul, 8 juin 2010) a réuni des chefs des gouvernements (Afghanistan, Azerbaïdjan, Iran, Kazakhstan, Mongolie, Russie et Turquie), des chefs d'État adjoint ou de gouvernement (Irak, Vietnam), des représentants spéciaux (Chine, Égypte, Inde, Israël, Jordanie, Kirghizstan, République de Corée, Pakistan, Palestine, Tadjikistan, Thaïlande, Émirats arabes unis) ; seul l'Ouzbékistan était absent. La présidence de la Conférence est passée du Kazakhstan à la

---

6 Déclaration lors du second sommet de la CICA // Fifteenth anniversary of the CICA : through the prism of years, Almaty, 2007, 127 p.

Turquie. De nouveaux membres (Irak, Vietnam) ont porté le nombre à vingt-deux. Le Bangladesh est devenu observateur.

Outre une « convention sur les privilèges et immunités du Secrétariat, de son personnel et des représentants des États-membres de la CICA », le sommet a adopté une déclaration « Construire une approche commune de l'interopérabilité et la sécurité en Asie », qui reflète les positions communes sur des questions-clefs de la CICA et autres parties du monde : le terrorisme, le désarmement, le trafic de drogue, la crise financière mondiale, l'environnement, la situation en Afghanistan et au Moyen-Orient. Elle précise les obligations des membres à promouvoir le processus de la confiance et l'importance de discuter les questions de sécurité selon le « catalogue des mesures de confiance ». Leur mise en œuvre favorise l'amitié, la paix et la confiance dans la région avec un vaste potentiel pour : le commerce, l'économie, l'environnement, la gestion des catastrophes naturelles, le transport, l'énergie, les échanges culturels, le dialogue entre les civilisations et pour contrer les nouvelles menaces et défis.

En conclusion, les membres de la CICA explorent les voies pour maintenir la paix et une stabilité durable par l'intégration économique et la coopération, s'efforcent d'établir une sécurité commune et indivisible de l'espace en Asie, où les nations coexisteront et leurs peuples vivront dans une atmosphère de paix, de liberté et de prospérité.

Le résultat est fructueux. Ce forum justifie les attentes pour renforcer la coopération pour la paix, la sécurité et la stabilité en Asie par le dialogue, l'interaction et la confiance entre les membres (déclaration sur les principes régissant les relations entre États-membres ; acte d'Almaty ; déclaration sur l'élimination du terrorisme et la promotion du dialogue entre les civilisations ; catalogue de mesures de confiance ; approche coopérative pour la mise en œuvre des mesures de confiance de la CICA).

La CICA reste d'actualité. Si Jordanie, Émirats arabes unis, Irak et Vietnam en deviennent membres et si Qatar, Bangladesh et Cambodge obtiennent le statut d'observateur, alors ses membres représenteront près de 90 % du territoire de l'Asie et 85 % de sa population. Dès 1992, sont explorées les voies et moyens d'éliminer les causes de méfiance, tension et animosité, créer les conditions d'un développement durable dans les pays asiatiques.

La mise en œuvre pratique de mesures de confiance fait avancer le processus de la CICA, démontrant sa pertinence. L'idée de convoquer la CICA, d'emblée approuvée par seize pays d'Asie, permet un système complet et universel de sécurité en Asie. La CICA est devenue un forum populaire sur tout le continent. Une des conditions d'adhésion est qu'une partie du territoire de l'État candidat soit en Asie. Actuellement, vingt pays composent la CICA, six autres et trois organisations (ONU, OSCE, Ligue arabe) en sont observateurs. L'entrée de la Thaïlande (2004), la République de Corée (2006), les Émirats arabes unis et le Royaume de Jordanie (2008) prouve qu'elle est devenue un forum important sur le continent. C'est bien un forum international renforçant coopération, paix, sécurité et stabilité en Asie[7].

[7] Les 22 membres du forum sont : Afghanistan, Azerbaïdjan, Bahreïn, Vietnam, Égypte, Israël, Inde, Iran, Jordanie, Kazakhstan, Kirghizstan, Chine, Mongolie, Emirats Arabes Unis, Pakistan, Palestine, République de Corée, Russie, Tadjikistan, Thaïlande, Turquie et Ouzbékistan. Ses 11 observateurs sont : Indonésie, Cambodge, Malaisie, États-Unis, Ukraine, Philippines, Japon, ONU, OSCE et Ligue des États arabes.

Voies de communication terrestre et coopération économique régionale en Asie centrale

Bakhodyr KHOJAYEV et Ulugbek AGZAMOV

Université nationale d'Économie Mondiale et de Diplomatie, Ouzbékistan

(traduit de l'anglais par P. Chabal)

Le monde contemporain connaît un développement continu de la coopération et des interactions entre pays et dans les régions. Un facteur dominant d'intégration de l'Asie centrale dans l'économie mondiale est la participation de ses pays à la division géographique et territoriale du travail d'élargissement et d'approfondissement des relations économiques internationales. Une tâche essentielle de l'économie régionale est de créer une structure dynamique pouvant réagir aux changements sur les marchés mondiaux. Les activités économiques extrarégionales affectent le processus régional de reproduction et constituent un facteur important pour des perspectives de développement socio-économique. Ce processus dépend du niveau de développement et de la ramification des infrastructures de transport.

Le développement économique selon le « modèle ouzbèk » est perçu comme ayant contribué à la stabilité macroéconomique, l'équilibre des secteurs internes et externes et la croissance économique durable, d'environ 8 % ces dernières années, une des plus élevées au monde. Vingt ans après l'indépendance, l'Ouzbékistan est membre de nombre d'institutions financières internationales, son interaction avec la communauté internationale confirme son intégration dans l'économie mondiale et influence son développement économique. Il participe activement à des programmes de développement des relations commerciales et économiques de nouveaux couloirs de transport (I) permettant d'approfondir les liens avec les pays de l'Union européenne, de l'Asie du Sud et de l'Asie du Sud-Est (II), et avec l'Afghanistan (III).

I. L'Asie centrale comme carrefour du transport intercontinental

Située à un carrefour stratégique et riche d'une tradition séculaire d'interactions entre ces espaces, l'Asie centrale joue un rôle particulier dans l'amélioration de l'efficacité des corridors de transport fiables en Eurasie. Intégrée à l'URSS au XXe siècle, la région, isolée des communications et transports, avait perdu son statut de carrefour des flux de production entre Europe et Asie. Elle reprend peu à peu sa place dans ce domaine. Ainsi, l'implication en Asie centrale du transit international est une tâche-clef de la coopération économique. Ces échanges stimulent le développement des infrastructures de transport et représentent une source importante de recettes, ainsi qu'un domaine possible de diversification économique.

La spécificité des communications de transport en Asie centrale est que la région ne dispose pas d'un accès direct aux routes maritimes internationales, ce qui réduit la possibilité d'intensifier les processus d'intégration des pays de la région à l'économie mondiale.

Les infrastructures de transport en Asie centrale pourraient être la base de l'interaction future avec les régions voisines. Pour transformer la région en plaque tournante eurasienne de transport, les pays d'Asie centrale appliquent des mesures supplémentaires pour moderniser les infrastructures de communication et créer de nouveaux corridors de transport.

Tenant compte de l'importance du transit, les pays d'Asie centrale mènent une politique active dans le secteur des transports. Après vingt ans de développement indépendant, tous les États de la région font une priorité de la réduction des disparités entre les systèmes traditionnels de transport pour avoir un accès diversifié aux marchés mondiaux et aux ports océaniques. Le nombre accru et la qualité des routes, voies ferrées, services de transport aérien font de la région une partie intégrante du système de transport continental et mondial.

II. Les efforts de l'Ouzbékistan envers les voies de communication et de transport

Depuis l'indépendance, l'Ouzbékistan a réalisé des projets à long terme pour le développement des communications et du transport. Des fonds importants ont été alloués aux travaux de modernisation et aux capacités de transport interne et, en parallèle, la réparation des routes existantes et la construction de nouvelles routes, ponts et infrastructures connexes transnationales. Les liens entre le développement de divers aspects de l'économie mondiale émergent avec l'engagement direct du pays dans une économie globale intégrée : « l'Ouzbékistan d'aujourd'hui constitue une partie intégrante de la communauté mondiale et des marchés financiers mondiaux »[1].

La coopération avec la Banque asiatique de développement (BAD) et d'autres organismes a largement contribué à la reconstruction de routes et de chemins de fer, l'expansion de la capacité de transit et la modernisation du secteur énergétique du pays. La BAD a financé pour plus de 55 millions de dollars d'achat de matériel de construction routière.

Afin de développer des corridors de transport internationaux, l'Ouzbékistan a adopté en 2006 un « Programme de routes publiques pour les années 2007-2010 », qui a permis de lancer le travail de reconstruction d'anciennes routes et de construction de nouvelles routes. Un des buts de ce programme à grande échelle est de disposer d'un grand axe routier national qui corresponde aux normes internationales, unisse de façon fiable toutes les régions du pays et donne accès aux marchés régionaux et mondiaux. L'Ouzbékistan a pris des mesures pour développer des autoroutes modernes, réparer et reconstruire les grands systèmes de transport « Tachkent-Och », dont la construction de deux tunnels au col « Kamtchik ». En 2011, 217 km de routes ont été ouverts et 538 km de routes et 19 ponts ont été remis à neuf.

Les travaux de développement et modernisation du transport ferroviaire se poursuivent et ont ouvert de nouvelles lignes « Uchkuduk-Navoi-Noukous-Sultanuizdag » et « Tashguzar-Baisun-Kumkurgan ». Cette deuxième ligne ferroviaire est cruciale dans le développement des productions des régions sud et l'établissement de relations économiques extérieures.

Un exemple de coopération internationale en matière de transport aérien est la création d'un centre logistique dans l'aéroport international de Navoï. Depuis janvier 2009, ce centre est régi par le *leader* mondial du fret aérien – Korean Air. Ces travaux réalisés pour la construction du centre de transport intermodal sur l'aéroport Navoï sont une des clés de la création de zones franches en Ouzbékistan. Situé au carrefour des liaisons routières, ferroviaires et aériennes, Navoï unit les pays d'Asie du Sud-Est avec l'Asie centrale et l'Asie du Sud, le Moyen-Orient et également les États européens. Actuellement, il fonctionne en continu et peut répondre chaque jour aux besoins de dix appareils lourds (Boeing 747, etc.).

Ce grand noyau transcontinental intermodal, unique dans la CEI, traite rapidement les marchandises. En 2009, Korean Air a fourni à la

---

1 Islom Karimov, « 2012 : année d'un nouveau niveau de développement de notre pays », Rapport du président de la République d'Ouzbékistan, Conseil des ministres sur les principaux résultats de l'année 2011 et les priorités de développement socio-économique pour 2012.

compagnie Ouzbekistan Airways, sur la base d'un crédit-bail, deux cargos de ligne A 300-600 et un terminal de fret moderne a été mis en service. La création de ce centre a déjà donné des résultats pratiques. Dans les années 2009-2011, plus de 116,8 millions de tonnes de fret ont transité par l'aéroport Navoï.

Le centre international de logistique dans la ville d'Angren a été mis en service et le volume en 2011 a été de 4,2 millions de tonnes de fret, soit 1,3 fois plus qu'en 2010.

III. La coopération entre l'Ouzbékistan et l'Afghanistan

L'Ouzbékistan contribue en voisin à la paix et la reconstruction de l'économie afghane détruite par des années de guerre. Sa participation couvre des domaines importants, tels que les infrastructures de transport, d'énergie, de construction et beaucoup d'autres.

Par l'Afghanistan passent des frets non militaires destinés aux besoins des Forces internationales d'assistance et de sécurité de l'OTAN et des États-Unis (ISAF). En 2010, avec le soutien de la BAD, l'Ouzbékistan a lancé le projet de construction ferroviaire « Hairatan-Mazar-i-Sharif » (75 km), qui relie l'Afghanistan par rail pour la première fois de son histoire.

Dans le domaine de l'énergie, la fourniture d'électricité a été rétablie depuis l'Ouzbékistan vers l'Afghanistan. Avec la mise en service des lignes de transmission 220 v, Kaboul reçoit en permanence l'électricité. Les volumes fournis s'élèvent à 80 MW. Il est prévu de les augmenter jusqu'à 300 MW.

L'assistance économique aidera à normaliser la situation dans l'Afghanistan voisin, de même qu'elle contribuera à améliorer l'efficacité des infrastructures de transport et le potentiel de l'Ouzbékistan comme territoire de transit dans le trafic international. Le système de transport d'Afghanistan est intégré à l'Ouzbékistan, seul pays dans la région par lequel le transport vers Afghanistan peut s'effectuer par rail, route, fleuve et transport aérien. Le plus court chemin entre l'Ouzbékistan et un port au sud traverse l'Afghanistan (Ouzbékistan et Afghanistan-Pakistan, Ouzbékistan et Afghanistan-Iran). Si l'on résout le problème afghan, s'ouvriront des corridors alternatifs vers les ports iraniens (Bandar Abbas, Chahbahar), les ports pakistanais (Karachi, Qasim et Gwadar) via l'Afghanistan.

L'attrait de cette zone peut être augmenté par la construction d'un chemin de fer de transit « Iran-Pakistan-Inde », ainsi que par le projet « Afghanistan-Pakistan-Inde ». Ces projets sont considérés comme des terrains indépendants du corridor transasiatique ferroviaire. Le projet de construction du chemin de fer à partir du port de Gwadar jusqu'à Quetta, son élargissement et sa connexion aux réseaux ferroviaires des pays voisins – Afghanistan, Iran, Chine – a une importance stratégique à l'avenir pour l'Asie centrale[2].

En conclusion, les voies de transport d'Asie centrale jouent un rôle dans la circulation continentale et interrégionale des frets. Le principal facteur est un emplacement privilégié d'une région située entre les centres économiques du monde. Un système de transport intégré exige une approche régionale de reconstruction et développement de nouveaux systèmes. Les efforts partagés des pays de la région contribuent à développer des réseaux de transport communs, améliorer l'accès aux marchés voisins et aux principaux pays développés. La coopération économique aidera à réduire les barrières interrégionales et celles du transport de transit, à abaisser les frais de transport, améliorer la qualité du service de transport, bref rendra la région plus attrayante aux investisseurs étrangers et locaux, ce qui à son tour soutiendra la nouvelle coopération commerciale internationale[3].

---

2 Table-ronde « Situation et perspectives de sécurité en Afghanistan », Ministère des Affaires étrangères, Tachkent, 15 Octobre 2010.

3 Journal « Relations internationales », janvier, février et mars 2010, février 2011.

Les liens terrestres eurasiatiques comme outils de géostratégie économique

Les cas de la République populaire de Chine et de la Fédération de Russie

Yann ALIX

Fondation SEFACIL, France

Jérôme VERNY

Rouen Business School

La circulation Asie-Europe de flux conteneurisés, qui transforme la dynamique des complémentarités continentales, a deux caractéristiques.

Cette artère-clef d'échanges est déséquilibrée[1], d'où une surcapacité navale depuis la crise en 2008. Les navires type *post-panamax* accentuent le phénomène. Fin 2014, 200 navires (2,3 x 10^6 EVP) s'ajoutent aux 450 navires cellulaires en circulation. La concurrence tire les taux de fret vers le bas ; et les flux depuis l'Europe bénéficient de ces tarifs attractifs, sans repositionnement à vide (transbordements méditerranéo-moyen-orientaux). Les géants s'alignent sur cette route Asie-Europe. Les *Ultra Large Container Carriers* (ULCC) dépassent les 13 500 EVP, ce avant la sortie des triple-E du danois Maersk[2]. Les stratèges y voient une croissance soutenue des échanges intra-asiatiques drainant les volumes nécessaires aux navires géants, qui changent la carte de la desserte des ports, asiatiques ou européens.

Au-delà des tirants d'eau et des tailles d'infrastructures, les cadences et les services de toute la chaîne de valeur dans cette hyper-massification sont un défi logistique à terre. L'échelle change, au risque de nuire à la flexibilité de services qui ne souffrent aucun retard de gestion des escales et de services au navire. Les performances énergétiques s'améliorent,

1 Par exemple, en 2012 : 13,6 millions de conteneurs d'Asie vers l'Europe et 6,6 millions dans l'autre sens.

2 La rotation des 10 unités de 18 000 EVP complète déjà le service AE-10 qui opère des 15 500 EVP.

comme la vitesse commerciale par *slow steaming* mais le coût des soutes grève encore la rentabilité des compagnies, qui intègrent les surcoûts liés à la piraterie près de Suez aux instabilités géopolitiques sur le tronçon Méditerranée orientale/sous-continent indien.

Ces facteurs endogènes au *shipping* grèvent les solutions ferroviaires visant à écourter les temps de transit entre marchés d'Europe Ouest/ Centre et ceux de l'Asie Centre/Est, sur fond d'expansion chinoise, diplomatie économique et réalisme géopolitique de l'Asie centrale.

Il faut donc relier éléments géopolitiques d'Asie centrale et enjeux de l'intégration commerciale sous-régionale, les services proposés entre Chine et Europe *via* la Russie et les solutions logistiques passant plus au sud. La centralité russe et la complexité des relations sino-russe quant au transport éclairent des arguments suggérant le fort potentiel de développement à moyen et long termes. Selon ces facteurs logistiques multimodaux, les ponts terrestres ferroviaires eurasiatiques (I) complètent les services « *all water* » par le canal de Suez (II).

I. Les ponts terrestres Eurasiatiques : enjeux stratégiques et réalités logistiques

Les combinaisons ferroviaires eurasiatiques sont une solution disponible. L'enjeu est de disposer de services fiables sur les réseaux les moins contraignants pour une solution rapide et sécurisée, dans un marché où les géants des mers profitent encore de l'avantage de la massification des volumes (navires portant plus de 15 000 EVP en un seul voyage).

Plusieurs solutions relient les trois plus grands ports ouest-européens (Rotterdam, Hambourg, Anvers) par la Pologne, la Biélorussie, la Russie, la Mongolie et la Chine : celles « du centre » avec des services reliant Beijing aux grands centres de productions industrielles et manufacturières de la Chine (comme Lianyungang, ou Shenyang).

1/ La ligne du *Trans-Siberian Railway*, qui se prolonge pour le fret de Moscou jusqu'à Rotterdam, permet des « connexions » avec les *Trans-Mongolian Railway* et *Trans-Manchurian Railway*. Le *Trans Eurasia Express* inaugura ces premières solutions intégrées avec un train-bloc chargé de composantes électriques et électroniques Fujitsu-Siemens, depuis Xiangtang au sud-ouest chinois, via Beijing, Mongolie, Russie, Biélorussie, Pologne jusqu'à Hamburg, en 17 jours, soit 5 jours plus tôt que programmé (Fig. 1).

Figure 1 : Tracé du pont terrestre ferroviaire qui relie Hambourg à Beijing et Xiangtang

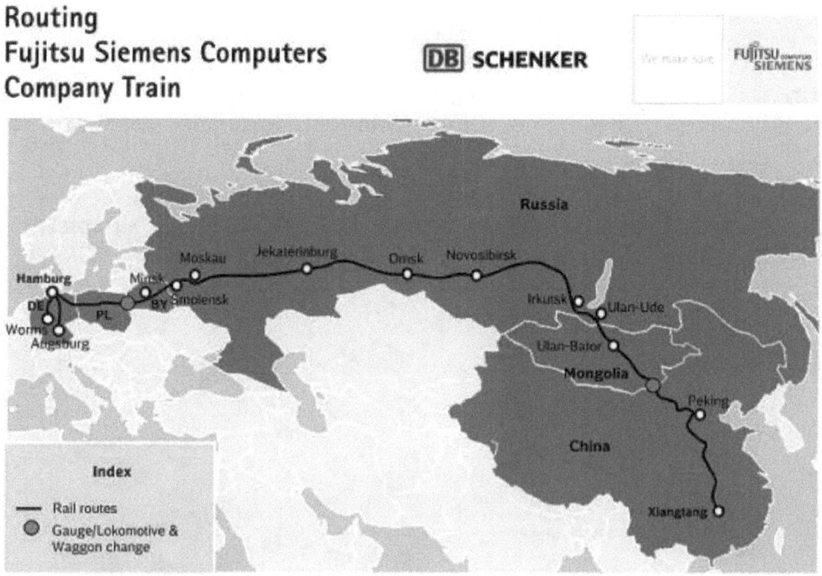

Source : DB Schenker 2009

La pertinence logistique de telles routes est confirmée. Le constructeur automobile BMW utilise le lien, exploité par *DB Schenker*, pour envoyer des pièces de son usine de Leipzig vers son usine d'assemblage de Shenyang. Les *transits times* (21 à 23 jours) et la flexibilité (une rotation par jour) permettent une logistique à stocks réduits avec un lien ferroviaire de 11 000 km sans autre rupture de charge que les passages frontaliers (écarts des essieux et changements de locomotives). Aux délais plus courts s'ajoute l'élimination des kilomètres routiers depuis les ports allemands et chinois, décisive pour BMW dans sa gestion des opérations. Les connexions ferroviaires porte-à-porte éliminent transferts modaux et surcoûts liés aux organisations logistiques complexes (services entre quais maritimes et usines situées loin des côtes). Le casse-tête des circulations terrestres sur les franges côtières devient ardu près des grands terminaux conteneurisés chinois ou sud-coréens. Pouvoir se connecter à des sites industriels et manufacturiers localisés en arrière des ports crédibilise encore plus ces liens ferroviaires. Des connexions dédiées sur zones logistiques intérieures semblent de plus en plus cohérentes avec l'augmentation de trafics organisés en train-blocs.

Depuis mai 2011, les autorités portuaires d'Anvers, le Conseil de développement de sa région et les services des douanes belges sont engagés dans un lien ferroviaire avec Chongqing (30 millions d'habitant), le plus important centre industriel de Chine intérieure, sur le haut Yang Tse, en amont de Yuhan, centre de production industrielle (Fig. 2) et carrefour des systèmes multimodaux domestiques à plusieurs milliers de kilomètres fluviaux de l'embouchure et terminaux maritimes de Shanghai, plus grand port du monde.

Figure 2 : Projections conteneurisées 2010-2015-2020 sur l'ensemble Chongqing-Chengdu sur le *Upper Yangtze River (en millions d'EVP)*

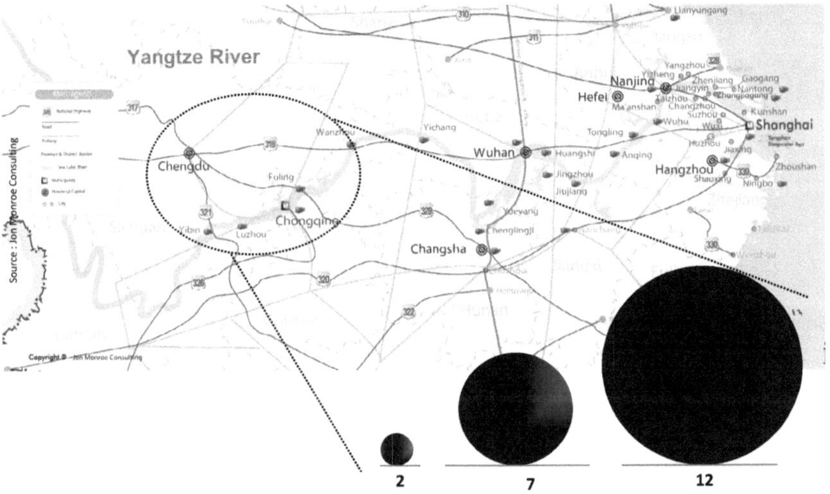

Source : Jon Monroe Consulting – Réalisation Yann Alix, 2010

Cette route fut mise en exploitation avec l'engagement du logisticien suisse *Hupac* en partenariat avec la compagnie privée russe *Russkaya Troyka*. Les chemins de fer nationaux russes sont actionnaires à 25 % (50 % pour la filière *Far Eastern Shipping Company* du *FESCO Transport Group*). La figure 3 donne la couverture spatiale et le maillage entre solutions ferroviaires et grands terminaux maritimes aux extrémités des tronçons terrestres.

Figure 3 : Solutions ferroviaires européennes, asiatiques et chinoises proposées par *HUPAC, Russkaya Troyka et Eurasia Good Transport Inc*

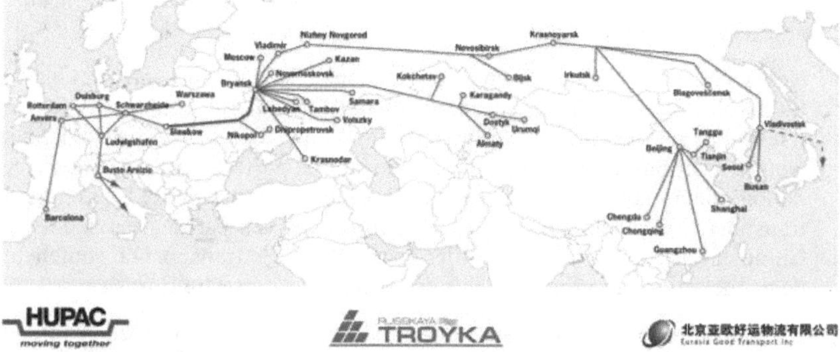

Source : HUPAC 2011

Ces corridors, aux artères principales est-ouest, offrent des ramifications « régionales » desservant les grands foyers de population d'Asie centrale et les extensions stratégiques vers la Corée du Sud et ses ports conteneurisés. Une captation économique et logistique assure une volumétrie potentielle de trafics « *East-bound* » comme « *West-bound* ». Ces opportunités commerciales suggèrent de ne pas construire qu'un seul lien infrastructurel entre foyers européens et chinois mais, à terme, de consolider les flux avec groupages-dégroupages sur des points névralgiques intérieurs. Hyundai et Mitsui ont signé des partenariats pour consolider des trains-blocs de pièces automobiles : en 2010, 416 trains transportaient plus de 80 000 EVP, surtout sur le cœur du système : lien entre Moscou, Novossibirsk et Vladivostok avec un temps de transit d'environ 10 jours (contre 13 jours auparavant). Les extensions européennes, chinoises et coréennes sont des continuités logistiques des transports « panrusses » avec les opportunités économiques de filières porteuses comme l'automobile. Le *CRCT* et *CRI* ont signé un accord tripartite avec l'*Eurasia Good Transport Inc* (*EGTI*) pour consolider des opérations de transport de produits chimiques pour le géant allemand BASF utilisant autant le pont terrestre eurasiatique que les terminaisons des réseaux intermodaux domestiques chinois.

Pour comprendre l'interpénétration des intérêts internationaux et domestiques de la Chine, prenons le cas de l'*EGTI* (après ceux de *CRCT* et *CRI supra*). La structure capitalistique de l'*EGTI* est une indication de la stratégie chinoise. Lancée en 2008 seulement, l'*EGTI* est une *joint-venture* entre la *China National Silk Import & Export Corporation*, l'*Institute of Logistics & Transportation of CCTA* (*China Communications & Transportation Association*), la *Beijing Xingchang High-Tech Dvp.*

Co. Ltd, et la *Century Top Incorporated*, bref des exportateurs, des organisateurs de transport, une dose de technologie et de recherche et surtout des intérêts d'affaires qui se regroupent pour une mission aussi ambitieuse que dynamique :

> Nos services de logistique ont trois sections : le transport international de trains-blocs, le transport international multimodal rail-route-mer, le vrac international et les cargos de transport ferroviaire LCL et le service logistique. Nous travaillons aussi comme transitaire pour le porte-à-porte et par services de logistique dans les domaines nationaux et internationaux. En dehors du transport général de cargo, *GTI* collabore avec ses partenaires solides en Chine et à l'étranger pour travailler ensemble sur le transport de conteneurs de dangereuses de cargaisons chimiques par pont-terrestre Eurasien.

La dernière pierre de cette chaîne logistique intégrée eurasiatique est de mobiliser des intérêts ferroviaires allemands pour pénétrer les marchés de l'Union européenne : signature en 2010 du protocole entre le *Chinese Ministry of Railways* et la *Deutsche Bahn*, étape-clef pour des solutions ferroviaires intégrées sur 10 000 km. KF Rausch, du *Board* de *DB Mobility Logistics AG*, résume l'enjeu stratégique d'une offre ferroviaire eurasiatique compétitive : « Plus les sites de production chinois se déplacent de la côte vers l'intérieur, plus le transport ferroviaire vers l'Europe devient intéressant pour de nombreux fabricants. Nous voulons répondre à cette demande » (site Web DB Schenker).

Ces solutions ferroviaires transcontinentales mêlant intérêts chinois, russes et européens sont déjà concurrencées par des trajets par le sud impliquant d'autres partenaires.

2/ La route de l'Ukraine et du Kazakhstan (plus grand pays enclavé du monde) via un nœud incontournable (Druzhba), parcourt plus de 4 000 kilomètres sans rupture de charge, ni passage frontalier. Cette solution est politiquement importante pour Beijing vis-à-vis d'Astana et des échanges entre régions pauvres de Chine intérieure et Kazakhstan.

Ce pont méridional sert les intérêts sino-turcs par des services directs entre le sud de la Chine et la Turquie, dotée d'une position géostratégique et d'un grand marché intérieur. Les deux pays ont signé un accord en ce sens. Un lien ferroviaire conteneurisé relierait le Delta des Perles (avec le port et la ZEE de Shenzhen) à la Turquie via le Myanmar, le Bangladesh, l'Inde, le Pakistan et l'Iran.

Cette route par le sud (premiers travaux de raccordement et de modernisation sur le territoire chinois dès 2015) concurrencerait directement les routes maritimes. Au-delà de trajets et de temps de transit plus courts, les ruptures de charge dans le sous-continent indien et le Moyen-Orient correspondraient aux transbordements sur des plates-formes portuaires éloignées des bassins de consommation. Quant à l'Inde, les liens ferroviaires eurasiatiques serviraient les flux est-ouest-nord-sud au cœur des bassins de production/consommation.

Pour la compagnie nationale *Russian Railways*, ces passages au sud de l'Asie centrale sont autant une menace pour les flux est-ouest entre Europe et Asie qu'une chance de se greffer sur des routes nord-sud. Actuellement, deux corridors relient les marchés de Moscou à ceux des mers Caspienne et Noire. Des connexions névralgiques offrent un rayonnement économico-commercial mais aussi politico-diplomatique à d'anciens satellites soviétiques jusqu'à Téhéran. Ce corridor nord-sud complète les initiatives des *Russian Railways* plus à l'ouest encore avec les services à destination de Minsk, Kiev, et Odessa.

3/ L'Union européenne (programme TRACECA – Europe-Caucase-Asie) établit un maillage ferroviaire qui prolonge les corridors de transport en cours d'implantation sur ses marges. TRACECA regroupe 13 pays d'Europe orientale et d'Asie centrale (Arménie, Azerbaïdjan, Bulgarie, Géorgie, Iran, Kazakhstan, Kirghizstan, Moldavie, Roumanie, Tadjikistan, Turquie, Ukraine et Ouzbékistan) pour des solutions ferroviaires harmonisées. L'Europe coordonne les plans sous-régionaux des politiques et intérêts bilatéraux ou particuliers avec d'autres grands partenaires (Chine, etc.).

Ces initiatives visent des réseaux de transport nécessaires à une mobilité maximale de marchandises et de biens, bien qu'il demeure de réelles difficultés opérationnelles.

Ecartements divers des voies et manutentions des matériels freinent la fluidité des systèmes logistiques (frontières Pologne-Biélorussie, Mongolie-Chine, etc.). Surcoûts, pertes de temps, bris de matériels s'intègrent aux coûts finaux. Autre facteur, insidieux, les contraintes douanières et réglementaires dans les passages frontaliers. Malgré les initiatives bilatérales ou multilatérales récentes, les habitudes et les pratiques douanières évoluent très lentement : protocoles de réciprocité et documents harmonisés restent à penser globalement.

Le *Paperless International Paper* (PTI) de DB Schenker témoigne d'une ambition de solution informatique dématérialisée des contrôles de documents. L'interopérabilité des systèmes peut être abordée par des solutions technologiques mais ne résout pas le problème linguistique (parfois plus de dix pays sur un trajet est-ouest). Un lissage linguistique reconnu par toutes les parties permettrait une meilleure connectivité entre réseaux et sous-réseaux disponibles entre l'Europe, le sous-continent indien et la Mer de Chine !

Des projets de guichets uniques existent dans plusieurs pays d'Asie centrale pour fixer un cadre administratif opérationnel facilitant transits internationaux et contrôles sur les produits. Gestion du changement, des mentalités, des poids idéologiques sont autant de défis « *soft* » à résoudre pour des solutions infrastructurelles « *hard* » optimisées.

Autre élément-clef du déploiement physique et politique de réseaux eurasiatiques : les opportunités économiques, logistiques et industrielles doivent féconder les territoires traversés. Nombre de pays traversés, dont le Kazakhstan, revendiquent la nécessité de fixer sur leur sol des valeurs, des emplois et des services, pas seulement des services aux points frontières. L'idée d'accompagnement économique et commercial est au cœur de la relation sino-kazakh : i) permettre aux produits chinois et européens à destination les uns de autres un transit efficace via le territoire kazakh ; ii) mobiliser, former et payer des travailleurs kazakhs pour des opérations de marchandises en transit-maintenance, gestion des parcs de matériels, des conteneurs, etc. ; iii) organiser et coordonner des solutions logistiques kazakhes en vue de grouper-dégrouper des produits internationaux et des produits domestiques.

Cette dernière option est essentielle pour consolider activités manufacturières, logistiques, voire industrielles au Kazakhstan. Le commerce bilatéral avec la Chine croîtra ces prochaines années de 3 à 5 % par an. La consommation de produits manufacturés chinois bon marché remplira des trains-blocs vers les grands centres urbains. L'économie de marché fera que ces volumes continueront de croître pour les classes moyennes au pouvoir d'achat accru, d'où l'idée de fécondation économique des territoires par l'installation de services logistiques ou d'usines irrigant les marché local, voisins et lointain avec un tampon *made in Kazakhstan* !

II. Des solutions ferroviaires intégrées comme alternatives à la voie maritime

Ces solutions ferroviaires intégrées suggèrent qu'il existe une alternative à la route maritime-clef entre ports chinois et européens. Au-delà des arguments habituels – réduction du temps de transit, flexibilité de services porte-à-porte –, les choix dans l'espace eurasiatique rendent la concurrence ardue. Les liens ferroviaires sont des raccourcis divisant en deux la distance. Des chiffres calculés par le NESTEAR pour illustrer cette concurrence entre routes eurasiatiques terrestres et routes maritimes (Meedat 2009) annoncent un coût de 4 000 € la boîte (réseaux DB Schenker) divisé en deux à l'horizon 2030, le coût EVPp/km devant passer sous 0,10 €/km pour capter les flux denses à moindre valeur ajoutée.

Ces calculs ne tiennent pas compte de capitaux mobilisés pour élever les performances sur la plupart des liens : des départ quotidiens de trains-blocs supérieurs à 150 unités exigent de forts investissements sur les matériels roulants et les infrastructures. La vitesse moyenne du réseau transsibérien est faible (50 km/h) (décélération sur d'importantes parties du circuit).

Les liens ferroviaires eurasiatiques Chine/Europe visent des produits manufacturés à moyenne et haute valeur ajoutée dans une logistique internationale éclatée.

Les stratèges de CMA CGM y voient moins de concurrence que des complémentarités pour autant que ces liens ferroviaires eurasiatiques se fiabilisent. Parmi les doutes fréquents : la capacité d'investissements en matériel roulant et l'augmentation des rotations pour que les convois en train-blocs profitent d'une massification synonyme d'économies d'échelles.

La concurrence entre ponts terrestres eurasiatiques et solutions maritimes dépend de combinaisons entre facteurs économiques et logistiques. La nature des produits transportés, leur valeur initiale et leur sensibilité commerciale au temps de transit sont les principaux paramètres de l'équation pour les chargeurs et les intégrateurs logistiques (Fig. 4).

Figure 4 : Segmentation des solutions de transport en fonction de la sensibilité des produits au temps de transit, leur valeur initiale de revente et leur coût de production

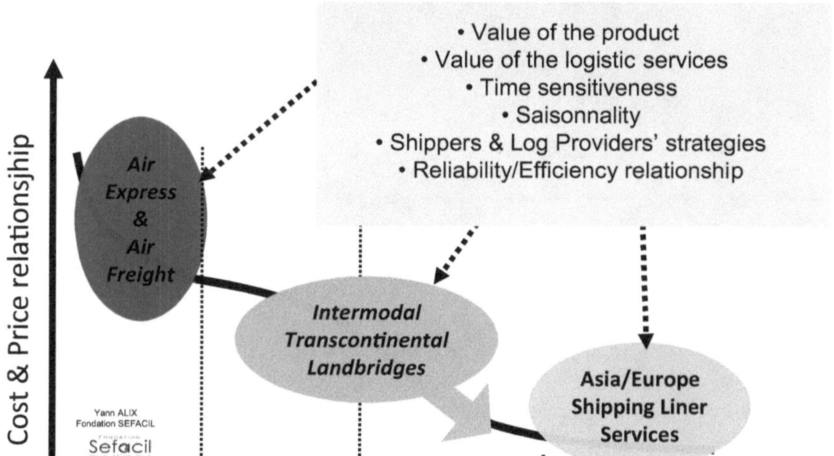

Source : Yann Alix, 2011 – Fondation Sefacil

Un autre paramètre-clef de l'équation est le coût écologique global des liens porte-à-porte. Il peut faire pencher la balance pour des liens ferroviaires moins polluants (tonne/km). La performance énergétique de navire comme les triple-E de Maersk l'emporte sur les solutions modales propres *via* des systèmes ferrés modernisés entre Europe et Asie. Dans *Sustainable Shipping Services : Greening the Supply Chain*, Maersk rappelle que Triple-E signifie : *Energy Efficiency / Economy of Scale / Environmentaly Improved*

Outre l'effet *marketing*, le rejet de CO2/conteneur par rotation d'un triple-E rempli à 90 % pourrait baisser de 50 %, le *shipping* devenant le plus économique *et le plus écologique* mode d'échange de produits manufacturés entre la Chine et l'Europe.

À preuve les moyennes d'émission de carbone suivant le mode de transport, prenant comme unité de référence le gramme/tonne métrique transportée par kilomètre (Fig. 5).

Figure 5 : Impact des quatre principaux modes de transport de marchandises en CO_2

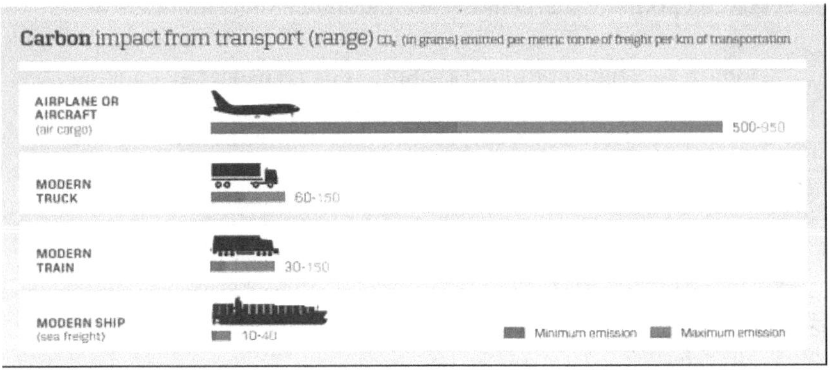

Source : Maersk Line 2012

Les analyses environnementales sur les liens ferroviaires eurasiatiques ne tranchent pas le débat. La modernisation des matériels de traction et roulants améliorent le bilan écologique des liens ferroviaires eurasiatiques mais il persiste des situations très disparates entre tronçons, ce qui complique l'usage d'indicateurs fiables pour évaluer les bénéfices environnementaux que pourraient générer des services en train-blocs.

Existe aussi le sujet sensible de la sécurité des convois, écho de la piraterie maritime sur la route Asie-Europe. Le transport en train-bloc n'est pas à l'abri de vols et détournements massifs. La volonté de mailler les réseaux et combiner des solutions de groupage-dégroupage le long des tracés transcontinentaux augmente ce risque. Comme pour l'environnement, les avantages comparatifs du ferroviaire sur le maritime restent à démontrer. Les surcoûts d'assurance (traversée du Golfe d'Aden, etc.) sont disproportionnés pour les opérateurs maritimes : un porte-conteneurs de 400 mètres de long et de dizaines de mètres de haut n'est pas facile à attaquer.

Plusieurs facteurs structurels impondérables et intangibles freinent la compétitivité de la solution logistique terrestre transcontinentale. Un exemple ? Le climat et l'amplitude des températures entre froids sibériens hivernaux et canicules estivales au cœur du continent (+50° C à -50° C.) auxquels écrans plasma, tablettes, composants électroniques résistent peu.

Ainsi, le chemin de fer joua fin XIXe siècle un rôle essentiel pour unifier un pays géant comme le Canada. Le transsibérien permit l'unité politico-territoriale de la Russie. Ces « pays-continent » ont façonné leur unité par la matrice des infrastructures ferroviaires.

Aujourd'hui, les enjeux de l'influence chinoise à l'ouest de ses frontières s'affirment par des infrastructures ferroviaires, pièce d'un *puzzle* géopolitique et géostratégique qui pourrait délimiter progressivement une aire de marché communautaire sous-régionale.

D'où un rapport de force avec la Russie, hostile à voir l'influence chinoise se répandre sur ses anciens satellites. Dans les ponts terrestres ferroviaires, la Russie reste incontournable, son territoire emprunté, ses infrastructures utilisées et ses services engagés dans des coopérations avec les autres prestataires. Moscou mais aussi Astana pour le pourtour du Kazakhstan, ou Ankara pour sa position centrale entre marchés européens et moyen-orientaux, jonglent entre intérêts particuliers, partenariats stratégiques et le riche pouvoir chinois.

Avec moins de 1 % des conteneurs transportés entre Extrême-Orient et Europe, les liens ferroviaires cantonnent ailleurs l'enjeu des articulations logistiques. Le glissement très lent du centre de gravité économique chinois au-delà des côtes crédibilise les liens ferroviaires porte-à-porte pour des filières ciblées dans des logistiques intégrées. Pièces automobiles, équipements électriques-électroniques, cosmétiques, denrées périssables, machinerie agricole-industrielle font parties des produits qui remplissent les conteneurs dans les deux sens.

De nombreuses barrières non physiques doivent être levées pour une amélioration de la compétitivité des systèmes terrestres. Permis spécifiques, tracasseries administratives, contrôles physiques des marchandises, pesage des colis, services douaniers tatillons constituent des contraintes pour la fluidité et la performance logistique terrestre. C'est critique puisque le facteur 'temps de transit' est l'argument principal du lien terrestre par rapport au maritime. Ces barrières entraînent perte de temps et incertitude dans la gestion en flux tendus des solutions logistiques. La fiabilité des horaires et services pour capter des produits à haute valeur ajoutée reste une clef de réussite des prestations ferroviaires transcontinentales.

Les initiatives du CERAC (*Central Asia Regional Economic Cooperation*) tentent un consensus sous-régional par accords globaux des dix membres et voisins immédiats. En 2011, plus de 120 projets ont mobilisé près de 20 milliards de dollars d'investissement, dont plus des 3/4 pour les transports. Les liens corridors/maillages entre capitales politiques-économiques sous-régionales, les artères est-ouest eurasiatiques servent ces logiques sous-régionales.

Figure 6 : Corridors de transport de l'Asie centrale : la vision du CERAC

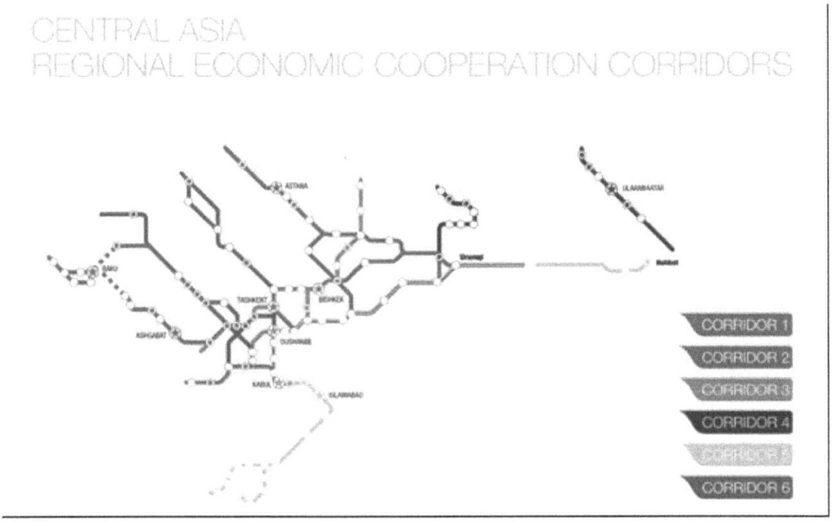

Source : CERAC, 2012

Le *motto* du CERAC – « *good neighbours, good partners, good prospects* » – suggère que la planification sous-régionale des investissements est un défi, pour les États-Nations et les opérateurs privés. Une stratégie d'investissement exige le consensus politique et financier.

En conclusion, un espace géopolitique couvrant 80 pays est impossible. La mobilisation de fonds internationaux publics et le volontarisme de Pékin n'empêchent pas les forces du marché et les accords entre partenaires privés de trancher pour moderniser et optimiser les services à vendre aux chargeurs et intégrateurs logistiques. Les solutions qui marchent sont celles qui empruntent des tronçons historiques sur lesquels les opérateurs continuent d'investir pour faire rouler des matériels modernes sur des voies entretenues !

Bibliographie

Alix, Yann et Verny, Jérôme (2011), « Face aux difficultés de la route maritime, des solutions ferroviaires transcontinentales se révèlent intéressantes ». Dossier « Conteneurisation », *Journal de la Marine Marchande*, n° 18 novembre 2011, pp. 24-28.

Alix, Yann, Zhong Zhen-Yu (2011), « La Chine : vers un recentrage stratégique sur les marchés domestiques ? Lecture prospective à travers les investissements en transport », *Conférence du Propeller Club de Genève*, 25 juin, Genève.

Alix, Yann, Lacoste, Ray (2009), « Development and competition of the Chinese Ports », *3rd Annual Conference Geneva In-Sight 2009*, 9-10 novembre.

Alix, Yann (2009), « Systèmes de transport en Chine Continentale », Note de synthèse n° 113, *Institut du Shipping et de l'économie maritime (ISEMAR)*, mars, 4 p.

Arvis, Jean-François *et al.* (2010), « Connecting to Compete : trade logistics in the global economy », The World Bank, Washington DC, 64 p.

Central Asia Regional Economic Coopération (CAREC 2012), *From Landlocked to Linked in The Central Asia Regional Economic Cooperation Program*, 30 p.

Central Asia Regional Economic Coopération (CAREC 2012), *Where to from Here ? Corridor-based Transport Facilitation Arrangements in the CERAC Region*, 68 p.

China Daily (2009), « Third land link to Europe envisioned », 2 juillet 2009.

China Daily (2012), « Trade across Central Asia boosted by railway land bridge to Europe », 6 décembre 2012.

Conférence Européenne des Ministres des Transports (2006), *Les liaisons de transport entre l'Europe et l'Asie*, 85 p.

Despeux, Catherine (2012), « En Chine, la remise en cause du progrès serait impensable », *Quel avenir pour le progrès ?* Les Cahiers de Ernst & Young, pp. 26-31.

Engdahl, F.William (2012), « Eurasian Economic Boom and Geopolitics. China's Land Bridge to Europe : The China-Turkey high Speed Railway », *Global Research*, April, 27th.

He, Canfei, Wei, Yehua Denis, Xie, X. (2008), « Globalization, Institutional Change and Industrial Location : Economic Transition and Industrial Concentration in China », *Regional Studies*, vol. 42, n° 7, pp. 923-945.

Işik, Ihsan (2012), « Integration of Turkey into the Trans-European Transport Network. À gateway between the Continents », the *2nd TRACECA Investment Forum*, Bruxelles, 28 février, 31 p.

Joong-Kun Cho, J. (2007), « The Eurasian Land-Bridge and its impact on Global Logistics », *Journal of Transportation Management*, Fall 2007, pp. 38-50.

Jullien, François (2002), *Traité de l'efficacité*, Biblio Essai, « Le Livre de Poche », 256 p.

Jullien, François (2007), *La pensée chinoise dans le miroir de la philosophie*, Opus Seuil, 1904 p.

Kieck, Erich, Maur, Jean-Christophe (2011), « Regional integration and customs unions », in Mc Linden G., Fanta E., Widdowson D., Doyle T. (ed.), *Border Management Modernization*, The World Bank. pp. 231-250.

Le Ber, Olivier (2012), « World Bank Transport Projects in TRACECA Countries », Power point presentation, 27 p.

Otsuka, Shigeru (2001), « Central Asia's Rail Network and the Eurasian Land Bridge », *Japan Railway & Transport Review*, n° 28, pp. 42-49.

Portier, Luc, Gallo, Alexandre (2012), « Corridors maritimes et terrestres : quelles stratégies pour un opérateur de lignes régulières ? », in Yann Alix (dir.), *Les Corridors de transport*, Fondation Sefacil, Éditions EMS, Collection « Les Océanides », pp. 143-151.

Rounov, Igor (2012), « IRU Model Highway Initiative », The *2nd TRACECA Investment Forum*, Bruxelles, 28 février.

Roest-Crollius, Adriaan (2012), « Potential for Eurasia Landbridge Corridors », in Conference *Improving European Railways*, Budapest, The European Commission.

Scales, John, Sondhi, J., Amos, P. (2012), « Fast and Focused – Building China's Railways », *China Transport Topics*, n° 3, February, 8 p.

Revue *Ship2Shore* (2011), « *La via della seta è in discesa : parte bene l'Eurasian Landbridge. Un 2010 positivo per il servizio Europa-Cina di Hupac, Russkaya Troyka ed Eurasia Good Transport* », 28 février, pp. 17-18.

Shipping on line (2009), « Yunnan accelerates construction of third Eurasia land bridge », accessed in <http://www.shippingonline.cn/news/newsContent.asp?id=10095>.

TRACECA (2012), « TRACECA Corridor Development is the Transport Policy Priority of Georgia », accessed on 23-12-2012 in <http://www.shippingonline.cn/news/newsContent.asp?id=10095>.

Vinokurov, Evgeny, Jadraliyev, M., Shcherbanin, Y. (2009), « The EurAsEC Transport Corridors », The Eurasian Development Bank, Sector Report, March 2009, 52 p.

World Bank (2008), *Improving Trade and Transport for Landlocked Developing Countries : World Bank Contributions to implementing the Almaty Programme of Action*, The World Bank, WDC.

Zepp-LaRouche, Helga (2004), « The Eurasian Land-Bridge : The Most Important Strategic Question Today », accessed in <http://larouchepac.com/node/14728>, 2004.

Trois étapes dans les relations postsoviétiques entre la Russie et l'Asie centrale

Polina TRAVERT

Université du Havre, France

À chaque rupture historique, les élites politiques, sociales et philosophiques russes s'interrogent sur la place de la Russie dans le monde, se demandant si elle appartient à l'Est ou à l'Ouest, si le pays est européen, asiatique ou les deux à la fois. Au XIXe siècle déjà, ces discussions opposaient pro-occidentaux (*zapadniki*) et slavophiles (*slavianophily*). Elles continuent de nos jours, ranimées par la chute de l'URSS en 1991, avec une force renouvelée.

L'esprit russe a ses racines en Europe mais l'arbre pousse en Asie. Sibérie et Extrême-Orient prolongent la Russie de Moscovie comme espaces stratégiques. L'évolution du pays dépend de la modernisation de sa partie européenne mais aussi du développement de la Sibérie et de l'Extrême-Orient. Les relations avec les pays d'Asie sont déterminantes, notamment l'Asie centrale : Kazakhstan, Kirghizstan, Ouzbékistan, Tadjikistan et Turkménistan ont été pendant plus d'un siècle partie intégrale de l'Empire russe puis soviétique, mouvement géopolitique vers le cœur de l'Eurasie par lequel la Russie a construit de façon volontaire et systématique une économie commune. L'Asie centrale est devenue, par cette intégration économique régionale, partie prenante d'un système économique unifié.

Après 1991 pourtant, la Fédération de Russie et la plupart des pays d'Asie centrale ont opté pour la mondialisation et l'intégration dans l'espace économique global. La période postsoviétique a vu la politique russe vis-à-vis de l'Asie centrale sans cesse modifiée, passant de l'ignorance presque totale envers les pays de la région à une coopération avancée.

Trois étapes distinguent l'Asie centrale comme vecteur de politique extérieure russe. Au début des années 1990, la région est exclue des priorités russes dans l'illusion russe de faire partie intégrante de l'Occident (I). À la fin des années 1990, la Russie fait une analyse critique de ses résultats de politique extérieure, y compris en Asie centrale (II). Après 2000, V. Poutine et son équipe cherchent avec insistance à ramener cette région dans la sphère d'influence russe pour renforcer la position internationale de la Russie (III).

I. 1991-1995 : exclusion de l'Asie centrale, aspiration russe à faire partie de l'Occident

À l'éclatement de l'URSS fin 1991, l'élite au pouvoir et B. Eltsine se débarrassent de l'héritage politique et économique soviétique, détruisant les bases du système. Jusqu'au milieu des années 1990, la « Russie de Eltsine » n'a pas de politique définie envers l'Asie centrale, ni d'ailleurs envers l'espace postsoviétique. La communauté des États indépendants (CEI), qui remplace l'URSS, n'est pas considérée par les dirigeants russes comme un outil d'intégration, plutôt comme un mécanisme de désintégration pacifique, de divorce amiable.

La nouvelle élite russe, d'idéologie ultralibérale, considère l'Occident comme étalon de valeurs, identifiant ses propres intérêts nationaux à long terme à ceux des pays occidentaux, États-Unis en tête. C'est pourquoi l'objectif essentiel, au fond unique, de la politique extérieure russe est alors l'intégration du pays dans la communauté euro-atlantique.

Moscou voit dans l'Asie centrale une sorte d'annexe, sans laquelle la réforme de l'économie russe et l'intégration de la Russie au système économique et *militaro*-politique [*sic*, NdE] de l'Occident serait plus aisée et rapide. D'où une triple politique de délestage du « poids des républiques nationales », ces nouvelles républiques indépendantes d'Asie centrale.

D'abord, la forte réduction de la coopération militaire avec les pays d'Asie centrale : les projets d'un système de sécurité collective en Asie centrale et pays de la CEI sur la base d'un traité de sécurité collective et d'une organisation ne se sont pratiquement pas réalisés.

Ensuite, le démantèlement de l'espace militaire et de défense commune en Asie centrale conservé *de facto* après l'éclatement de l'URSS et la désintégration de l'espace économique commun : en 1992-1993, les volumes d'échanges commerciaux entre la Russie et la région ont été dix fois moindres qu'en 1991.

Enfin, le souhait de Moscou de se distancer des pays d'Asie centrale et autres républiques ex-soviétiques, d'où un désintérêt envers une réelle coopération institutionnelle : la coopération euro-atlantique est l'axe principal et en pratique unique de politique extérieure russe et la CEI devient une organisation de pure forme dès le début de son existence.

Cette « inutilité » de l'Asie centrale à côté d'une orientation pro-occidentale est le facteur principal d'une méfiance des pays d'Asie centrale envers Moscou, d'où leurs tentatives de plus en plus claires pour réorienter leurs relations internationales, moins un sentiment « antirusse » chez leurs dirigeants (ce sentiment était réel dans d'autres sous-régions) que la naissance d'un doute sur leur capacité à pouvoir compter sur la Russie.

La nouvelle politique extérieure russe, perçue comme trahison, provoqua un malaise en Asie centrale. Après un retrait russe précipité, une « fuite » d'Asie centrale, les pays de la région durent accélérer leurs nouvelles relations, économiques, politiques et militaires avec d'autres pays en lieu et place des liens qui les rattachaient à la Russie puis à l'URSS.

Les pays de la région durent créer leur propre devise et développer, presque à partir de rien, leur système économique national. Les premières années d'indépendance posent la question d'avoir une politique économique et choisir des partenaires économiques extérieurs. Sachant la Russie affaiblie et n'ayant plus de désir de coopération militaire et sécuritaire, ces pays ont cherché de nouveaux partenariats sécuritaires. La Russie écartée, ce ne pouvait être que les membres de l'OTAN, d'où une coopération active avec l'Alliance nord-atlantique.

Les conséquences très négatives de cette politique extérieure russe, y compris envers l'Asie centrale créèrent un vide géopolitique non seulement en Asie centrale mais aussi dans tout l'espace postsoviétique. La Russie y perdit de son autorité internationale et dut céder ses positions régionales pour devenir « au milieu des années 1990, plus solitaire et vulnérable »[1].

Au milieu des années 1990, la Russie a « perdu » l'Asie centrale, au plan politique et aussi aux plans militaire et économique. Son accès aux matières premières de la région s'effondre : elles constituaient à l'époque soviétique la base de la puissance industrielle de la République soviétique de Russie. Simultanément, d'autres pays, surtout occidentaux, s'intéressent de près à ces ressources naturelles d'Asie centrale.

II. 1995-2000 : analyse critique des résultats de la politique extérieure russe

La conscience de cet échec de la stratégie extérieure russe envers l'ex-zone soviétique suscite dès le milieu des années 1990 une autre politique extérieure, notamment vis-à-vis de l'Asie centrale. Le rôle des régions dans les priorités nationales russes a été accru et la « multipolarité » est devenue la base conceptuelle de la politique extérieure russe, officialisée

---

1 S. Rogov, « *Tri goda prob i ochibok rossiyskoï diplomatii* » [Trois ans d'erreurs de la diplomatie russe], Moscou, 1995, p. 10.

en 1996 par le ministre des Affaires étrangères, E. Primakov[2]. Dès lors, l'intégration de la Russie à la communauté euro-atlantique est désormais repoussée au second plan.

La « doctrine Primakov » vise à renforcer l'influence régionale de la Russie. Pour cela, le pays intensifie sa coopération avec l'Asie centrale en matière militaire et sécuritaire, par une meilleure compréhension de la menace pour sa propre sécurité de l'islam radical dans cette région. Pourtant, au plan économique, la Russie n'accorde pas encore d'attention à la coopération avec la zone, à l'exception du secteur gazier et pétrolier et les relations ne sont pas vraiment économiques : Moscou veut surtout « court-circuiter » les livraisons d'énergie en imposant le passage sur son territoire et empêchant la construction des gazoducs le contournant. La coopération institutionnelle avec la région se limite à une coopération au sein de la CEI, comme au début des années 1990.

Les déclarations russes sur le renforcement de sa position en Asie centrale n'ont pas de base réelle et l'accueil est réservé dans les pays d'Asie centrale. L'inconséquence et le caractère contradictoire de la politique russe dans la région renforcent leur méfiance envers Moscou, sentiment renforcé par leur prise de conscience de la faiblesse économique et aussi militaire de la Russie après l'échec de la première guerre en Tchétchénie (1995-1996).

Ne comptant plus sur l'aide russe pour leur développement, les pays de la région ont opté pour leurs propres forces et l'assistance d'organisations internationales et de donneurs extérieurs (Kazakhstan et Turkménistan ont diversifié au plus leurs relations internationales dans le secteur du pétrole et du gaz, [surtout vers la Chine – NdE]) et promu une coopération institutionnelle internationale. La Russie n'a pu ni renforcer ses positions dans la région, ni remplir le vide géopolitique qu'elle a créé. L'échec de la politique extérieure russe dans cette région s'explique donc par des raisons objectives et subjectives.

III. Depuis 2000, ramener l'Asie centrale dans l'influence internationale de la Russie

L'arrivée de V. Poutine et son équipe en 2000 marque un tournant, notamment dans les relations entre Russie et Asie centrale. La stratégie extérieure de la Russie se fixe comme objectif de faire du pays un centre des relations internationales et de la politique mondiale.

Cette politique reflète toujours la doctrine Primakov d'un « monde multipolaire » mais V. Poutine et son équipe améliorent cette

2 E. Primakov, « *Gody v bolchoï politike* » [Des années dans la grande politique], Moscou, Éditions Sovershenno secretno [Complètement secret], 1999, p. 133.

doctrine et surtout élaborent des instruments pratiques pour mettre en œuvre la nouvelle stratégie extérieure russe.

Le passage « des paroles aux actes » devient possible car Moscou dispose enfin de ressources financières et « administratives ». Des prix en hausse pour les principales exportations russes (matières premières, notamment énergétiques) rendent possible et réelle la solution de problèmes intérieurs et permet d'utiliser une partie des ressources financières pour réaliser les objectifs de la nouvelle orientation de politique extérieure.

Moscou s'est convaincu que rétablir ses positions régionales perdues dans l'espace postsoviétique était nécessaire pour renforcer son rôle international. L'Asie centrale est une direction où mettre en œuvre les clefs de cette nouvelle politique : pragmatisme, souplesse et actions concrètes. Ceci est facilité par le fait que, pendant toute la période suivant la chute de l'URSS, les pays d'Asie centrale ont gardé une attitude amicale envers la Russie.

Comparée aux années 1990, les déclarations sur la « nécessité du développement d'une coopération étroite » avec l'Asie centrale sont suivies d'actions concrètes.

Moscou cherche de nouveaux formats d'intégration, non la réanimation des précédents (par exemple, la CEI qui garde ses fonctions de club politique) mais une souplesse de la politique russe : Moscou explore simultanément plusieurs institutions d'intégration, dont la plus importante est la Communauté économique eurasiatique (CEEA ou Eurasec) créée en 2000 et, en 2006-2007, ses membres avancent vers la création d'une Union douanière.

L'Organisation du traité de sécurité collective (OTSC) en 2002 devient aussi plus efficace. La coopération militaire et sécuritaire avec les pays de la région est considérée par la Russie comme mécanisme essentiel de son influence régionale. Elle offre à ses membres des formations de cadres militaires en Russie, le droit d'acquérir armes et matériel militaire au prix du marché intérieur. À partir de 2004, les manœuvres militaires annuelles de l'OTSC, censées riposter aux menaces envers la sécurité régionale, sont devenues régulières.

Par rapport aux années 1990, les relations d'affaires et la politique économique de la Russie en Asie centrale concentrent les efforts de Moscou dans la prospection et l'exploitation des gisements, le transport du pétrole et du gaz, surtout « Gazprom ».

La coopération dans le secteur du gaz et pétrole est pour Moscou non seulement un renforcement de son influence dans la région, mais aussi un moyen d'améliorer sa propre sécurité énergétique. Les besoins russes en hydrocarbures venant d'Asie centrale augmentent. La Russie possède ses propres ressources en pétrole et gaz mais son potentiel d'hydrocarbures est limité : une large partie de ses ressources énergétiques est difficile d'accès et peu rentable.

Au début du XXIe siècle, la coopération avec la Russie est en retour prioritaire dans la politique extérieure des pays d'Asie centrale. Pour l'Ouzbékistan, c'est évident après les événements du printemps 2005, et pour le Turkménistan après le décès du président Niazov fin 2006.

Kazakhstan, Kirghizstan et Tadjikistan développent avec la Russie une coopération militaire et sécuritaire. En 2004, ils créent avec la Russie un espace de défense commun, lui donnent un accord de principe pour moderniser leurs systèmes de défense antiaérienne avec elle et le droit d'utiliser les sites militaires stratégiques situés sur leur territoire.

Des changements économiques se sont aussi produits. Le 9 décembre 2010, Russie, Kazakhstan et Biélorussie ont signé 17 documents créant l'Espace économique unique. La Déclaration de 2011 sur l'intégration économique eurasiatique annonce l'étape suivant à partir du 1er janvier 2012 : vers un espace économique commun, basé sur les principes de l'OMC et ouvert à tout autre pays et, en 2015, entre en vigueur l'Union économique eurasiatique.

En conclusion, l'activisme de la politique extérieure russe envers l'Asie centrale pose trois questions. Intégrer l'espace ex-soviétique ? Cette intégration serait « vitale » pour la Russie dans la formation d'un monde multipolaire. V. Poutine « propose un modèle d'une union puissante paranationale, capable de devenir un des pôles du monde moderne qui jouera un rôle de lien efficace entre l'Europe et la région dynamique de l'Asie et de l'océan Pacifique »[3]. Démontrer à l'Occident la puissance régionale russe et renforcer son dialogue avec lui ? La Russie voudrait reprendre un rôle de puissance mondiale, c'est naturel au plan politique, même si elle ne dispose pas encore des ressources nécessaires à cet objectif. Intégrer la région pour absorber les affaires de ses partenaires ? C'est probable pour l'espace postsoviétique mais le fonctionnement réel de l'Union douanière et de l'espace économique commun donneront une réponse plus exacte.

La « nouvelle Union » doit encore parvenir à libéraliser l'économie en tenant compte des intérêts nationaux et démocratiser la politique. Elle doit être commerciale et économique, pas une réplique de l'URSS politique et administrative. Le préalable à cet objectif est la paix, la stabilité, l'absence de conflit. L'avenir de l'Eurasie exige la juxtaposition de ce modèle nouveau, du développement et de la coexistence harmonieuse avec la Chine.

---

[3] Journal *Izvestija* le 3 octobre 2011 « Novij integratsionnij proekt dlja Evrazii – budushtee, kotoroe rozhdaetsja segodnja » [Le nouveau projet pour l'Eurasie – le futur qui naît aujourd'hui].

Le renforcement progressif, inéluctable, de la présence économique chinoise en Asie centrale à un rythme plus soutenu que le rétablissement des liens économiques entre Russie et pays de la même région rend difficile tout pronostic sur la présence économique simultanée de la Russie et de la Chine dans les pays de l'Asie centrale.

Le rapprochement politique Russie-Chine n'empêche pas la confrontation de leurs intérêts économiques en Asie centrale. L'économie chinoise en pleine croissance et l'économie russe qui se remet d'une crise économique grave, auront chacune de plus en plus besoin des ressources d'Asie centrale[4]. Une alternative raisonnable est la construction de mécanismes de coopération mutuellement avantageux dans un système Russie-Chine-Asie centrale. La Chine participerait aux projets russes de grande envergure en Sibérie et Extrême-Orient. Russie et Asie centrale ne peuvent répondre à la globalisation qu'en créant un bloc régional.

L'avenir des relations Russie-Asie centrale dépend surtout de la Russie. Dans l'espace ex-soviétique, seule la Russie et son potentiel économico-géopolitique peuvent être la locomotive du développement économique global des pays d'Asie centrale. Renforcer la position en Asie centrale est possible si, au XXIe siècle, Moscou joue le rôle-clé du progrès économique, scientifique et technologique de la région, donc reprenne le rôle assumé à partir de la deuxième moitié du XIXe siècle et durant le XXe siècle, jusqu'à l'éclatement de l'URSS.

Alors seulement, l'on pourra parler de nouvelle étape dans la politique extérieure russe en général, et de la politique russe en Asie centrale en particulier. Ceci, évidemment, face à l'inconnu de l'essor de l'Organisation de coopération de Shanghai.

4 En premier lieu des hydrocarbures et des métaux non ferreux qui font la richesse de ces territoires.

Partie III

Des territoires régionaux aux sécurités sectorielles

La construction de l'Asie centrale

Perspectives géopolitiques dans l'histoire

Kuralay BAIZAKOVA

Université Nationale Kazakhe al-Farabi, Almaty

En Asie centrale, se rencontrent plus d'acteurs globaux et régionaux qu'ailleurs. Russie, Chine, États-Unis, Europe, OTAN, Inde, Japon, Iran et Turquie y exercent leur influence, rehaussant l'importance de la région, devenue une vaste arène de coopération. Le changement géopolitique de l'Asie centrale après 2001, profond et durable (I), renvoie aux buts stratégiques de grands voisins (Russie, Chine) qui structurent la dynamique régionale même si c'est de manière non exclusive (II), à côté d'autres grands acteurs non régionaux, ainsi États-Unis et UE (III) et de nouveaux acteurs régionaux, comme Inde et Pakistan (IV).

I. Les changements de la géopolitique de l'Asie centrale après 2001

Les attentats de 2001 et les opérations antiterroristes qui ont suivi ont changé l'élan des forces géopolitiques dans le monde. À l'épicentre se trouve l'Asie centrale et les régions afférentes. C'est un processus dynamique profond aux facteurs nombreux et aux mécanismes bien antérieurs à 2001. La menace la plus sérieuse pour la sécurité de l'Asie centrale – l'islamisme militant – a, depuis, reculé.

La géopolitique de l'Asie centrale connaît quatre changements qualitatifs : les relations entre grands acteurs dans le contexte global (États-Unis, Russie, Chine et UE) ; leurs relations avec les acteurs régionaux moyens (Inde, Pakistan, Iran, Turquie) ; les forces des grands centres géopolitiques en Asie centrale ; les relations des États d'Asie centrale entre eux et avec les grands acteurs régionaux.

La position géopolitique de l'Asie centrale intéresse les centres de force et les grandes puissances. D'où leur intérêt pour les processus de politique intérieure dans les pays de la région, exprimé par une critique de certains régimes, des pressions extérieures, le soutien envers une soi-disant opposition. L'évolution politique et économique des États d'Asie centrale provoque un vif intérêt du côté des centres de force géopolitiques mondiaux.

Les systèmes politiques et socio-économiques d'Asie centrale diffèrent, comme leurs orientations de politique extérieure et les vecteurs géopolitiques de leur développement. Pourtant, leur évolution politique a beaucoup en commun, ayant presque achevé une évolution postsoviétique. Certains ont déjà un système politiques et un modèle économique stables[1].

La politique extérieure multivectorielle des nouveaux États indépendants d'Asie centrale elle-même n'est pas un phénomène de court terme, mais une tendance inscrite sur une durée de presque vingt ans et qui, en l'absence de bouleversement de la structure politique mondiale, demeurera pendant des décennies.

II. Les buts géopolitiques des grands voisins de l'Asie centrale

Une nouvelle phase géopolitique en Asie centrale tient à un changement graduel des rôles et de l'influence des grands acteurs sur la région. La Russie mène une politique de plus en plus active, avec le but de réaliser des projets à grande échelle dans l'espace postsoviétique. En même temps, la stratégie politique de la Chine offre un caractère activiste envers le futur de l'Asie centrale et ses relations avec elle. Certains aspects de leur politique sont clairs.

La Russie est en retrait et ne peut maintenir son influence politique et économique par rapport aux États-Unis et la Chine mais elle ne néglige pas les liens qui se nouent entre pays d'Asie centrale et Europe, conciliation traditionnelle russe entre Europe et Asie centrale[2].

La politique étrangère russe depuis 2000 utilise surtout l'économie et la coopération pour l'énergie comme outil. Au milieu des années 2000, elle avance dans la direction choisie d'une politique énergétique reposant sur les matières premières. Cette stratégie énergétique s'est heurtée à des défis objectifs, dont l'impossibilité de se conduire en puissance magistrale.

Le but de la Russie en Asie centrale est la création d'un consortium énergétique sous sa direction et, surtout pour le Tadjikistan et l'Ouzbékistan, la question des migrations laborales.

---

1 Лаумулин М.Т. « Центральная Азия в зарубежной политологии и мировой геополитике » // Том V. « Центральная Азия в XXI столетии » – Алма-Ата : КИСИ, 2009. – С.8.

2 Écho on ne peut plus direct au chapitre de P. Travert dans cet ouvrage.

L'influence des relations entre Russie et Asie centrale pour renforcer les positions russes dans la région relève de la politique intérieure, y compris éliminer la xénophobie de la société russe envers les peuples musulmans de Russie et les diasporas d'Asie centrale, une politique migratoire modérée, prenant en compte les intérêts mutuels russes et centralasiatiques.

Avec le Kazakhstan, les relations de la Russie diffèrent de celles avec les autres États d'Asie centrale et de la CEI. Le Kazakhstan est un de ses partenaires loyaux et sûrs dans l'espace postsoviétique, qui participe à tous les processus d'intégration. La politique d'Astana signale de plus en plus des intérêts nationaux et des priorités de politique étrangère propres mais les deux pays demeurent extraordinairement interdépendants.

La Chine a des intérêts en Asie centrale qui ne coïncident pas en tout avec la Russie. Les dirigeants chinois savent que la Russie a, ces dernières années, fait un grand retour dans la région pour y affirmer une présence et une influence politiques.

Vue de Chine, la situation au début des années 2000 (situation régionale, renforcement de l'influence des États-Unis) a suggéré un mécanisme assurant la participation chinoise directe aux garanties de sécurité régionale. Le choix fut de privilégier un mécanisme agissant dans le cadre de l'Organisation de Coopération de Shanghai (OCS).

La stratégie de Pékin envers l'Asie centrale s'appuie sur l'OCS pour participer à la gestion des problèmes de la région, développer ses relations avec ses pays, contribuer à leur stabilité et prospérité, réaliser ses propres intérêts stratégiques autour des ressources de l'Asie centrale. L'OCS est le principal outil de coopération multilatérale sino-russe en Asie centrale.

Les perspectives stratégiques de la Chine envers l'Asie centrale sont de lutter par l'OCS contre le terrorisme, le séparatisme et l'extrémisme, avec l'Asie centrale comme base-arrière stable, œuvrer à sa sécurité et stabilité et empêcher qu'elle ne soit un champ de rivalité entre grandes puissances ; garantir l'accès chinois aux ressources énergétiques d'Asie centrale ; renforcer la coopération économique, surtout les couloirs de transit et de transport.

La coopération économique entre Chine et Asie centrale se poursuivra dans les décennies à venir selon un rythme rapide, soumise aux exigences du développement de l'économie chinoise. La politique énergétique de la Chine cherchera les ressources en pétrole et en gaz d'Asie centrale à moyen et long terme. Les moyens financiers accordés par la Chine aux États d'Asie centrale ont un caractère lié suggérant de se rapprocher des compagnies chinoises et des intérêts de la Chine.

L'activité chinoise en Asie centrale risque un conflit avec les intérêts russes. Ne pas provoquer le doute dans les perceptions des intérêts des uns et des autres aiderait à répondre à ces intérêts. Un conflit avec la Russie serait un dilemme pour les États de la région : choisir entre ses propres « possibilités d'investissement » et les « ambitions d'empire » de la Russie.

Les facteurs d'influence chinoise sur la sécurité de l'Asie centrale « sont concentrés dans le domaine de la politique de la Chine visant la garantie de ses intérêts économiques et énergétiques dans la région »[3]. Concurrencer la Russie et les États-Unis dans la région n'est pas dans les plans de Pékin, qui veut bâtir en Asie centrale un « arrière stratégique stable » : « Chine, Russie et États-Unis ont simplement besoin de développer les relations multilatérales en Asie centrale, qui peuvent être remplacées par la coopération bilatérale »[4].

La Chine n'admettra pas l'érosion de l'OCS comme outil géopolitique de son influence en Asie centrale et de l'équilibre des relations sino-russes. Les deux pays structurent la situation mais pas de manière exclusive.

III. Les intérêts géopolitiques des grands acteurs non régionaux

Les positions et raisonnements des États-Unis diffèrent de ceux de l'Union européenne.

Les États-Unis ont réalisé dans les années 2000 une stratégie eurasienne complexe combinant actions simultanées et successives dans l'espace du Proche-Orient, Moyen-Orient, Caucase, région Caspienne, Afghanistan, Asie centrale, et aussi envers Chine, Iran et Russie.

Les initiatives des États-Unis en Eurasie touchent surtout l'Asie centrale, à des degrés divers. Elles y ont entraîné une coopération stratégique accrue entre Russie et Chine. De plus, l'adjonction possible de l'Iran à l'axe russo-chinois, y compris en Asie centrale, inquiète les États-Unis, qui examinent de plusieurs manières la situation à travers le prisme de leur présence en Afghanistan, compte tenu de l'évacuation des troupes de la coalition en 2014.

Plusieurs facteurs influencent la stratégie américaine à terme quant au Kazakhstan et toute l'Asie centrale, fondement stratégique que n'affectera pas un changement de président.

---

3 Каукенов А. « Влияние Китая на безопасность в Центральной Азии » // Актуальные вопросы безопасности в Центральной Азии. – Алматы, 2012. – С.118.

4 Лаумулин М.Т. « Центральная Азия в зарубежной политологии и мировой геополитике » // Том V. « Центральная Азия в XXI столетии » – Алма-Ата : КИСИ, 2009. – С.86.

Les intérêts-clefs en jeu sont les enjeux énergétiques, l'aspiration russe à « restaurer l'empire », l'expansion de la Chine, les droits de l'homme, la lutte contre l'extrémisme islamique, le terrorisme international avec la fin des opérations antiterroristes en Afghanistan, la lutte contre les trafics de drogues et narcotrafics, les ambitions de l'Iran dans la région.

L'initiative américaine « La nouvelle route de la soie » vise à restaurer l'économie, la paix et la stabilité en Afghanistan et aussi à rallier les États voisins à ce processus. Selon Washington, une « nouvelle route » prévoit des liens énergétiques et de transports entre l'Asie centrale et l'Asie du Sud, des gazoducs, des voies routières et ferroviaires.

Le sens de cette « nouvelle stratégie » des États-Unis est « partir pour rester » : ils ne peuvent quitter l'Afghanistan sans risquer leur propre sécurité et celle de nombreux alliés. Ils admettent d'ailleurs avoir reconsidéré leur position et s'attarder en Afghanistan après 2014[5] par une présence militaire (OTAN) réduite selon un rythme lent, comme en Irak. La stabilité relative en Afghanistan renforce l'intérêt des États-Unis et de l'occident, affermit leur position au détriment d'autres États, y compris les voisins, avant tout les Républiques d'Asie centrale et certains pays du monde musulman.

Cinq pays d'Asie centrale et de proches voisins de l'Afghanistan ont bien accueilli cette « nouvelle Route de la Soie » même si cette idée n'est pas entièrement nouvelle. « Cette idée de 'nouvelle route de la soie' n'est pas une nouvelle stratégie. Elle est apparue en 2001, s'est répétée en 2005 et maintenant nous en voyons une nouvelle lecture »[6].

Les relations de l'Union européenne s'ouvrent sur une base irrégulière avec les pays ex-soviétiques. Au début des années 2000, l'UE a manqué de stratégie envers l'Asie centrale. Ses priorités y ont été l'affirmation des valeurs des États européens, le soutien aux transformations démocratiques et aux transitions de marché, la promotion de la culture européenne, la lutte contre les narcotrafics et la criminalité organisée.

Les buts de l'UE étaient assez clairs mais les outils manquaient pour les réaliser. Les buts étaient ambitieux, les moyens modestes. Au niveau de l'UE, cela s'exprimait par une activité concentrée vers les régions proches des frontières de l'Europe.

---

5 Robert Bleyk, secrétaire d'État adjoint américain pour les affaires d'Asie du sud et de l'Asie centrale : www.meta.kz/336405-v-uzbekistan-pribyl-pomoshhnik-gossekretarj.

6 Fatima Kukeyeva « Вывод американских войск из Афганистана и вопросы региональной безопасности в Центральной Азии » // Проблемы безопасности в Центральной Азии и перспективы урегулирования Афганского кризиса после 2014 года. – С.20.

L'opération menée par les États-Unis en Afghanistan et la création de bases militaires et logistiques en Asie centrale en 2001-2002 ont retiré à l'UE l'initiative géopolitique dans cette région, initiative qu'elle avait commencé de prendre à la fin des années 1990.

Après les attentats du 11 septembre 2001, le potentiel d'un engagement européen envers la sécurité de la région et la politique régionale ont été clairs : la Commission européenne a vu que les ressources caspiennes joueront un rôle important pour la garantie énergétique de l'Europe et réduiront la dépendance de l'UE envers la Russie.

Après quelque années où le dialogue UE-Asie centrale s'est orienté sur le commerce, les investissements, les institutions démocratiques, ce dialogue à partir de 2002 a visé d'autres domaines : énergie, transport, justice, réformes juridiques et garantie de sécurité.

En 2007, l'UE a élevé son approche régionale par une nouvelle « Stratégie de partenariat pour l'Asie centrale[7] », faisant état des buts suivants pour 2007-2013 : assurer la stabilité et la sécurité des pays d'Asie centrale ; contribuer à la réduction de la pauvreté et l'augmentation du mieux-être au contexte des buts du développement du millénaire ; contribuer par tous les moyens à la coopération régionale entre les États d'Asie centrale, ainsi qu'entre ces États et l'UE, particulièrement dans le domaine de la garantie énergétique, le transport, l'enseignement supérieur et la protection de l'environnement.

Au centre de la « stratégie » : les liens énergétiques. Les livraisons de gaz d'Asie centrale sont d'une actualité pressante pour l'UE, dont le but est la création d'un marché énergétique intégré en Asie centrale, condition des investissements européens. L'attention va aussi aux questions d'écologie et de l'eau : l'UE souligne son aide technique et technologique.

Une place spéciale de cette « stratégie européenne pour l'Asie centrale » va à la Russie. À la différence des États-Unis, Bruxelles comprend la légitimité des intérêts russes et leur rôle spécial, surtout dans le domaine de la sécurité, du commerce, de l'économie et de l'énergie.

L'UE s'inquiète plus de la stratégie chinoise, capable de provoquer la concurrence russo-chinoise dans la région.

La politique de l'UE pour l'instant a été de réagir aux événements mais elle envisage à présent des mesures à caractère stratégique, au-delà des situations concrètes. L'UE doit laisser la politique de « réaction passive » pour une politique d'initiatives dépassant les événements.

---

7 « The European Union and Central Asia : a Strategy for a New Partnership », www.europe.org.

Par exemple, l'UE pèse sur l'élaboration de corridors de transport par où transiteront le pétrole et le gaz vers l'Europe. Elle peut se positionner en arbitre et garant de la stabilité, soit par l'intermédiaire de certains de ses membres, soit en tant qu'organisation.

Les pays d'Asie centrale peuvent, par cette coopération avec l'UE, placer leurs échanges dans de nouvelles conditions de politique coordonnée. Ils pourraient passer de contacts séparés et indépendants avec les États européens à une situation coordonnée dans des programmes politiques et socio-économiques et des projets avec tous les pays de l'UE.

IV. Les buts géopolitiques des autres acteurs géopolitiques régionaux

L'on distingue les positions de l'Inde, du Pakistan, de l'Iran et de la Turquie.

L'activité de l'Inde en Asie centrale a émergé en 2002-2003, après le début des opérations antiterroristes en Afghanistan bouleversant la situation géopolitique de la région.

Ses intérêts géopolitiques dans la région tiennent à une série de facteurs, dont le partenariat avec la Russie, la présence chinoise jusqu'en Asie centrale, le rapprochement avec l'Ouest et les États-Unis, la concurrence avec le Pakistan, la diffusion de l'islamisme militant. S'y ajoutent le transport d'énergie, le commerce en Asie centrale et dans les régions voisines.

La stratégie de New Delhi rappelle la politique passée des États-Unis en Asie centrale. Elle vise la stabilisation de la situation en Asie centrale mais aussi les conditions permettant à l'Inde de jouer un rôle plus important dans la région.

Le renforcement des positions indiennes passe avant tout par la Russie, qui voit dans New Delhi un partenaire traditionnel. Tenant compte des relations nouvelles entre Inde et États-Unis, Washington soutient le renforcement des liens entre les pays d'Asie centrale et l'État indien, laïc et démocratique, qui est aux yeux de l'Occident un facteur stabilisant. La stratégie politique de l'Inde est en progrès, lent et non encore achevé. Des valeurs démocratiques communes, la lutte contre le monde islamique et la Chine, tout cela fait que l'Inde peut devenir peu à peu un allié-clef des États-Unis au sud de l'Asie.

La présence économique, stratégique et géopolitique élargie de l'Inde en Asie centrale dépend de ses relations avec la Russie, d'une série de grands projets de communication et énergétiques autant que de facteurs objectifs, géopolitiques et géographiques. L'hésitation se prolonge, entre

États-Unis et Russie, dans la politique indienne envers l'Asie centrale des formes et moyens de réaliser ses intérêts en Asie centrale.

Le Pakistan n'a jamais tu ses intentions d'être un centre régional fort en Asie centrale, région relevant directement de ses intérêts géopolitiques officiels. Jusqu'à 2001, un facteur compliquait les relations du Pakistan avec les États d'Asie centrale : le régime des Talibans.

L'intérêt économique du Pakistan pour les républiques d'Asie centrale repose avant tout sur leurs matières premières. Une priorité du Pakistan tient aux liens de transport, notamment la création de voies de communication majeures via l'Afghanistan.

Le Pakistan est un partenaire économique pour l'Asie centrale, surtout Turkménistan, Ouzbékistan et Kazakhstan, comme importateur de leurs ressources. Mais son instabilité est une menace potentielle pour la région et les États voisins, qui évoquent même la possibilité de collision nucléaire avec l'Inde à cause du Cachemire.

Pour l'Iran, la question-clef en Asie Centrale est celle de la Mer caspienne. L'accès aux ressources caspiennes nécessitent d'impliquer la participation de Téhéran aux affaires régionales et donc de renforcer l'influence politique du pays dans la région. L'Iran quant à lui cherche à s'impliquer, au titre de ses atouts, dans un grand jeu géopolitique[8].

La Turquie n'a pas encore été capable de réellement maîtriser les marchés de la consommation et des investissements d'Asie centrale. Son influence sur les économies d'Asie centrale conserve un fort potentiel, notamment pour y pallier l'absence de ressources financières et de technologies modernes. C'est un grand potentiel industriel dans le domaine de la construction et de l'exportation des marchandises de consommation courante.

En conclusion, la région connaît un paradoxe : les États d'Asie centrale cherchent un partenaire extérieur pouvant, comme avant la Russie soviétique, trancher les problèmes régionaux ; mais des raisons sérieuses de politique intérieure, aux racines historiques profondes, empêchent ces États de choisir un quelconque partenaire-clef.

Des forces extérieures pèsent sur l'identité de la région. Une partie de cette lutte touche aux itinéraires de transport énergétique. Les acteurs politiques clés en sont la Russie et les États-Unis et, de plus en plus, la Chine. Les acteurs économiques clés (commerce, aide économique, investissements, rémissions de devises des travailleurs migrants) sont la Russie, l'UE et la Chine. D'autres facteurs (idéologie, civilisation,

---

8 Voir les chapitres sur l'Iran dans P. Chabal (dir.), *La Nouvelle Asie de l'OCS*, à paraître, 2015.

communauté historique) forcent la Russie, la Turquie et l'Iran à voir approcher peu à peu l'UE et la Chine.

Surtout, les ressources changent les pays en amis interchangeables[9]. Les États d'Asie centrale ont différents partenaires selon les domaines. Il n'y pas un seul partenaire-clef dominant, en concurrence avec les autres pour un même pays d'Asie centrale. La pression de tous les partenaires s'équilibre et les dirigeants d'Asie centrale « jouent » sur cette pluralité.

Les États d'Asie centrale ont la possibilité d'adapter le rôle des acteurs dans la région puisqu'ils sont membres indépendants et égaux de la communauté internationale. Mais il leur faut sans arrêt manœuvrer entre les intérêts différents des puissances en dehors de la région.

9 Казанцев А.А. « Большая игра » с неизвестными правилами : мировая политика и Центральная Азия. – Москва : Наследие Евразии, 2008. – С. 247.

Existe-t-il un espace-lien continental entre l'Asie et l'Europe ?

Darya PUSHKINA

Université de Saint-Pétersbourg, Russie

Helen ZINCAVAGE

Université Rutgers, États-Unis

(traduit de l'anglais par P. Chabal)

Le contexte géopolitique actuel garde à la Russie sa place traditionnelle au carrefour de l'Europe et de l'Asie, grâce à une politique étrangère duale entre équilibre et domination. Envers l'Europe, Moscou veut maintenir souveraineté territoriale et influence internationale en équilibrant le pouvoir d'États du Nord et de l'Ouest. Envers l'Asie centrale, au contraire, cette tactique d'équilibrage cède pour une politique russe intrarégionale de *leadership*.

Ces schémas distincts découlent de l'idéologie sous-tendant la politique étrangère russe actuelle et d'actions concrètes : alliances et affiliations organisationnelles de Moscou.

La Russie, n'étant plus un « bipôle » du système international, a pour priorité de politique étrangère le maintien de sa puissance et influence envers d'autres États et la liberté de poursuivre ses intérêts sans entraves. Le réalisme structurel considère que la nature duale des relations internationales de la Russie s'accorde avec sa politique traditionnelle d'équilibrage de puissance. La théorie de l'équilibre de la puissance, fondée sur l'hypothèse d'inégalité inhérente entre États dans le système international, postule que : « cette inégalité fondamentale entre les États peut être équilibrée, en ce que tous les États peuvent être tenus en échec quant à leur position respective, et cela peut donc empêcher l'hégémonie, permettant aux États de préserver leur identité, leur intégrité et leur indépendance »[1].

---

[1] Michael Sheehan, *The Balance of Power*, New York, Routledge, 1996, p. 8.

Les dirigeants russes présentent ce maintien d'indépendance et de souveraineté comme objectif primordial de la politique étrangère russe d'après la guerre froide.

En pratique, les États changent de puissance relative, soit par leurs forces internes (réserves propres de puissance, économique, militaire, ou « *soft* »), soit en affaiblissant des acteurs externes (prise de territoire, alliances, intervention dans les affaires internes d'autres, etc.). Moscou reconnaît, envers l'équilibrage, le besoin des deux tactiques mais semble plus enclin à utiliser alliances multilatérales et normes internationales pour diluer l'influence d'autres acteurs qu'à restructurer les institutions politiques, économiques et sociales nationales, sans lesquelles « les grandes puissances ne gagnent ni ne conservent leur rang »[2].

On analyse l'équilibrage idéologique (I), celui entre bloc et alliance (II), l'équilibrage par la non-participation (III), celui entre régions spécifiques, d'abord Russie et Union européenne (IV), puis Chine et « pivot russe vers l'Asie » (V) pour envisager la domination russe de la région (VI) même si l'équilibrage par auto-amélioration reste nécessaire (VII).

I. Équilibrer la puissance par l'idéologie

Une approche rationnelle de l'équilibrage de puissance suggère aux dirigeants russes de croire en un système international multipolaire de puissance diffuse entre grandes puissances offrant la liberté de poursuivre leurs intérêts sans l'entrave des actes unilatéraux d'un hégémon. Adaptant ces styles traditionnels d'équilibrage, ils usent des nouvelles normes internationales limitant la capacité des États puissants d'agir hors de leurs frontières par appel au mécanisme juridique intergouvernemental de l'inviolabilité de la souveraineté de l'État.

Le pouvoir russe tient compte des débats internationaux sur la justice d'un monde multipolaire et la condamnation d'actions contre la souveraineté de l'État. Un texte présidentiel – « Décret portant application de la politique étrangère de la Fédération de Russie » –, et un autre du Ministère russe des Affaires étrangères – « Concept de politique étrangère de la Fédération de Russie » – y inscrivent les priorités de politique étrangère russe. i) Le « décret » lui impose de « protéger ses intérêts nationaux sur la base des principes de pragmatisme, de transparence et d'une approche multivectorielle dans la formation d'un nouveau système polycentrique de relations internationales ». Ce système international « polycentrique » est le plus propice à la poursuite des intérêts russes. Il est « nouveau » et la politique russe doit garder la main dans sa création.

[2] Kenneth Waltz, « The Emerging Structure of International Politics », *International Security* 18 (1993) : 50.

ii) Le « concept » souligne le rôle russe dans la création d'un monde multipolaire, le configuration de puissance globale, la poursuite du « rôle unique que notre pays a joué au cours des siècles comme contrepoids dans les affaires internationales et le développement de la civilisation mondiale »[3].

Cette inclinaison russe pour un cadre multipolaire équilibré conduit les dirigeants russes vers la promotion du droit international. Les discours et documents officiels soulignent l'importance de la non-ingérence mutuelle dans les affaires intérieures, vitale pour la paix et la coopération interétatique. Le ministre des Affaires étrangères se réfère constamment au respect de la Russie pour les normes internationales dans les stratégies d'équilibrage :

> Nous nous considérons – et nous sommes – l'un des centres du nouveau monde polycentrique. Ce statut de la Russie est dû à ses capacités militaires, géographiques et économiques, à sa culture et son potentiel humain. Il est aussi dû au fait que, dans les affaires internationales, la Russie campe fermement sur le droit et la justice. La primauté du droit ... dans l'arène internationale ... permet à la Russie de jouer un rôle d'équilibrage et de stabilisation, de plus en plus demandé parmi nos partenaires internationaux, y compris ceux qui ne peuvent s'imaginer en dehors de relations d'alliance avec les États-Unis ou l'OTAN.[4]

Équilibrer la puissance et répondre à l'influence des autres est primordial pour les intérêts économiques et sociaux russes et la survie de la Russie en tant qu'État indépendant.

> Le développement mondial est plus inégal. [...] La concurrence pour les ressources devient plus intense. [...] Qui va prendre l'initiative ? Qui restera à l'extérieur et perdra son indépendance ? Cela dépend du potentiel économique mais surtout de la volonté des nations. [...] Au XXIe siècle, dans un nouvel équilibre des forces économiques, civilisationnelles et militaires, la Russie doit être un pays souverain et influent. [...] Nous devons être et demeurer la Russie.[5]

La rhétorique est simple : un système multipolaire garantira à la Russie liberté de manœuvre intérieure et capacité d'influence extérieure, essentielles à la souveraineté de l'État.

---

3 « Executive Order on Measures to Implement Foreign Policy », 7 May 2012, The Kremlin, 20 April 2013 <http://eng.news.kremlin.ru/acts/3764>.

4 Sergei Lavrov, « Russia in the 21st-Century World of Power », 27 December 2012, Russia in Global Affairs, 20 April 2013 <http://eng.globalaffairs.ru/number/Russia-in-the-21st-Century-World-of-Power-15809>.

5 *Ibid.*

II. Équilibrer la puissance par la participation aux blocs et aux alliances

La Russie « équilibre » aussi en participant à la sécurité multilatérale, des organismes tels que l'Organisation de coopération de Shanghai (OCS) et les pays du BRICS, qui rallient l'influence politique et économique des États au développement rapide en un réseau défiant les actions et intentions des États-Unis, de l'Europe et autres pays développés. Ces organismes régionaux sont là où la Russie peut exercer plus d'influence que dans le système mondial, mobiliser la puissance des États-membres favorables à ses objectifs spécifiques, sources potentielles de pression contre les déséquilibres de puissance.

L'OCS (Chine, Kazakhstan, Kirghizstan, Russie, Tadjikistan, Ouzbékistan), fondée en 2001, lutte contre les menaces de sécurité internationale et encourage le développement économique en Asie centrale[6]. Au-delà de gains concrets pour tous (partage de l'information, exercices antiterroristes coordonnés, promotion du commerce[7]), l'OCS fait écho à la priorité russe pour la non-ingérence dans la souveraineté intérieure. Sa Charte fondatrice (juin 2002) enjoint les États-membres au « respect mutuel de la souveraineté, de l'indépendance, de l'intégrité territoriale des États et de l'inviolabilité des frontières d'État, la non-agression, la non-ingérence dans les affaires intérieures, [et] le non-usage de la force ou de la menace de son usage dans les relations internationales »[8].

L'OCS n'a jamais déployé de troupes dans une situation de conflit mais le niveau coordonné entre ses États-membres et la possibilité de s'appuyer sur le recours militaire de la Russie et de la Chine en font une alliance de sécurité régionale viable. Chaque année depuis 2003, elle organise des exercices antiterroristes qui croissent en taille et en portée : « Mission de paix 2007 » a rassemblé des unités des six États-membres et 6 500 soldats dotés d'une myriade d'équipements militaires, chars d'assaut, aéronefs, etc.[9]. L'ONU la reconnaît comme organisme international capable de

---

6 Mongolie, Inde, Pakistan, Iran et Afghanistan y participent en tant que pays observateurs. SCO description, <http://www.sectsco.org/EN123/brief.asp>.

7 Oksana Antonenko, « The EU should not ignore the SCO », 11 May 2007, Centre for European Reform, 4 April 2013 <http://www.cer.org.uk/pdf/policybrief_sco_web_11may07.pdf>.

8 « Charter of the Shanghai Cooperation Organization », 7 May 2009, Shanghai Cooperation Organization, 14 April 2013 <http://www.sectsco.org/EN/show.asp?id=69>.

9 Richard Weitz, « Military Exercises Underscore the SCO's Charter », 25 mai 2011, Central Asia-Caucasus Institute, 10 avril 2013 <http://www.cacianalyst.org/?q=node/5565>.

renforcer la sécurité régionale. En 2010, est signée la « Déclaration conjointe sur la coopération des secrétariats de l'OCS et de l'ONU » pour un large éventail de questions de paix et sécurité internationales que l'OCS pourrait aider à résoudre, y compris prévention et résolution de conflits, lutte contre le terrorisme, la non-prolifération et la criminalité transnationale liée au trafic de drogues, les catastrophes naturelles[10]. Les États-Unis et l'UE se retirant d'Afghanistan, la déstabilisation pourrait menacer la région eurasienne et l'OCS peut jouer un rôle actif de maintien de stabilité régionale, renforçant sa légitimité internationale en tant qu'alternative eurasienne à l'OTAN.

Ce programme d'équilibrage russe, au-delà de structures de sécurité internationales, bénéficie de l'adhésion à des organismes économiques multilatéraux. Membre du G-8, la Russie représente ses intérêts parmi les grandes économies mais appartient aussi au groupe des BRICS en développement (Brésil, Russie, Inde, Chine, Afrique du Sud) créé comme contrepoids aux activités économiques des pays occidentaux et aux politiques du FMI et de la Banque mondiale. La Chine ou l'Inde croissent plus vite mais la Russie est un acteur central et organise le premier sommet des BRICS à Ekaterinbourg en juin 2009.

Les membres du BRICS s'opposent à des pratiques *économiques* occidentales (subventions agricoles à grande échelle, etc.) mais agissent aussi ensemble sur les questions *politiques* (rejet de toute action contre le régime syrien[11]). Les BRICS sont un organisme international de plus, dont l'appartenance russe souligne l'opposition à toute violation de la souveraineté de l'État. Lors de leur sommet de 2013, les BRICS sont convenus de créer une nouvelle banque de développement[12], leur volonté d'institutions financières internationales alternatives au FMI et à la BM, équilibrant les intérêts de l'Ouest sur les marchés mondiaux.

La Russie a réitéré dans son « concept » son engagement à renforcer les organismes multilatéraux tels que l'OCS et la coalition RIC du BRICS :

> La Russie attache une grande importance à une gestion durable du développement mondial, ce qui exige un *leadership* collectif des principaux États du monde, lesquels doivent être représentatifs en termes géographiques et civilisationnels, et respecter le rôle central de coordination de l'ONU. À

10 « Joint Declaration on SCO/UN Secretariat Cooperation », 8 avril 2010, Shanghai Cooperation Organization, 4 avril 2013 <http://www.sectsco.org/EN123/show.asp?id=198>.

11 Christophe Jaffrelot, « Under a Southern Sun », 1 April 2013, Carnegie Endowment for International Peace, 14 April 2013 <http://carnegieendowment.org/2013/04/01/under-southern-sun/fvdz>.

12 « The BRICS Summit : Lacking Mortar », 27 March 2013, *The Economist*, 10 April 2013 <http://www.economist.com/blogs/newsbook/2013/03/brics-summit>.

ces fins, la Russie va élever sa participation dans le G-20, le BRICS, le G-8, l'OCS, le RIC (Russie, Inde, Chine) avec d'autres organismes de dialogue.[13]

Agissant en grande puissance co-égale de ces groupes internationaux, la Russie peut poursuivre ses programmes d'action et établir des blocs équilibrant des États plus puissants.

III. Équilibrer la puisssance par la non-participation

La Russie équilibre la puissance aussi en rejetant des alliances, d'où sa relation ambiguë à l'OTAN. Membre du « partenariat pour la paix » depuis 1994 et du Conseil OTAN-Russie (COR), elle s'en rapproche depuis le sommet de Lisbonne (2010) alors qu'elle voulait la « garder en dehors ». La coopération de défense antimissile semblait même possible. La *Joint Review of 21st Century Community Challenges* cite « Afghanistan, terrorisme, piraterie, prolifération des armes de destruction massive et leurs vecteurs, catastrophes naturelles et d'origine humaine » comme menaces envers les États de l'OTAN *et la Russie*[14]. Pourtant, le « concept » est réservé sur la participation russe à l'alliance et implique que l'organisation ne traite pas la Russie comme un partenaire égal : « La Russie renforcera ses relations avec l'OTAN selon son degré de préparation pour un partenariat équitable, le respect strict des normes et principes du droit international. […] Elle maintient une attitude négative envers l'expansion de l'OTAN. […] mesures violant le principe d'égalité de sécurité vers l'émergence de nouvelles lignes de division en Europe »[15].

Le « concept » évoque à nouveau les « normes et principes du droit international », que Moscou accuse souvent l'OTAN de violer » : « certains concepts mis en œuvre visent à renverser les gouvernements légitimes d'États souverains sous prétexte de protéger la population civile ». Pour A. Cohen, c'est une « référence claire à l'action de l'OTAN en Libye »[16].

Le Conseil OTAN-Russie a eu des résultats positifs de sécurité internationale (opérations antinarcotiques, soutien aux forces armées afghanes, non-prolifération, actions conjointes) mais les autorités

---

13 Ministère russe des Affaires étrangères, « Concept of the Foreign Policy of the Russian Federation », 12/2/2013, <http://www.mid.ru/bdomp/brp_4.nsf/e78a48070f128a7b432 56999005bcbb3/76389fec168189ed44257b2e0039b16d!OpenDocument> para 30.

14 « NATO's Relations with Russia », 22 avril 2013, North Atlantic Treaty Association, 26 April 2013 <http://www.nato.int/cps/en/SID-FE7C66EC-CA945D6D/natolive/topics_50090.htm?>.

15 « Concept of the Foreign Policy of the Russian Federation » para 63.

16 Ariel Cohen, « The Kremlin's World », 5 April 2013, *The New York Times*, 10 April 2013 <http://www.nytimes.com/2013/04/06/opinion/global/the-kremlins-world.html?pagewanted=all>.

russes remettent en question la légitimité de l'Organisation, « le danger d'imposer la démocratie par la force » (S. Lavrov), qu'il faut combattre : « le monde ne peut s'unir sous les auspices USA ni sous un parapluie OTAN, la seule réponse [aux dangers] est un partenariat – à la fois dans la zone euro-atlantique et dans le monde »[17].

C'est l'idée que même dans des situations où l'intervention promouvrait démocratie, droits de l'homme ou primauté du droit, les actions des États ou coalitions doivent être 'retenues'. D'autres commentateurs russes sont moins subtils dans leur méfiance de l'OTAN : « [...] beaucoup d'organisations existent encore par l'inertie créée par leurs bureaucraties, bien qu'on n'ait plus besoin d'elles. Un exemple est l'OTAN, qui a survécu en s'inventant diverses fonctions, dont certaines sont même nuisibles à la sécurité internationale »[18].

Le *statu quo* actuel des relations Russie-OTAN vient de l'attitude des deux parties : « l'OTAN n'a pu ou voulu donner à la Russie un rôle approprié. Le Conseil OTAN-Russie, où 28 membres rencontrent la Russie, ne parvient pas à augmenter la confiance. La réputation de la Russie comme partenaire difficile dans toute organisation multilatérale est bien connue »[19].

L'attitude russe constructive (contribution à un camp de transit à Oulianovsk, pour les troupes et le fret non létal de/vers l'Afghanistan) est nuancée : les intérêts russes sont peut-être mieux servis en dehors de l'alliance, retirant plus de capital politique de sa position critique.

IV. Équilibrer des régions d'Europe spécifiques : Russie et Union européenne

Moscou suggère qu'il y a peu d'équilibrage avec l'Europe pour parvenir à parité de puissance, étant donné les faiblesses budgétaires actuelles de l'UE. Les dirigeants russes croient que le monde traverse une période fondamentale de changement :

> la crise dans la zone euro traîne. ... un nouveau paysage peut prendre forme dans le monde au cours des vingt prochaines années, d'où un réajustement douloureux des relations internationales. [...] [N]ous ne savons pas comment les processus à l'Ouest auront un effet sur nous. [...] [É]tant la radicale

---

17 S. Lavrov, « Russia in the 21st Century World of Power », *op. cit.*

18 Sergey Karaganov, « Contradiction of Contradictions », 24 November 2012, Russia in Global Affairs, 17 April 2013 <http://eng.globalaffairs.ru/pubcol/Contradiction-of-Contradictions-15755>.

19 Judy Dempsey, « Putin's No show at Chicago », 16 April 2012, Carnegie Europe, 15 April 2013 <http://carnegieeurope.eu/publications/?fa=48643>.

« redistribution des cartes », beaucoup peut repartir à zéro, loin de toutes règles fixant la hiérarchie internationale aujourd'hui applicables.[20]

Les relations Russie-UE sont régies depuis 1997 par un « accord de partenariat et coopération » dans quatre espaces communs d'action coordonnée : partenariat économique, liberté, sécurité et justice, sécurité extérieure et recherche/enseignement. Le dialogue s'y déroule autour d'un « partenariat UE-Russie pour la modernisation ». En 2012, Bruxelles a signalé des réalisations conjointes importantes : déréglementation des visas, coordination de la lutte antiterroriste, échange d'informations en science et technologie, projets économiques développés par ce partenariat[21]. 2012 a vu aussi s'intensifier les efforts envers l'adhésion de la Russie à l'OCDE. Pourtant, si Russie et UE peuvent coopérer pour des intérêts (étroits) à somme positive, Moscou s'oppose à la région dans son ensemble et avec des États individuels. « S. Karaganov a longtemps défendu l'idée d'"Union de l'Europe", très difficile à appliquer ... reprise en Allemagne et en France, et dans le dernier livre de Z. Brzezinski. Cela devrait dire non incorporer la Russie à l'Occident, mais [plutôt un] vrai rapprochement équitable »[22].

Russie et Europe peuvent engager des objectifs communs profitant aux deux : les dirigeants se perçoivent comme de plus en plus égaux, un moindre besoin d'équilibrage.

V. Équilibrer des régions d'Asie spécifiques : Chine et « pivot russe vers l'Asie »

À mesure que la Russie se renforce envers Europe et Occident, sa politique étrangère intègre un « pivot vers l'Asie ». Le « concept » souligne l'attention pour l'Asie-Pacifique :

> La Russie considère que les deux pays [Russie et Chine] partagent les mêmes positions sur les grands enjeux mondiaux, élément-clef de la stabilité régionale et mondiale. ... Elle va pousser sa coopération en politique étrangère avec la Chine dans divers domaines, cherchant des moyens de relever les nouveaux défis et menaces, trouver des solutions aux problèmes régionaux et internationaux urgents, ... au sein du Conseil de Sécurité de l'ONU, du G-20, du BRICS, du Sommet de l'Asie de l'Est, de l'OCS et d'autres formats multilatéraux.[23]

---

20 S. Lavrov, « Russia in the 21st Century World of Power », *op. cit.*

21 « Progress Report », 21 December 2012, Delegation of the European Union to Russia, 16 April 2013 <http://eeas.europa.eu/delegations/russia/documents/eu_russia/p4mdec2012_en.pdf>.

22 S. Lavrov, « Russia in the 21st Century World of Power », *op. cit.*

23 « Concept of the Foreign Policy of the Russian Federation » para 80.

Russie et Chine partagent des principes sous-jacents de l'approche des relations internationales. Si elles se rejoignent dans le cadre multilatéral de l'OCS, c'est sur le respect intransigeant et absolu de la souveraineté nationale et la non-interférence (utilisé pour faire taire les critiques de leurs politiques nationales de répression ?). Elles se méfient de la gouvernance mondiale comme outil des États de l'Ouest et utilisent des organismes régionaux pour renforcer leur position contre d'autres centres de pouvoir et mécanisme pour promouvoir le *leadership* régional[24]. Elles se disputent le contrôle économique sur l'Asie centrale mais partagent des intérêts de sécurité dans la région[25]. Si la Chine s'imposait comme grande puissance, la Russie réagirait comme pendant toute son histoire, en oscillant entre équilibrage de l'Europe et liens étroits avec l'Asie, et équilibrage de l'Asie avec ses liens avec l'Europe.

Par la participation à des entités comme l'OCS, la Russie continue à équilibrer l'influence chinoise en Asie centrale. L'OCS crée un précédent pour la coopération sino-russe contre d'autres États puissants pouvant tenter de pénétrer dans la région. Plus les États-Unis montrent d'intérêt pour l'Asie-Pacifique, plus Russie et Chine pourraient s'appuyer l'une l'autre et coordonner leurs politiques pour équilibrer cet intérêt-empiètement, et se positionner elles-mêmes dans la région Asie-Pacifique : « le renforcement de l'OCS dans les affaires régionales et mondiales, son influence sur la situation dans la région dans son ensemble a augmenté de manière significative »[26].

VI. La domination russe sur l'espace régional

L'approche de Moscou envers l'Asie centrale, le Caucase du Sud et l'Europe de l'Est, anciennes parties de l'URSS, contraste avec l'équilibrage envers États-Unis, Chine, Union européenne et autres blocs régionaux. Elle considère la Russie comme *leader* naturel de la région eurasienne, exprimant ouvertement cette position dans le « concept » :

> Avec la décentralisation du système mondial, la gouvernance régionale apparaît comme base du modèle polycentrique du monde (avec l'ONU comme autre fondement), ce qui reflète la diversité et la variété du monde. De nouveaux centres de croissance économique et de pouvoir politique prennent de plus en plus la responsabilité de leurs régions respectives.

24 Charles Grant, « Russia, China and Global Governance », 29 February 2012, Carnegie Endowment for International Peace, <http://carnegieendowment.org/2012/02/29/russia-china-and-global-governance/a158>.

25 Vitaly Vorobiev, « An Aggregate of Converging Interests », 27 December 2012, Russia in Global Affairs, 9 April 2013 <http://eng.globalaffairs.ru/number/An-Aggregate-of-Converging-Interests-15819>.

26 « Concept of the Foreign Policy of the Russian Federation » para 77.

L'intégration régionale est un moyen efficace d'accroître la compétitivité des États participants.[27]

La Russie assume la « responsabilité » d'un rôle de *leader* régional. Le régionalisme, tendance émergente du système international, devrait profiter à la Russie et l'Eurasie :

> Nous proposons des projets qui uniront nations et régions. L'expérience et la réalité des vingt dernières années, le simple bon sens, remet tout à sa vraie place. Il est naturel que l'intérêt pour l'intégration se développe en Amérique (du Nord comme du Sud), en Europe, en Asie, ces processus prenant de l'ampleur. Pourquoi devrions-nous rester à l'écart ? Au contraire, avec nos voisins immédiats, nous devons faire usage de tous nos avantages.[28]

Le chemin de la Russie vers le *leadership* régional passe par des organismes inter-gouvernementaux comme la CEI et ses ramifications : Organisation du traité de sécurité collective (OTSC) et Communauté économique eurasienne (CEE), sa puissance économique et militaire pouvant concurrencer les autres membres de ces organismes. Cette disparité de puissance *a priori* permet aux intérêts russes de dominer l'ordre du jour[29]. Contrairement à d'autres périodes, la domination régionale russe au XXIe siècle n'entraîne pas la construction d'un empire mais elle reste un outil pour réaliser ses intérêts d'État[30].

La CEI, créée pour préserver les liens régionaux après 1991, comprend des États d'Europe orientale, du Caucase du Sud et de l'Asie centrale mais elle n'a pas pu réaliser beaucoup d'objectifs politiques concrets. L'OTSC non plus : censée être la réponse de la région eurasienne à l'OTAN, elle n'a jamais mené d'opération de sécurité conjointe et même refusé d'agir sur les violences ethniques (Kirghizstan, juin 2010), preuve de son impuissance : « Qui considère l'OTSC comme efficace ? Seuls les dirigeants régionaux et russes »[31].

Les dirigeants d'Asie centrale eux-mêmes pensent ces alliances dominées par Moscou. En juin 2012, l'Ouzbékistan quitte l'OTSC après

---

27 « Concept of the Foreign Policy of the Russian Federation » para 19.

28 V. Putin, « Address to the Federal Assembly », 12 December 2012, President of Russia, 2 April 2013 <http://eng.kremlin.ru/news/4739>.

29 A. Cohen, « The Kremlin's World » <http://www.nytimes.com/2013/04/06/opinion/global/the-kremlins-world.html?pagewanted=all&_r=0>.

30 Dimitri Trenin, « Russia's Relations with the CIS Countries : Outlook for 2020 », 28/3/2013, Carnegie Moscow Center, 16/4/2013 <http://carnegie.ru/2013/03/28/russia-s-relations-with-cis-countries-outlook-for-2020/fx73#>.

31 Alexey Malashenko, « Uzbeks Seek Stronger Security Ties with US », 25/1/2012, Carnegie Moscow Center, 16/4/2013 <http://carnegie.ru/2012/01/25/uzbeks-seek-stronger-security-ties-with-us/dvvy>.

le changement de son règlement intérieur consolidant la Russie comme décideur et lui donnant en essence un droit de veto sur la politique sécuritaire et économique des autres États-membres[32], qui ne peuvent plus autoriser un gouvernement étranger à établir une base militaire chez eux sans un consensus OTSC. Moscou suggère aussi de remplacer le principe du consensus par une majorité [des 2/3, NdE], permettant à l'OTSC d'intervenir chez un membre même contre son accord[33].

Des membres de l'OTSC (ou les 2/3) sont peu susceptibles de confronter la Russie : leurs interrelations entre eux sont parfois hostiles. Tachkent et Douchanbe divergent sur la construction de la centrale hydroélectrique « Rogun » et n'ont pas de relations bilatérales. Les relations Tachkent-Bichkek se sont détériorées après les violences ethniques frontalières en 2010. Il est improbable que des troupes arméniennes (chrétiennes) s'impliquent dans les conflits d'États musulmans en Asie centrale (ou vice versa). L'OTSC ne dispose pas de principes type OTAN de cohésion générale : en 2011, une réunion de membres n'identifia que la 'stabilité'. Ainsi, « l'OTSC, n'existe pas comme alliance militaire : il n'y a que des 'liens militaires' entre Russie et membres »[34].

En 2012, Tachkent a élaboré son propre « concept » de politique étrangère. Le style de ce document fait écho à des sentiments du « concept » russe : « Les défis en Asie centrale sont à régler par les États de la région, sans l'intervention de forces extérieures. [...] Aucune intégration n'est à imposer de l'extérieur et inacceptable si elle affecte liberté, indépendance, intégrité territoriale du pays ou est dictée par des idéologies »[35].

L'idée discréditant à l'avance un viol de souveraineté vise pourtant la Russie, puissance régionale la plus susceptible d'empiéter sur l'Asie centrale pour ses propres intérêts.

Le « concept » voit l'intégration régionale comme priorité de politique étrangère russe. Il suggère plus de ressources russes consacrées aux cadres institutionnels, « renforçant le potentiel de la CEI en tant qu'organisation régionale d'influence, de dialogue politique

---

32 David Trilling « Uzbekistan Ditches Moscow-Led Military Alliance – For NATO ? » 29 juin 2012, Eurasianet, 14 April 2013. <http://www.eurasianet.org/node/65615>.

33 N. Hayrumyan, « Analysis : CSTO Intent on Enhancing Political, Military Cooperation », 9/7/2011, <http://www.armenianow.com/commentary/analysis/31622/collective_security_russia_armenia_ukraine_mmilitar_cooperation>.

34 Arkady Dubnov, « Tashkent Goes, Problems Stay », 7 october 2012, Russia in Global Affairs, 12 avril 2013 <http://eng.globalaffairs.ru/number/Tashkent-Goes-Problems-Stay-15692>.

35 *Ibid.*

multilatéral et mécanisme de coopération diversifiée, etc. »[36]. Il prévoit que l'intégration régionale devrait être une priorité absolue pour les autres États de l'ancienne URSS.

> La Russie respecte le droit de ses partenaires CEI d'établir des relations avec d'autres acteurs internationaux mais est favorable à la mise en œuvre par les États-membres de leurs engagements dans les structures régionales avec la Russie, assurant le développement continu de l'intégration et de la coopération mutuellement bénéfique dans l'espace de la CEI[37].

Les autres États de la CEI ne suivent ce conseil que selon la pression exercée sur eux. L'Ukraine [texte écrit en 2013 – NdE] relève de la CEI mais pas de l'OTSC, ni de l'espace économique commun. Sa population et ses dirigeants sont divisées sur le niveau d'intégration avec la Russie : une « majorité de la population semble comprendre que l'intégration économique étroite avec la Russie est un risque pour le projet national ukrainien »[38]. La Géorgie, ancien membre de la CEI, a pivoté vers l'Europe après 2008 (conflit avec Moscou). La Russie est impliquée dans les régions séparatistes (Ossétie du Sud, Haut-Karabagh).

L'Union douanière (UD) de l'Espace économique commun (EEC) engendre concrètement la coopération et l'intégration régionales entre Russie, Biélorussie et Kazakhstan. Créée en 2010, l'UD égalise leurs devoirs dans le commerce avec les États non membres. L'EEC coordonne les normes des mouvements transfrontières de capitaux et main-d'œuvre, la politique macroéconomique, la réglementation des produits et l'accès aux infrastructures de transport et d'acheminement[39]. Les trois pays en bénéficient tous mais l'UD aurait été impossible sans contribution de la Russie, qui fournit la plupart des ressources techniques et financières des partenariats économiques. Le Fonds anticrise de la CEE (EurAsEc), créé en 2009, est l'alternative régionale aux prêts « style FMI ». Des 8,513 milliards $ promis au Fonds, 37 % sont russes, quand Tadjikistan et Kirghizstan offrent 2 % et 3 %[40].

---

36 « Concept of the Foreign Policy of the Russian Federation » para 48.

37 « Concept of the Foreign Policy of the Russian Federation » para 50.

38 D. Trenin, « Outlook for 2020 », *op. cit.*

39 E. Vinokurov et A. Libman, « Post-Soviet Integration Breakthrough », 24 juin 2012, *Russia in Global Affairs*, 12 avril 2013 <http://eng.globalaffairs.ru/number/Post-Soviet-Integration-Breakthrough-15580>.

40 « Eurasec Anti-Crisis Fund in Facts and Figures », 1 janvier 2013, Eurasec Anti-Crisis Fund, 8 avril 2013 <http://acf.eabr.org/general//upload/fact%20sheet_ACF_en_web.pdf>.

Le « concept » contient l'espoir qu'avec l'attention de Moscou, l'Espace économique commun conduira à la création d'une union économique eurasiatique[41].

VII. Équilibrer la puissance par l'auto-amélioration des institutions nationales

Les priorités et les stratégies russes – domination régionale et équilibre interrégional – sont aussi importantes que le renforcement des institutions nationales. La Russie a progressé dans le développement et la modernisation économiques mais d'autres questions urgentes doivent être résolues pour qu'elle demeure une puissance mondiale. Les statistiques sont inquiétantes : une espérance de vie de 60 ans (femmes) et 73 ans (hommes)[42] et la tendance de naissances plus nombreuses que les décès permet à peine le remplacement démographique.

De plus, la croissance économique subit un mauvais climat d'investissement dû à des règlements économiques nombreux aux applications imprévisibles. Des incidents, comme l'emprisonnement de M. Kodorkovsky, suggèrent que le gouvernement russe agit de manière sélective pour servir ses intérêts malgré les règlements officiels. Le pays est 139e sur l'indice de liberté économique du *Wall Street Journal*, ce qui reflète l'instabilité à laquelle font face les entrepreneurs qui pourraient penser à investir dans des entités russes[43].

La frustration de la société civile russe peut constituer une menace pour le développement du pays. Des dizaines de milliers de protestants ont manifesté leur mécontentement des élections (présidentielles de 2011 ; parlementaires de 2012), leurs résultats mais surtout le processus électoral. Une partie de l'élite politique russe tente de laisser une place à la société civile en politique (initiatives citoyennes d'Alexeï Koudrine) mais la réponse officielle fut des règlements et peines plus sévères contre les manifestations non autorisées.

En conclusion, l'on a prédit en 1993 que « la Russie ne restera pas une grande puissance à moins qu'elle ne soit capable d'utiliser efficacement ses ressources dans le long terme. Alors qu'elle tente de le faire, son importante population, ses vastes ressources et sa présence géographique en Europe et en Asie compensent ses nombreuses faiblesses »[44]. Vingt

---

41 « Concept of the Foreign Policy of the Russian Federation » para 44.

42 http://articles.washingtonpost.com/2013-02-21/world/37208917_1_life-expectancy-infant-mortality-rate-president-vladimir-putin.

43 « 2013 Index of Economic Freedom : Russia », The Heritage Foundation, 5 April 2013 <http://www.heritage.org/index/country/russia>.

44 Kenneth Waltz (1993), *op. cit.*, p. 52.

ans après, il semble qu'elle n'ait pas bougé, sauf en développant ses institutions économiques, politiques et sociales. Au carrefour de l'Europe et de l'Asie, la Russie s'appuie sur les institutions multilatérales, la légitimité juridique de normes internationales et le *leadership* régional dans l'équilibrage de la puissance des autres pays développés influents. Pour accéder au statut de grande puissance, elle a besoin de plus de développement sur le plan intérieur.

De l'enclavement territorial au territoire-lien interrégional

La Mongolie dans les échanges eurasiens

Nosgoi ALTANTSETSEG

Université nationale de Mongolie

(traduit de l'anglais par P. Chabal)

Pays enclavé entre la Fédération de Russie et la République populaire de Chine, la Mongolie a vu ses relations avec l'étranger dominées par ces deux puissances géantes jusqu'à la fin de la guerre froide, qui a rendu possible une ère de mondialisation ouverte. Le pays poursuit depuis 1990 une économie de marché démocratique et développe des relations extérieures complètes, fondées en 1994 sur un « nouveau concept de politique étrangère ». C'est une politique étrangère ouverte, non alignée, et reposant sur plusieurs piliers.

Le reflet principal de ce « nouveau concept » a été la refonte des relations avec les deux grands voisins, tout comme l'établissement de relations avec les pays développés, par exemple avec les États-Unis en janvier 1987 et avec l'Union européenne en août 1989.

Le progrès démocratique en Mongolie a justifié le soutien des pays développés envers ses réformes, un appui dans le domaine politique mais aussi économique et social. L'accord commercial et de coopération économique avec l'UE (1993 – une ambassade mongole ouvre à Bruxelles en 1992) a conduit la Mongolie à s'impliquer dans le système d'allocation des droits de douane et dans le programme TACIS, dont l'objectif est d'aider les pays ex-soviétiques nouvellement indépendants.

I. Coopération avec l'Asie

La Mongolie en Eurasie a établi et développe ses échanges avec les pays d'Asie centrale nouvellement indépendants, renouvelant ses relations avec la zone postsocialiste, au début des années 1990, en accueillant des visites de haut niveau en Mongolie (République Tchèque,

Pologne, Bulgarie, Hongrie, Kazakhstan, Kirghizstan) et des visites officielles mongoles (Ukraine, Biélorussie), fondant des relations encore plus amicales et renforçant les liens traditionnels dans des circonstances désormais nouvelles.

La fin de l'aide économique accordée par l'URSS à la Mongolie et la fin de la coopération économique socialiste (COMECOM) avaient pourtant remis en cause toute chance de coopération économique avec les pays d'Eurasie. Les pays développés, Japon en tête, ont octroyé des aides, orientant la coopération économique mongole vers l'Asie. Considérée comme pays d'Asie du Nord-Est, la Mongolie a pris part activement à cette coopération nord-est-asiatique mais celle-ci n'a pas décollé, à l'instar du projet du fleuve Tumen de l'ONU.

Les relations internationales étant définies par les relations économiques, la Mongolie, entourée par deux puissances – Russie et Chine – « s'est engagée à rejoindre l'intégration économique régionale et internationale et un réseau d'infrastructures »[1].

Deux organisations ont été créées dans la région à laquelle appartient la Mongolie : l'Organisation de coopération de Shanghai (OCS, 2001), dont la Mongolie est observateur depuis 2004 ; et l'Union eurasienne, proposée par le président kazakh en 1994, et prévue d'ici à 2015, selon l'accord entre Biélorussie, Kazakhstan et Russie du 18 novembre 2011.

L'Union eurasienne est une démarche politique et économique intégrée. Ses membres comprennent des États postsoviétiques (Bélarus, Kazakhstan, Kirghizstan, Russie). Les chercheurs la considèrent comme intégration régionale de « tradition soviétique de l'Union ».

Comme la proximité géographique, linguistique et culturelle et un niveau similaire d'éducation et de science sont des facteurs importants d'un mécanisme de coopération régionale, les ex-républiques soviétiques (Russie, Kazakhstan) jouent un rôle prépondérant dans la Communauté économique eurasienne (siège social situé à Moscou et Astana).

La Mongolie, pays indépendant jamais inclus dans l'URSS, n'a initié aucune proposition pour adhérer à l'union eurasienne bien que des propositions lui aient été faites. Les exigences de l'adhésion à l'organisation définiront le fait que la Mongolie la rejoigne ou pas. Selon le « nouveau concept de politique étrangère de la Mongolie » adopté en 2011, « la politique étrangère de la Mongolie et ses orientations et objectifs prioritaires, exigent des approches flexibles, accordant une attention particulière au développement des relations internationales et aux situations politiques régionales et mondiales »[2].

1 Concept of Mongolia's foreign policy, 2011, Oulan Bator, article-21.4.

2 Concept of Mongolia's foreign policy, 2011, Oulan Bator, article 8.

Tout en donnant la priorité à l'intégration économique, la Mongolie prend en considération l'évaluation politique, les normes, les mesures du développement démocratique.

La Mongolie est intéressée par une intégration économique régionale entre pays au système économique et niveau de développement semblables, qui désirent rejoindre le marché mondial. La région est riche en matières premières et ressources minérales et un mécanisme économique, mutuellement bénéfique et équitable est une priorité, étant donnée l'augmentation de la demande mondiale pour les ressources naturelles et les minéraux.

L'économie mongole se développe rapidement sur la base de l'industrie minière. Ces dernières années, la demande chinoise pour les ressources naturelles a eu des répercussions mitigées sur le développement mongol : ces ressources sont exportées en Chine de manière non transformée et l'environnement naturel de la Mongolie a été détruit.

La mine « Oyu Tolgoi », un des plus grands gisements de cuivre et d'or du monde, exploitée par les sociétés *Turquoise Hill Resources* et *Rio Tinto*, doit passer dans cinquante ans à une production excédant 80 milliards de livres de cuivre et 45 millions d'onces d'or. *Rio Tinto* pourrait atteindre 450 000 tonnes par an, se positionnant comme l'un des trois premiers producteurs au monde, projet dans lequel le gouvernement mongol possède 34 %, soit environ un tiers du PIB de la Mongolie (2020). Les mines « Ivanhoe » ont atteint leur pleine production commerciale depuis fin 2013.

La prochaine décennie verra la production de cuivre multipliée par deux, celle de fer par trois, celle de charbon par six, celle de l'or par dix et celle de pétrole par treize[3].

Les pays eurasiatiques coopèrent avec la Chine pour les ressources naturelles (champs pétroliers, gaziers, etc.) mais manquent d'une politique commune bénéfique et d'un environnement juridique clair dans la région. L'Union eurasienne a le potentiel de stimuler la coopération régionale entre pays en développement rapide, comme la Chine et d'autres d'Asie, et de créer un mécanisme de progrès commun aux économies des pays d'Eurasie. La réélection de V. Poutine en 2012 pour six ans laisse penser que ses politiques (communauté économique eurasienne, union douanière, espace économique commun – EEC) vont progresser.

L'implication mongole dans l'élargissement de l'EEC est nécessaire. La localisation du pays crée une demande de participation au commerce et à l'industrie des pays de la région eurasienne. Il faut pourtant optimiser le mécanisme de coopération économique de cette région émergente,

[3] Udriin shuudan./newspaper/ 12 mars 2012, Oulan Bator, n° 052/689/, p. 6.

élever les principes de coopération à un nouveau niveau, améliorer le pouvoir intergouvernemental, renforcer la lutte contre la corruption dans le cadre de l'État de droit, bref mettre en place une juridiction sur des normes internationales, par exemple de l'UE.

II. Coopération avec l'Europe

La communauté économique eurasienne doit tirer les leçons de l'UE et fonctionner selon les capacités de l'économie régionale, mener des projets à long terme, abrités des situations et différences politiques, culturelles et religieuses. Un mécanisme juridictionnel uni doit protéger les avantages et intérêts commerciaux de chaque pays de la région.

Par un espace économique commun, la région vise à améliorer les relations avec l'UE tout en respectant les marchés européens et les normes communes. Cela répond aux intérêts de la Mongolie, dont la politique extérieure de « troisième voisin » entend élargir et approfondir les relations et la coopération avec l'UE[4].

L'UE coopère avec la Mongolie à partir de ses aides au développement : en 2007-2016, plus 14 millions € pour le développement rural mongol et l'élevage. Elles ont signé un « protocole conjoint » (novembre 2010) pour investir 8 millions € dans l'adaptation des euro-normes en Mongolie (2011-2013), après 15 millions € en aides irrévocables (2011-2013). Le Parlement mongol a adopté un « document de stratégie par pays » pour 2007-2013, acte principal de l'aide financière reçue par le pays, en plus de l'accord sur le partenariat et la coopération bilatérale entre Mongolie et UE (décembre 2010).

L'importance des relations avec l'UE s'est accrue. Les collaborations commerciales et économiques, établies en 1993, ont été prolongées en décembre 2010 à Oulan-Bator vers les secteurs nature, environnement, éducation, science, statistiques et standardisation.

Les réunions politiques et diplomatiques de haut niveau, les sous-comités, les conférences et discussions avec les membres de l'UE sont habituelles. La Mongolie a pour priorité d'approfondir le dialogue politique et d'élargir les relations et la coopération avec les pays influents de l'UE : Allemagne, Royaume-Uni, France. À preuve la visite d'A. Merkel en Mongolie et celle du Président du Parlement mongol, D. Demberel, en France en 2011.

Le détail des relations avec des pays européens éclairent cette dynamique intense.

---

4 Le Livre Bleu de la politique extérieure de la Mongolie 2007-2011, ministère des Affaires étrangères de la Mongolie, 2011, Oulan Bator, p. 19.

Avec l'Allemagne, le partenariat se renforce d'année en année. Les deux pays se sont entendus sur plusieurs questions, y compris la politique, la défense, l'économie et les politiques de développement. Leur coopération dans les secteurs de l'agriculture, l'alimentation et l'industrie légère, l'éducation, la culture, le tourisme, l'exploitation minière et l'environnement naturel se développe intensivement. Le gouvernement allemand a accordé à la Mongolie des prêts légers et des aides irrévocables s'élevant à 27 millions € en 2010-2011.

Avec la France, la Mongolie fête le 50e anniversaire de leurs relations diplomatiques (2015). Le premier ministre mongol, à Paris en 2009, a approfondi le développement des relations bilatérales. La même année, les liens parlementaires entre les deux pays ont été intensifiés, et les pays ont échangé leurs fonctionnaires et partagé leurs expériences. Les pays ont établi en 2010 un accord intergouvernemental de coopération dans l'énergie nucléaire[5].

Avec le Royaume-Uni, les relations se développent dans les secteurs de la politique, la culture, l'humanitaire. En 2009, le forum sur l'investissement mongol-européen s'est tenu à Londres. Le premier document de coopération bilatérale entre la Mongolie et le *London Stock Exchanges* est signé en 2010 : il joue un rôle important dans le soutien au secteur minier et à la bourse mongole, introduit les entreprises mongoles au marché mondial. Le ministère mongol de l'éducation, culture et sciences a signé un « contrat commun » pour établir une coopération avec le centre international d'examens de Cambridge : la transformation de l'enseignement secondaire mongol vers le système éducatif de Cambridge est en cours. Banques, institutions financières et hommes d'affaires britanniques participent aux plus grands projets miniers mongols. En 2010, la Grande-Bretagne (avec Rio Tinto) a rejoint le projet « Oyu Tolgoi » pour une période de 40 à 50 ans. 121 entreprises d'investissement britanniques sont en Mongolie, pour un total de 51,3 millions $ au total (700 000 $ en 2010).

Avec le reste de l'Europe aussi, la Mongolie a multiplié ses relations (Autriche, Italie, Portugal, Espagne, Suisse, Irlande, Islande, Benelux, pays nordiques, Suède, Tchéquie, Slovaquie, Pologne, Hongrie, Bulgarie, Roumanie, Serbie), comme avec la CEI (Kazakhstan, Kirghizstan, Tadjikistan, Ouzbékistan, Ukraine, Géorgie) par des visites de haut niveau une active coopération. Ce développement intense des relations de la Mongolie avec l'Europe et l'Eurasie indique un état politique, économique, législatif favorable à une entrée dans l'EEE.

---

[5] D. Tsahilgaan, « Reforms of foreign relations in Mongolia 1990-2010 », Oulan Bator, 2011, p. 78.

III. Avancées récentes avec la Russie et la Chine

La Russie a signé avec l'UE en 2003 un accord pour un « espace économique commun », ce qui sert les intérêts de la Mongolie pour qui l'implication dans la coopération économique eurasienne ouvre un nouvel espace d'affaires et favorise les infrastructures de transport dans la région. L'Union douanière dans la même région (Russie, Kazakhstan, Biélorussie) depuis 2011 offre déjà une zone intégrée propice aux échanges et affaires dans toute la région.

Il faut un visa aux Mongols pour la Russie, souvent face à la bureaucratie. Il y a trop peu d'échanges frontaliers et régionaux. Mais l'entrée en Chine est libre pour un séjour d'un mois. Les services douaniers chinois, moins bureaucratiques, permettent de meilleures conditions pour le commerce bilatéral. Pour la bureaucratie, dans la région de l'Eurasie : « [l]'union douanière et la politique économique européenne offrent une structure *supra* gouvernementale. Celle-ci comprend [...] l'élimination des procédures bureaucratiques et souligne les intérêts fondamentaux des citoyens. [L]e rôle de la Commission de l'Union douanière, qui exerce [...] des pouvoirs importants, devrait être augmenté »[6].

Ce discours est une action contre la bureaucratie. L'amélioration des douanes et des frontières, la création d'un système unifié de douane est une question cruciale sur les frontières russe et mongole mais également un problème commun dans la région de l'Eurasie.

En conclusion, l'intégration entre la Communauté économique eurasienne et l'UE est née de la mondialisation. Cette intégration va progresser avec les régions Asie et Pacifique. Comme la Mongolie est située entre ces deux régions en expansion et n'a aucun désaccord de politique étrangère et régionale, elle offre une neutralité de coopération entre l'Europe et l'Asie.

La proximité économique entre Mongolie et pays d'Eurasie – traitement des matières premières et ressources minières – permet de développer des industries capables de traiter ces ressources par la haute technologie pour attirer les investissements, créer de nouveaux emplois et développer des secteurs industriels de pointe. Oulan Bator est alors face à un défi crucial non seulement pour le pays mais aussi dans la région et le monde. Elle contribue au développement global avec l'Union européenne, les États-Unis, la Chine, l'Asie-Pacifique.

Enfin, les intérêts de relations étrangères des pays eurasiens jouent un rôle. Si certains sont intéressés à rejoindre l'UE, d'autres préfèrent les relations avec les pays musulmans. En attendant, certains, comme la

---

6 V. Putin, « New integration project for Eurasia – Future emerges today » (in Rusian), *Izvestia*, 3 octobre 2011, <http://www.izvestia.ru/news/502761>.

Mongolie, s'intéressent à la coopération avec les pays d'Asie du Nord-Est. Les Mongols doivent réaliser que la géographie économique incite les pays de la région eurasienne à coopérer les uns avec les autres.

La Mongolie a un rôle direct à jouer pour faire accueillir sa contribution au développement mondial. Elle doit dépasser la coopération pour atteindre le développement et s'inscrire dans les besoins des pays d'Eurasie, développer la coopération économique dans la région et les relations économiques avec d'autres régions. Sa participation à l'espace économique eurasien peut lui donner la possibilité de se libérer de l'enclavement, bref de devenir un « lien » entre l'Europe et l'Asie.

Neutralité de l'action humanitaire et relativisme culturel interrégional

Philippe Lagrange

Université de Poitiers, France

L'action humanitaire est-elle un enjeu de concurrence interrégionale, notamment dans les relations Europe-Asie ? La question peut surprendre ; elle est pourtant régulièrement posée.

Les organisations non gouvernementales (ONG) à vocation humanitaire sont présentes dans toutes les régions du monde, dès lors qu'un sous-développement endémique, un conflit armé, une catastrophe naturelle justifient leur présence. Le phénomène humanitaire ne se ramène pas à des acteurs homogènes. Les situations sont diverses. Entre ONG médicales, celles aidant au développement économique, celles spécialisées dans la reconstruction, une multitude d'activités est couverte par les organisations caritatives. Les ONG humanitaires, nébuleuse diversifiée, développent, autour de leurs principes et modes d'intervention, un discours homogène. Initiatives privées, non gouvernementales, donc théoriquement indépendantes des États, elles n'ont pas d'objectifs lucratifs, ce qui ne leur interdit pas de faire de l'argent. Il existe un marché de l'humanitaire, donc une concurrence entre ces ONG.

La concurrence qui nous intéresse ici[1] touche à l'influence politique et culturelle. Le phénomène ONG se mondialise. Longtemps presque seules à s'occuper des misères du monde, les ONG occidentales sont concurrencées par celles issues de pays émergents et revendiquant d'autres valeurs. Or le rôle d'ONG affichant une orientation religieuse fait débat : certaines avanceraient masquées, mêlant prosélytisme aux secours ou actions de développement. D'autres, non confessionnelles, cautionneraient les politiques et valeurs de certains États. Toutes, animées par une intention charitable, véhiculeraient inévitablement des conceptions philosophiques, morales, politiques, bref une culture,

---

1 Cf. Philippe Ryfman (2009), *Les ONG*, Paris, La découverte. Et Iegor Gran (2004), *O.N.G. !*, Paris, Folio.

pouvant entrer en conflit et porter préjudice à celles des individus qu'elles chercheraient à aider.

Ce débat est plus ancien que les ONG contemporaines. On a reproché aux organismes évangéliques, inventés par les pouvoirs coloniaux, d'avoir assisté les troupes coloniales. Les ONG chrétiennes sont encore souvent accusées de néocolonialisme et de soutien indirect mais actif aux politiques des institutions internationales sous la coupe de puissances occidentales ; et les organisations islamiques de mêler activités de secours et aide à la lutte armée.

Peut-on parler d'une concurrence interrégionale caritative ? Des particularismes culturels la justifient-ils ? Faut-il nier ces particularismes ou les intégrer ? Privilégier l'approche relativiste ou universaliste ? Sans occulter le prime objectif de l'humanitaire : soulager les souffrances de victimes, améliorer le sort de populations à la survie menacée ?

Certains particularismes culturels ne peuvent être occultés. Les acteurs humanitaires doivent les intégrer, sauf à être exclus de régions où les ONG traditionnelles entrent en concurrence avec de nouvelles ONG (I). L'approche relativiste n'oblige pas les travailleurs humanitaires à renier les valeurs qui les animent et une solution tient au respect des principes fondamentaux de l'action humanitaire : neutralité, mais aussi impartialité et ... humanité (II).

I. De la neutralité dans l'action humanitaire

Nombre d'acteurs humanitaires oublient que leur existence et travail doivent beaucoup à un homme, Henry Dunant, et à une organisation conçue selon ses réflexions, la Croix-Rouge, la première à incarner les principes d'humanité, définis par les États, qui permettent aux organisations non gouvernementales d'exercer leurs activités sur leurs sols. Droit international humanitaire et Croix-Rouge sont nés ensemble, demeurent indissociables, même si d'autres acteurs sont venus assister cette dernière dans ses missions (1). C'est en remettant en cause les principes définis par la Croix-Rouge que ces nouveaux acteurs contribuent à affirmer le caractère traditionnel de l'action humanitaire qu'elle continue de privilégier (2).

1. La neutralité au sens de la Croix-Rouge

Toute l'action de la Croix-Rouge est guidée par le principe de neutralité. Ainsi, blessés, malades, personnel sanitaire et la Croix-Rouge aussi sont neutres. Conçu pour justifier des interventions dans un contexte de guerre à une époque où l'assistance humanitaire risquait d'être interprétée comme favorisant une partie au détriment d'une autre, ce principe génère aujourd'hui un certain nombre de dilemmes.

Le terme « neutralité » recouvre plusieurs acceptions et peut susciter la confusion. Le mot « neutre » vient d'un terme latin signifiant « ni l'un ni l'autre ». La neutralité est alors une notion surtout négative (est neutre celui qui ne prend pas parti dans un conflit) et suppose deux éléments : l'existence de personnes ou collectivités s'opposant les unes aux autres ; et une attitude d'abstention de la part d'un tiers.

Cette abstention se manifeste d'abord par une stricte neutralité militaire. Il s'agit pour la Croix-Rouge ne pas prendre part aux hostilités et de ne jamais laisser supposer qu'elle va le faire ou qu'elle a pu le faire ; de faire en sorte qu'aucune de ses actions ne puisse être interprétée comme une participation directe ou indirecte aux hostilités. Il lui faut renoncer à se livrer à des actes pouvant avantager ou désavantager l'une des parties.

Cette abstention s'exprime ensuite par une stricte neutralité idéologique. « Afin de garder la confiance de tous, la Croix-Rouge s'abstient de prendre part aux hostilités et, en tout temps, aux controverses d'ordre politique, racial, religieux ou philosophique »[2]. Elle doit éviter de se politiser, s'engager dans un débat d'idées, refuser toute autre idéologie que la sienne et garder une réserve entière dans les différentes controverses. Apolitique et aconfessionnelle, elle se distingue d'autres organisations nationales ou internationales. Cet apolitisme lui permet d'accomplir des actions que d'autres ne pourraient pas mener. Le mobile de ce principe est de sauvegarder la confiance des gouvernements et États, condition la plus importante pour pouvoir accomplir sa mission en cas de conflit.

Cette conception de la neutralité a deux conséquences. La Croix-Rouge considère d'abord que sa neutralité ne lui permet pas de s'ingérer dans les affaires intérieures d'un État. Cela signifie – c'est fondamental – qu'elle n'intervient qu'avec l'accord de l'État et dans le respect de sa souveraineté. La Croix-Rouge considère ensuite que sa neutralité lui interdit de divulguer ce qu'elle constate à d'autres institutions que les autorités de l'État responsable, même lorsque ce qu'elle découvre s'analyse en de graves violations du droit international humanitaire ou des droits de l'homme : elle « ne voit rien, n'entend rien, ne dit rien ».

Cette vision du principe de neutralité, souvent difficile à mettre en pratique, suscite des critiques. On reproche au Comité international de la Croix-Rouge (CICR) un goût du secret, des silences coupables pouvant le rendre complice ou correspondre à une incapacité d'agir, comme en situation, paradoxale, de renforcer ceux qui attaquent ou d'accorder, par sa présence, une certaine respectabilité à un mouvement en quête de

---

2 Principes fondamentaux de la Croix-Rouge proclamés lors de la XXe Conférence internationale de la Croix-rouge (Vienne 1965). Principe n° 3.

légitimité. On a pu aussi se demander comment la Croix-Rouge pouvait rester neutre face à de graves violations du droit international humanitaire. Son absence de prise de position publique a été souvent critiquée[3].

Pour la Croix-Rouge, ce principe de neutralité évoque des effets particuliers. La logique de la neutralité tient en un seul mot : efficacité. L'impératif d'action dicté par H. Dunant en 1863 – évacuations des militaires blessés avec le personnel qui s'en occupe – devait être couvert par une neutralité absolue, pour permettre l'efficacité des secours. Ces effets sont encore incontestables. La Croix-Rouge jouit d'une réelle légitimité et intervient sur des théâtres de crises où d'autres ONG ne sont pas acceptées. Son personnel et ses locaux sont mieux protégés que ceux des autres organismes et la dernière ONG à partir d'un lieu de crise est la Croix-Rouge, comme l'ont récemment prouvé les événements au Sri Lanka. Nombre de ceux qui avaient remis en question cette logique de neutralité reconsidèrent leur position[4].

2. *ONG contemporaines et rejet du principe de neutralité*

Cette logique propre à la Croix-Rouge fut remise en cause lors de la sécession du Biafra au Nigeria (1967). Adoptant une neutralité en accord avec ses principes, elle fut accusée d'immobilisme. En réaction, une quarantaine d'Églises chrétiennes mirent sur pied la *Joint Church Aid*, organisation qui rendit possibles des envois directs aux victimes du conflit (sans attendre un accord entre belligérants négocié par la CR), au mépris du droit international humanitaire et de la souveraineté du Nigeria. Dans la foulée, constatant que l'aide pouvait renforcer une partie au détriment de l'autre, servir de prétexte à des déplacements de population et ne pas toujours parvenir aux vraies victimes, qu'elle était souvent détournée de ses objectifs humanitaires, des organismes ont rompu avec le principe de neutralité (comme *Médecins sans frontières*) et recouru à la dénonciation et à l'information, à des interventions clandestines et à un rapprochement des initiatives privées et publiques.

Dans cette brèche se sont engouffrées certaines ONG islamiques. Si la neutralité n'est plus le principe cardinal de l'action humanitaire, pourquoi ne pas développer une action humanitaire spécifiquement adaptée au monde musulman, à sa culture, opposable à l'action humanitaire traditionnelle, fortement marquée par les valeurs occidentales ?

---

[3] Pour n'avoir pas dénoncé les camps nazis de la Seconde Guerre mondiale. Cf. J.-Cl. Favez, *Une mission impossible ? Le CICR, les déportations et les camps de concentration nazis*, Payot, Lausanne, 1988. Les pressions pour que le CICR rompe la tradition de confidentialité et dénonce publiquement les violations du droit international humanitaire ont resurgi : traitements de détenus irakiens – prison d'Abou Ghraib – par des geôliers américains.

[4] Voir par exemple l'évolution opérée par un praticien comme Rony Brauman.

Même si l'intervention apparaît désintéressée, elle ne saurait demeurer neutre. L'*action* humanitaire se traduit par la rencontre entre un droit humanitaire de portée universelle, une action humanitaire fondée sur des principes universels, et des particularismes culturels. Ses *acteurs* apportent leur propre culture, leurs valeurs, leurs croyances religieuses, leur idéologie politique et influencent plus ou moins les victimes qu'ils viennent sauver.

Le travailleur humanitaire porte au moins trois identités qui interrogent les individus qu'il vient assister[5]. Acteur de l'humanitaire, son éthique implique normalement le respect d'un certain nombre de principes : impartialité, solidarité, humanité. Travailleur humanitaire, il appartient à une institution qui possède sa propre éthique, qu'il doit respecter. Personne individuelle, il a son identité nationale, ses convictions morales, sa perception personnelle de la justice et du religieux, ses propres valeurs, sa culture qui concurrence celle de ses hôtes.

Tout cela se produit dans un monde où nombre de collectivités humaines se sentent menacées dans leur identité, langue, traditions, religion, et voient dans la mondialisation une culture occidentale « dominante ».

II. De la nécessité d'intégrer les particularismes culturels : relativisme *vs* universalisme

Une polémique existe : toutes les civilisations ne se [vaudraient] pas[6] ; certaines seraient supérieures. Le débat a opposé et oppose les thèses de Lévi-Strauss à celles de Castoriadis. Les particularismes culturels interfèrent-ils avec l'action humanitaire et génèrent-ils une concurrence interrégionale ?

Le CICR demeure une exception dans le paysage humanitaire : il intervient dans les conflits armés avec un mandat très spécifique : assister les personnes qui ne combattent pas ou plus et surtout les victimes de ces conflits. Les autres ONG caritatives interviennent en toutes circonstances auprès de populations au nom de valeurs (droit de vivre, manger à sa faim, à l'eau potable, la santé, l'égalité des sexes, l'éducation, le développement, la démocrati, etc.), qui représentent leur vision d'une société juste mais s'avèrent davantage occidentales qu'universelles, reflétant une culture et pouvant entrer en contradiction avec d'autres.

Il faut donc parler de relativisme culturel. Or, au plan humanitaire, l'existence même d'un relativisme culturel génère deux réactions. Une

---

[5] Voir Marion Harroff-Tavell, « La diversité culturelle et ses défis pour l'acteur humanitaire », *Cultures & Conflits*, n° 60 (2005), pp. 67-68.

[6] Déclaration de Claude Guéant, Ministre de l'Intérieur, France Inter, 5 février 2012.

forme de repli, communautarisme, avec l'émergence de sociétés caritatives confessionnelles intégrant et revendiquant les différences culturelles, par exemple l'humanitarisme islamique, forme de concurrence interrégionale (1). Une forme d'adaptation de la part d'ONG occidentales de leurs pratiques, acceptant de remettre en cause leurs propres valeurs par efficacité, sans que cette option n'occulte les nombreux débats opposant tenants de l'universalisme et partisans du relativisme culturel (2).

1. De la radicalisation de certaines ONG

Ce phénomène touche à la fois des organisations islamiques et chrétiennes.

Les agences d'aide islamiques se multiplient dans les années 1980. Elles partagent des points communs trouvant leurs origines et justifications dans la religion. On en verra cinq.

Le premier : l'usage de la « *zakat* », la dîme islamique, pour chercher des fonds. La plupart des agences vivant de cette dîme considèrent alors que seuls les musulmans sont en droit de bénéficier de cet argent issu du monde musulman, donc de l'aide. Cette vision n'est plus unanime et des agences comme *Islamic Relief* ou *Muslim Aid*, considèrent que les premiers bénéficiaires doivent être ceux qui ont le plus besoin. Cette politique leur a permis d'obtenir des fonds publics du gouvernement britannique, de l'Union européenne, et collaborer de manière collégiale avec les principales agences britanniques (non islamiques).

Le deuxième : toutes les associations caritatives islamiques disposent, pour « logo », de motifs religieux caractéristiques (minarets, croissants, gerbes de blé), symboles permettant de s'identidier aisément auprès des populations et se démarquer des autres ONG concurrentes.

Le troisième : le choix des bénéficiaires. Presque toutes les associations caritatives mènent des projets d'abord en faveur des orphelins et des réfugiés et personnes déplacées, considérant que la majorité des réfugiés dans le monde sont des musulmans. Nombre d'entre elles, sans le dire officiellement, concentrent leur action envers les seuls pays musulmans ou populations musulmanes des pays non musulmans. Quand elles aident des populations non musulmanes, derrière cette charité, se trouve souvent une forme de prosélytisme.

Le quatrième : les associations caritatives islamiques développent leurs activités caritatives en fonction du calendrier et du cycle de vie religieux[7].

[7] Voir Jonathan Benthall, « L'humanitarisme islamique », *Cultures & Conflits*, n° 60 (2005), pp. 100-102. « Le [...] Ramadan est [...] le moment principal de l'année pour [...] la recherche de fonds – comparable à [...] Noël dans les communautés chrétiennes – et l'occasion d'offrir une alimentation particulière aux nécessiteux.

Le cinquième : une approche assez conservatrice des rapports entre hommes et femmes. C'est là où les tensions sont les plus fortes et qu'une forme de concurrence s'instaure, ainsi de services de soins médicaux séparés, de formations offertes aux femmes pour qu'elles puissent travailler en dehors de leur foyer.

Les associations caritatives islamiques ont fait un progrès, offrent plus de transparence sur leurs activités, réduisent voire abandonnent le prosélytisme et intègrent le principe de non-discrimination. Ces caractéristiques et la pratique internationale situent alors ces organisations en concurrence avec les autres ONG, selon un particularisme culturel assumé et revendiqué. Une doctrine de proximité culturelle ou d'aide communautaire est en train de se développer dans certaines parties du monde musulman[8].

Un humanisme chrétien s'est renforcé en réaction à un humanitarisme islamique. Il emprunte d'autres chemins. Même les ONG confessionnelles chrétiennes rigoristes ne donnent pas la priorité aux actions envers les chrétiens. Le relativisme culturel a conduit la plupart des ONG occidentales à adapter leurs pratiques et accepter une remise en cause de leurs valeurs par efficacité, sans que cette option ait entièrement occulté les débats entre les tenants de l'universalisme et les partisans du relativisme culturel.

Les acteurs humanitaires occidentaux, dans un conflit armé ou catastrophe naturelle, considèrent que, s'ils véhiculent une culture propre, ils doivent s'imprégner de l'identité culturelle des populations qu'ils assistent pour être efficaces. Comprendre la culture de la « victime » dans un projet de développement ou à l'occasion d'une mission de secours permet d'éviter de transgresser des interdits et mieux répondre aux besoins[9]. Les facteurs culturels influent la façon dont les gens vivent

---

Id al-Kabir, principale fête sacrificielle célébrée à la fin de l'*Hajj*, est l'occasion d'abattre des moutons ou d'autres animaux et de distribuer une partie de la viande aux pauvres. Certaines associations caritatives du monde arabe importent à cet effet des moutons vivants d'Australie. Le Secours Islamique fournit de la viande de mouton en boîte [...] aux pays musulmans, les animaux [...] sacrifiés en Nouvelle-Zélande selon les règles islamiques (halal). Certaines associations caritatives du Moyen-Orient et d'Afrique du Nord subventionnent des cérémonies de circoncision [...] Les enfants sont également envoyés en *umra* (pèlerinage moins important que le *Hajj*) à la Mecque en récompense de [...] travail scolaire. Plusieurs associations caritatives islamiques soutiennent des écoles, y compris les madrasas traditionnelles attachées aux mosquées [...] On privilégie aussi souvent une aide financière au mariage des jeunes hommes : dans une partie du monde arabe, des jeunes femmes célibataires nombreuses sont souvent considérées comme une malédiction sociale ». *Ibid.*, p. 101.

8 Voir Jonathan Benthall, *op. cit.*, p. 105.

9 Voir M. Harroff-Tavell, « La diversité culturelle et ses défis pour l'acteur humanitaire », *op. cit.*, p. 66.

la situation. Les ignorer limite ou condamne la portée et l'efficacité de la réponse.

Chez les nomades de la Corne de l'Afrique, s'il y a de l'eau, le bétail boit en premier, avant les hommes : il est le garant de la survie commun. S'il meurt, les hommes mourront. De même, bâtir un puits au centre d'un village est rationnel dans une logique occidentale : éviter aux femmes du village des centaines de mètres avec une lourde charge. C'est oublier la tutelle des hommes, si forte dans certaines cultures que le seul moment de liberté des femmes est cette corvée d'aller chercher l'eau à grande distance du village, etc.

2. De la nécessité de ne pas se renier : pour un retour aux bases de l'humanitaire – neutralité, impartialité, humanité

Si l'acteur humanitaire doit intégrer les différences culturelles, doit-il y céder ? N'y a-t-il pas des limites au respect des particularismes culturels ?

Si la culture mène à exclure une population des soins au motif de son appartenance ethnique, sa prétendue infériorité selon des considérations historiques, c'est un manquement à l'éthique de base. Si elle se traduit par des mutilations génitales pour assurer une domination masculine sans considération de santé publique, cela mobilise d'évidentes considérations éthiques. Les exemples abondent tant les traditions culturelles peuvent être critiquées et remises en cause. La réponse ne saurait être donnée qu'au cas par cas.

Une solution à ces contradictions difficiles entre acceptation du relativisme culturel et éthique de l'action humanitaire consiste à revenir aux « fondamentaux ». L'action humanitaire moderne, malgré la nécessité et l'obligation de s'adapter aux nouveaux contextes doit réaffirmer son identité en interrogeant ses principes « basiques ». Ces principes, quels sont-ils ?

Bien sûr la neutralité et l'impartialité. Au sens des principes de la Croix-Rouge, si la neutralité impose de s'abstenir des controverses d'ordre politique, racial, religieux ou philosophique, l'impartialité impose de ne faire aucune distinction de nationalité, race, religion, condition sociale ou appartenance politique parmi les individus à secourir : ne s'appliquer qu'à les secourir selon leurs souffrances, en priorité aux détresses les plus urgentes[10].

Ces deux principes résolvent nombre de contradictions de la perception des personnes à secourir sans la moindre discrimination, peu importe que les éléments discriminants tiennent au secouriste ou à la victime, à l'être même du secouriste, à ce qu'il représente, à ce qu'il est,

---

[10] Principes fondamentaux de la Croix-rouge proclamés lors de la XXe Conférence internationale de la Croix-rouge (Vienne 1965). Principe n° 2.

comme à celui de la victime. Le respect de deux principes devrait mettre fin à la concurrence entre divers organismes caritatifs mais ne résout pas la contradiction qui nous occupe *in fine*.

Il s'agit du principe d'humanité. Selon les principes de la Croix-Rouge, ce principe implique pour l'organisation de s'efforcer de prévenir et alléger en toutes circonstances les souffrances, protéger la vie et la santé et faire respecter la personne humaine, favoriser la compréhension mutuelle, l'amitié, la coopération et une paix durable entre les peuples. Il implique de faire primer en toutes circonstances la vie, la dignité, l'intégrité de la personne.

Face aux particularismes culturels, ce principe doit être interprété de manière large, au-delà de l'impératif de sauver des vies : permettre de restaurer une liberté de choix. L'homme ne cherche pas seulement à survivre, mais à mener sa vie dans la dignité. L'assistance ne se limite pas au geste qui sauve mais vise plus largement à restaurer les conditions de liberté minimales pour restituer une capacité de choix aux victimes[11]. Cette capacité passe par la concurrence mais surtout par le dialogue interculturel. Il ne s'agit pas pour l'acteur humanitaire d'imposer ses valeurs mais de les faire reconnaître, faire admettre leur légitimité à ceux qu'il vient assister, bref de les amener sur le chemin de la tolérance…

En conclusion, la concurrence existe aussi hors du simple respect de la souveraineté (cf. *supra* Pushkina & Zincavage ; Altantsetseg), du commerce et de l'économie. Elle apparaît au niveau des valeurs, cultures et civilisations, bref dans les dynamiques humaines. L'Europe et l'Asie comme régions, sont des prismes trop étroits pour ces questions touchant aux grandes civilisations, leurs particularismes autres que religieux même si la concurrence entre organismes humanitaires semble opposer organisations chrétiennes et islamiques, qui peinent toutes à respecter le principe de départ : la neutralité. On voit bien que si le respect de l'humanité l'emporte sur toutes autres formes de différences, c'est une solution au problème de la concurrence nuisant à l'efficacité de l'action d'humanitaire mais ce n'est pas une solution qui instaure un calme inter-modèle humanitaire.

[11] Sur ce point, voir Jérôme Larché, « Éthique et principes fondamentaux de l'action humanitaire », <http://cassandria.wordpress.com/2010/08/03/ethique-et-principes-fondamentaux-de-l'action-humanitaire,dfvd> consulté le 09 février 2012.

L'influence culturelle des langues dans la dynamique régionale

Jean-Marc Delagneau

Université du Havre, France

Les concurrences interrégionales sont abordées au plan du linguiste, germaniste spécialisé en linguistique appliquée aux langues de spécialités, non du sociologue, sociolinguiste ou spécialiste de langues régionales. Une démarche pluridisciplinaire ample de « l'influence culturelle des langues dans la dynamique régionale » esquisse ici des réflexions. Délimiter les champs couverts par les notions d'influence culturelle des langues et de dynamique régionale (I) permet de présenter quelques exemples d'interférences linguistiques par l'étude des langues spécialisées allemandes de différents secteurs d'activité (II et III).

I. Peut-on parler d'influence culturelle des langues ?

Évoquer une « influence culturelle » semble redondant car les langues appartiennent aux cultures des peuples et véhiculent leur culture respective. Or F. Boas et E. Sapir, cités par J. Maillot dans l'article sur les rapports langue/culture, ont déterminé que les cultures et les langues ont souvent des distributions géographiques qui ne coïncident pas : « Plusieurs langues génétiquement non reliées peuvent être parlées à l'intérieur d'une aire culturelle homogène et une même langue peut être parlée par des groupes culturels différents » (J. Maillot, 1969 : 200).

Il n'y a pas de lien hiérarchique ou causalité entre langue et culture. L'hypothèse de Lévi-Strauss (1958 : 90-91) est que langue et culture sont des phénomènes concomitants, certaines corrélations étant décelables, entre certains aspects et niveaux. W. Labov (1976, 2010) a éclairé les variations de langue pour un même locuteur selon des critères sociaux liés à la situation du locuteur (sexe, âge, position sociale, niveau d'études) et à celle de la communication (écrit, oral, niveau de langue, nature des interlocuteurs).

Les influences culturelles d'une langue dépendent de ces variables et ne peuvent être appréhendées qu'en fonction de situations déterminées. En littérature, l'œuvre d'un écrivain-traducteur peut subir l'influence culturelle de l'œuvre et de la langue de l'écrivain étranger qu'il aura traduit. Deux poètes français et allemand, Y. Bonnefoy et P. Célan, traducteurs de Shakespeare, ont intégré l'influence de l'auteur traduit dans leur œuvre personnelle (Zach, 2011). Des signaux appréhendables au quotidien (publicités, etc.) sont les importations dans une langue de termes étrangers ou de structures syntaxiques d'une langue étrangère, ou des formes hybrides combinant par un mot composé un élément exogène et un élément indigène.

Ces phénomènes d'interférence sont vecteurs d'importation culturelle concomitante, surtout dans les comportements ou modes de vie évoqués implicitement ou explicitement par truchement du produit, ainsi dans le cas de la publicité. Les mêmes processus existent dans le discours spécialisé (Delagneau, 2010).

La didactique des langues associe les notions de langue *et* culture (« langue-culture ») pour une langue faisant l'objet d'un apprentissage[1]. Ce sens ne correspond pas à l'acception ancienne de « culture ». Tradition et préjugés maintiennent une hiérarchie entre disciplines intellectuelles et disciplines manuelles, d'où une inadéquation de « culture » dans le cadre des activités techniques. « Langue-culture » rend compte des différents usages de la langue en tant que vecteur concomitant d'un contenu culturel au sens large. À l'article « culture », le *Nouveau Petit Robert de la langue française* (2010 : 601) donne les définitions suivantes :

> 1. (v. 1550) Développement de certaines facultés de l'esprit par des exercices intellectuels appropriés. Par ext. Ensemble des connaissances acquises qui permettent de développer le sens critique, le goût, le jugement. → connaissance, éducation, formation, instruction,
>
> 2. savoir. « *La culture, c'est ce qui reste quand on a tout oublié* » (Herriot). *Une vaste, une solide culture* (→ cultivé). *Culture livresque.* → érudition. *Accès à la culture. Un esprit sans culture.*
>
> (Dans un domaine particulier). *Culture philosophique, littéraire, scientifique, artistique. Culture classique.* → humanités. *Culture générale*, dans les domaines considérés comme nécessaires à tous (en dehors des spécialités, des métiers).
>
> 3. Ensemble des aspects intellectuels propres à une civilisation, une nation. *La culture gréco-latine. Culture occidentale, orientale. La culture française. Échanges entre cultures différentes* (→ interculturel, transculturel ; multiculturel).
>
> 4. Didact. Ensemble des formes acquises de comportement, dans les sociétés humaines. → culturel (2°) ; culturalisme. *Nature et culture.* Cour. *Culture d'entreprise. Culture d'un gouvernement…*

[1] Concept créé par Robert Galisson (1991).

Si « culture scientifique » ou « culture d'entreprise » ont ouvert la notion de culture longtemps cantonnée aux arts, à l'histoire, la littérature et la philosophie, son sens restrictif[2] dure, surtout dans les structures ou médias dédiés à la culture. Certains ont ouvert leurs caméras, cimaises, colonnes ou micros à la culture scientifique ou technique mais sans aller plus loin dans leur démarche : les cultures y sont abordées du point de vue théorique, laissant peu de place aux aspects pratiques ou quotidiens. Le savoir livresque y domine encore.

Retenons du *Nouveau Petit Robert* les définitions 2 et 4 – ensemble des connaissances et ensemble des formes acquises de comportement dans les sociétés humaines – pour les activités humaines dont les langues spécialisées sont les vecteurs. L'interaction y est double : entre les définitions 2 et 4 au niveau de la culture ; entre la culture et la langue.

Certains secteurs offrent implicitement ce lien entre culture et langue. L'absence de pré-acquis culturels est un handicap, comme pour le Droit : le contenu culturel y est indissociable du contenu spécialisé : et le contenu spécialisé y est une manifestation de la culture. Au Canada, où s'imbriquent deux systèmes juridiques (droit civiliste ; *common law*) et deux langues (français ; anglais), Z. Guével (2007 : 82-84) confirme que les langues spécialisées dépassent le lexique : langues spécialisées et culture sont en interaction constante.

Le multiculturalisme ou coexistence de plusieurs cultures dans un même pays[3] résulte d'une interpénétration des cultures liée à la mobilité des personnes et à l'accroissement des échanges internationaux, qui impactent aussi les langues-cultures. Le multiculturalisme dans les États-nations est caractérisé par les brassages de populations par flux successifs d'immigration. Selon les États-nations et caractéristiques propres à chaque groupe d'immigrés d'après les origines ethniques et cultures (spécificités religieuses induisant des comportements sociaux très différents), le multiculturalisme *stricto sensu* demeure souvent limité : se créent des communautés au statut peu ou prou dérogatoire de la culture dominante.

L'intégration au pays d'accueil signifie adopter ses usages, structures sociales, langue-culture. Le maintien de la langue-culture d'origine et certains usages du cercle familial, communautaire, crée un groupe multiculturel : ses membres appartiennent à deux cultures.

---

2 Pour la notion de 'style', mêmes restrictions traditionnelles que pour 'culture', notion réservée aux seuls textes littéraires. Mais tout texte a du style, même le mode d'emploi d'une machine. Ce ne veut pas dire que leurs styles sont identiques, comme l'a démontré le germaniste P. Valentin (1994 : 338) dans son intervention au colloque « Qu'est-ce que le style ? » organisé par Georges Molinie et Pierre Cahne à la Sorbonne.

3 Dictionnaire *Le nouveau Petit Robert de la langue française* (2010 : 1654).

Hors de ces cercles, les transferts dans l'ensemble de la société d'accueil demeurent souvent un épiphénomène. Le plus perceptible se trouve dans l'enrichissement des habitudes culinaires autochtones avec intégration des termes étrangers empruntés sans pour autant adéquation avec les comportements ou objets qu'ils désignent. Le *rap* est un exemple d'expression multiculturelle, où la langue du pays de résidence reçoit le mélange de cultures où baignent les auteurs-compositeurs, brassage différent, plus complexe en Europe, que l'origine afro-américaine du genre (*rap* franco-africano-magrébin, *rap* germano-africano-turc).

II. Multilinguisme, plurilinguisme et dynamique régionale

L'usage simultané de plusieurs langues dans la même zone géographique est appelé multilinguisme ou plurilinguisme, souvent synonymes. Ils peuvent se différencier de la manière suivante : multilinguisme pour la présence *parallèle* de plusieurs langues dans un périmètre géographique ; plurilinguisme pour *l'usage* de plusieurs langues par les *mêmes locuteurs* (langues maternelle et étrangères ; langues régionale, nationale et étrangères).

Multilinguisme ou plurilinguisme sont soulignés : meilleure intégration, valorisation des minorités immigrées et leur langue-culture, compétences plurilingues dans le métier, intérêts économiques de la mondialisation, publicités pour des produits usant de mots ou phrases de la langue véhiculant un aspect culturel lié aux consommateurs du pays retenu[4], compétences linguistiques ouvrant à des spécificités culturelles d'un pays cible pour un voyage touristique, apprentissage d'une nouvelle langue-culture, souvent éloignée de la langue nationale. Ceci présente trois paradoxes.

Premier paradoxe : ce multilinguisme est réduit, par opportunisme économique, financier et opérationnel, à un bilinguisme de fait (langue nationale ; langue anglaise « *lingua franca* » : langue ayant subi une acculturation par son usage fonctionnel de communication internationale technique[5]). Or, même spécialisée, une langue est autant vecteur d'une communication scientifique/technique ciblée que support d'un patrimoine historique-matériel localisé géographiquement, transmis par le locuteur. Ces aspects essentiels pour la connaissance-compréhension du partenaire dans le contexte social de toute communication sont gommés par l'utilisation d'une langue tierce aseptisée, « acculturée » ou

---

[4] Cf. les publicités automobiles récentes à la télévision françaises (Renault) et allemandes (Opel, Volkswagen).

[5] Par commodité, nous utilisons le terme technique dans son acception la plus large applicable à tous les secteurs d'activité et non dans son emploi restrictif au domaine artisanal et industriel.

lingua franca. Le discours officiel voit un multilinguisme politiquement correct dans un monde globalisé respectant les langues-cultures des différentes communautés mais cédant la place à l'usage prépondérant – plus ou moins imposée – de la langue anglaise comme *lingua franca*, annulant *de facto* la diversité linguistique, dans l'apprentissage comme au niveau de l'usage.

Deuxième paradoxe : dans certaines régions[6], l'utilisation officielle d'une langue régionale substitue l'apprentissage de la langue nationale à celui d'une langue étrangère autre que l'anglais, qui demeure la seule langue étrangère. Pour C. Canut et A. Duchêne (2011 : 5-12), le rejet de l'hégémonie monolingue nationale au XXe siècle par des instances internationales (ONU, Conseil de l'Europe, UNESCO) a légitimé la défense de cultures et langues minoritaires. Des associations, des ONG, des partis, des syndicats ont obtenu le maintien, la réintroduction ou l'officialisation de langues régionales comme reconnaissance des langues minoritaires propres à certaines communautés.

Troisième paradoxe : le renforcement de nationalismes monolingues régionaux au nom du multilinguisme prôné par les instances internationales (chaque langue, séparée de sa voisine par une frontière, repose sur l'identité entre nation, peuple, langue donnée) alors que le vrai multilinguisme (reconnaissance officielle de l'altérité culturelle dans une même société) est destiné à faciliter l'intégration de minorités issues de l'immigration ou contextes historiques particuliers dans une nation multiculturelle. L'émergence de nouveaux États-nations après la décomposition de fédérations politiques constitue ici un bon exemple :

> À chacun sa langue : le cas de l'ex-Yougoslavie est exemplaire ... Alors que les nouveaux modes de gouvernance imposent une appréhension nouvelle des peuples et donc des langues, la légitimité de l'équation 'langue=nation=âme du peuple' s'impose comme critère de définitions des peuples... Instituer les différences, les nommer, construire des frontières : ces nouvelles catégories culturelles sont ... plus aisées à manipuler (Canut, Duchêne, 2011 : 7).

Ce « multilinguisme par juxtaposition » dans une ère géographique donnée est-il un élément de dynamique régionale ? Non, s'il contribue à exacerber des nationalismes et être *de facto* un obstacle à la communication entre populations, sauf à considérer les conflits potentiels, y compris armés, comme générateurs de dynamisme. Oui, s'il génère *a contrario* un plurilinguisme nécessité par contingence économique, l'imbrication de minorités relevant d'une communauté voisine et sédentarisées avant les nouvelles frontières, contribuant à la pacification de l'ère géographique

[6] Situation en Espagne (Catalogne), où le français est remplacé par l'anglais dans l'enseignement secondaire.

dans son ensemble et au développement économique concerté. Pour certains États issus de l'ex-Yougoslavie, la deuxième option souhaitée par les organismes internationaux et l'UE est encore loin, malgré le projet d'entrée dans l'UE et l'Eurozone.

Des États plurilingues comme la Belgique, siège de l'UE, ou la Suisse, non membre de l'UE, connaissent des luttes internes entre communautés dont les divisions linguistiques et culturelles sont les vecteurs (et servent de couverture à des enjeux économiques et sociaux). Dans les deux cas, une communauté linguistique ayant le pouvoir économique et financier (flamande en Belgique ; alémanique en Suisse) tente toujours de dominer les autres, surtout celle qui, par le nombre de locuteurs usant d'une autre langue – le français – est son rival.

En Belgique, cette rivalité peut menacer la pérennité des institutions d'État. Est-elle un aiguillon de la dynamique régionale ? Pour certains, le rapprochement des néerlandophones dans le Benelux et des francophones incluant la France hors Benelux permettrait de nouvelles entités régionales (Eurorégions), vecteurs d'un nouvel essor économique, culturel et social à échelle humaine et ancrage local. Pour d'autres, cette vision relève surtout d'un repli sur soi, nationaliste, de communautés en Belgique, sans vrai plan de développement pour l'avenir : l'appartenance de la Belgique à l'UE est le seul vecteur d'un dynamisme commun permettant d'affronter les enjeux de la globalisation.

En Suisse, la non-appartenance à l'UE permet des liens particuliers avec elle par des coopérations régionales ne menaçant pas l'existence de l'État helvétique. C'est moins la Suisse romande francophone (avec les départements et régions françaises voisines) que la Suisse alémanique qui (par le biais de langues régionales ou dialectes – le suisse-alémanique du canton de Bâle, le badois du pays de Bade au sud de l'Allemagne, l'alsacien en Alsace dans l'est de la France – et d'un patrimoine culturel commun) a pu créer un espace transfrontalier (Eurorégion), où problématiques de gouvernance régionale, infrastructures et collaborations dans de nombreux secteurs ont atteint un niveau rare dans la sphère géographique européenne.

En doit-on déduire que l'absence d'obstacles linguistiques interculturels facilite le développement d'une dynamique régionale ? que ces obstacles sont le frein de la véritable intégration des États-membres de l'UE dans une dynamique régionale à cette échelle face à la mondialisation ? Les difficultés dans l'Union pour des solutions communes à la crise financière et des perspectives de croissance semblent corroborer cette hypothèse.

Les divergences France-Allemagne (*eurobonds*) relèvent du domaine culturel et non linguistique *stricto sensu* mais si les discussions entre responsables se font en anglais, cette *lingua franca* acculturée par essence ne peut véhiculer le patrimoine culturel (histoire et vécu social) des deux peuples, qui influe sur les prises de décisions de leurs dirigeants.

Les langues ont une influence culturelle directe sur la dynamique régionale *en tant que vecteurs d'un patrimoine culturel* au sens large.

III. Les langues spécialisées : enjeux véritables du plurilinguisme européen et de la dynamique européenne

Multiculturalisme et plurilinguisme concernent les langues spécialisées à la marge. L'usage de la langue-culture majoritaire et historique d'un pays reste prépondérant dans presque tous les secteurs professionnels, même si elle intègre quelques mots étrangers. Il y a une juxtaposition des langues quand ces secteurs induisent la participation d'un large groupe d'agents issus de l'immigration ou mobilité circonstanciée : chantiers de travaux publics. L'origine des intervenants, leur niveau de formation et le degré de technicité des opérations créent cependant plusieurs cas de figure sur le lieu de travail[7] :

- emploi parallèle ou exclusif de la langue spécialisée du pays d'origine quand celle-ci existe pour le secteur concerné ;

- emploi parallèle ou exclusif d'un jargon semi-professionnel ou d'un dialecte intégrant des termes spécialisés importés de la langue du pays de résidence, quand la langue du pays d'origine ne possède pas, pour des raisons historiques, de dénominations propres ;

- emploi parallèle ou exclusif de la langue spécialisée du pays de résidence intégrant de fait des aspects culturels issus de la culture d'origine des locuteurs.

Les deux derniers confèrent un caractère multiculturel à la langue utilisée dans le contexte professionnel, sans qu'on puisse parler de langues spécialisées multiculturelles car la proportion des éléments exogènes intégrés demeure relativement limitée.

Avec de nouvelles entités géographiques, économiques et politiques (comme l'UE-28 États-membres), l'on est dans une autre dimension : pas de langue-culture, dominante et préexistante, portant la dénomination « européen », comme l'allemand, le français, l'anglais. L'Europe est par essence plurilingue et nécessite une politique linguistique cohérente[8].

---

7 Cf. les études sur le plurilinguisme sur les lieux de travail de Shinichi Kameyama et Bernd Meyer (2007).

8 http://www.observatoireplurilinguisme.eu/index.php?option=com_content&task=view&id=716&Itemid=88888944, note de l'Observatoire européen du plurilinguisme mise en ligne 05/05/2007, consultée le 02/04/2012.

La mobilité des personnes et les échanges relevant d'abord de secteurs académiques et économiques, les langues spécialisées de tous les États-membres devraient être (au niveau formation, recherche, travail) les vecteurs principaux d'un vrai plurilinguisme reposant sur le multilinguisme européen.

Si les langues spécialisées du pays d'origine étaient toutes employées par les locuteurs natifs parallèlement à la langue spécialisée locale, des univers multiculturels se créeraient naturellement sur les lieux de formation, recherche et travail, où régnerait un vrai plurilinguisme (pas seulement un multilinguisme) par juxtaposition de langues utilisées par des locuteurs distincts. Nos étudiants en Transport-Logistique utilisent ainsi, lors de leurs stages (entreprises allemandes, secteur maritime), l'allemand dans l'entreprise, l'anglais pour les incoterms, le français avec leurs partenaires des armements et chargeurs français.

Les pratiques, pourtant, se décomposent : utilisation croissante, là où activités et ressources humaines le permettent, d'une *lingua franca* à usage international : l'anglais ; ou utilisation de langues spécialisées mono-nationales pour les secteurs où l'utilisation de l'anglais est impossible (nature des activités, absence de compétence suffisante des acteurs dans la langue anglaise). Au niveau des cadres, on rencontre plus rarement, dans de grandes entreprises ou structures officielles, des contextes vraiment plurilingues où les locuteurs de différentes nationalités usent plusieurs langues spécialisées nationales, soit par des compétences linguistiques personnelles, soit par le truchement de traducteurs et interprètes institutionnels (UE à part : même le plurilinguisme officiel n'y est pas toujours respecté).

La situation linguistique dans les entreprises françaises montre leur besoin de posséder des collaborateurs connaissant les langues étrangères et aussi les difficultés de nombre de collaborateurs, faute de qualification et pratique adaptées (S. Bresse, 2010 : 49-60).

La Fédération européenne des institutions linguistiques nationales (FEILIN) a résolu (Lisbonne 14/11/2008), sur l'emploi des langues dans les affaires et commerce en Europe, de lancer un appel à l'UE pour qu'elle garantisse une vraie diversité linguistique dans les secteurs concernés, par l'apprentissage de langues spécialisées lors de la formation professionnelle ou par la traduction (G. Stickel, 2010 : 163). C'est *de facto* un appel à un usage courant de langues spécialisées diversifiées dans des secteurs d'échanges internationaux, teintée d'optimisme (affirmer la nécessité de préserver une Europe multiculturelle par ses langues-cultures dans toutes leurs formes) et de pessimisme (constat que même dans les activités prédestinées à une pratique linguistique multilingue, les affaires et le commerce, la diversité linguistique est menacée d'une régression constante).

La situation sur le terrain est complexe : les langues spécialisées (cf. *supra*) sont aussi des langues-cultures. Elles nécessitent un dispositif spécifique d'apprentissage (formation initiale) et d'entretien (formation continue). L'usage exagéré de l'anglais par des partenaires non anglophones cause un découplage entre langue et culture nationales dans l'usage imposé d'une langue tierce. Cette acculturation prend des formes très variées, selon les contextes, avec des conséquences parfois graves : situations où l'interprétation d'un terme ou d'une commande peut reposer directement sur des aspects socioculturels.

Exemple extrême de l'usage d'une langue tierce à des fins de gommage du patrimoine socioculturel local des individus : l'anglais imposé à des collaborateurs étrangers servant au transfert d'une culture d'entreprise liée à la maison-mère d'une société multinationale anglo-saxonne à travers sa terminologie « maison » et son discours formaté.

En conclusion, garder un apprentissage diversifié de langues spécialisées et réaliser systématiquement des dictionnaires combinatoires plurilingues[9] où les termes spécialisés sont présentés en contexte d'emploi (avec spécificités syntaxiques, phraséologiques, interculturelles) sont des pistes pour aboutir à une véritable Europe plurilingue opérationnelle.

Autre piste : usage systématique de la traduction. F. Ost (2009 : 379-417) démontre, pour le Droit, les bénéfices de la traduction comme médiation : elle établit le lien entre deux cultures, transcrivant les données d'origine dans le vocabulaire de la théorie d'accueil et l'enrichissant d'une dimension pragmatique en fonction des réalités sociopolitiques locales.

Les exemples retenus sont pertinents et pour le monde du travail (entreprises et administrations) et pour celui de la recherche et formation. Un vrai plurilinguisme reposant sur l'usage et/ou la compréhension de plusieurs langues-cultures par les mêmes locuteurs constitue la condition *sine qua non* d'une véritable influence culturelle positive des langues dans la dynamique régionale, aux niveaux économique, politique, scientifique et technique.

Ce chapitre montre la dimension régionale géographique européenne, qui peut être transposée à d'autres régions et s'inscrire dans le contexte actuel de globalisation ou de mondialisation pour offrir des perspectives nouvelles d'échanges et de coopérations.

---

9 Cf. « Glossaire Multilingue de la gestion du risque pour usagers francophones » (Gertrud Greciano *et al.*, 2007) réalisé avec le soutien de la Région Alsace et de l'Union européenne.

Bibliographie

Albayrak, Bahar (2007), *Mehrsprachigkeit – Definitionen, Typen und wissenschaftliche Fragestellungen*, Norderstedt, Grin Verlag, 13 p.

Aligny, François-Xavier *et al.* (dir.) (2009), *Plurilinguisme, interculturalité et emploi : défis pour l'Europe*, Paris, L'Harmattan, 408 p.

Auer, Peter et Wei, Li (eds.) (2009), *Handbook of Multilinguism and Multilngual Communication*, Berlin, Mouton de Gruyter, 586 p.

Bresse, Sophie (2010), « L'usage des langues étrangères dans les entreprises françaises », in G. Stickel (ed.), *Language Use in Business and Commerce in Europe*, Bern, Peter Lang, pp. 49-60.

Calvet, Louis-Jean (1999), *La guerre des langues*, Paris, Hachette Littératures, 294 p.

Canut, Cécile et Duchêne, Alexandre (dir.) (2011), « Introduction. Instrumentalisations politiques et économiques des langues : le plurilinguisme en question », *Langage et Société*, n° 136, juin 2011, Paris, Éditions de la Maison des sciences de l'homme, 164 p.

Clairis, Christophe *et al.* (dir.) (2011), *Langues et cultures régionales de France dix ans après,* Paris, L'Harmattan, 258 p.

Delagneau, Jean-Marc (2010), « Multiculturalisme et langues spécialisées : réflexions théoriques et exemples tirés d'enseignements de langues allemandes spécialisées », in Actes du GLAT LISBOA *Le Multiculturalisme et le rôle des langues spécialisées*, 17-19 mai, Lisbonne, Faculdad de Letras da Universidade, pp. 155-168.

Demorgon, Jacques (2010), *Complexité des cultures et de l'interculturel. Contre les pensées uniques*, Paris, Anthropos, Économica, 336 p.

D'iribarne, Philippe *et al.* (2002), *Culture et mondialisation. Gérer par-delà les frontières*, Paris, Seuil, 368 p.

Fischer, Roswitha (ed.) (2007), *Herausforderungen der Sprachenvielfalt in der europäischen Union.* Beiträge und Diskussionen vom Symposium am 20./21. April 2006 an der Universität Regensburg, Baden-Baden, Nomos Verlagsgesellschaft, 201 p.

Frings, Michael et Vetter, Eva (eds.) (2008), *Mehrsprachigkeit als Schlüsselkompetenz.* Akten zur gleichnamigen Sektion des XXX. Romanistentages an der Universität Wien (22.-27. September 2007), Stuttgart, *ibidem*-Verlag, 362 p.

Galisson, Robert (1991), *De la langue à la culture par les mots*, Paris, Clé international, 191 p.

Goetschy, Henri et Sanguin, André-Louis (dir.) (1995), *Langues régionales et relations transfrontalières en Europe*, Paris, L'Harmattan, 320 p.

Guevel, Zélie (2007), « Caractéristiques linguistiques et culturelles de la traduction spécialisée », in E. Lavaut-Olléon (dir.), *Traduction spécialisée : pratiques, théories, formations*, Bern, Peter Lang, pp. 73-90.

Hagege, Claude (1992), *Le souffle de la langue*, Paris, Éditions Odile Jacob, 295 p.

Hagege, Claude (2000), *Halte à la mort des langues*, Paris, Éditions Odile Jacob, 402 p.

Hoffmann, Fernand (1981), *Zwischenland*, Hildesheim, New York, Georg Olms Verlag, 204 p.

Judet De La Combe, Pierre et Wismann, Heinz (2004), *L'avenir des langues*, Paris, Les Éditions du Cerf, 242 p.

Kameyama Shinichi et Meyer, Bernd (eds.) (2007), *Mehrsprachigkeit am Arbeitsplatz*, Bern, Peter Lang, 204 p.

Krings, Hans P. et Mayer Felix (eds.) (2008), *Sprachenvielfalt im Kontext der Sprachkommunikation, Übersetzung und Fremdsprachenunterricht*, Berlin, Frank & Timme, 518 p.

Labov, William (2010), *Principles of Linguistic Change. Cognitive and Cultural Factors*, Chichester, Wiley-Blackwell Publishing, 419 p.

Levi-Strauss, Claude (1958), *Anthropologie structurale*, Paris, Plon, 492 p.

Limbach, Jutta et von Ruckteschell, Katharina (eds.) (2008), *Die Macht der Sprache*, München, Langenscheidt-Goethe Institut, 160 p.

Mailhot, José (1969), « Les rapports entre la langue et la culture », *Meta : journal des traducteurs / Meta : Translators' Journal*, vol. 14, n° 4, Montréal, Les Presses de l'Université de Montréal, pp. 200-206.

Molinie, Georges et Cahne, Pierre (dir.) (1994), *Qu'est-ce que le style ?*, Paris, PUF, 360 p.

Murguia, Adolfo (ed.) (2002), *Sprache und Welt*. Festgabe für Eugenio Coseriu zum 80. Geburtstag, Tübingen, Gunter Narr Verlag, 255 p.

Nies, Fritz (dir.) (2005), *Europa denkt mehrsprachig. L'Europe pense en plusieurs langues*, Tübingen, Gunter Narr Verlag, 266 p.

Ost, François (2009), *Traduire. Défense et illustration du multilinguisme*, Paris, Fayard, 421 p.

Ronneberger-Sibold, Elke et Nate, Richard (eds.) (2009), *Europäische Sprachenvielfalt und Globalisierungsprozess*, Würzburg, Verlag Königshausen & Neumann, 220 p.

Stickel, Gerhard (dir.) (2010), *Language Use in Business and Commerce in Europe*, Bern, Peter Lang, 201 p.

Truchot, Claude (dir.) (1994), *Le plurilinguisme européen. European plurilinguism. Europäische Mehrsprachigkeit*, Paris, Honoré Champion éditeur, 424 p.

Weber, Peter J. (2009), *Kampf der Sprachen*, Hamburg, Krämer Verlag, 122 p.

Zach, Mathias (2011), *Traduction littéraire et création poétique : Yves Bonnefoy et Paul Célan traducteurs de Shakespeare*. Thèse de Doctorat soutenue en cotutelle le 17 juin 2011, Paris, Université Sorbonne Nouvelle Paris 3, Tübingen, Eberhard-Karls-Universität, 386 p.

Zarate, Geneviève, Levy, Danielle et Kramsch, Claire (dir.) (2008), *Précis du plurilinguisme et du pluriculturalisme*, Paris, Éditions des archives contemporaines, 440 p.

Une gestion commune régionale de l'eau en Asie centrale

Les ressources hydrauliques à la rescousse du besoin d'intégration sectorielle, d'entente et de politiques communes du postsoviétisme appliqué ?

Mara GUBAIDULLINA

Université Nationale Kazakhe al-Farabi, Almaty

La gestion des eaux transfrontières suppose un outil approprié pour lever, entre pays voisins, les tensions économiques et écologiques affectant la sécurité politique et sociale de la région. La question des ressources hydrauliques se pose à différents niveaux, dans divers domaines – négociations bilatérales, résolutions des organismes internationaux : PNUD, OSCE, BAD, etc. Le développement en Asie centrale dépend de solutions communes aux problèmes sectoriels, comme celui des eaux transfrontières. Un outil de gestion paisible de ces ressources exige que les États consolident leur volonté politique, dans l'Organisation de coopération de Shanghai aussi. La question des ressources des eaux transfrontières en Asie centrale (I) touche aux tensions politiques pour l'eau comme facteur de sécurité (II), dans les relations sino-kazakhes (III) et au rapprochement entre pays de la région (IV).

I. Les ressources en eau transfrontières en Asie centrale : problématique

À la création de cinq républiques d'Asie centrale en 1991, des ressources naturelles se sont retrouvées de deux côtés de frontières. Plusieurs cours d'eau appartenant avant au même pays desservent désormais plusieurs nations, fait qui a des implications pan-régionales.

Sont transfrontières les eaux de surface ou souterraines qui marquent les frontières entre deux États ou plus, les traversent ou sont situées sur leurs frontières[1]. Arrivées à l'estuaire, leur limite est une ligne traversant

[1] Convention d'Helsinki sur la protection et l'utilisation des cours d'eau transfrontière et des lacs internationaux du 17 mars 1992. United Nations Treaty Collection

l'embouchure entre les pointes de basse mer. Des clauses régissent les actions des parties dans le cadre de la coopération bilatérale et multilatérale des États limitrophes. Mais des États d'Asie centrale et la Chine n'ont pas signé cette convention.

Quatre contradictions au niveau national et régional sont alors évidentes.

Une distribution hydro géographique inégale

La coexistence de déserts, semi-déserts, de climat aride et de manque d'eau rend l'écosystème d'Asie centrale vulnérable. Il demeure pourtant déterminant pour le bien-être de la région.

Une source principale est située dans les monts Pamir, Tian Shan et Altaï, d'où partent la plupart des cours : deux fleuves (Syr Darya, Amou Darya) parcourent les cinq républiques ; les rivières Chu et Talas, le Kirghizstan et Kazakhstan ; la rivière Tarym, le Kirghizstan, le Tadjikistan et le Kazakhstan ; la rivière Ili, la Chine et le Kazakhstan ; la rivière Irtych, la Chine, le Kazakhstan, la Russie ; les rivières Oural, Ichim et Tobol relient Kazakhstan et Russie.

L'eau est la richesse principale au Tadjikistan et au Kirghizstan. Les glaciers de Pamir (60 % de réserves régionales) tiennent l'équilibre hydraulique des cours d'eau. Le Tadjikistan occupe la 3e place au monde et la 2e dans la CEI après la Russie pour l'eau douce. Une grande quantité coule dans le lac Sarez (17-20 km^3 – monts Pamir, plus de 3000 m d'altitude). Le réservoir de Kayrakkum ne représente que 30 % des besoins tadjiks. Il dessert surtout la centrale hydroélectrique de Syr Darya et les besoins en eau d'Ouzbékistan et du Kazakhstan, comme le barrage de Rogoun-Shourob sur la rivière Vakch et de Dachtidjum sur le Piandj[2].

Les États riches en énergie (gaz et pétrole) comme Kazakhstan, Ouzbékistan et Turkménistan dépendent, pour l'eau, du Tadjikistan et du Kirghizstan, qui décident de sa distribution, inefficace selon les anciennes règles. Les complexes hydrauliques kirghizs et tadjiks suivent plus un régime énergétique que d'irrigation : les réserves sont utilisées plus en hiver qu'en été. Une exploitation en été ne profite ni au Kirghizstan, ni au Tadjikistan mais à leurs voisins, qui reçoivent alors près de 80 % d'eau presque gratuitement.

Chapter XXVII Environment 5a ; United Nations, Treaty Series, vol. 2331 // <http://treaties.un.org/Pages/ViewDetails.aspx?src=TREATY&mtdsg_no=XXVII-5&chapter=27&lang=en> and <http://www.ecolife.org.ua/laws/inter/1992/02.php>.

2 New Eastern Outlook : www.journal-neo.com/?q=ru/node/6432#sdfootnote1sym.

L'ancien système soviétique centralisait la distribution pour éviter tout conflit, imposant la livraison compensatoire d'énergie au Kirghizstan. Avec son abandon, un déséquilibre frappe la distribution-consommation d'eau, devenu problème régional. Ouzbékistan et Kazakhstan acceptent mal de compenser les pays fournisseurs, comme le Kirghizstan.

Environ 45 millions de personnes vivent près des fleuves Amou-Daria et Syr-Daria, dont le principal usage est l'irrigation dirigée : 92 % pour l'approvisionnement public en eau, 3,5 à 4 % pour l'industrie, 2% pour l'agriculture et 0,5 % d'autres usages, comme la pêche.

Cette répartition inégale oppose les États. Ouzbékistan et Turkménistan se partagent leur section de l'Amou Daria selon le principe 40-40 % pour 14 millions d'Ouzbèks et 4 millions de Turkmènes. Le Turkménistan a construit un canal acheminant sa part de l'eau du réservoir Tuyamuyun, d'où des problèmes pour l'accès à l'eau de certaines zones du Khorez, car ce canal a été construit pour le transport de grands volumes d'eau.

Chacun veut augmenter sa superficie irriguée, qui en Asie centrale a augmenté de 7 % en cinq ans. C'est beaucoup pour les ressources disponibles. Mieux gérer l'usage des ressources en eau conditionne le développement économique et social durable de la zone.

L'eau comme produit gratuit et ressource stratégique

La convention sur l'eau des Nations unies (Dublin, 1992) la reconnaît comme produit universel : « l'eau a une valeur économique dans toutes ses utilisations concurrentes et devrait être un bien économique »[3]. L'ONU estime qu'elle sera au XXIe siècle une ressource stratégique plus importante que pétrole et gaz. L'eau potable coûte déjà plus que le pétrole. Kirghizstan et Tadjikistan proposent que l'eau soit un bien universel économique dans la région[4].

L'usage de l'eau en Asie centrale aboutit à son usage excessif. Les paiements et compensations entre pays voisins font discussion malgré les décisions des chefs d'États de la Communauté économique centrasiatique (CECA) : « une exploitation efficace et mutuellement avantageuse des ressources hydrauliques et énergétiques régionales »[5]. Leur volonté

---

3 Convention de Dublin, Nations Unies, 1992 : www.unesco.org/water/wwap/water_security_rus.pdf.

4 Cf. « L'eau : un bien économique ou des biens de l'humanité tout entière ? », in <http://www.trt.net.tr/trtinternational/ru/newsDetail.aspx?HaberKodu=7144eb14-70cc-46ae-84b4-d929a67049d0> ; et « Le droit à l'eau. Ressources en eau transfrontières », in <http://www.un.org/russian/waterforlifedecade/righttowater.html>.

5 Le Conseil interétatique à Dushanbe du 14/6/2000 a approuvé la « Strategy for the integration of the Community for the period until 2005 » et « Priority Actions Programme to create a common economic space before 2002 », autant de mesures

politique n'est pas traduite dans les faits. Plusieurs accords sont proposés entre gouvernements kazakh, kirghiz, tadjik et ouzbek sur l'hydro-énergie du bassin de la Syr-darya : 150 accords entre 1992 à 2007 ; mais ils ne sont pas appliqués[6].

Le Kirghizstan a adopté une loi sur « l'utilisation internationale des points d'eau, des ressources en eau et des complexes hydrauliques » s'obligeant à « la reconnaissance de l'eau comme ressource naturelle ayant une valeur économique dans toutes les formes de son exploitation et [...] de bien économique » et « la compensation financière dans les relations interétatiques concernant l'usage [...] »[7]. Mais ce cadre législatif n'a pas été affiné.

Kazakhstan et Ouzbékistan, usagers d'eau kirghize, soutiennent le droit international sur les eaux frontalières : coopération et avantage mutuels des parties avec règlement financier sur la base du troc contre pétrole et gaz kazakh et ouzbek, *mais pour l'électricité, pas l'eau.*

Kirghizstan et Tadjikistan, manquant de pétrole et de gaz, dépendent de l'hydro-énergie. Leur besoin d'énergie l'hiver obère ce système de troc. Pour chauffer, ils relâchent l'eau, qui inonde les terres ouzbèkes et kazakhes, qui ont besoin d'eau l'été pour l'agriculture.

Un compromis doit tenir compte des intérêts des États, de leur communauté nationale, de la continuité d'usage de l'eau, de leur gestion intégrée. Si « l'eau est un bien économique », cela doit être le cas aussi au niveau régional car sinon le paiement pour l'eau provoque la confrontation des États qui en manquent. Il faut mêler intérêts économiques interétatiques et équilibre écologique des bassins hydrauliques, surtout du basin de la mer d'Aral[8].

Le problème de la gestion de l'eau : évolution et aggravation des problèmes

L'apparition de nouveaux États en Asie centrale, leur démographie et développement augmentent les besoin en eau, d'où des questions de distribution, d'exploitation, d'épuration, etc. D'ici à vingt ans, la

législatives nationales et accords multilatéraux sur les principes du partage des ressources en eau et en énergie. <http://www.mid.ru/bdomp/nsrsng.nsf/0e82a568fbb5b2c043256a65002f56c2/3f235dd67746105243256a5a002bff4f!OpenDocumen>, in <http://www.mid.ru/bdomp/ns-rsng.nsf/0e82a568fbb5b2c043256a65002f56c2/3f235dd67746105243256a5a002bff4f!OpenDocumen>.

6 Jenniver Sehring (2007), « Gebrochene Verträge. Multilaterale Abkommen zu Flüssen in Zentralasien », in *WeltTrends* 15 (2007) 57, pp. 65-78.

7 David Shark (2002), « Central Asia : geo-economics, geopolitics, security », Tashkent, pp. 65-66.

8 IAP « Eurasia » // <http://www.centrasia.ru/newsA.php?st=1156136880>.

consommation augmentera de 40 % (démographie : 16,1 millions au Kazakhstan, 6,5 millions au Kirghizstan, 34,2 millions en Ouzbékistan, 8,1 millions au Tadjikistan et 6,8 millions au Turkménistan[9]). Les tensions interétatiques vont croître, surtout socio-économiques : tous les pays de la région souffrent de la gestion de l'eau, qui coûtent 1,7 milliard de $ de pertes, soit 3 % du PIB[10]. Le potentiel des conflits augmentera à moyen terme si les États continuent d'ignorer ces difficultés[11].

Le déséquilibre structurel de distribution connaît des facteurs d'aggravation : absence de fondement juridique d'exploitation commune, intérêts nationaux et griefs mutuels, absence de solution commune, inégalité de développement, augmentation constante des besoins.

La mer d'Aral : un défi pour la sécurité écologique et socio-économique

Deux mers fermées se partagent l'espace écologique centralasiatique (Caspienne, Aral). Les pays de la région dépassent pourtant les restrictions économiques et commerciales pour mettre l'accent sur l'eau pour l'agriculture et l'énergie plus que dans ses autres fonctions.

La recherche de base conventionnelle entre pays de la région tarde malgré plusieurs projets entre Kazakhstan, Kirghizstan, Tadjikistan, Turkménistan et Ouzbékistan (2007) et le 5e Forum mondial de l'eau (2012) pour la « formation et le fonctionnement de bases de données régionales d'utilisation complexe et de protection des ressources en eau de la mer d'Aral » (2006), ou le « renforcement de la structure organisationnelle de gestion, protection et utilisation rationnelle des ressources en eau transfrontières de la mer d'Aral » (2007), etc.

La mer d'Aral, coupée en 'petite mer' au nord et 'grande mer' au sud, avait fin 1989 quasi disparu. L'irrigation du coton par ses fleuves-sources Amou Darya et Syr Darya, en avaient fait baisser le niveau de 20 mètres et le volume de 75 % : il reste 8 mètres. L'île de Vozrozhdeniye (site soviétique d'essai d'armes biologiques) est devenue une presqu'île. Le fond est couvert de sel, pesticides et autres produits chimiques. L'assèchement est irréversible pour toute l'Asie centrale : vapeurs salées

---

9 http://asia-pr.org/index.php?option=com_content&task=view&id=340.

10 « Central Asia and Human Development », UNDP 2005, p. 91. Report of the United Nations Development Programme (UNDP) Human Development in Central Asia, Astana, December 7, 2006.

11 « Joint Progress Report by the Council and the Eur. Comm. to the Eur. Council on the implementation of the EU Central Asia Strategy ». Council of the Eur. Union, Brussels, 28/6/2010. 11402/10, COEST 194, NIS 77. <http://eeas.europa.eu/delegations/kazakhstan/documents/eu_kazakhstan/joint_progress_report_eu_ca_strategy_en.pdf>.

d'un million de tonnes par an, sel et sable transportés par le vent jusqu'aux glaciers des monts Pamir, le Caucase et les Alpes suisses.

La désertification générale affecte eau potable, détérioration sanitaire des rives, baisse de fertilité des terres, paupérisation et chômage, migrations, concentration croissante du sel, formation de marécages, baisse de biodiversité et accélération de l'effet négatif sur le climat, « l'une des catastrophes environnementales les plus choquantes dans le monde » (ONU).

Le Fond international de sauvetage de la mer d'Aral (FISMA), créé par le Kazakhstan, Tadjikistan, Kirghizstan et Ouzbékistan, tente de réduire ces effets par des moyens techniques et financiers offerts par des fondations, banques, organismes internationaux (plus de 400 millions $ de 1993 à 2003). Ce fonds est une des rares organisations subrégionales fondées par des chefs d'États[12]. Le programme a des projets pour 3 milliards $.

La communauté scientifique cherche mais aucun projet n'a enrayé le sort de la mer d'Aral[13]. L'agriculture irriguée a dépassé les limites de l'écosystème, d'où sa destruction irréversible.

II. Conflits et tensions interétatiques en Asie centrale : l'eau comme facteur de sécurité

Approvisionnement et exploitation intégrés de l'eau transfrontière sont un facteur de sécurité régionale, d'où les tensions entre pays et dans la région en cas de divergences. La distribution de l'eau, stratégique, est utilisée comme pression dans les relations interétatiques. Bien gratuit et donc non contrôlé (pas comme le pétrole et le gaz), l'eau est pourtant épuisable.

L'histoire de la gestion de l'eau montre que la déclaration d'Almaty (1992), confirmée à Nukus par les chefs d'État des cinq républiques[14], distribue l'eau comme en 1981-1989.

Les relations entre Ouzbékistan, Tadjikistan, Kirghizstan et Kazakhstan dépendent de l'approvisionnement en eau et énergie. Les différends sur l'eau entre Républiques d'Asie centrale gênent le processus

12 Cf. International Fund for Saving the Aral Sea, IFAS, <http://www.ec-ifas.org>.

13 « La mer d'Aral et les problèmes de ressources en eau en Asie centrale », <http://www.uzbekistan.de/Ru/News/aral001.html>.

14 « Declaration of Central Asian states and international organizations on sustainable development of the Aral Sea Basin », Nukus, September 5, 1995, <http://www.ca-econet.info/mfsa/01.htm>.

d'unification régionale[15]. Le conflit de 1998 dans la vallée de Fergana dues à des inondations provoquées fut une vraie crise dans les relations interétatiques.

Le problème se pose malgré l'accord de 2012 entre les sociétés Uzbektransgaz et Tajiktransgas sur l'approvisionnement en gaz au Tadjikistan. L'Ouzbékistan a annoncé cesser ses livraisons pour une controverse sur le barrage Farkhad dans le nord du Tadjikistan. « La zone du barrage-réservoir Farkhad en 1933 a été louée à l'Ouzbékistan pour 40 ans. La date est passée depuis longtemps mais les voisins ne veulent pas la rendre. À l'heure actuelle, l'Ouzbékistan réclame le barrage et le réservoir à la partie tadjike, qui n'est pas d'accord. »[16].

Les contradictions kirghizo-ouzbèkes sur l'eau ont pris un caractère durable

L'Ouzbékistan a besoin de l'eau de fleuves originaires du Tyan-Shan, au Kirghizstan, seul pays autosuffisant avec trente mille rivières et cours d'eau[17]. En été, le premier manque d'eau et le second, pour produire de l'électricité, relâche depuis le réservoir de Toktogul, le plus grand de la région. Le Kirghizstan a besoin du gaz ouzbek mais ne peut toujours en acquitter le prix et s'en trouve privé en hiver. Leurs relations sont proches du conflit ouvert.

À cause de la gestion du bassin du Syr-Daria et du réservoir Toktogul, le coût en eau d'irrigation est, selon l'ONU, quatre fois trop élevé. L'Ouzbékistan a effectué des manœuvres militaires près de la frontière kirghize et de Toktogul. Le Kirghizstan a prévenu qu'en cas d'explosion (*sic* !) du barrage, l'eau détruira les vallées ouzbeks de Fergana et de Zerafchan.

La réforme de la gestion du réservoir a aggravé la pénurie d'eau d'irrigation, réduit la superficie cultivée, abaissé le rendement des cultures, détérioré les économies dans la région. Moins d'eau vers la mer d'Aral, des inondations fréquentes, l'aggravation écologique, sanitaire, épidémiologique et des conditions de vie. Le non-respect du régime d'irrigation attise les intérêts conflictuels du Kirghizstan, Ouzbékistan et Kazakhstan.

---

15 « Proceedings of the conflicts over water regularly publishes International Crisis Group », (International Crisis Group, IGG). « Central Asia : Water in Conflict ». Asia Report n° 34, 30/5/2002 : <http://www.crisisgroup.org>.

16 CA-NEWS, 24 mars 2012 : <http://www.ca-news.org/news :925201/>.

17 <http://www.caresd.net/img/docs/3552.txt> ; <http://www.ref.by/refs/97/37413/1.html>.

Les contradictions tadjiko-ouzbèkes sur l'eau ont également un caractère durable

L'eau tadjike nourrit marchandage politique et menaces. L'hydro-énergie représente 95 % du total[18]. Le lac Sarez seul (16 milliards de m^3 d'eau) détruirait en cas de rupture le barrage de Nourek, noierait les vallées du Piandj et de l'Amou Darya vers la Mer d'Aral, soit plus de cinq millions de personnes, 10 % de la population de la région. Les risques sont élevés mais le problème de l'hydroélectricité tadjike dépasse l'Asie centrale.

Le développement de la centrale de Rogun intéresse Russie, Iran, Afghanistan, Pakistan et Inde, prêts à y investir mais rebutés par l'attitude négative de l'Ouzbékistan. En 2010, un différend ouzbèk-tadjik a escaladé jusqu'à nécessiter une médiation internationale. La banque Vsemirny a financé une étude de faisabilité sur les risques environnementaux et sociaux de l'énergie hydroélectrique pour la période 2010-2012.

Les contradictions kazakho-ouzbèkes sur la question de l'eau s'aggravent

Elles renvoient au respect de l'accord intergouvernemental sur l'exploitation égale des réservoirs de Naryn et du Syr Darya. Les parties n'ont pas abouti à un accord. Le Kazakhstan a proposé ses observateurs pour l'inspection de la centrale et pour la construction d'un nouveau réservoir au sud. L'Ouzbékistan a répondu par des coupures de gaz et d'électricité au sud-Kazakhstan. De tels incidents, fréquents[19], s'ajoutent à une tension sur des créances.

Les contradictions kazakho-kirghizes sur l'eau ont un caractère sporadique

Des députés kirghizes ont proposé de construire deux centrales en plus de celle de Kambarata, qui devrait pour eux assurer la livraison d'eau au Kazakhstan et à l'Ouzbékistan en été, d'électricité au Kirghizstan en hiver. Astana n'a pas soutenu ce plan qui « aurait pu détruire l'équilibre fragile en approvisionnement en eau et électricité de toute la région »[20].

---

18 ИАЦ при МГУ : <http://www.ia-centr.ru/archive/public_detailsac0b.html?id=213>.

19 Cf. « Verbal agreement with Uzbekistan on reset to Arnasay Shardara of 1.8 billion cubic meters of water entered into force 15.02.2005 », *Professional*, n° 59 : <http://www.prof.in.kz/?mod=text&tx=030050>.

20 http://www.fundeh.org/publications/articles/48/ ; « Tashkent Declaration of the participants of the International Environmental Conference *Cross-border environmental problems in Central Asia : the application of international legal mechanisms to address them* ». <http://mytashkent.uz/2010/11/23/tashkentskaya-ekologicheskaya-deklaratsiya/>.

Le Turkménistan et le problème des ressources en eau

Ce pays, qui souffre le plus de manque d'eau douce, a développé ses propres projets pour résoudre la question, dont la construction d'un réservoir artificiel dans le désert de Kara-Kum alimenté par l'Amou Darya. Cela aurait provoqué l'appauvrissement du fleuve et un déficit en eau pour tous les pays situés sur son cours.

On le voit, depuis 1991, les nouvelles frontières politiques en Asie centrale y ont divisé la ressource hydraulique et renforcé le potentiel de conflit régional entre voisins. La sécurité est menacée car ces problèmes hydrauliques touchent un contexte de faible développement socio-économique des pays, sauf au Kazakhstan. L'agriculture, l'industrie et l'urbanisation augmentent les besoins en eau. Le problème devient un catalyseur de conflits.

La contradiction des intérêts entre pays – l'eau pour l'irrigation en été ; l'eau pour l'hydro-énergie en hiver – entraîne une situation conflictuelle. Kazakhstan, Ouzbékistan et Turkménistan sont des pays de plaines, intéressés par l'irrigation. Kirghizstan et Tadjikistan, montagneux et dénués de pétrole et de gaz, voient dans l'eau une source d'énergie[21]. L'Afghanistan aura besoin de plus d'eau, situé sur les hautes terres de l'Amou Darya. Le projet chinois – barrage sur l'Irtych et l'Ili – aggrave les problèmes de distribution d'eau de la région.

Chaque pays d'Asie centrale veut régler la question de façon unilatérale, à son avantage mais la distribution d'eau relève d'un bloc de sécurité. Les menaces émises évoquent une prétention hégémonique, la force devenant outil de règlement des différends entre États, sans réelles institutions démocratiques. La communauté internationale laisse traîner ces menaces.

III. L'eau dans les relations kazakho-chinoises : le contexte régional

Le problème des cours d'eau transfrontières entre Asie centrale et Chine

A ce problème ancien, aucune solution ne vient de la Chine, pourtant située au carrefour d'eaux transfrontières : vingt-trois cours d'eau entre Kazakhstan et Chine, dont les fleuves Ili et Irtych (« Irtych noir » en Chine), dont la source est au Xinjiang chinois. Le fleuve Irtych touche la Chine, où il se forme, une grande partie du Kazakhstan et la Russie, où il rejoint le fleuve Ob. La Chine détourne une partie de l'Irtych vers

---

[21] Cf. <http://asia-pr.org/index.php?option=com_content&task=view&id=340>.

le désert du Xinjiang (projet n° 635 : canal Irtych noir-Karamay pour approvisionner le Xinjiang central et Karamay, près d'Urumqi, dans le vaste développement des régions occidentales – environ 20 % du débit). Pour l'Ili et le Tekes, la Chine a des projets similaires. L'Ili alimente le lac Balkhach (Kazakhstan), indispensable au climat naturel en Asie centrale.

Ces projets peuvent provoquer une catastrophe écologique dans une partie de l'Asie centrale et des monts de l'Altaï proche du sort de la mer d'Aral. L'assèchement de l'Irtych toucherait le lac Zaisan et le réservoir de Boukhtarma (arrêt de la turbine hydraulique des barrages d'Irtych-Boukhtarma, de Shulbinskaya, d'Ust-Kamenogorsk), puis l'approvisionnement en eau et en électricité de villes industrielles kazakhes (Oust-Kamenogorsk, Semipalatinsk, Kourtchatov, Pavlodar) et russes (Omsk).

Le centre du Kazakhstan – bassins houillers de Karaganda et Ekibastouz – alimentés par le canal Irtych-Karaganda verrait ses 2,5 millions d'habitants privés d'eau[22]. Pour la Russie, le problème du fleuve Irtych est le sous-approvisionnement du fleuve Ob et, comme pour le Kazakhstan, une menace pour l'industrie, les villes et la population. Les conséquences sont graves : ce fleuve est pour la Chine un approvisionnement en eau des régions pétrolières et du Xinjiang ; il n'y a pas d'accord bilatéral pour son usage, ni entre Kazakhstan et Chine, ni entre Russie et Chine, ni trilatéral, ni relations contractuelles au niveau multilatéral.

La position du Kazakhstan sur les eaux transfrontières avec la Chine

Les négociations Kazakhstan-Chine sur les eaux transfrontières durent depuis dix ans. En 1992, Astana a transmis à Beijing un premier projet d'accord de navigation sur l'Irtych (marchandises et tourisme). En 1997, Kazakhstan, Kirghizstan et Russie ont séparément transmis à la Chine des notes sur le sujet. Russie et Kirghizstan cherchent une solution : l'Irtych est un affluent du fleuve Ob. Plusieurs cours traversant le Xinjiang et le Tarim ont leur source au Kirghizstan. La Chine conserve sa position traditionnelle : préférer la négociation bilatérale alors que les problèmes de l'eau nécessitent un cadre multilatéral.

---

[22] Cf. E. Idrisov, « Problems of Trans-boundary Rivers », *Sayasat*, Nov-Dec 1999. A. Aueskhanova, « Another problem of the Irtysh », *Business Week*, 5/02/1999. A. Darimbet, « Boundary problems with China are just beginning », *GMT*, 23 avril 1999 ; « Kazakhstan and China continue to discuss the problem of transboundary rivers », *Kazakhstan Today*, 1/11/2000 ; « Can the SCO resolve the problem of water in Central Asia ? », <http://www.ferganews.com/detail.php?id=611756694048.04,2138.19795375> accédé le 10/08/2007.

Les relations bilatérales Kazakhstan-Chine n'avancent pourtant pas dans le groupe de travail créé en 2000, où les experts évaluent les fleuves, échangent des informations et examinent les tendances dans le développement du bassin des fleuves transfrontaliers.

Le problème de l'usage commun de l'eau de l'Irtych, de l'Ili, de l'Ulken-Ulasty et de leurs installations demeure[23]. Des pourparlers rassemblent les dirigeants kazakh et chinois, ce dernier se désintéressant de la solution.

L'outil multilatéral – Organisation de coopération de Shanghai – pourrait dépasser le domaine militaire vers celui de l'eau et régler le problème des fleuves transfrontaliers. Cette perspective dépend de la ratification de la « convention internationale sur les cours d'eau et les lacs transfrontières » à l'échelle internationale.

Le Kazakhstan, l'Asie centrale et le droit international de l'eau transfrontalière

Le pays a ratifié en 2000 plusieurs conventions internationales sur le développement durable, l'environnement et les cours d'eau transfrontières : la convention d'Aarhus, ce qui permet de recevoir le soutien technique consultatif d'organismes internationaux, y compris de l'UE[24] ; après celle d'Helsinki (1992) « protection et utilisation des cours d'eau transfrontières et des lacs internationaux », celle d'Espoo (1991) « l'évaluation de l'impact sur l'environnement dans un contexte transfrontière ». La question est débattue au Parlement[25].

L'Ouzbékistan a procédé à des changements législatifs sur l'eau selon les exigences internationales[26]. Les outils internationaux forment un

---

23 Lifan, Li (2009), « Competition for Water Resources in Central Asia and its Impact on China », *China und Eurasia Forum Quarterly*, vol. 7, n° 4, pp. 23-31 : <http://www.chinaeurasia.org/current-issue/55-2009/338-volume-7-no-4-2009.html>.

24 La Convention d'Aarhus ratifiée par la loi de la République du Kazakhstan, 23 octobre 2000 n° 92-II.

25 Loi de la Rép. du Kazakhstan du 23/10/2000 N 94-II « On accession of the Rep. of Kazakhstan to the Convention on the Protection and Use of Transboundary Watercourses and International Lakes ». Loi de la Rép. du Kazakhstan du 21/10/2000 N 86-II « On accession of the Rep. of Kazakhstan to the Convention on Environmental Impact Assessment in a Transboundary Context ». Cf. <http://www.eco.gov.kz/moos/index.php?option=com_content&view=article&id=150&Itemid=54&lang=ru>.

26 Loi d'Ouzbékistan « About water and water use » du 6/5/1993, n° 837-XII Supreme Council of the Rep. of Uzbekistan, 1993, n° 5, Decree of the President of Uzbekistan on August 9, 2007 N SP-683 « On accession to international treaties » : <http://pravo.vsem.uz/files/ru_1189064539_340.pdf>. Workplan of the Legislative Chamber of Oliy Majlis for 2009 : Draft law « On introducing amendments and addenda to some legislative acts of Uzbekistan in connection with the deepening of economic reforms in agriculture and water management » //www.parliament.gov.uz. Minutes

cadre juridique commun pour des traités bilatéraux et multilatéraux sur certaines eaux transfrontalières. Les pénuries dans l'un des pays d'Asie centrale menacent les intérêts nationaux et la sécurité régionale.

Ces conventions servent de base aux lois kazakhes relatives à l'impact environnemental et font partie des mesures collectives de prévention de cet impact pour les pays voisins.

Le Kirghizstan vise une action commune avec le Kazakhstan, avec soutien financier suisse et de l'OSCE. Pour la première fois, des experts d'Asie centrale ont travaillé ensemble, dans un secrétariat de la « convention sur l'évaluation de l'impact environnemental dans un contexte transfrontière » (convention d'Espoo, 1991) et la convention de la CEE sur la protection et l'utilisation des cours d'eau transfrontières et des lacs internationaux (1992).

Ces conventions élargissent le champ de la coopération sous-régionale vers d'autres potentiels sectoriels dans le Groupe ECCAC (Europe de l'Est, Caucase, Asie centrale).

La première étude kirghize de faisabilité « Évaluation de l'impact de l'exploitation des gisements d'or de Jerooy sur l'environnement » (2005-2006) et une autre « Développement industriel du gisement de cuivre et d'or d'Andash et son impact sur l'environnement » furent transmises aux autorités kazakhes, qui firent des commentaires et des recommandations à l'agence d'État kirghize de protection de l'environnement et des forêts.

Un cadre *multilatéral* indispensable découle donc de ces conventions internationales. Une coopération internationale contre la pollution transfrontière permettra de résoudre des problèmes environnementaux entre États voisins, élaborer des mesures préventives conjointes, éviter à temps les effets nocif, développer des politiques de prévention. Demeure pourtant la difficulté de réaliser ces actions devant l'irrégularité des efforts collectifs des pays.

Reconnaissance du principe d'impact transfrontalier comme moyen de conciliation

La Chine privilégie un accord *bilatéral* sur l'usage rationnel des eaux transfrontières et la sécurité environnementale. Un accord reste difficile car elle ne reconnaît aucune convention internationale sur les cours d'eau et les lacs transfrontières, d'où un dialogue difficile avec ses

---

of consultative meeting to discuss the Sub-Regional Strategy for Sustainable Development of Central Asia (SSDS RK). Tajikistan, July 26, 2006. – Dushanbe, 2006, the National Plan of Action of the President of Turkmenistan, Turkmenbashi the Environment (NEAP). The main directions of economic, political and cultural development of Turkmenistan until 2020.

voisins, pourtant nécessaire pour une position commune sur cet usage partagé et la protection des cours d'eau transfrontières, leur pollution et épuisement. Il faut pourtant sauver l'équilibre hydraulique et réduire cet « impact transfrontière » : « tout effet préjudiciable [...] découlant des variations de l'état des eaux transfrontières et de l'environnement causé par les activités humaines dont l'origine physique se situerait en tout ou partie dans la zone relevant de la juridiction d'une autre Partie »[27].

Les effets pour l'environnement touchent à la santé et sécurité des personnes, la réduction de la flore et faune, la dégradation des sols, de l'air, de l'eau, du climat, du paysage, des monuments et autres objets matériels... Le projet d'irrigation chinois touchant l'Irtych cause un conflit des relations bilatérales Kazakhstan-Chine et à l'échelle de toute la région.

Si la Chine ratifiait les accords internationaux, la question se poserait à l'échelle internationale et multilatérale, faisant de la gestion de l'eau, « une pierre angulaire de sécurité régionale en Asie centrale »[28]. En l'absence de critères internationaux stricts, seuls existent des accords bilatéraux. Or, seul un accord général avec la Chine résoudra le dossier de l'Irtych.

Un accord même minimal avec la Chine encouragerait la participation des autres parties, surtout les républiques d'Asie centrale qui ainsi rejoindraient les processus en devenir : c'est l'effet « d'attirance » pour une action commune, que démontre l'expérience d'autres régions.

IV. Gestion de l'eau et perspective de convergence entre pays de la région

La gestion commune des ressources en eau : une question complexe

L'idée d'une politique régionale est nouvelle en Asie centrale pour pallier l'absence de compétence commune d'un usage planifié des ressources, gérer institutionnellement la coordination de l'eau, échanger l'information, clarifier les construction hydro-économiques.

Ce sont souvent des acteurs extrarégionaux qui incitent à la consultation sur ces ressources. Cette politique n'est pas indépendante en Asie centrale : la gestion commune demande l'unité d'action, qui manque

27 Article 1 de la Convention sur la protection et l'usage des cours d'eau trans-frontières et des lacs internationaux, Helsinki, 17 mars 1992 : <http://www.ecolife.org.ua/laws/inter/1992/02.php>.

28 S. Vinogradov, « International law of water resources » : <http://www.cawater-info.net/bk/water_law/pdf/ilwr.pdf>.

en Asie centrale ; la décision politique est sous l'influence de partenaires extérieurs.

Une gestion commune sera transfrontalière ou ne sera pas. Pays d'Asie centrale, Russie et Chine doivent établir une politique pour l'usage des ressources en eau et en énergie.

Le soutien de l'UE pour la formation d'une « gestion de l'eau » en Asie centrale

Forte de sa propre expérience de gestion des tensions sur l'eau, l'UE a proposé un soutien dans sa « stratégie de l'UE pour l'Asie centrale » (2007), un forum pour discuter de ces situations conflictuelles des eaux transfrontières en Asie centrale. La Commission a élaboré un « programme pour la modernisation de l'usage des eaux rationnel » et un « programme de gestion des ressources en eau et de l'environnement »[29]. Un groupe de travail (2008) cherche un « dialogue sur la politique nationale d'usage des eaux en Asie centrale » entre UE et la région : avec le Kirghizstan et chacun des pays d'Asie centrale.

Ces projets bilatéraux ne retirent pas son importance au besoin d'une organisation internationale et régionale, par exemple un Centre régional écologique d'Asie centrale, et un processus pour introduire le protocole de Kyoto et la convention d'Aarhus. Parallèlement à « l'initiative de l'UE pour l'eau dans les pays d'Europe orientale, du Caucase et d'Asie centrale », un groupe de travail dirigé par la Roumanie œuvre à abaisser la tension entre pays en amont et aval des fleuves d'Asie centrale, surtout Ouzbékistan, Tadjikistan et Kirghizstan.

L'UE offre d'être « coordinateur principal » du processus. En 2008, une réunion à Rome a fourni une « plateforme de coopération dans le domaine de l'environnement et des ressources en eau » avec les pays d'Asie centrale[30] (2009), qui doit intégrer environnement et changement climatique vers une coopération de toutes les républiques d'Asie centrale. Cette coordination attribue 15 millions € pour gérer les ressources en eau transfrontières d'Asie centrale, ouvrant le processus « de Berlin ». D'autres donneurs, comme la commission économique pour l'Europe de l'ONU, ont rejoint ce processus de Berlin[31].

29 L'UE et la modernisation de l'usage rationnel des eaux (programme « la gestion des ressources en eau »).

30 « Plate-forme de coopération dans le domaine de l'environnement et des ressources en eau », Rome, 2009, *L'UE et l'Asie centrale.*

31 Documents de la Conférence sur la gestion des ressources en eau, Berlin, 1er avril 2008.

Un système régional de gestion intégrée des ressources en eau et hydro-énergie est une perspective à long terme. L'eau et la sécurité énergétique sont interdépendantes et exigent des projets communs mais abaisser la tension en Asie centrale ne la fera pas disparaître. Des facteurs entretiennent les contradictions entre pays situés en amont et aval des fleuves, notamment lors de la construction de nouvelles installations hydro-énergétiques.

Les mesures lancées par l'UE infléchissent la question des ressources en eau vers le plan énergétique, d'où le soutien aux projets d'exportation du gaz d'Asie centrale par un corridor sud[32]. Les États-membres de l'UE se tournent vers ce processus européo-asiatique.

L'OCS et une solution juridique pour l'eau par la Convention d'Helsinki

Ces problèmes marquent le dialogue dans l'Organisation de coopération de Shanghai, qui les mit au cœur de son sommet de 2008, et celui dans l'OTSC où en février 2009 le Tadjikistan annula sa participation à cause de désaccords avec la Russie sur le Rogun.

Les États-membres comprennent pourtant le besoin de renforcer la coopération économique de l'OCS, d'une autre coopération pour l'eau entre républiques d'Asie centrale et partenaires extérieurs. Les principes de coopération internationale de l'OCS sont soumis au droit international et à l'ONU, ce qui exige la reconnaissance de la Convention d'Helsinki par tous ces pays[33]. L'Europe a, par cette convention, résolu nombre de ses problèmes d'eau.

La convention définit comment les États riverains, sur le territoire desquels coule un fleuve international, se consultent sur la base de la réciprocité, de la bonne volonté et du « bon voisinage » et à la demande de n'importe quelle partie. Une plate-forme permet d'élaborer et réaliser un contrôle commun de l'eau transfrontière, grandes crues et embâcles. La convention prévoit un système d'alerte à l'apparition d'une situation critique : les parties riveraines doivent se prêter assistance mutuelle sur demande.

En cas de besoin, l'information nécessaire est donnée à un organisme commun, responsable de suggérer une politique de protection et d'utilisation de l'eau transfrontière, des accords bilatéraux et multilatéraux pour la protéger. Par exemple, la partie kazakhstanaise donnerait à la

---

32 Sur le couloir sud, voir Alix et Verny dans cet ouvrage.

33 Convention sur la protection et l'utilisation des cours d'eau transfrontières et des lacs internationaux, Helsinki, 17 mars 1992 : <http://www.ecolife.org.ua/laws/inter/1992/02.php>.

partie chinoise une information complète sur l'impact transfrontière en Chine, facilitant l'activité de dérivation du cours de l'Irtych ou d'autres rivières.

Les différends entre États pour interpréter la convention se règlent par négociations ou par différend devant la cour internationale ou un tribunal d'arbitrage (article 15). Une procédure proche s'appliquerait dans l'OCS pour ses membres, observateurs et partenaires. Appliquer la convention d'Helsinki permettra d'intégrer leur action dans le domaine de l'eau, stimulant leur coopération, à commencer pour les Républiques d'Asie centrale : mécanisme et même méthode de gestion des ressources en eau sont définis (article 9).

Les pays de l'OCS ne doivent pas négliger cette expérience régionale positive.

La création d'un consortium de l'eau et de l'énergie hydro-électrique

Une structure régionale a sa raison d'être. L'eau peut intégrer l'Asie centrale. Pour trouver une plate-forme commune, inévitable à l'avenir, il faut un intermédiaire crédible, partenaire stratégique de chaque État de la région. Russie et Chine pourraient chercher ensemble une résolution multilatérale dans l'OCS satisfaisant plusieurs ou tous les pays : sa coopération économique prévoit le rapprochement des pays d'Asie centrale.

Les États d'Asie centrale doivent valoriser leur potentiel hydro-énergétique et régler le régime des rivières transfrontières pour une mise en valeur commune du potentiel énergétique et atteindre les buts politiques, économiques et écologiques de chaque État[34].

Une dynamique existe : une Commission interétatique pour coordonner la distribution des ressources du Syr-Daria. Kazakhstan, Kirghizstan et Ouzbékistan se sont engagés par leur accord tripartite (2000) sur l'usage des ressources hydro-énergétiques de la rivière Naryn et des réservoirs d'eau du Syr-Daria, en une série d'engagements sur leur règlement[35].

---

[34] Selon la Banque mondiale, les profits communs de l'Ouzbékistan et du Kazakhstan tirés de l'usage des ressources en eau pour l'irrigation sont de 67,3 milliards $, bien plus que les pertes de la Kirghizie (32,2 milliards $/an). Un mécanisme de compensation dans un régime de coopération pour l'usage des ressources hydro-énergétiques est donc le scénario économiquement le plus avantageux de la politique d'autosuffisance énergétique de chaque pays. Cf. « Central Asia and Human Development », UNDP 2005, p. 91.

[35] Le premier accord-cadre Kazakhstan-Kirghizstan-Ouzbékistan sur l'usage des ressources hydro-énergétiques de Naryn (réservoirs de Syr-Daria) date du 17 mai 1998 : <http://www.ecoyouth.freenet.uz/pril_1.htm>.

Un manque de paradigme « Asie centrale » explique la faible identité régionale. « La région d'Asie centrale est en train de bâtir son architecture intérieure et chercher sa place dans l'architectonique commune. Elle n'est pas [...] achevée comme formation géopolitique, c'est pourquoi il y a là une multitude de problèmes irrésolus et des contradictions »[36].

Théoriquement, l'intégration en Asie centrale peut se dérouler selon un rapprochement sectoriel entre des États attirant peu à peu les autres par des forums politiques sur les ressources en eau et la coopération concrète pour leur contrôle et gestion commune : un Conseil commun d'experts sur les projets eau-énergie, un accord sur l'usage commun de l'eau et de l'énergie à l'échelle régionale à partir d'une estimation objective de la situation, un système de compensation mutuelle des pertes d'eau et d'énergie ; et créer grâce à l'expérience mondiale une institution administrative supranationale.

L'institutionnalisation supranationale relancerait l'idée, ancienne, d'un consortium hydro énergétique commun dans la région.

Le paradigme de l'intégration existe. Le développement de la région est possible par une coopération étroite, étape par étape, dans des secteurs précis si les pays de la région appliquent les accords internationaux au lieu de leur confrontation larvée. L'Europe montre les principes et mécanismes d'une coopération régionale utile pour l'Asie centrale[37].

Une zone de libre-échange, puis union douanière, supprime les barrières du commerce. C'est une étape d'intégration vers un marché commun intérieur comme base d'intégration de l'espace physique et économique où opéreraient les libres-circulations des marchandises, services, capitaux et personnes physiques. Par des règles communes supranationales s'imposant aux États, un tel modèle d'intégration est encore éloigné pour l'Asie centrale mais certains éléments en sont acceptables pour la problématique hydroénergétique dans la région.

La dynamique de l'eau et de l'énergie peut jouer dans la CEEA et l'OCS. Le paradigme d'intégration sert l'argument politique de la survie de l'Asie centrale face aux menaces régionales et globales pour des pays sans union régionale, ni garantie de sécurité.

Organisation internationales et gestion de l'eau en Asie centrale : perspectives de coopération sectorielle (Cerac)

La gestion des eaux transfrontières d'Asie centrale comprend l'ordre environnemental et socio-économique. On ne peut la limiter à une seule

[36] N. Nazarbayev, « Une décennie critique », Almaty, Atamura, 2003, pp. 180-181.

[37] B. Balassa, *The Theory of Economic Integration*, Londres, 1961. Ali M. El-Agraa. *The European Union. History, Institutions, Economics and Policies*, Londres, 1998, 85 p.

région. La résolution des problèmes d'eau régionale tient à une approche intégrée par des organisations internationales autant qu'aux efforts des États voisins et des organisations sous-régionales de coopération sectorielle.

L'approche sectorielle est un pas vers l'intégration des ressources en eau transfrontières. Leur résolution étape par étape permet une coopération régionale et sous-régionale et l'interaction entre organisations internationales sur ces questions sectorielles : programme CERAC (Coopération économique régionale en Asie centrale) entre dix pays[38] et six institutions multilatérales : BERD, FMI, Banque islamique de développement, PNUD, Banque mondiale, Banque asiatique de développement, qui assure le secrétariat du CERAC.

Le CERAC a appliqué un plan global 2001-2010 de plus de cent projets et 15 milliards $, pour la coopération régionale en transport, commerce, ressources en eau et en énergie.

Ces échanges pour l'eau-énergie en Asie centrale (Kazakhstan, Kirghizstan, Tadjikistan, Ouzbékistan) s'inscrivent dans le développement du corridor centrasiatique de la stratégie énergétique du CERAC (2009), qui prévoit investissements, transfert des connaissances et développement du corridor, vraie politique d'équilibre de la demande et livraison d'électricité, en gestion des ressources en eau et en développement du système régional de surveillance.

Ce plan d'action CERAC analyse aussi les échanges de ressources énergétiques et en eau d'Afghanistan, en plus des cinq pays d'Asie centrale. En 2011, un système d'aide à la décision inclut la télédétection par imagerie satellite, actions soutenues par le Fond international de sauvetage de la mer d'Aral et ses instruments d'analyse indépendants. Le raccordement de l'Afghanistan au réseau énergétique d'Asie centrale, financé par la société Fichtner grâce à la BAD pour 2 millions $ est géré aussi par la Banque mondiale.

La sécurité énergétique nationale ne doit pas occulter les enjeux régionaux comme les ressources hydrauliques transfrontières. À l'automne 2001, le CERAC a adopté un plan stratégique pour dix ans « CERAC-2020 » visant « de bons voisins, de bons partenaires et de bonnes perspectives ». Depuis 2011-2013 est appliquée une gestion régionale intégrée des ressources en eau et d'énergie pour la sécurité hydraulique et énergétique de la région. Ce système national et sectoriel et régional devrait encore se renforcer.

Si les États d'Asie centrale décident de faire face pour éviter un incident grave, leurs efforts doivent accepter une coopération régionale inspirée

[38] Afghanistan, Azerbaïdjan, Chine, Kazakhstan, Kirghizstan, Mongolie, Pakistan, Tadjikistan, Turkménistan et Ouzbékistan.

de l'expérience internationale de gestion et protection transfrontalières des rivières et des ressources.

En conclusion, les perspectives de rapprochement sectoriel en Asie centrale existent. La distribution-gestion des ressources en eau affecte les intérêts de tous. Si les solutions tardent, ce sera la crise. Les ressources en eau touchent au développement interdépendant des pays.

Les ressources en eau-énergie sont aussi un facteur de sécurité intérieure et interétatique. Un régime de distribution d'eau équitable se heurte à des difficultés artificielles. L'eau est considérée comme un facteur de division alors qu'elle peut être en un facteur d'union.

Le sentiment de concurrence et les intérêts nationaux dominent en Asie centrale, d'où un système de partage territorial fermé mais qui ne peut fonctionner. Les dirigeants doivent avoir la volonté politique de gérer conjointement la situation dans le secteur.

L'absence de cadre juridique commun fondé sur le droit international de la gestion intégrée des ressources en eau est un risque pour la stabilité de la région. Les obligations existantes ne sont pas respectées (pas d'accord sur l'usage des réservoirs de Naryn-Syr Darya).

Le développement régional durable renvoie aux principes de gestion éco-systémique des ressources en eau[39]. Chaque pays doit élaborer son propre « code de l'eau » et en harmoniser les dispositions clés avec les autres États de la région.

Une divergence sur la gestion des ressources en eau est parmi les problèmes les plus difficiles à résoudre dans la pratique internationale mais la convergence est possible entre certaines républiques d'Asie centrale (ou toutes ?). Le rôle des grandes puissances influentes dans la région, Russie et Chine, compte. Les pays de l'UE et d'Asie (Corée, Japon) pourront offrir leur savoir-faire aux républiques d'Asie centrale, qui ont besoin d'une base juridique adaptée aux spécificités régionales.

Ces républiques doivent aussi ratifier les conventions internationales sur les cours d'eau transfrontières[40], reconnaître les principes relatifs

---

[39] Lorsque le ministre tadjik des Affaires étrangères, Zarifi H., a soulevé en 2007 la question d'une approche commune pour les problèmes d'eau et d'énergie, le Kirghizstan a proposé un échange d'énergie de l'Asie centrale. De temps en temps, ces idées sont exprimées à des niveaux élevés.

[40] Instruments légaux internationaux sur les rivières transfrontières : The Helsinki Rules of water use of international importance (1966), The Geneva Convention on the hydropower water flows relevant to several States (1923), The Convention on the Law of the Non-Navigational Uses of International Watercourses (1997), The Convention on the environmental Impact Assessment in a Transboundary Context (1991).

à l'égalité des droits de chaque État dans l'exploitation des bassins et les dommages causés aux bassins, y compris écologiques. Cela ne peut attendre, pas plus qu'en 1950 les Européens ne pouvaient attendre pour s'entendre sur le charbon et l'acier (origine de la CECA, de la CEE, etc.).

Concurrence et complémentarité des architectures régionales de sécurité

Le cas des Balkans et de l'*étranger proche* de la Russie

Philippe GUILLOT

École de l'Air[1] *de Salon de Provence*
et Université de Rouen, France

La disparition des régimes communistes rendit à des nations leur souveraineté mais, dans l'Europe balkanique et aux marches de la Russie, s'accompagna de conflits armés liés à l'imbrication de communautés au fil des siècles mais aggravée par Staline ou Tito.

Des alliances militaires comme l'UEO, l'OTAN, des organismes de sécurité collective comme l'ONU et la CSCE devant gérer l'après-guerre froide en Europe, les CEE et les efforts de la société internationale ne purent prévenir l'éclatement violent de la Yougoslavie causé par la réticence russe de voir l'occident prendre pied dans cet État non aligné et par des membres permanents du Conseil de sécurité réticents à avaliser les sécessions slovène et croate. Il fallut quatre ans pour que l'ordre revienne en Bosnie-Herzégovine. Ce fut le cas par une tutelle internationale inédite d'une coalition d'organisations intergouvernementales ou une opération onusienne de maintien de la paix. Le Kosovo lui aussi fut placé sous tutelle internationale. En Albanie, entre-temps, une coalition civilo-militaire intervenait pour faire cesser les troubles nés d'une transition brutale. La seule réussite dans la région fut la Force de déploiement préventif de l'ONU en Macédoine, qui évita aux tensions entre communautés slave et albanaise d'embraser le pays ; et les trois opérations de l'OTAN (août 2001 à mars 2003), dont la dernière fut relevée par l'UE (opération *Concordia* ; EUPOL *Proxima* 2004-2005 ; EUPAT 2006).

Par contraste, le dépérissement de l'URSS fut moins chaotique. Des violences ont accompagné la (re)naissance d'États : conflits armés

[1] Le propos de l'auteur n'engage ni les EOAA, ni le ministère de la Défense, ni le Gouvernement français.

internationaux (Arménie contre Azerbaïdjan au Haut-Karabagh ; Russie contre Géorgie au Nakhitchevan), conflits armés non internationaux (Transnistrie, Géorgie-Abkhazie-Ossétie du Sud, Tchétchénie, Tadjikistan, Kirghizstan), tensions internes (Daghestan, Ouzbékistan). Pourtant, la déflagration générale annoncée n'eut pas lieu et la violence fut mieux contenue qu'en Europe du Sud-Est. Le maintien de la paix y relève de la CEI et, depuis 2002, de l'OTSC, même si l'ONU et l'OSCE sont également présentes.

Dans ces deux régions, les architectures de sécurité (imbrication d'institutions internationales compétentes pour maintenir la paix ou régler les différends) sont-elles de nature similaire (I), témoignent-elles de conceptions diverses (II), permettent-elles une bonne gouvernance sécuritaire (III) ?

I. Similitudes des architectures de sécurité

L'ONU n'a été l'acteur ni unique ni même principal, contrairement à la CSCE/OSCE. Une architecture de sécurité complexe a dominé avec présence militaire de grands voisins, des organisations préconstituées et des alliances sporadiques.

1. Le rôle relativement limité de l'ONU

La CEI a profité d'une tendance au sein du Conseil de sécurité de l'ONU : laisser les organismes régionaux régler les différends locaux (chapitre VIII de la Charte). Elle se substitua à l'ONU, plaçant les soldats de la CEI sous observation onusienne. Les interventions de l'OTAN, justifiées par l'inefficacité des « casques bleus » sur le terrain, et de l'UEO à partir de 1992, mais surtout en 1995, calmèrent la situation grâce à une coercition dont l'ONU est incapable. La participation de l'OTAN à l'application des accords de Dayton mit fin au harcèlement des populations civiles.

La gestion de la guerre en Bosnie-Herzégovine fut critiquée. Le refus de négocier avec toutes les parties aboutit à laisser mourir des milliers de victimes. La diplomatie pacifique ne fit que prolonger le conflit. La contradiction entre paix et justice compliqua la tâche des médiateurs : les criminels sont souvent des acteurs politiques/militaires de premier plan et les menaces de sanctions pénales ont peu d'effet dissuasif.

L'ONU fut peu impliquée dans l'opération mettant fin au conflit en Bosnie-Herzégovine. En Albanie, elle se contenta d'autoriser une opération militaire menée surtout par l'Italie et la Turquie (l'OSCE prit en charge les aspects civils). Elle créa pour la Croatie une opération moins ambitieuse que la FORPRONU. Son « retour » au Kosovo après l'intervention de l'OTAN la conduisit à superviser le territoire (MINUK).

2. Le domaine d'excellence de la CSCE/OSCE

L'OSCE/OSCE intervient en complément de forces militaires internationales sous bannière de l'OTAN, de la CEI ou de l'OTSC, voire de l'Union européenne ou de l'ONU. Elle mène des missions dans tous les conflits cités (Arménie, Azerbaïdjan, Bosnie-Herzégovine, Kosovo) et d'autres États (Croatie, Serbie, Monténégro, ARYM, Albanie, Turkménistan, Kazakhstan, Kirghizstan, Tadjikistan, Ouzbékistan) ou voisins (Biélorussie, Ukraine) et des missions ponctuelles d'observation des élections. Les trois plus importantes furent : Mission de Vérification au Kosovo avec près de 1 500 vérificateurs ; Mission au Kosovo (MINUK) avec 857 personnes dont 224 « internationaux » ; Mission en Bosnie-Herzégovine avec, aujourd'hui, 500 personnes.

Ces missions appuient la résolution du conflit, les situations « d'après-guerre », le soutien aux institutions, la mise en œuvre des principes de l'OSCE, qui heurte la souveraineté de certains États, qui n'hésitent pas à l'accuser d'être un instrument de l'impérialisme occidental alors même qu'ils en font partie et qu'y prévaut la règle de l'unanimité.

La Russie réclame la réforme[2] de l'OSCE, d'où une crise compliquée par la concurrence de l'UE dans la gestion civile des crises et du Conseil de l'Europe. Des accords interinstitutionnels s'efforcent d'établir un partage des tâches, insistant sur la complémentarité des institutions, mais la concurrence tend à dominer surtout sur le terrain.

3. L'intervention militaire des « grands voisins »

Le terme « étranger proche », utilisé par la Russie fonde sa volonté envers son voisinage, y compris les pays baltes, les pays limitrophes où résident de nombreux russophones : CEI et OTSC seraient les paravents d'une politique irrédentiste. Dans les Balkans, le « grand voisin » USA n'est pas contigu et il s'agit plutôt d'une maison « euro-atlantique » incarnée par l'OTAN, alliance défensive de l'Europe, continent aux limites orientales peu claires.

Le régionalisme eurasien, voile de l'impérialisme russe ?

La CEI était chargée de lutter contre l'instabilité dans plusieurs pays (Moldavie, Géorgie[3], Tadjikistan) ou d'en contrer certains (Arménie,

---

2 Cf. R. Yakemtchouk, *La politique étrangère de la Russie*, Paris, L'Harmattan, 2008, pp. 256-257.

3 La Géorgie s'est retirée de la C.E.I. en 2008.

Azerbaïdjan). Ses troupes sont mieux à même d'intervenir par leur connaissance du terrain et du russe. Des opérations de l'ONU ont connu un problème de communication entre casques bleus et acteurs locaux.

La Russie et les républiques indépendantes, férues de souveraineté, assignent aux troupes de la CEI (OTSC depuis 2005) des missions d'interposition classique ou appuient les gouvernements légaux. Missions efficaces : obtenir un cessez-le-feu durable est simple avec des moyens appropriés (panoplie militaire déployée : armée, aviation, marine). Ce qui contraste avec les moyens et les règles inadaptés de la FORPRONU en Bosnie-Herzégovine.

Le déploiement dans les NEI de soldats surtout russes évoque une politique d'influence. En Transnistrie, depuis le cessez-le-feu de 1992, ils forment une opération trilatérale (Russie, Moldova, Transnistrie) de maintien de la paix, en parallèle de négociations Russie-Ukraine-OSCE (auxquelles se sont joints en 2005 l'UE et les USA en tant qu'observateurs). En Géorgie, les troupes russes sont dans une force tripartite Russie-Géorgie-Ossétie et dans une force de maintien de la paix de la CEI en Abkhazie. Ces interventions russes peinent à agir de manière neutre et impartiale.

Ce retour à une politique de fin du XIXe n'est pas une exception russe : la France en Afrique ou les USA en divers points interviennent fin XXe de semblable façon. Dans les Balkans, les interventions de l'OTAN, présentées comme un impérialisme des USA, écho de la politique dans son « étranger proche », sont pourtant un interventionnisme plurilatéral.

Le régionalisme euro-atlantique, voile de l'impérialisme états-unien ?

Les interventions de l'OTAN dans les Balkans résultent d'une décision collégiale de la part d'une communauté euro-atlantique. Que l'OTAN soit préférée à l'ONU pour des crises autres que celles pour lesquelles elle a été créée s'explique, entre autres raisons, par la volonté des Européens d'amener les USA à garantir la stabilité sous-continentale.

Dans la « région » euro-atlantique, l'OTAN n'est pas un « arrangement régional » au sens du chapitre VIII (charte de l'ONU), dont le traité ne mentionne aucun article, alors que quatre de ses articles mentionnent la charte, notamment l'article 7 (responsabilité du conseil de sécurité pour le maintien de la paix et sécurité internationales). En s'identifiant à une organisation régionale, l'OTAN se serait placée sous l'autorité du conseil de sécurité, exposé à un veto soviétique.

Depuis 1957, l'OTAN est une communauté de sécurité, un groupe d'États intégrés partageant « des institutions et des pratiques démocratiques, une interdépendance économique, des relations internationales institutionnalisées »[4], bref un sentiment d'*identité* collective ; une forte *interdépendance* et des *institutions* robustes pour maintenir durablement les normes entre membres de la communauté[5]. Une région euro-atlantique existe et l'OTAN en est la forme institutionnelle, l'accord sur l'essentiel n'empêche pas le soutien critique.

Les États européens consacrent une faible part de leur budget à la défense, alors même que le monde se réarme, et se reposent sur les USA pour entretenir un outil militaire approprié. L'UEO a donc été marginalisée aux profits de l'Alliance atlantique.

En dépit de cette dépendance stratégique, les États européens ont souvent marqué leurs différences envers la politique étrangère états-unienne, notamment la France sous de Gaulle (1966) et lors de l'intervention des USA en Irak (2003). La solidarité transatlantique de la « région » repose avant tout sur des valeurs communes à défendre contre les menaces du totalitarisme ou du désordre engendré par le retour des nationalismes : « Plus qu'une alliance, l'OTAN est une communauté de sécurité dont le rôle est essentiel dans la gestion des équilibres de puissance euro-atlantiques et transeurasiens »[6].

Il est logique alors que l'OTAN marche main dans la main avec l'OSCE : cette dernière partage les mêmes valeurs, cette « communauté de valeurs » soulignée par le président du Conseil européen quand il définit la vision conjointe de l'UE et de l'OSCE à long terme : « une communauté de sécurité euro-atlantique et eurasienne »[7].

Dans les Balkans, l'OTAN a conçu dès 1991 des opérations multifonctionnelles de paix dépassant ses limites originelles[8]. En 1992, elle offrit ses services à l'ONU[9] pour la surveillance maritime de l'embargo sur les armes et le contrôle de la zone d'exclusion aérienne en Bosnie-Herzégovine. Sa mission de soutien aérien rapproché des casques

4 Cf. K.W. Deutsch, S. Burrell & R. Kann (eds.), *Political community and the North Atlantic Area : International Organization in the light of historical experience*, Princeton, Princeton University Press, 1957.

5 Th. Risse, « The crisis of the transatlantic security community », in D. Bourantonis, K. Ifantis & P. Tsakonas (eds.), *Multilateralism and Security Institutions in an Era of Globalization*, Londres-New York, Routledge, 2008, p. 84.

6 J.-S. Mongrenier, « Quelles relations une politique de sécurité et de défense européenne peut-elle (doit-elle) entretenir avec les objectifs et les instruments de sécurité et de défense collectives de l'OTAN ?», in P. Pascaillon & A. Dumoulin (dir.), *Quelle politique de sécurité et de défense pour l'Europe ?*, Paris, L'Harmattan, p. 330.

7 Cité in O.S.C.E., *Annual Report*, 2010, p. 108.

8 Cf. D. Lightburn, « NATO and the Challenge of Multifunctionnal Peacekeeping », *NATO Review*, mars 1996, pp. 10-14.

9 OTAN, *Communiqué du Comité des plans de défense*, 11 décembre 1992, § 4.

bleus évolua à l'été 1995 en une campagne aérienne offensive contre les Serbes de Bosnie, mettant fin aux hostilités et ouvrant les négociations de Dayton. En décembre 1995, la résolution 1031 (1995) du Conseil de sécurité transféra les opérations de paix de l'ONU à l'OTAN, chargeant l'OTAN de mettre en œuvre les aspects militaires des accords de Dayton.

En Bosnie-Herzégovine et au Kosovo, OTAN, OSCE, UE et Conseil de l'Europe ont œuvré ensemble pour affirmer les valeurs communes à l'Europe et à l'Amérique du Nord. Les plans de paix relèvent d'une logique humaniste. La conception euro-atlantique du maintien de la paix relève d'une logique « post-westphalienne », où l'individu prime sur la communauté et les principes sur les intérêts. Ni la Bosnie-Herzégovine, ni le Kosovo n'ont pour l'OTAN ou ses États-membres une réelle valeur stratégique. Les interventions de l'OTAN y procèdent de l'identité, des valeurs et des normes de la communauté euro-atlantique[10].

C'est une différence avec le maintien de la paix exercé par la Russie-CEI-OTSC, qui se traduit par une conception différente de la sécurité (II).

II. Divergences sur la notion de sécurité

La conception « westphalienne » russe de sécurité, qui inspire son « étranger proche » et ses frontières, n'est plus celle en vogue en Europe ou aux États-Unis. L'idée de l'ONU, de l'OTAN et de l'UE est la « sécurité humaine », vision holistique justifiant des opérations multifonctionnelles comme depuis une décennie en Bosnie-Herzégovine et au Kosovo.

1. La « sécurité humaine » et les opérations complexes

La notion de sécurité est passée d'une acception militaro-policière (maintien de l'ordre) à une conception plus globale (sécurité humaine) qui aspire à concilier ordre et justice[11] : « repenser la sécurité internationale en la centrant [...] sur la protection de l'individu. La stabilité durable ne

10 Cf. F. Schimmelfennig, « Transatlantic relations, multilateralism and the transformation of NATO », in D. Bourantonis, K. Ifantis & P. Tsakonas (eds.), *op. cit.*, pp. 196-200.

11 Sur la notion de sécurité humaine, cf. « Programme des Nations Unies pour le développement », *Rapport mondial sur le développement humain*, Paris, Economica, 1994, pp. 23-49 ; K. Krause, « Sécurité humaine », in V. Chetail (dir.), *Lexique de la consolidation de la paix*, Bruxelles, Bruylant, 2009, pp. 507-522 ; C. Thomas, « Global Governance, Development and Human Security. Exploring the Links », *Third World Quarterly*, XXII, 2, 2001, pp. 159-175 ; R. Paris, « Human Security. Paradigm Shift or Hot Air? », *International Security*, XXVI, 2, 2001, pp. 87-102 ; J.S. MacLean, D.R. Black & T.M. Shaw (eds.), *A Decade of Human Security : Global Governance and New Multilateralisms*, Aldershot, Ashgate, 2006 ; T. Shahrbanou & A.M. Chenoy, *Human Security : Concepts and Implications*, Londres, Routledge, 2007 ; R. Kherad (dir.), *La Sécurité humaine Théorie et pratique(s)*, Paris, Pédone, 2010.

peut être atteinte que si l'individu ne se voit pas menacé dans ses droits, sa sécurité et finalement son existence »[12].

L'être humain placé au centre des préoccupations de la communauté, la sécurité ne tient plus qu'à la stabilité de l'ordre juridique international (diplomatie et déploiement militaire) mais relève d'une sécurisation globale des populations par la prévention des catastrophes et la maîtrise des risques : résolution 1308 (2000) et doctrine de nombreux États[13].

Les opérations de paix ont donc dépassé le cadre traditionnel du maintien de la paix vers « un *continuum* de gestion d'une crise »[14], des opérations multidimensionnelles de consolidation de la paix[15] pouvant impliquer plusieurs organisations internationales.

Ces « missions intégrées » de consolidation de la paix cherchent à réduire les moyens des parties au conflit par le « désarmement-démobilisation-réintégration » des combattants dans la vie civile. Elles impliquent des militaires mais aussi la police civile, des fonctionnaires et vacataires civils pour des missions d'observation électorale, quelques experts civils pour l'observation des droits de l'Homme, des agents et volontaires d'organisations gouvernementales ou non dans l'assistance humanitaire, le développement économique, souvent des magistrats, des fonctionnaires, voire des membres d'ONG, affectés à la (re)construction de l'État de droit[16], l'édification d'un régime démocratique[17], tout en s'assurant de la participation des communautés et autorités locales au processus de paix.

L'OSCE promeut cette vision par la notion globale de sécurité à quatre « dimensions » : la dimension humaine affirmée par la charte de Paris qui considère que les violations des droits et libertés ou l'intolérance contre la nationalité, la religion, la race ou le genre sont des menaces ; la dimension politico-militaire mettant l'accent sur le désarmement et les mesures de confiance et sécurité et la transparence militaire ; la

---

12 R. Kherad, « Du droit d'ingérence à la responsabilité de protéger », in R. Ben Achour & Sl. Laghmani (dir.), *Les droits de l'Homme, une nouvelle cohérence pour le droit international ?*, Paris, Pédone, 2008, p. 299.

13 Pour la France : *Défense et Sécurité nationale – Le Livre blanc*, Paris, O. Jacob/Doc. française, 2008, p. 121.

14 A. Novosseloff, « L'ONU ou la réforme perpétuelle », *AFDI*, L, 2005, p. 539.

15 Cf. V. Chetail, « La consolidation de la paix : enjeux et ambiguïtés d'un concept en quête d'identité », in V. Chetail (dir.), *op. cit.*, pp. 29-71 ; Département des opérations de maintien de la paix, *Opérations de maintien de la paix des Nations Unies – Principes et orientations*, New York, ONU, 2008, pp. 18-47.

16 Cf. M. Daoudy, « (Re)construction de l'État », in V. Chetail (dir.), *op. cit.*, pp. 353-364.

17 Cf. O. Tansey, « The Concept and Practice of Democratic Regime-Building », *International Peacekeeping*, XIV, 5, 2007, pp. 634-635 ; R. Mani & J. Krause, « Gouvernance démocratique », in V. Chetail (dir.), *op. cit.*, pp. 231-255.

dimension économique et environnementale soulignant les liens entre démocratie, prospérité et sécurité vers l'intégration des économies en transition dans le marché mondial régulé ; enfin l'État de droit et la lutte contre la corruption, sans lesquels les valeurs de l'OSCE sont menacées.

Confier aussi à l'OSCE le maintien de la paix aurait été logique mais elle n'a pour l'instant déployé que des observateurs dotés de jumelles. Pour éviter la duplication de moyens, la « vision américaine [...] adoptée dans la Charte [d'Istanbul de 1999] tend à borner les activités de l'OSCE et à réserver l'essentiel des activités militaires à l'OTAN »[18]. Il est vrai que l'expérience de la Bosnie-Herzégovine militait pour un tel partage des tâches.

2. *Les opérations multidimensionnelles en Bosnie-Herzégovine et au Kosovo*

L'opération multidimensionnelle née des accords de Dayton avait réduit l'ONU à un rôle ancillaire. L'opération au Kosovo redonne à l'Organisation un rôle ambitieux.

La « tutelle internationale » sur la Bosnie-Herzégovine

L'ONU s'est vu reconnaître un rôle mineur : la sécurité militaire releva d'une force confiée à l'OTAN avec un contingent russe puis, en 2004, à une mission militaire de l'UE couvrant aussi la lutte contre la criminalité organisée, les aspects civils de l'État de droit incombant à l'OSCE[19], épaulée puis concurrencée par le Conseil de l'Europe. L'action de ces organismes est coordonnée par un haut représentant conçu à Dayton comme un facilitateur et doté ensuite de pouvoirs avalisés par le Conseil de sécurité.

Ce haut représentant spécial de l'UE a admis que ses relations avec les autres institutions (SFOR, OSCE, HCR, FMI, BM, UE) étaient complexes, chacune ayant sa façon de rendre compte. Le représentant spécial de la PESC renchérit : le drame des Balkans prouvait que si l'UE, les États-Unis et l'OTAN travaillaient ensemble, on pouvait atteindre de grands résultats, mais que l'inverse était vrai comme la guerre l'avait prouvé.

Les États-Unis n'ont pas toujours été à l'unisson de l'UE. Washington, espérant des accords de Dayton une stabilisation et reconstruction rapides en Bosnie-Herzégovine, prêchait pour l'indépendance du Kosovo, alors

---

18 Cf. Colard-Fabregoule, *op. cit.*, p. 155.

19 Cf. Ph. Guillot, « Confidence Building in Bosnia and Hercegovina : The Role of the O.S.C.E. », in H.G. Brauch, A. Marquina & A. Biad (eds.), *Euro-Mediterranean Partnership for the 21st Century*, Basingstoke-Londres, Macmillan, 2000, pp. 191-208 ; M. Ducasse-Rogier, *op. cit.*, pp. 196-198 & 336-340.

que les Européens étaient méfiants. Ils firent pression lors de négociations bilatérales sur des États pour qu'ils ne coopèrent pas avec la CPI alors même que les États-membres de l'UE en sont d'ardents soutiens.

Le « protectorat onusien » du Kosovo au défi de l'indépendance

Le processus de Dayton inspira les extrémistes du Kosovo. La stratégie de non-violence ayant conduit à l'impasse, seule la guerre pourrait amener une intervention internationale et la reconnaissance de l'indépendance de la province. En 1996, l'Armée de libération du Kosovo (ALK) perpétra des attentats. La répression serbe entraîna la critique internationale puis la création de la MVK pour vérifier le retrait des forces serbes. L'ALK multiplia les provocations auxquelles les forces serbes réagirent. En janvier 1999, le massacre de Račak conduisit aux condamnations politiques et négociations de Rambouillet avec l'ALK.

Au Kosovo, l'ONU est dotée d'un rôle majeur en raison de réticences envers l'OTAN intervenue de façon illicite au printemps 1999. L'ONU mit en place une nouvelle tutelle : « de 1999 à 2008, c'est un nouvel État qui s'est constitué de toutes pièces sous l'impulsion d'une administration internationale »[20]. L'acteur politique le plus important est le représentant spécial du secrétaire général, le chef de la MINUK[21], chargé de « diriger la mise en place de la présence internationale civile ». Investi de pouvoirs législatif, exécutif, administratif et judiciaire, il est « l'arbitre suprême au-dessus des institutions locales »[22] même après les élections de 2001. La MINUK se métamorphosait en législateur.

La sécurité militaire échut à l'OTAN (KFOR), incluant huit États non membres et la Russie, destinée à dissuader les forces serbes de réinvestir la province, sécuriser la zone et démilitariser l'ALK. Elle fait surtout du maintien de l'ordre et de la gestion de foules.

Le rôle de la police civile d'une opération de paix est fondamental pour la formation de la police locale, notamment quant à la compréhension des droits de l'Homme. L'absence ou la partialité de magistrats locaux peut rendre nécessaire le concours de juges internationaux. Depuis 2008, ce rôle de police, justice et douanes relève de l'UE et de l'OSCE.

---

[20] A. Tonuzi, « Stratégie de transition et de retrait : le cas de la Banque centrale du Kosovo sous administration de la Minuk », <http://www.operationpaix.net> [consulté le 02.02.12].

[21] Cf. O. Tansey, *op. cit.*, p. 638.

[22] E. Lagrange, « La Mission intérimaire des Nations Unies au Kosovo, nouvel essai d'administration directe d'un territoire », *Annuaire français de droit international*, XIV, 2000, p. 357.

III. Les difficultés de la gouvernance sécuritaire

Les concurrences engendrent des difficultés pour la gouvernance sécuritaire, régime résultant de coopérations entre différentes institutions impliquées dans la gestion d'une crise. Ces concurrences se manifestent dans les opérations multidimensionnelles ou complexes mais aussi du fait du recul du régionalisme au profit d'un retour des États.

1. Les concurrences au sein des opérations multidimensionnelles

La profusion d'acteurs aux stratégies et intérêts propres les incite à rivaliser pour justifier leur existence (a). Une opération multidimensionnelle peut avoir en son sein des logiques différentes du fait, non des institutions, mais des multiples tâches à accomplir (b).

a) Concurrences institutionnelles

La concurrence institutionnelle vient du fait que les institutions prenant part à l'opération multidimensionnelle et celles travaillant sur le même terrain peuvent être en concurrence auprès des financeurs ou de l'opinion. Le développement par l'UE d'opérations de gestion de crise dans le cadre de sa PSDC entre en concurrence avec l'ONU et l'OTAN :

- la concurrence institutionnelle au sein d'une même opération

Par sa vision globale de sécurité et son rôle-pivot de paix dans notre zone, l'OSCE est la plus concurrencée. Elle opère dans les mêmes secteurs que le Conseil de l'Europe (droits de l'Homme), l'UE (économie) et l'OTAN-CEI-OTSC (militaire). Elle est concurrencée par des organismes spécialisés qui s'ouvrent (actions civiles de l'OTAN ; gestion de crise par l'UE). Ses missions doivent donc coopérer avec diverses institutions[23].

Ces coopérations sur le terrain se passent mieux que ne laisse penser l'enchevêtrement des organigrammes, la mission dépassant l'appartenance institutionnelle. Au niveau des états-majors, pourtant, chacun cherche à tirer la couverture. La communication du Conseil de l'Europe peine, alors que l'UE a un talent médiatique sur le travail accompli en liaison avec d'autres organisations même si sa contribution est minime. Ce caractère

[23] Liste non exhaustive : la Mission au Monténégro travaille avec l'UE, le Conseil de l'Europe et des agences onusiennes (HCR, PNUD, UNICEF) et les organisations de la société civile ; la Mission en Serbie avec l'UE, le Conseil de l'Europe, le HCR, le PNUD, l'UNICEF, le TPI pour l'ex-Yougoslavie (TPIY), la BM et plusieurs ONG ; la Mission à Skopje avec le Représentant spécial de l'UE, l'OTAN et les USA ; le Bureau à Zagreb avec la délégation de l'UE, le bureau de liaison du TPIY et avec des ONG ; et le Bureau à Minsk avec la délégation de l'UE, le Comité exécutif de la CEI, les institutions onusiennes et l'Organisation internationale des migrations (OIM).

expansionniste de l'UE irrite certains partenaires : en 2009, le secrétaire général de l'OSCE critiqua cet unilatéralisme de l'UE qui sapait le travail de l'OSCE[24].

L'OSCE organise désormais une rencontre ministérielle informelle avec l'ONU, le Conseil de l'Europe, l'UE, l'OTAN, la CEI/OTSC et la CICA à des fins de complémentarité interinstitutionnelle.

- le cas particulier des relations entre l'Union européenne et l'OTAN

L'extension des compétences de l'UE à la gestion de crises concurrence l'ONU et l'OTAN. L'UE considère devoir œuvrer pour la paix dans son voisinage, s'y substituant dans les opérations de paix, concurrence d'autant plus vive que la notion de voisinage est élastique. « La proximité signifie [...] que l'Union a vocation à intervenir dans toute crise régionale susceptible d'avoir un impact direct plus important sur le territoire de l'UE qu'une crise dans n'importe quelle autre partie du monde »[25].

La première intervention au titre de la PSDC a pourtant lieu loin : en République démocratique du Congo où l'ONU ne pouvait réunir à temps des contingents militaires répondant à la règle de la répartition géographique – et où l'OTAN n'était pas bienvenue. Dans les Balkans, l'UE a utilisé tout le répertoire disponible des opérations de paix : missions purement civiles pour renforcer l'État de droit (Kosovo, Géorgie) et opérations semblables à celles de l'OTAN (EUFOR *Concordia*, EUFOR *Althéa*).

La distinction entre opérations « lourdes » pour l'OTAN et « légères » pour l'UE ne tient plus. La coopération la plus délicate entre les deux concerne les opérations touchant la stabilisation : elles impliquent une bonne coordination, tout en maintenant l'autonomie du processus décisionnel de chacune des organisations[26] :

> Ce qu'on peut appréhender comme de la concurrence (pour les uns, l'UE vient sur le terrain de l'Alliance ; pour les autres, l'OTAN vient sur les plates-bandes européennes) n'est au fond que la conséquence logique de la nouvelle situation stratégique qui affecte les deux organisations [...] Aussi faut-il constater aujourd'hui moins une concurrence qu'une complémentarité, et une coopération quotidienne. La différence entre les deux organisations tient à la géographie de leurs frontières : l'une est plus politique mais exclusivement européenne, l'autre est plus spécialisée mais transatlantique. Vingt ans après

---

24 N. Ibryamova, *op. cit.*, p. 100.

25 S. Biscop, *A military strategy for EU*, exposé présenté à la 12e conférence biennale EUSA, 3-5 mars 2011, p. 10.

26 Cf. B. d'Aboville, « OTAN-UE, coexistence ou synergie », in P. Pascaillon & A. Dumoulin (dir.), *op. cit.*, p. 212.

la fin de la guerre froide, on ne les distingue plus par leur compétence, mais d'après leur territoire ![27]

Les relations entre UE et OTAN sont renforcées par un « partenariat stratégique » dans le sens de la complémentarité, surtout avec le « retour » de la France dans l'OTAN (2009). Les accords « Berlin Plus » donnent à l'UE accès à certaines capacités de l'Alliance pour diriger une mission mais les membres « non otaniens » de l'UE[28] ne peuvent être intégrés au quartier général de l'OTAN à Bruxelles (*SHAPE*) : « Washington continue de se méfier d'une Europe puissante et forte. Et l'Union n'a pas encore atteint un niveau de puissance militaire suffisamment crédible pour peser sur les choix américains dans les domaines de la sécurité et de la défense »[29]. Pourtant, « le nouveau concept de l'OTAN entretient une ambivalence entre son souhait déclaré de la défense européenne et un partage néanmoins présent de l'OTAN sur la définition des plans qui ne sont pas clairement décrits : partage des rôles, partage de mission ou autres »[30].

Cette ambivalence serait voulue afin de rendre l'Alliance plus contraignante pour ses membres européens et, par la refonte du système de commandement, de transformer l'OTAN en une sorte de Conseil de sécurité *bis* occidental :

> c'est un aménagement qui vise à étendre les compétences de l'OTAN partout dans le monde. Elle se fait par une méthode propre à l'esprit du droit coutumier anglo-saxon : sans révision de la définition politique fondatrice du traité, mais aboutissant insensiblement à sa « violation consensuelle » par la compétence technique et le monopole du commandement américain dans certains domaines. Ce type de remodelage du traité est nécessaire pour éviter une révision exigeant ratification par les Parlements. Ce serait donc l'équivalent d'un coup d'État militaire anticonstitutionnel si l'OTAN était la force armée d'un État démocratique.[31]

---

27 O. Kempf, *op. cit.*, p. 220.

28 L'Autriche, l'Irlande, la Finlande et la Suède non seulement participent aux opérations de la P.S.D.C., mais ont aussi participé à l'IFOR/SFOR, à la KFOR et même à la Force internationale de sécurité en Afghanistan qui est une opération de l'OTAN ; en revanche, Malte et Chypre n'ont pas participé à ces opérations.

29 G. Rouby, « L'OTAN et l'UE : Partenariat ou concurrence ? », *Annuaire français de relations internationales*, VIII, 2008, p. 56.

30 C. Grandperrier, *Le nouveau concept de l'OTAN et la défense de l'Europe*, Paris, L'Harmattan, 2011, p. 17.

31 A. Joxe, *Les guerres de l'empire global. Spéculations financières, guerres robotiques, résistance démocratique*, Paris, La Découverte, 2012, p. 119.

b) Concurrences des mandats

La concurrence entre institutions aux compétences mêlées se manifeste entre institutions, voir entre organes de la même institution, ayant des domaines de spécialité différents.

La plus notable concurrence est la contrariété entre les mandats militaires ou policiers et la défense des droits de l'Homme ou de l'État de droit. L'incompréhension entre soldats et personnels humanitaires, souvent constatée en maintien de la paix, atteint des dimensions importantes dans les Balkans, le Caucase ou l'Asie centrale : à la difficulté de compréhension entre le guerrier et le boy-scout, s'ajoute l'éternelle dialectique entre liberté et sécurité.

La KFOR fut critiquée pour ses détentions arbitraires et avoir refusé l'accès au *Camp Bondsteel* (soumis à l'autorité du contingent ONU détenant de supposés perturbateurs) au Comité de prévention de la torture du Conseil de l'Europe. Le commandant du camp refusa d'obtempérer au juge international ordonnant de libérer des suspects albanais[32] et des juges internationaux obligèrent la MINUK à indemniser les victimes des détentions arbitraires[33].

> En invoquant le besoin de sécurité comme une condition préalable nécessaire pour l'instauration de l'ordre et la réforme juridique, les administrations internationales et les autorités locales qui sont censées mettre en œuvre des projets d'instauration de l'État de droit ont violé les droits de l'Homme et négligé les exigences relatives à une procédure régulière.[34]

La dialectique liberté-sécurité peut pousser la « sécurité humaine » à ses limites. Une conception extensive de la sécurité (OSCE) garantit la paix à long terme mais peut contrarier les impératifs de sécurité à court terme que privilégiera le militaire ou le policier. Les intérêts parfois contradictoires entre maintien de l'ordre et respect des droits fondamentaux s'ajoutent aux opérations complexes, souvent dans des zones d'insécurité, devant choisir entre des objectifs porteurs de temporalités différentes.

Cela exige une excellente coordination entre les différents acteurs. Multiplier les points de rencontre pourrait être la solution pour que complémentarité prime sur concurrence.

---

32 Cf. Cl. Baldwin, « Implementation through Cooperation ? Human Rights Officers and the Military in Kosovo, 1999-2002 », *International Peacekeeping*, xiii, 4, 2006, pp. 496-499.

33 Cf. M. Odello, « Tackling Criminal Acts in Peacekeeping Operations », *Journal of Conflict & Security Law*, xv, 2, 2010, p. 373.

34 Cf. V. Gowlland-Debbas & V. Pergantis, « État de droit », in V. Chetail (dir.), *op. cit.*, p. 223.

2. *Le « retour des États », signe d'une nouvelle guerre froide ?*

Les organisations internationales ne sont que ce que leurs États-membres en font : les plus puissants peuvent s'émanciper de la discipline de l'organisation. La CEI est dépeinte comme instrument de politique extérieure russe et l'OTAN comme celui de la politique états-unienne. L'OSCE est considérée par Moscou comme inféodée à Washington, alors que la Russie y siège et qu'y prévaut le droit de véto pour tous. Dans la zone étudiée, les organisations régionales connaissent un reflux d'influence au profit des États les plus puissants, d'abord les USA et la Russie, semblant renouer avec les pratiques de guerre froide. La Russie est de plus en plus agacée par l'intérêt porté par les USA à « son » étranger proche :

> Le 27/7/2005, l'ambassadeur américain à Moscou [...] appelait la Russie à conclure un accord avec Chisinau à propos de l'évacuation des troupes russes en Transnistrie. [...] La décision américaine de s'impliquer dans la résolution du conflit en Transnistrie a été accueillie avec suspicion à Moscou. Le 20/3/2006, l'ambassadeur russe à Chisinau [...] déclarait : « La Russie a, en vertu de son statut de grande puissance, des intérêts légitimes et non négociables dans l'espace postsoviétique [et est] garante de la sécurité dans la région. Les interventions des États-Unis et de l'UE et le soutien accordé aux actions à la frontière moldo-ukrainienne ne peuvent pas forcer la Russie à renoncer à ses intérêts de politiques extérieures ».[35]

Ulcérée par les « révolutions colorées » – rose en Géorgie, orange en Ukraine, tulipes au Kirghizstan – portant au pouvoir des dirigeants pro-occidentaux », la Russie rejette l'influence des USA en Europe centrale. Si les ex-pays de l'Europe de l'Est ayant rejoint l'UE et l'OTAN inclinent vers Washington, ceux en dehors de ces organisations semblent à Moscou des républiques bananières. Moscou ne tolère plus cette mainmise sur l'Europe.

La guerre russo-géorgienne (2008) entre membres de l'OSCE fut un avertissement et montra les limites de l'Organisation, néanmoins chargée d'observer la mise en œuvre de l'accord EU-Russie : vingt observateurs militaires non armés furent déployés aux abords de l'Ossétie du Sud pour avertir de toute reprise des hostilités et enquêter sur des violations des droits de l'Homme. Un veto russe mit fin à la mission[36], accusant l'OSCE de ne pas avoir informé la communauté internationale des préparatifs militaires géorgiens[37].

---

35 R. Hatto & O. Tomescu, « Les États-Unis et la "nouvelle Europe". La stratégie américaine en Europe centrale et orientale », *Autrement*, Paris, 2007, pp. 28-29.

36 Cf. N. Ibryamova, *op. cit.*, p. 92.

37 Cf. I. Facon, « La crise géorgienne, un tournant dans les relations de sécurité Russie-Occident ? », *Annuaire français de relations internationales*, X, 2009, <http://www.afri-ct.org>, [consulté le 02.04.12].

Par un jeu de balancier, les manquements russes à défendre en 1999 les intérêts de l'allié naturel serbe au Kosovo ont nourri la préparation d'une intervention vigoureuse en 2008 en faveur des intérêts de son pré-carré aux frontières caucasiennes. Négliger ce lien a valu au président M. Saakachvili sa plus grave erreur d'appréciation.[38]

Malgré le rôle de l'Union européenne, l'absence totale de l'ONU et l'impuissance des USA firent que la Russie put unilatéralement reconnaître l'Abkhazie et l'Ossétie du Sud comme États indépendants, défiant les Occidentaux qui avaient reconnu le Kosovo. Les organisations internationales furent marginalisées par cette attitude « westphaliennes » russe.

En conclusion, toutes ces remises en question firent proposer par le président russe en 2008 (en juin à Berlin, en octobre à Evian) une « nouvelle architecture de sécurité paneuropéenne » où l'emploi de la force ou la menace de son emploi serait inadmissible car l'atlantisme comme seule base de sécurité aurait fait son temps. Depuis 2009, les négociations sur ce que pourrait être cette « nouvelle architecture » n'ont débouché sur rien de concret, mais comme l'OSCE participe à ces tractations, il est peu probable qu'elle se saborde. L'OSCE reste donc caractérisée par une architecture baroque où s'entremêlent des organisations aux compositions et compétences imbriquées, pour le plus grand bénéfice des États. Ces derniers ne sont pas lassés d'une conception westphalienne du monde.

---

38 N. Guinard, *op. cit.*

Le droit de la dénucléarisation en Asie centrale et le Traité de Semipalatinsk du 8 décembre 2006

Jocelyn Clerckx

Université du Havre, France

Semipalatinsk... Le choix de cette ville située dans l'actuel Kazakhstan comme lieu de signature du Traité portant création d'une zone exempte d'armes nucléaires en Asie centrale est en soi tout un symbole. Cette région – plus exactement le « *polygone* » de Semipalatinsk de 18 000 km², situé à 130 km à l'ouest de la ville du même nom – fut en effet l'un des principaux sites d'essais nucléaires de l'Union soviétique. Environ 460 explosions nucléaires y ont retenti provoquant des radiations aux répercussions désastreuses tant sur la santé des populations civiles que sur l'environnement.

Le fait d'avoir choisi de signer ce Traité dans la ville de Semipalatinsk, le 8 septembre 2006, révèle donc la volonté des cinq États signataires (le Kazakhstan, le Kirghizstan, l'Ouzbékistan, le Tadjikistan et le Turkménistan), tous d'anciennes républiques de l'ex-Union soviétique, de rompre définitivement avec ce sombre héritage. Ceux-ci ont par la suite confirmé leur démarche en ratifiant chacun le traité[1], entrainant ainsi son entrée en vigueur le 21 mars 2009[2].

L'accord dont s'agit n'est pas le premier du genre. Plusieurs zones dénucléarisées existaient déjà par devers le monde. La première d'entre elles, et sans doute la plus achevée, est la zone dénucléarisée d'Amérique Latine et des Caraïbes créée par le Traité de Tlatelolco du 14 février 1967. Apparurent ensuite, la zone dénucléarisée du Pacifique Sud (Traité de Rarotonga du 6 aout 1985), puis celles de l'Asie du Sud-Est (Traité de Bangkok du 15 décembre 1995) et de l'Afrique (Traité de Pelindaba du 11 avril 1996), sans compter les diverses zones inhabitées qui ont également

1 Kirghizstan (22 mars 2007), Ouzbékistan (3 avril 2007), Turkménistan (19 avril 2008), Tadjikistan (13 janvier 2009) et Kazakhstan (19 février 2009).

2 Conformément aux dispositions de l'article 15 du Traité de Semipalatinsk, celui-ci est entré en vigueur 30 jours après le dépôt du 5e instrument de ratification.

été déclarées dénucléarisées : l'Antarctique, le fond des mers, l'espace extra-atmosphérique, la Lune[3]...

En comparaison, cependant, le Traité de Semipalatinsk présente plusieurs aspects qui en font un accord inédit. Tout d'abord, il institue pour la première fois une zone dénucléarisée dans l'hémisphère Nord, alors que les zones existantes concernaient des États du Sud[4]. De plus – et surtout –, les États de cette nouvelle zone ont un lourd passé nucléaire dans la mesure où la région a été directement impliquée dans le programme nucléaire militaire de l'Union soviétique. Par ailleurs, deux puissances nucléaires avérées ont des frontières communes avec cette zone (la Russie et la Chine) et au moins deux autres États situés à proximité de celle-ci sont eux aussi, de toute évidence, dotés de l'arme atomique (l'Inde et le Pakistan). Il ne s'agit donc nullement d'une région exempte de toute tension, ce d'autant plus que les États de la zone ont pour certains connus des guerres civiles (comme par exemple le Tadjikistan de 1991 à 1997) ou des révolutions (« révolution des tulipes » au Kirghizstan en 2005), qu'ils ne sont nullement à l'unisson sur le plan des choix politiques (le Turkménistan est neutre alors que les quatre autres États de la zone sont membres de la CEI et sont parties au Traité de sécurité collective de Tachkent du 15 mai 1992 qui les lie à la Russie sur le plan militaire) et que la question des minorités et des ressources naturelles est un possible facteur supplémentaire de conflit[5].

C'est également le déroulement des négociations qui retient l'attention[6]. L'idée d'une zone dénucléarisée en Asie centrale a été lancée pour la première fois par le Président de l'Ouzbékistan dans une déclaration devant l'Assemblée générale des Nations Unies le 28 septembre 1993. Quelques années après, en février 1997, les Présidents du Kazakhstan, du Kirghizstan, de l'Ouzbékistan, du Tadjikistan et du Turkménistan se réunissaient à Almaty (Kazakhstan) pour appeler, dans une déclaration commune, tous les États intéressés à soutenir ce projet. Les cinq pays ont ensuite entamé des négociations actives. À leur demande, les réunions ont été présidées par le Directeur du centre régional des Nations Unies

---

3 Traité sur l'Antarctique du 1er décembre 1959, Traité sur les fonds marins du 11 février 1971, Traité sur l'espace extra-atmosphérique du 27 janvier 1967, Accord régissant les activités des États sur la Lune et les autres corps célestes du 5 décembre 1979.

4 J. Golblat, « La dénucléarisation de l'Asie centrale », *Forum du Désarmement*, 2007 n° 4, p. 34.

5 J.-F. Guilhaudis, « L'établissement d'une zone exempte d'armes nucléaires en Asie centrale », *AFRI*, 2008, p. 607.

6 Pour une présentation détaillée du déroulement de ces négociations voir S. Parrish et W. C. Potter, « Central Asian States Establish Nuclear-Weapon-Free-Zone Despite U.S. Opposition », James Martin Center for Nonproliferation Studies, octobre 2006, <http://cns.miis.edu/stories/060905.htm>.

pour la Paix et le Désarmement en Asie et dans le Pacifique, ce qui témoigne de l'implication directe de l'ONU et constitue une première en matière de négociation d'un traité de dénucléarisation[7]. Après de longues discussions, un projet de traité émergea en 2002 et fut transmis aux puissances nucléaires officielles (les États-Unis, la Russie, la France, le Royaume-Uni et la Chine) pour avis. C'est alors que les puissances occidentales (les États-Unis, le Royaume-Uni et la France) s'émurent de ce que le projet contenait des clauses qui avaient été manifestement introduites pour satisfaire aux demandes de la Russie et aboutissaient à faire prévaloir le Traité d'alliance militaire de Tachkent sur les obligations de dénucléarisation. Selon les occidentaux, le texte ne permettait pas d'exclure totalement l'hypothèse que la Russie puisse dans certaines circonstances introduire et déployer des armes nucléaires dans la zone, nonobstant les interdictions énoncées, ce qui revenait, à leurs yeux, à vider celles-ci de toute substance – on y reviendra. Il fut donc demandé aux cinq États impliqués dans les négociations de revoir leur copie.

Contre toute attente, cependant, ces derniers ont refusé de procéder à une modification substantielle du projet et seuls quelques changements *a minima* ont été opérés. La conséquence de cette résistance de type « antioccidentale »[8] est que la version définitive du traité de 2006 ne répond pas aux exigences des États-Unis, du Royaume-Uni et de la France et que ceux-ci ont montré du coup un désintérêt ostensible à son égard[9]...

Malgré tout, le Traité de Semipalatinsk constitue une avancée en ce que les obligations qu'il consacre vont au-delà de celles du Traité de non-prolifération nucléaire du 1er juillet 1968 (TNP) qui seul liait jusqu'alors les États de la zone. En effet, les États parties au TNP ne peuvent fabriquer ou acquérir des armes nucléaires ni exercer un contrôle sur de telles armes, mais il leur est possible, en revanche, d'autoriser une puissance nucléaire à entreposer ses têtes nucléaires sur leurs territoires, pour autant quelle en garde le contrôle[10]. À l'inverse, le Traité de Semipalatinsk, comme tous les traités de dénucléarisation[11], exclut formellement – *de*

7 J. Goldblat, *op. cit.*, p. 27.

8 Sur ce point voir J.F. Guilhaudis, *op. cit.*, p. 608 *sq.*

9 C'est ainsi notamment qu'ils ont voté contre la résolution 61/88 de l'Assemblée générale des Nations Unies en date du 6 décembre 2006 saluant la création d'une zone exempte d'armes nucléaires en Asie Centrale.

10 G. Fischer, « La zone dénucléarisée du Pacifique Sud », *AFDI*, 1985, p. 26.

11 Voir à ce sujet les lignes directrices dégagées par la Commission du désarmement des Nations Unies : « *Création de zones exemptes d'armes nucléaires sur la base d'arrangements librement conclus entre les Etats de la région concernée* », document A/CN.10/1999/WG.I/WP.1 du 19 mars 1999. Voir également sur le concept de zone dénucléarisée J. Prawitz, « The Role and Theory of Nuclear-Weapon-free

jure – une telle faculté, même si sa formulation comporte des ambigüités concernant le caractère réellement absolu de cette interdiction dans certaines circonstances particulières.

L'institution d'une zone exempte d'armes nucléaires (I) constitue donc indéniablement un saut qualitatif. Toutefois, il convient de ne pas perdre de vue que l'efficacité d'une telle zone dépend aussi des engagements pris par les puissances nucléaires, c'est-à-dire de leur ratification du Protocole additionnel au traité qui leur est destiné. Il importe donc de ne pas négliger la question des obligations des États dotés de l'arme nucléaire extérieurs à la zone (II), compte tenu notamment de ce que ces derniers contestent, comme on l'a vu, certaines clauses du Traité de Semipalatinsk.

I. L'institution d'une zone exempte d'armes nucléaires

La mise en place d'une zone dénucléarisée est une opération complexe. Dès lors, la nature et le champ d'application des obligations incombant aux États de la zone doivent être précisés (1) ainsi que les mécanismes destinés à assurer leur bonne application (2).

1. Nature et champ d'application des obligations incombant aux États de la zone

Les différentes obligations contractées. Celles-ci sont typiques d'un traité de dénucléarisation. L'article 3 du Traité relatif aux engagements fondamentaux reprend tout d'abord les obligations déjà consacrées par le TNP, à savoir, en particulier, l'engagement de ne pas fabriquer, acquérir ou contrôler des armes nucléaires ou d'autres dispositifs nucléaires explosifs. Mais les exigences ne s'arrêtent pas là. Les États de la zone doivent également refuser tout « *stationnement* » – stockage, implantation, déploiement etc. – ou toute fabrication sur leurs territoires d'armes ou de dispositifs nucléaires par des États extérieurs. Ils s'engagent aussi à interdire à de tels États de procéder à des essais nucléaires dans un lieu sous leur juridiction ou leur contrôle (article 5). De même, s'inspirant manifestement du Traité de Pelindaba créant une zone dénucléarisée en Afrique, le Traité de Semipalatinsk interdit aux États de la zone de procéder à des recherches concernant la fabrication d'armes nucléaires ou de dispositifs nucléaires explosifs ou encore de permettre que de telles recherches puissent avoir lieu sur leurs territoires (article 3)[12].

Le Traité est donc assez contraignant. Mais il n'est pas totalement restrictif. C'est ainsi que fort logiquement il réaffirme la pleine légitimité

Zones » in P. Cotta-Ramusino, *Nuclear and Conventional Disarmament : Progress or Stalemate ?*, Unione Scienzati per il Disarmo (UPSID), Milan, 1998, pp. 135-199.

12 J. Goldblat, *op. cit.*, p. 29.

de l'utilisation de l'énergie nucléaire à des fins pacifiques (article 7). C'est ainsi également qu'il n'exclut pas la présence dans la zone d'installations en lien avec le nucléaire servant à faire face à une éventuelle attaque atomique (installations de communication, de surveillance ou de renseignement)[13].

Mais c'est surtout la clause du Traité concernant le transit qui est marquante. L'accord distingue en effet le stationnement des armes nucléaires dans la zone – lequel est interdit – de leur *transit*, c'est-à-dire leur simple passage. L'article 4 prévoit que sans préjudice pour les buts et objectifs du Traité, chaque État de la zone reste libre de résoudre les questions relatives au transit à travers son territoire, par air, par terre ou en utilisant les voies d'eau, y compris les visites de navires étrangers dans ses ports et l'atterrissage d'aéronefs étrangers sur ses aérodromes. Une telle clause permet donc à un État de la zone d'autoriser le transit d'armes nucléaires pour autant qu'il ne soit pas porté « préjudice » aux « buts et objectifs du traité ». Or, comme le Traité ne limite ni la fréquence, ni la durée d'un transit, il pourra s'avérer en pratique difficile de différencier le transit autorisé du stationnement interdit[14]...

Il s'agit là en fait d'un problème qui concerne l'ensemble des traités de dénucléarisation existants, et non le seul Traité de Semipalatinsk, dans la mesure où tous autorisent le transit sans le définir[15]. Reste que les puissances nucléaires occidentales –en particulier les États-Unis-, qui n'étaient guère promptes à dénoncer une telle ambigüité lorsqu'elles étaient susceptibles d'en profiter, y ont vu soudainement une faille inquiétante dans le cas du Traité de Semipalatinsk, en raison du fait que celle-ci pourrait alors surtout servir à introduire dans la zone dont s'agit des armes nucléaires... russes (cf. II.1.)[16].

La délimitation de la zone. Lors de la négociation du Traité, l'idée de mettre en place une zone ouverte, permettant aux autres pays ayant une frontière commune avec l'un des cinq États de la zone de rejoindre celle-ci, fut avancée. En définitive, cependant, cette idée fut abandonnée en raison de l'opposition des puissances nucléaires occidentales – il s'agit là d'une des rares concessions qu'elles ont obtenues. Ces dernières voulaient

---

13 *Ibid.*

14 *Ibid.*, p. 30 ; voir aussi J.-F. Guilhaudis, *op. cit.*, p. 620 et A. Biad, *« Les zones exemptes d'armes nucléaires : enjeux et perspectives pour la non-prolifération »*, *Droit nucléaire*, 1996 n° 58, p. 25.

15 A. Biad, *op. cit.*, p. 25 ; S. Szurek, « De Rarotonga à Bangkok et Pelindaba. Note sur les traités constitutifs de nouvelles zones exemptes d'armes nucléaires », *AFDI*, 1996, p. 174. Il convient de noter qu'il n'y a pas de disposition spécifique au transit dans le Traité de Tlatelolco mais qu'une interprétation de la commission préparatoire pour la dénucléarisation de l'Amérique Latine datant de 1967 précise que l'exercice du droit de transit relève des prérogatives de chaque État.

16 En ce sens voir J.-F. Guilhaudis, *op. cit.*, pp. 615 et 620.

en effet éviter que l'Afghanistan, pays particulièrement instable, ou encore l'Iran, qui est soupçonné de dissimuler un programme d'armement nucléaire, ne puissent être tentés d'intégrer la zone par pur opportunisme[17]. Cette dernière se limite donc finalement aux cinq États nommément désignés aux articles 1er (définition et emploi des termes) et 14 (signature et ratification) du Traité – le Kazakhstan, le Kirghizstan, l'Ouzbékistan, le Tadjikistan et le Turkménistan – et couvre leurs territoires terrestres, les eaux relevant de ces territoires (ports, lacs, fleuves, rivières et cours d'eau) ainsi que l'espace aérien surjacent (article 2).

En revanche, la zone dénucléarisée ne s'étend pas à la mer Caspienne, qui est une mer intérieure non soumise au droit de la mer et dont les délimitations nationales sont juridiquement floues, car seulement deux États côtiers sur cinq sont concernés par cette zone (le Kazakhstan et le Turkménistan)[18].

2. *Les mécanismes destinés à assurer la bonne exécution du Traité*

L'application effective des obligations contractées par les États de la zone est assurée, pour l'essentiel, par le recours aux accords de garanties de l'Agence internationale de l'énergie atomique (AIEA) – comme c'est le cas pour tout traité de dénucléarisation – et l'organisation de réunions consultatives[19].

Le recours aux accords de garanties de l'AIEA. L'article 8 oblige en effet tous les États de la zone à conclure un accord de garanties intégrales avec l'AIEA – « full scope safeguards », INFCIRC 153 – ainsi qu'à adhérer au protocole additionnel – INFCIRC 540 –, lequel renforce encore les garanties, au plus tard dix-huit mois après l'entrée en vigueur du Traité[20].

---

17 *Ibid.*, pp. 609 et 618 ; J. Goldblat, *op. cit.*, p. 30 ; S. Parrish et W. C. Potter, *op. cit.*

18 J. Goldblat, *op. cit.*, p. 30. Sur les problèmes de délimitation de cette mer intérieure voir R. François, « Mer caspienne : le casse-tête du partage », European Strategic Intelligence Security Center (ESISC), Note d'analyse du 22 octobre 2009, 6 p.

19 Plus accessoirement, l'article 9 du Traité de Semipalatinsk prévoit également que les Etats parties doivent appliquer des mesures de protection physique aux matières et installations nucléaires utilisées à des fins pacifiques dans le but d'éviter toute utilisation ou manipulation non autorisée ou encore tout vol. De telles mesures concernent notamment les transports de matières nucléaires sur le territoire national ainsi que les transports internationaux. Les mesures de protection physique doivent être « *au moins* » aussi efficaces que les mesures prévues par la Convention de 1987 sur la protection physique des matières nucléaires et les recommandations et directives élaborées par l'AIEA.

20 Pour une présentation de ces différents accords voir « The Safeguard System of the International Atomic Energy Agency », AIEA, 19 p., www.iaea.org/OurWork/SV/Safeguards/documents/safeg_system.pdf.

En pratique, il s'est avéré qu'à l'exception du Kirghizstan, l'ensemble des États de la zone avaient déjà conclu de tels accords avant même l'entrée en vigueur du Traité de Semipalatinsk[21], soit par anticipation, soit en leurs qualités de parties au TNP[22].

L'accord de garanties intégrales et le protocole additionnel mettent en place un dispositif de contrôle destiné à prévenir tout détournement à des fins militaires prohibées des matières nucléaires utilisées dans l'industrie civile. Le système repose sur la fourniture régulière par les États à l'AIEA de données concernant leurs activités nucléaires pacifiques *lato sensu* (y compris l'extraction minière d'uranium, les déchets nucléaires etc.) et les quantités de matières nucléaires impliquées, ainsi que sur la réalisation périodique d'inspections *in situ* par des agents de l'AIEA chargés de confirmer l'exactitude des données fournies ou encore la réalisation d'inspections « *spéciales* » en cas de suspicion de détournement. L'objectif est ainsi d'assurer une comptabilisation précise des matières nucléaires et de déceler les « différences d'inventaire » significatives[23].

Il importe toutefois de souligner que l'AIEA ne contrôle que l'application des accords de garanties et des protocoles additionnels conclus avec elle et non l'application du Traité de Semipalatinsk en lui-même. On pouvait donc s'attendre à ce que le Traité complète le système des garanties de l'AIEA par la mise en place d'un dispositif de contrôle en cas de doute quant au respect de ses obligations par un État de la zone[24]. Les traités de Tlatelolco, Rarotonga et Bangkok prévoient à cet effet une procédure d'enquête sur plainte qui vient s'ajouter aux accords de garanties conclus avec l'AIEA et qui permet, en principe, de contraindre l'État soupçonné à se soumettre à une inspection internationale[25]. Or, on ne trouve rien de tel dans le Traité

21 S'agissant du Kirghizstan, l'accord de garanties intégrales a été appliqué dès le 3 février 2004, mais le Protocole additionnel n'est entré en vigueur que le 10 novembre 2011.

22 On rappellera que l'article III paragraphe 4 du TNP dispose que « Les États non dotés d'armes nucléaires qui sont Parties au Traité concluront des accords avec l'Agence internationale de l'énergie atomique pour satisfaire aux exigences du présent article… ».

23 H. Blix, « Aspects juridiques des garanties de l'Agence internationale de l'énergie atomique », *AFDI*, 1983, p. 50.

24 Voir en ce sens M. Roscini, « Something Old, Something New : The 2006 Semipalatinsk Treaty on a Nuclear-Weapon-Free Zone in Central Asia », *Chinese JIL*, 2008 vol. 7, n° 3, p. 621.

25 Le Traité de Tlatelolco précise ainsi que le Conseil de l'OPANAL « *décidera* » quand une inspection spéciale « *devra être effectuée* » (art. 16, para. 1 i) et indique que « Les parties contractantes conviennent de permettre aux inspecteurs chargés de ces enquêtes spéciales d'avoir accès, librement et sans restrictions, à tous lieux et à tous renseignements directement et intimement liés au soupçon de violation du présent Traité, dont ils auraient besoin pour accomplir leur tâche ». Le Traité

de Semipalatinsk de sorte que cet accord est assurément en retrait sur ce point par rapport aux autres traités de dénucléarisation. Il en va de même sur le plan institutionnel.

L'organisation de réunions consultatives. Seules sont prévues en effet des réunions consultatives annuelles des représentants des États parties ainsi que la possibilité de convoquer, à la demande d'un État partie – pour autant que ce dernier soit soutenu par deux autres États de la zone –, des réunions extraordinaires afin d'examiner le respect des dispositions du Traité ou d'autres questions liées à son application (article 10). On ne pouvait guère faire moins[26]...

Les autres traités de dénucléarisation présentent tous en effet un volet institutionnel beaucoup plus développé, qu'il s'agisse du Traité de Tlatelolco, avec l'Organisation pour l'interdiction des armes nucléaires en Amérique Latine (OPANAL), organisation internationale à part entière, du Traité de Rarotonga, qui a créé un organe politique plénier agissant sous l'égide du Forum du Pacifique Sud, le « Comité constitutif », ou encore des Traités de Bangkok et de Pelindaba qui ont opté pour la formule de la commission avec bureau ou comité exécutif (la Commission africaine de l'énergie atomique, AFCONE, et la Commission pour la zone exempte d'armes nucléaires en Asie du Sud-Est).

On peut certes penser que dans le cas de la zone dénucléarisée de l'Asie centrale, l'absence de tout organe international spécialisé et de tout secrétariat s'explique par le fait que la création de telles structures n'a pas paru indispensable eu égard au petit nombre d'États parties[27]. Cependant, cette pauvreté institutionnelle est de nature à affecter la pérennité du régime de la zone en ce qu'aucun moyen n'est fourni pour surmonter efficacement une éventuelle crise née d'une suspicion de violation du Traité.

Normalement, en effet, les institutions régionales de dénucléarisation peuvent, après qu'ait été réalisée une enquête sur plainte, constater formellement l'existence d'une telle violation – nonobstant l'opposition de l'État mis en cause – par un vote à la majorité qualifiée des

---

de Rarotonga semble également assez explicite puisqu'il prévoit que le comité consultatif « *ordonnera* » la réalisation d'une telle inspection spéciale « dans les plus brefs délais » (annexe 4, para. 4). Quant au Traité de Bangkok, il énonce que l'Etat concerné « *se conformera* à la demande d'envoi d'une mission d'enquête » et « coopérera avec le Comité exécutif » (annexe du Traité, para.5). Pour une analyse de ces procédures voir J. Clerckx, *La vérification de l'élimination de l'arme chimique. Essai d'analyse et d'évaluation de la Convention de Paris du 13 janvier 1993*, LGDJ, 2001, p. 225 *sq*.

26 En ce sens voir également M. Roscini, *op. cit.*, p. 621.

27 J. Goldblat, *op. cit.*, p. 31.

représentants des États parties[28]. Elles peuvent également saisir de leurs recommandations, soit une instance régionale (Forum du Pacifique Sud, OUA, Organisation des États américains), soit le Conseil de sécurité ou l'Assemblée générale des Nations Unies, voire prendre elles-mêmes des « mesures appropriées » pour remédier à la situation[29].

Le Traité de Semipalatinsk ne prévoit rien d'équivalent. Il n'établit même pas de procédure de vote à la majorité qualifiée pour les réunions consultatives, les délégations des États parties devant nécessairement se prononcer par consensus. Or, un tel procédé exclut en pratique toute possibilité d'adopter une résolution contre la volonté de l'État mis en cause...

Quant à l'article 11 consacré au règlement des différends, il n'est pas non plus d'un grand secours. Il se borne en effet à indiquer que les différends quant à l'interprétation ou l'application du Traité devront être réglés par la voie de la négociation ou par d'autres moyens « jugés nécessaires » par les parties, sans plus de précision.

Il semble bien dès lors qu'en cas de crise les États de la zone devront surtout compter sur les moyens de la diplomatie. Reste que le mécanisme des « réunions consultatives » risque d'atteindre rapidement ses limites si la situation internationale se tend et que les positions antagonistes se figent.

En désespoir de cause, il sera toujours possible, cependant, pour un État de la zone de retrouver sa liberté en se retirant du Traité. L'article 16 permet en effet à tout État partie de se retirer s'il estime que des évènements extraordinaires touchant l'objet du Traité ont compromis ses intérêts supérieurs. Il lui suffit alors de notifier à l'État dépositaire du Traité (le Kirghizstan) sa décision de se retirer en énonçant les évènements extraordinaires dont s'agit, étant entendu que l'appréciation de l'existence de tels évènements lui appartient unilatéralement. Le Traité prévoit qu'un tel retrait ne prend effet que douze mois après sa notification, ce délai laissant le temps de convaincre l'État concerné de revenir sur sa décision. Toutefois, on peut douter qu'un État désirant se retirer immédiatement du Traité pour des raisons impérieuses de sécurité s'astreigne à respecter un préavis aussi long.

---

[28] Traité de Rarotonga, annexe 3, para. 1 ; Traité de Bangkok, annexe du Traité, para. 7 d. ; Traité de Pelindaba, annexe 4, para. 4. On notera cependant que le Traité de Tlatelolco ne confie pas expressément à l'OPANAL le pouvoir de se prononcer sur l'existence d'une violation, mais prévoit seulement que celle-ci transmet aux Etats membres toutes les informations qui lui ont été communiquées à propos de la violation suspectée (art. 16, para. 5).

[29] Traité de Tlatelolco, art. 16, para. 8 ; Traité de Rarotonga, annexe 4, para. 9 ; Traité de Bangkok, art. 14, para. 2 et 3 ; Traité de Pelindaba, annexe 4, para. 9 g.

On en vient à la question des obligations des États dotés de l'arme nucléaire extérieurs à la zone.

II. La question des obligations des États dotés de l'arme nucléaire extérieurs à la zone

L'institution d'une zone dénucléarisée implique en effet des obligations non seulement pour les États de la zone, mais également pour les puissances nucléaires extérieures. L'objectif est d'inviter ces dernières à respecter pleinement le statut de la zone en souscrivant certaines obligations visant, d'une part, à garantir son intégrité et, d'autre part, à renforcer la sécurité des États qui ont accepté d'abandonner définitivement l'arme atomique. Tout traité de dénucléarisation comporte ainsi un protocole additionnel définissant les obligations incombant aux États dotés de l'arme nucléaire, lequel est destiné à être signé et ratifié par ces derniers. Le Traité de Semipalatinsk ne fait pas exception. Cependant, bien que le Protocole additionnel (1) de ce Traité soit de facture assez classique, force est de constater une réticence des puissances nucléaires occidentales à s'engager (2).

1. Le Protocole additionnel

Ce Protocole traduit la volonté des États de la zone d'obtenir plus des puissances nucléaires que les simples garanties de sécurité négatives existantes. Tel est bien ce que révèle son contenu. Cependant, sa portée n'est pas sans limites.

Une volonté d'aller au-delà des garanties de sécurité négatives existantes. Les puissances nucléaires ont en effet déjà accordé aux États parties au TNP non dotés de l'arme nucléaire des garanties de non-recours, dites « négatives ». C'est ainsi que la résolution 984 du Conseil de sécurité des Nations Unies en date du 11 avril 1995[30] prend acte de ce que celles-ci ont déclaré qu'elles n'emploieraient pas l'arme nucléaire contre ces États.

Toutefois, dans le cas des États-Unis, de la Russie, de la France et du Royaume-Uni, ces garanties sont conditionnelles. Elles cessent d'être valables en cas d'invasion ou de toute autre forme d'attaque dirigée contre les puissances nucléaires dont s'agit, contre leurs troupes ou encore contre un État auquel elles sont liées par un accord de sécurité, si ces attaques sont menées ou soutenues par un État non doté de l'arme nucléaire qui serait associé ou allié à un État possédant cette arme[31].

---

[30] S/RES/984.

[31] En avril 2010 – soit postérieurement à l'entrée en vigueur du Traité de Semipalatinsk –, les États-Unis ont considérablement élargi la portée de leur garantie en s'engageant à ne

À l'évidence, ces conditions affaiblissent significativement la portée des garanties concernées

Seule la Chine a déclaré qu'elle n'emploierait jamais, en aucune circonstance, l'arme nucléaire contre des États parties au TNP non dotés de cette arme.

Par ailleurs, ces garanties n'ont, de toutes les façons, que la valeur de déclarations unilatérales. Si une certaine doctrine y voit une manifestation de volonté non équivoque créant une « obligation de comportement », au sens où l'entend la Cour internationale de justice dans l'« Affaire des essais nucléaires » (Australie c. France)[32], il n'en demeure pas moins qu'en tout état de cause l'État « garant » peut y renoncer à tout moment en invoquant des circonstances exceptionnelles[33]. De plus, pour d'autres auteurs, ces déclarations, ainsi que la résolution 984, n'ont qu'une valeur essentiellement politique et ne sont pas juridiquement contraignantes[34].

On comprend donc aisément que les cinq États d'Asie centrale, qui renoncent définitivement à l'arme nucléaire, aient souhaité obtenir des garanties plus fermes... Tel est l'objectif assigné au Protocole additionnel ouvert à la signature des cinq puissances nucléaires officielles.

Contenu et limites du Protocole additionnel. Celui-ci commence par consacrer l'obligation pour les États dotés de l'arme nucléaire de ne pas employer ou menacer d'employer cette arme contre les États de la zone (article 1). Il poursuit en obligeant ces mêmes États à n'accomplir aucun acte constituant une violation du Traité (article 2). Il s'agit là d'obligations habituelles pour un protocole additionnel.

Son intérêt majeur provient de ce qu'il est juridiquement contraignant une fois ratifié et de ce que la garantie de non-recours à l'arme nucléaire est formulée de façon inconditionnelle. L'engagement de respecter le Traité de Semipalatinsk a également des conséquences. Les puissances nucléaires s'obligent notamment à ne pas déployer d'armes atomiques sur les territoires des États de la zone – du moins en principe – et à ne pas transférer à ces États de telles armes ou des technologies ou équipements permettant de les mettre au point. Toutefois, il ne s'agit là

pas employer ou menacer d'employer l'arme nucléaire contre les États parties au TNP non dotés de l'arme et respectant pleinement leurs obligations de non-prolifération. Voir *Nuclear Posture Review Report*, U.S. Department of Defence, avril 2010, p. 15.

32 Arrêt du 20 décembre 1974, Recueil CIJ, 1974, p. 270.

33 A. Biad, « Les arrangements internationaux pour garantir les États non dotés d'armes nucléaires contre l'emploi ou la menace de ces armes », *AFDI*, 1997, p. 230 *sq*.

34 Voir J. Goldblat, *op. cit.*, p. 34. Voir également M.E. Rosen, « Nuclear Weapons Free Zones : Time for a Fresh Look », *Duke Journal of Comp. & Int'l Law*, 1997, n° 29, p. 56 : l'auteur considère que les garanties de sécurité négatives sont plutôt des engagements unilatéraux « *politiquement* » contraignants.

que d'obligations de « ne pas faire ». Aucun engagement d'assistance ou de coopération ne figure en effet dans cet accord.

Il convient de noter également que tout amendement au Traité de Semipalatinsk est soumis aux États parties au Protocole additionnel[35]. Chacun d'eux doit ainsi notifier au dépositaire du Traité son acceptation ou, à l'inverse, toute « altération » de ses obligations au titre du Protocole qui résulterait de l'entrée en vigueur de l'amendement concerné (article 3). Enfin, les États parties au Protocole additionnel disposent aussi de la faculté de se retirer de cet accord à tout moment (article 6), dans les mêmes conditions que celles prévues pour un retrait du Traité de Semipalatinsk (cf. I.2.).

Reste le problème des réserves – que n'exclut pas formellement le Protocole additionnel – et des déclarations interprétatives que peuvent faire les États dotés de l'arme nucléaire au moment de s'engager. Ces derniers pourront en effet toujours par ce biais assortir leurs ratifications de diverses restrictions destinées à préserver la faculté d'employer l'arme nucléaire dans certaines circonstances. La pratique montre d'ailleurs qu'ils ne se sont pas privés de le faire par le passé s'agissant des protocoles additionnels aux traités de dénucléarisation[36]...

On touche là indéniablement aux limites de l'exercice. Le risque est en effet qu'en usant et abusant de ces réserves ou déclarations interprétatives, les puissances nucléaires en viennent à transformer l'engagement inconditionnel de non recours à l'arme atomique en une obligation *a minima* n'apportant finalement guère plus que les garanties de sécurité négatives déjà accordées unilatéralement aux États non dotés de l'arme nucléaire parties au TNP, si ce n'est – et la nuance est tout de même de taille – d'être consacrée par un traité international.[37]

---

35 Conformément aux dispositions de l'article 17 du Traité de Semipalatinsk, les cinq États de la zone peuvent en effet amender le traité. Les amendements proposés doivent être soumis à la réunion consultative des États parties et être adoptés par consensus. Ils entrent en vigueur pour toutes les parties après avoir été ratifiés par chacune d'elles.

36 Voir A. Biad, « Les arrangements internationaux pour garantir les Etats non dotés d'armes nucléaires contre l'emploi ou la menace de ces armes », *op. cit.*, p. 232 *sq.*

37 C'est ainsi par exemple que la France a assorti sa ratification du protocole additionnel n° 2 du Traité de Rarotonga concernant le non recours à l'arme nucléaire d'une déclaration selon laquelle son engagement à l'égard de la zone « *équivaut* » aux garanties de sécurité négatives qu'elle avait données aux Etats non dotés de l'arme nucléaire parties au TNP (pour le texte de cette déclaration cf. décret n° 97-42 du 15 janvier 1997 portant publication des protocoles 1, 2 et 3 au traité sur la zone exempte d'armes nucléaires dans le Pacifique Sud (Traité de Rarotonga) du 6 août 1985, JO 22 janvier 1997, p. 1084).

Pour l'heure, cependant, ce problème demeure théorique dès lors qu'aucune puissance nucléaire n'a ratifié, ni même signé, le Protocole dont s'agit, ce en raison essentiellement de la position des États occidentaux.

2. *La réticence des puissances nucléaires occidentales à s'engager*

Cette réticence des puissances nucléaires occidentales à s'engager trouve son origine dans une ambigüité du Traité de Semipalatinsk concernant son rapport avec les autres accords internationaux et en particulier avec le Traité de sécurité collective de Tachkent. Cet obstacle est toutefois surmontable.

Les raisons du blocage. La pomme de discorde concerne ainsi l'article 12 du Traité de Semipalatinsk qui prévoit que ce Traité est « *sans préjudice* » des droits et obligations qu'ont les parties en vertu d'autres traités internationaux qu'ils ont pu conclure avant sa date d'entrée en vigueur. Cette clause a été introduite à la demande expresse de la Russie qui souhaitait manifestement maintenir son influence dans cette région de l'Asie centrale, qui correspond aux territoires de l'ex-Union soviétique, et éviter que l'institution d'une zone dénucléarisée ne puisse remettre en cause certains accords, notamment militaires, la liant aux États de la zone[38].

Dès le stade des négociations, pourtant, les puissances nucléaires occidentales – États-Unis, France, Royaume-Uni – avaient fait part de leur opposition à cette clause. Selon ces dernières, en effet, l'article 12, tel qu'il figurait dans le projet d'accord, revenait à faire prévaloir le Traité de Tachkent du 15 mai 1992, auquel sont parties les États de la zone, à l'exception du Turkménistan, sur le traité de dénucléarisation. Or, comme l'article 4 du Traité de Tachkent prévoit qu'en cas d'agression les parties s'accorderont « toute assistance nécessaire y compris une assistance militaire » et que la notion d'« assistance militaire » n'est pas précisément définie, celle-ci, selon les États occidentaux, pouvait servir à justifier un éventuel déploiement d'armes nucléaires. Ils estimaient donc que la combinaison de cette clause avec l'article 12 du Traité était de nature à permettre à la Russie, dans certaines circonstances, de déployer des armes nucléaires sur le territoire des États de la zone[39].

Les puissances occidentales, et en particulier les États-Unis, s'estimaient confortées dans leur analyse par le fait que l'article 4 du projet autorisait également le *transit* des armes nucléaires dans la zone,

38 J. Goldblat, *op. cit.*, p. 32.

39 Concrètement, l'introduction d'armes nucléaires dans la zone pourrait servir à assurer la protection d'un ou plusieurs Etats de la zone ou encore celle de la Russie.

sans toutefois indiquer clairement en quoi un tel transit se distinguait du « stationnement » qui est en principe interdit[40].

En définitive, cependant, les préoccupations des puissances nucléaires occidentales n'ont pas été réellement prises en compte. Les négociateurs d'Asie centrale se sont en effet contentés d'ajouter une phrase à l'article 12 selon laquelle les parties doivent prendre « toutes les mesures nécessaires » à l'application effective des buts et objectifs du Traité conformément aux principes qui y figurent[41]. Celle-ci n'a toutefois pas été considérée comme satisfaisante par les États occidentaux[42].

Il est vrai qu'il eut été préférable que l'article 12, comme sans doute aussi l'article 4, soient sérieusement remaniés ou encore que la Russie et les États de la zone s'engagent formellement en faveur d'une interprétation restrictive des termes « *assistance militaire* » contenus dans le Traité de Tachkent, en excluant expressément que ceux-ci puissent permettre le déploiement d'armes nucléaires. Au lieu de cela, les États concernés se sont abstenus de toute clarification et ont ainsi laissé perdurer le doute quant à la portée réelle de cette obligation par rapport aux clauses du Traité de Semipalatinsk[43].

On peut certes s'interroger sur la marge de manœuvre dont disposaient réellement les États de la zone par rapport à leur puissant voisin, la Russie, qui est manifestement très attaché au Traité de Tachkent et à ses implications stratégiques. Pour autant, il était prévisible qu'une telle attitude ne ferait que renforcer la suspicion des États occidentaux. Fort logiquement, ceux-ci ont agit en conséquence. Ils ont ainsi non seulement voté contre la résolution de l'Assemblée générale des Nations Unies saluant la création d'une zone exempte d'armes nucléaires en Asie centrale[44], mais ont également fait comprendre qu'ils ne souhaitaient pas ratifier le Protocole additionnel.

Faut-il dès lors considérer que l'entreprise s'est soldée par un échec ? Une telle conclusion serait hâtive.

Un obstacle surmontable. Il existe en effet un moyen relativement simple de sortir de cette situation de blocage. Il consiste à exploiter ce qui *a priori* pouvait paraître comme une faiblesse du Protocole additionnel : la faculté d'assortir sa signature et sa ratification de déclarations interprétatives, voire de réserves.

---

40 J.-F. Guilhaudis, *op. cit.*, pp. 615 et 620.

41 *Ibid.*

42 *Ibid.*

43 Il semble même que certains diplomates russes aient laissé entendre que l'obligation d'« assistance militaire » devait bel et bien être interprétée comme incluant les armes nucléaires... Voir S. Parrish et W.C. Potter, *op. cit.*

44 Il s'agit de la résolution 61/88 en date du 6 décembre 2006.

Il s'agirait donc pour les puissances nucléaires occidentales d'indiquer – avec plus ou moins de précision –, au moment où elles s'engagent, que l'obligation de non recours à l'arme nucléaire contenue dans le Protocole additionnel cesserait de leur être opposable si jamais les clauses du Traité de Semipalatinsk, et en particulier l'article 4 sur le transit et l'article 12 sur le respect des accords antérieurs, devaient être interprétées comme permettant l'introduction et le stationnement d'armes nucléaires dans la zone[45].

Une telle démarche permettrait de débloquer la situation et de rendre possible la signature et la ratification du Protocole additionnel, nonobstant les ambigüités du Traité de Semipalatinsk, sans pour autant sacrifier les intérêts de sécurité des puissances nucléaires occidentales.

Faut-il encore qu'il y ait une réelle volonté politique en ce sens. Or, pour l'heure, ni les États-Unis, ni la France, ni le Royaume-Uni ne semblent pressés de régler le problème. On retrouve là un vieux réflexe des États dotés du feu nucléaire, lequel consiste à éviter autant que possible de se lier par des engagements internationaux afin de préserver toute sa liberté d'action en matière de dissuasion. À l'évidence, ces États s'accommodent fort bien de la situation actuelle qui présente l'avantage de ne leur imposer aucune contrainte.

Quant à la Russie et la Chine, qui ont pourtant approuvé la zone dès le stade de sa négociation – la Russie ayant obtenu les garanties qu'elle souhaitait grâce en particulier à l'introduction de l'article 12 sur le respect des accords antérieurs –, il est peu probable qu'ils prendront le risque de s'engager si les États-Unis ne le font pas[46].

Pour l'instant donc, la ratification du Protocole additionnel par les puissances nucléaires n'est pas à l'ordre du jour, alors même que celle-ci est une condition nécessaire de la pleine effectivité du Traité de Semipalatinsk.

On observe toutefois quelques signes encourageants. Les puissances occidentales à l'origine du blocage n'ont pas fermé la porte à la discussion. Officiellement même, elles sont prêtes à rechercher une solution avec les États de la zone pour pouvoir signer ce Protocole « le plus rapidement possible »[47]. Il faut donc espérer qu'une reprise du dialogue et le recours à

45 Voir en ce sens M. Hamel-Green, *Australia and Regional Denuclearization Treaties*, Nautilus Institute-RMIT, mars 2009, p. 7.

46 J.-F. Guilhaudis, *op. cit.*, p. 608 ; S. Parrish et W. C. Potter, *op. cit.*

47 Telle est la position du Président des États-Unis, Barack Obama, telle qu'elle ressort d'une déclaration en date du 2 mai 2011. Voir *The Central Asian Nuclear-Free-Zone (CANWFZ)*, James Martin Center for Nonproliferation Studies, <http://cns.miis.edu/inventory/pdfs/canwz.pdf>. Le Royaume-Uni semble bien également sur cette ligne : voir par ex. le site de la Mission permanente du Royaume-Uni auprès des Nations

la technique des déclarations interprétatives et des réserves permettront à terme de sortir de cette ornière diplomatique.

L'entreprise de dénucléarisation de l'Asie centrale le mérite bien. Non seulement parce qu'elle est de nature à stabiliser la région sur le plan de la prolifération nucléaire et de la sécurité, mais aussi parce que, plus généralement, elle est susceptible de réduire les rivalités et de renforcer les bonnes relations entre les États de la zone.

[Texte achevé le 5 avril 2012]

Unies à Genève : « ...The UK supports the establishment of NWFZs in Central and Southeast Asia and seeks ways to overcome difficulties that pertain to the Treaties of Semipalatinsk and Bangkok so that it can ratify similar protocols to those Treaties », <http://ukmissiongeneva.fco.gov.uk/en/work/disarmament/disarmament-machinery/conference-on-disarmament>. La France aussi se prononce en faveur d'une reprise des consultations : voir par ex. le discours en date du 7 mai 2010 du représentant permanent de la France auprès de la Conférence du désarmement à Genève : « Nous espérons aussi la reprise effective d'un dialogue constructif avec toutes les parties concernées afin de résoudre les difficultés en suspens concernant le protocole au traité de Bangkok et le traité de Semipalatinsk », <http://www.delegfrance-cd-geneve.org/spip.php?article413>.

Partie IV

Droit, accords juridiques et institutions

À l'origine d'un droit régional

La notion de « critères » ou « éléments objectifs » ou « raison » ou « situation objective »

Harold Kobina GABA

Université du Havre, France

La notion de « critères » ou « éléments objectifs » ou « raison » ou « situation objective » trouve son origine dans les droits de l'Union européenne et du Conseil de l'Europe. Elle est en droit positif à la fois fondement, objectif, moyen et méthode d'une politique : il faut en cerner le contenu, les fonctions ou finalités et le périmètre. La primauté du droit européen (issu du Conseil de l'Europe et de l'Union européenne) influe sur le fondement des droits nationaux des États-membres, ce qu'illustrent les notions « d'éléments », de « raison », « critères objectifs », « situation objective ».

Leur dénominateur commun est l'adjectif « objectif » défini comme « toute idée qui vient des objets extérieurs à l'esprit », description de la réalité sans jugement ou « pensée objective ». Quatre mots avec la même racine, « objet », sont associés : « objectivation » ou « objectiver », fait de rendre objectif ; « objectivement », relativement aux objets extérieurs ; « objectivisme », ce qui est impartial ; « objectivité », ce qui est objectif. Le *Vocabulaire technique et critique de la philosophie* oppose l'adjectif « objectif » à « subjectif » au sens d'apparent, d'irréel, d'individuel, de mental, de conscient[1].

Ces notions sont complétées par les termes : pertinent, raisonnable, concret, clair, vérifiable, transparent, mesurable, justifié ou justifiable… Leur utilisation pénètre les normes et jurisprudences européennes et des matières touchant les institutions, l'économie, l'industrie, l'agriculture, l'environnement, la santé, l'assurance, le travail, les discriminations…

1 *Le Nouveau Littré* (2007). Définitions similaires : « Le Nouveau Petit Robert », « Le Grand Larousse Universel », le « Logos », le « Vocabulaire technique et critique de la philosophie » d'André Lalande.

La Haute autorité de la CECA[2] (décision du 7/9/1960 sur l'exécution de l'article 15 du traité) prévoit « qu'il convient de définir de manière obligatoire la forme des décisions, recommandations et avis de la Haute Autorité, afin que tous les intéressés puissent constater, d'après des critères *objectifs* et clairs, s'il s'agit de décisions, de recommandations ou d'avis de la Haute autorité au sens de l'article 14 du traité [...] ». La Haute autorité précise leur forme, les formalités de notification, de publication et de conservation[3].

La législation de l'UE et son droit dérivé (règlements, directives, décisions, etc.) sont riches de ces notions. 420 occurrences ont été obtenues (26/10/2011) sur EUR-Lex à partir des mots « critères objectifs » dans toute la législation de l'UE[4]. Quant aux mots « éléments objectifs », 53 occurrences à la même date ; et 24 occurrences pour « raison objective »[5]. La jurisprudence de l'Union est à l'image de cette législation[6].

Le Conseil de l'Europe (jurisprudence CEDH) adopte « critères objectifs » ou « justification objective » pour traiter des discriminations prohibées par l'art. 14 de la Convention de sauvegarde des droits de l'homme et libertés fondamentales (Conv. EDH)[7].

---

2 Intégrée désormais dans l'UE depuis le traité de Maastricht (février 1992) et dotée de la personnalité juridique avec l'entrée en vigueur du traité de Lisbonne, le 1er décembre 2009.

3 Préambule, Décision n° 22-60 du 7 septembre 1960 relative à l'exécution de l'article 15 du traité (CECA), JO 61 du 29 sept. 1960, pp. 1248-1249.

4 Par ex. : Déc. 78/670/CEE Commission 20/7/1978 (procédure application de l'art. 85 du traité CEE (Politique de concurrence/ Ententes/Accords interdits), JO L 224 du 15.8.1978, pp. 29-45 ; Directive 86/354/CEE du Conseil du 21/7/1986 modifiant la directive 74/63/CEE (teneurs maximales pour substances et produits indésirables dans les aliments des animaux), directive 77/101/CEE (commercialisation d'aliments simples) et directive 79/373/CEE (commercialisation aliments composés pour animaux), JO L 212, 2.8.1986, pp. 27-32.

5 Décision de la Commission 71/23/CEE, du 29 déc. 1970, relative à une procédure au titre de l'article 85 du traité (Politique de la concurrence/ Ententes/Accords interdits), JO L 10 du 13.1.1971, pp. 15-23.

6 Jurisprudence de toutes les décisions (arrêts, ordonnances, avis, conclusions) prises par la CJ, le Tribunal et le Tribunal de la fonction publique. 567 résultats le 26 oct. 2011, à partir des mots « éléments objectifs : par ex. : CJCE, 30 juin 1966, Aff. 56-65, Société Technique Minière (L.T.M.) c/ Maschinenbau Ulm GmbH (M.B.U.), Décision préjudicielle (concurrence, règles applicables aux entreprises – ententes, contrats d'exclusivité). / 958 résultats pour « critères objectifs » : par ex. : CJCE, 16 juil. 1956, Aff. 8-55, Féd. Charbonnière de Belgique c/ Haute Autorité de la CECA (« nature individuelle ou générale d'une décision [...] d'après des critères objectifs »). / 214 occurrences pour « raison objective » : par ex. : CJCE, 14 févr. 1978, Aff. 27-76, United Brands C.ny et United Brands Continental BV c/ Commission des CEE (Concurrence, règles applicables aux entreprises – ententes, position dominante).

7 Sur le portail HUDOC : par ex. : CEDH (Plénière), 23/7/1968, Req. n° 1474/62 ; 1677/62 ; 1691/62 ; 1769/63 ; 1994/63 ; 2126/64, Affaire sur aspects du régime

En droit interne français, ces notions sont apparues progressivement. Les parties au procès en ont fait la première utilisation en soutien de leurs demandes[8]. Les juridictions, notamment Cour de Cassation et Conseil d'État, et le Conseil constitutionnel les ont appropriées. Certaines décisions ne font qu'appliquer le droit issu de la jurisprudence de la CJUE[9] ; d'autres les intègrent[10]. Le législateur, transposant le droit de

linguistique de l'enseignement en Belgique c/ Belgique ; 13 juin 1979, Req. n° 68330/74, Aff. Marckx c/ Belgique ; 26 févr. 2002, Req. n° 36515/97, Frétté c/ France.

[8] Résultats d'une recherche sur www.legifrance.gouv.fr : Cass. civ. 2e, 22/7/1963, Bull., n° 565 (usage de « élément objectif » : avis expert technique sur désaccord entre médecin traitant et médecin de la caisse de SS sur la date de reprise du travail) ; 2/11/1965, 65-90.099, Bull., n° 217 (reprochant aux juges [...] d'avoir écarté « les éléments objectifs » désignant une personne conductrice d'une voiture poursuivie pour homicide et blessures involontaires, « traces de sang, nature des blessures et fragment de tissu ») ; Cass. crim., 20/2/1968, 67-91.867, Bull., n° 51 (« infraction purement matérielle (vente à crédit) : juges du fond n'avaient pas le droit de rechercher l'intention des parties, [devant] se contenter de chercher les éléments objectifs typiques du contrat pour déterminer s'il constituait une vente ou une location ») ; Cass. com., 24/3/1965, 61-13.485, Bull., n° 230 (juges du fond méconnaissant « les seuls critères objectifs retenus par la loi du 5/7/1844 » sur la contrefaçon d'un brevet) ; 17/11/1970, 69-12.635, Bull., n° 307 (constatation par les premiers juges d'éléments objectifs non contestés [...] par la suite par le débiteur et démontrant l'impossibilité de redresser l'entreprise) ; Cass. civ. 1e, 28/10/1969, Bull., n° 319 (reprochant à la cour d'appel d'avoir déduit la preuve des seules affirmations de l'adversaire, « sans [...] le moindre élément objectif [rendant] ces affirmations véridiques ou vraisemblables ») ; Cass. soc., 10/6/1970, 68-13.242, Bull., n° 399 (« l'appartenance au "secteur des métiers" défini par décret du 1/3/1962 et au registre des métiers institué par ce texte et visé par l'article 646 du code de SS obéit à un critère objectif précis composé de deux éléments bien déterminés »).

[9] Cass. com., 28 janv. 1975, 73-10.601, Bull., n° 23 (art. 85, parag.1 du Traité de Rome).

[10] Cons. const., 15/11/2007, Déc. n° 2007-557 DC (loi n° 2007-1631 du 20/11/2007 : maîtrise de l'immigration, à l'intégration et à l'asile) : « études sur la [...] diversité des origines des personnes, la discrimination et l'intégration [...] porter sur des données objectives [...] méconnaître le principe énoncé par l'article 1er de la Constitution, reposer sur l'origine ethnique ou la race » ; déc. n° 2012-231/234 QPC du 13/4/2012, Contribution pour l'aide juridique : « [...] pour assurer le respect du principe d'égalité, le législateur doit fonder son appréciation sur des critères objectifs et rationnels [...] » ; « [...] en instituant la contribution pour l'aide juridique [...] le législateur a fondé son appréciation sur des critères objectifs et rationnels [...] » (points 6 et 10) ; CE, 27/10/1972, n° 82912, R. Lebon (non validité d'un acte administratif ... critères objectifs différents de ceux fixés par lois et règlements) ; 19/06/1989, n° 44544, inédit (reconstitution faite par l'administration à partir d'éléments objectifs de la comptabilité d'une société dépourvue de caractère probant) ; Cass. soc., 9 mai 1972, 71-40.198, Bull., n° 331(licenciement dans [...] plan de réorganisation et de compression : critères objectifs) ; Cass. civ. 1e, 13/3/1973, 71-14.386, Bull., 96 (bulletins de commande ne comportant aucune référence [...] à un prix déterminé [...] par un tiers ou révisé [selon] critères objectifs) ; Cass. crim., 16 mai 1994, 92-85.626, inédit (existence présumée d'un infraction douanière en raison d'éléments objectifs [...]) ; Cass. com., 11/6/1996, 94-16.067, Bull., 169 (gestion déficitaire sans raison objective).

l'UE, les consacre notamment en matière de discrimination, harcèlement sexuel et moral[11], corruption au travail, posant une présomption que la partie défenderesse combat en prouvant que sa décision est justifiée par des « éléments objectifs » étrangers à la discrimination[12], ou au harcèlement ou aux déclarations ou témoignage du salarié relatant les faits de corruption dont il aurait eu connaissance dans ses fonctions. Il en va ainsi des critères de licenciement (individuel et collectif) pour motif économique présentés à titre indicatif[13].

Introduire ces notions pose problème dans un système juridique où s'applique pouvoir discrétionnaire, pouvoir lié, décision implicite de rejet ou d'acceptation en raison du silence de l'administration pendant un certain temps[14]. Est-ce une révolution de la pensée juridique ou une greffe importante mais circonstanciée ou circonscrite à des champs déterminés ? Participant d'une nouvelle politique (motivation ou justification de décision, administration de la preuve), ces notions nécessitent, surtout par rapport à d'autres (I), de préciser leur contenu

---

11 Harcèlement moral : art. 1152-1 à 1152-6 C. trav. ; art. 1155-2 C. trav. (pénalités) ; art. 222-33-2 C. pén. Harcèlement sexuel : art. 1153-1 à 1153-6 C. trav. ; art. 1155-2 C. trav. (pénalités) ; art. 222-33 C. pén. (Le délit de harcèlement sexuel prévu par cet art. 222-33 C. pén., a été déclaré inconstitutionnel par le Conseil constitutionnel, déc. n° 2012-240 QPC du 4 mai 2012).

12 Art. L. 1134-1 C. trav. ; art. 225-1 et s. C. pén. Loi n° 2008-496 du 27 mai 2008 portant diverses dispositions d'adaptation au droit communautaire dans le domaine de lutte contre les discriminations, JO n° 123 du 28 mai 2008, p. 8801 (art. 4) ; Directive 2000/43/CE du Conseil du 29 juin 2000, relative à mise en œuvre du principe de l'égalité de traitement entre les personnes sans distinction de race ou d'origine ethnique, JO L 180 du 19/07/2000, p. 22 (art. 8) ; Directive 2000/78/CE du Conseil du 27 nov. 2000 portant création d'un cadre général en faveur de l'égalité de traitement en matière d'emploi et de travail, JO L 303 du 02/12/2000, p. 16 (art. 10) ; Directive 2002/74/CE du Parlement européen et du Conseil du 23 sept. 2002, modifiant la directive 80/987/CEE du Conseil concernant le rapprochement des législations des États membres relatives à la protection des travailleurs salariés en cas d'insolvabilité de l'employeur, JO L 270 du 08/10/2002, p. 10 (art. 1) ; Directive 2004/113/CE du Conseil du 13 déc. 2004 mettant en œuvre le principe de l'égalité de traitement entre les femmes et les hommes dans l'accès à des biens et services et la fourniture de biens et services, JO L 373 du 21/12/2004, p. 37 (art. 9) ; Directive 2006/54/CE du Parlement européen et du Conseil du 5 juillet 2006 relative à la mise en œuvre du principe de l'égalité des chances et de l'égalité de traitement entre hommes et femmes en matière d'emploi et de travail, JO L 204 du 26/07/2006, p. 23 (art. 19).

13 Art. L. 1233-5 et s. C. trav. Également : la proposition de loi (texte n° 453, 2008-2009, de Ph. Adnot, déposé au sénat le 3 juin 2009 et devenu caduque) tendant à poser des critères objectifs aux offres de reclassement éventuellement proposées à certains salariés dans le cadre d'un plan de licenciement économique.

14 Loi n° 2000-321 du 12 avril 2000 relative aux droits des citoyens dans leurs relations avec les administrations, JO n° 88 du 13 avril 2000, p. 5646 (art. 21 et 22) ; Loi n° 79-587 du 11 juil. 1979 relative à la motivation des actes administratifs et à l'amélioration des relations entre l'administration et le public, JO du 12 juil. 1979, p. 1711.

et spécificité, leurs fonctions ou finalités, leur périmètre d'application et l'office du juge (II).

I. Contenu et spécificité de la notion au regard d'autres notions existantes

La notion est définie et sa finalité précisée par la CJUE et la CEDH. Le droit positif français l'applique et l'adopte en cas de besoin (1). Sa spécificité est mieux saisie par sa comparaison aux notions proches existant en droit français ou qui lui sont antinomiques (2).

1. Contenu de la notion

La CJUE (arrêt du 8/9/2011) rappelle sa jurisprudence sur les « raisons objectives », saisie d'une demande de décision préjudicielle sur l'interprétation de la clause 4 de l'accord-cadre sur le travail à durée déterminée (principe de non-discrimination interdisant de traiter moins favorablement les travailleurs à durée déterminée que les travailleurs à durée indéterminée, à moins que ce ne soit justifié par des raisons objectives[15]) :

> la notion de « raisons objectives » [...] requiert que l'inégalité de traitement constatée soit justifiée par l'existence d'éléments précis et concrets, caractérisant la condition d'emploi [...] dans le contexte particulier [où] elle s'insère et sur le fondement de critères objectifs et transparents, [pour] vérifier si cette inégalité répond à un besoin véritable, est apte à atteindre l'objectif poursuivi et nécessaire à cet effet. Lesdits éléments peuvent résulter [...] de la nature particulière des tâches pour l'accomplissement desquelles des contrats à durée déterminée ont été conclus et des caractéristiques inhérentes à celles-ci ou [...] de la poursuite d'un objectif légitime de politique sociale d'un État membre. Le recours à la seule nature temporaire du travail du personnel de l'administration publique n'est pas conforme à ces exigences et n'est donc pas susceptible de constituer [...] une raison objective au sens de la clause 4, point 1, de l'accord-cadre [...] (Points 72, 73 et 74).[16]

Les autres instruments de l'UE usent des mêmes formulations. Selon la directive 86-354-CEE du Conseil (21/7/1986), les informations des acheteurs d'aliments pour animaux « doivent se rapporter à des éléments objectifs ou mesurables qui peuvent être justifiés »[17].

---

15 Accord-accord conclu le 18 mars 1999 et mis en œuvre par la directive 1999/70/CE du Conseil, du 28 juin 1999, JO L 175, p. 43.

16 CJUE, 8 sept. 2011, Aff. C-177/10, Fracisco Javier Rosado Santana c/ Consejeria de Justicia y Administracion Publica de la Junta de Andalucia.

17 Directive 86/354/CEE du Conseil du 21 juil. 1986, préc. ; Règlement (CE) n° 999/2001 du Parlement européen et du Conseil du 22 mai 2001 fixant les règles pour la

Le rapport du médiateur de l'UE (1997) portant sur la plainte d'un fonctionnaire de la commission pour absence de promotion conclut qu'il n'y a pas mauvaise administration et ordonne le classement de l'affaire mais relève qu'une lettre rédigée par la commission pour établir l'absence d'irrégularité de la procédure « ne contenait pas d'éléments objectifs permettant de vérifier cette affirmation ». Il rappelle que « dans l'exercice de son pouvoir d'appréciation, [l'Autorité investie du pouvoir de nomination pour évaluer les mérites des candidats doit considérer les mérites des candidats sur la base d'éléments objectifs susceptibles d'être contrôlés à la lumière de la jurisprudence de la Cour »[18]].

La CEDH fait appel à cette notion en cas de discrimination prohibée par l'article 14 de la Convention. Suivant les principes de la pratique judiciaire d'un grand nombre d'États démocratiques, deux critères déterminent une différence de traitement discriminatoire : « l'égalité de traitement est violée si la distinction manque de justification objective et raisonnable. L'existence d'une pareille justification doit s'apprécier par rapport au but et aux effets de la mesure considérée, eu égard aux principes qui prévalent généralement dans les sociétés démocratiques » / « une distinction de traitement dans l'exercice d'un droit consacré par la Convention ne doit pas seulement poursuivre un but légitime : l'article 14 est également violé lorsqu'il est clairement établi qu'il n'existe pas de rapport raisonnable de proportionnalité entre les moyens employés et le but visé »[19].

Les juridictions nationales reprennent/étendent ces notions dans diverses matières (*infra*), définies au regard du but poursuivi. Les précisions sémantiques leur sont apportées par d'autres notions synonymes, tautologiques et explicatives. « L'élément objectif » est un élément concret, clair, transparent, vérifiable, mesurable, justifiable. Son caractère pertinent ou nature qualitative[20] renforce son degré d'importance, et son caractère raisonnable atteste de sa proportionnalité au regard d'autres données existantes ou dans une situation envisagée.

---

prévention, le contrôle et l'éradication de certaines encéphalopathies spongiformes transmissibles, JO L 147 du 31.5.2001, pp. 1-40 (art. 12, 1. : présence d'ESB suspectée sur la base d'éléments objectifs) ; Décision-cadre 2003/577/JAI du Conseil du 22 juil. 2003 relative à l'exécution dans l'UE des décisions de gel de biens ou d'éléments de preuve, JO L 196 du 2.8.2003, pp. 45-55 (décision de gel émise, s'il y a des raisons de croire, sur la base d'éléments objectifs).

18 Le médiateur de l'UE, Rapport annuel 1997, J O n° C 380 du 07/12/1998 pp. 1-162.

19 CEDH (Plénière), 23 juil. 1968, Req. n° 1474/62 ; 1677/62 ; 1691/62 ; 1769/63 ; 1994/63 ; 2126/64, préc. ; 13 juin 1979, Req. n° 68330/74, préc.

20 Cons. Conc., 5 juil. 1994, Déc. n° 94-D-4 relative à des pratiques relevées dans le secteur des volailles sous label : « critères objectifs de nature qualificative ».

Les éléments objectifs peuvent être de droit et/ou de fait[21]. Cette objectivité dépend de listes d'éléments jugés objectifs dans la loi ou en jurisprudence. Ce peut être soit une liste exhaustive et limitative d'éléments ou critères objectifs[22], soit une liste à titre indicatif[23]. Constituent des éléments objectifs : charges de famille, âge, ancienneté, rémunération, nature particulière des tâches pour lesquelles des CDD ont été conclus[24], niveau de responsabilité, but et contenu d'un acte communautaire[25], degré d'existence physique d'une société étrangère contrôlée (locaux, personnel, équipements[26])... Sont des critères prohibés par la loi : race, origine ethnique[27], mention dans les entretiens individuels des activités prud'homales et syndicales et des absences engendrées[28], survenance d'un congé de maternité, s'ils justifient un refus de promotion professionnelle[29]...

---

21 Décision 78/670/CEE de la Commission du 20 juil. 1978, préc. : « pour qu'un accord ou une décision d'association d'entreprises soit susceptible d'affecter le commerce entre États-membres, il doit, sur la base d'un ensemble d'éléments objectifs de droit ou de fait, permettre d'envisager avec un degré de probabilité suffisant qu'il puisse exercer une influence directe ou indirecte, actuelle ou potentielle, sur les courants d'échanges entre États-membres dans un sens qui pourrait nuire à la réalisation des objectifs d'un marché unique entre États » (point 94.4.) ; Cass. com., 28 janv. 1975, 73-10601, préc. ; 31 janv. 2012, 10-25772, 10-25775 et 10-25882, à paraître au Bull., application des droits communautaire et national de la concurrence : « les termes "susceptible d'affecter" énoncés par les articles 101 et 102 du TFUE supposent que l'accord ou la pratique abusive en cause permette, sur la base d'un ensemble d'éléments objectifs de droit ou de fait, d'envisager avec un degré de probabilité suffisant qu'il puisse exercer une influence directe ou indirecte, actuelle ou potentielle, sur les courants d'échanges entre États-membres, sans que soit exigée la constatation d'un effet réalisé sur le commerce intracommunautaire » ; Autorité de la Conc., décision n° 12-D-08 du 6 mars 2012 (points 261, 636 et 645) ; Cons. Conc., déc. n° 5-D-41 du 18 juil. 2005(points 57 et 60) ; déc. n° 5-D-22 du 18 mai 2005 (points 23 et 30).

22 Décret n° 2012 du 9 janv. 2012 relatif au caractère collectif et obligatoire des garanties de protection sociale complémentaire (JO du 11/01/2012, p. 514) qui prévoit des catégories de personnel définies à partir de critères objectifs et limitatifs, précise que « ces catégories ne peuvent en aucun être définies en fonction du temps de travail, de la nature du contrat, de l'âge ou [...] de l'ancienneté des salariés » (art. 1er).

23 Art. L. 1233-5 et s. C. trav. (critères d'ordre des licenciements).

24 CJUE, 8 sept. 2011, Aff. C-177/10, préc. (point 73).

25 CJCE, 13 sept. 2005, Aff. C-176-03, Commission des Communautés européennes c/ Conseil de l'Union européenne (point 45).

26 CJCE, 12 sept. 2006, Aff. C-196-04, Cadbury Schweppes plc & Cadbury Schweppes Overseas Ltd c/ Commissioners of Inland Revenue (point 67).

27 Cons. const., 15 nov. 2007, Déc. n° 2007-557 DC, préc.

28 Cass. soc., 5 août 2009, 08-40988, Bull., n° 166.

29 Cass. soc., 16 déc. 2008, 06-45262, Bull., n° 249.

2. *Spécificité de la notion au regard d'autres notions existantes*

La spécificité de la notion de « critères ou éléments objectifs ou de raison ou situation objective » vient de sa comparaison à d'autres notions existantes en droit positif. Certaines lui sont antinomiques, d'autres lui sont proches dans une certaine mesure.

- *incompatibilité avec des notions existantes*

La notion « critères ou éléments objectifs ou raison ou situation objective » est incompatible avec pouvoir/compétence discrétionnaire. « Il y a pouvoir discrétionnaire [...] [quand] une autorité agit librement, sans que la conduite à tenir lui soit dictée à l'avance par une règle de droit »[30] ... « le pouvoir est discrétionnaire lorsque [l'autorité a] une totale compétence d'appréciation en fonction des circonstances »[31].

Le principe « à travail égal, salaire égal » « signifie que si rien ne distingue objectivement deux salariés (même travail, ancienneté, formation, qualification), ils doivent percevoir le même salaire. Les décisions de l'employeur, malgré son pouvoir de direction, ne peuvent être discrétionnaires : elles doivent [...] reposer sur des éléments objectifs et vérifiables [...]. Ce principe [est] une limite au pouvoir discrétionnaire de l'employeur en matière de rémunération »[32].

Cette incompatibilité inclut les décisions implicite ou silence de l'administration[33] qui excluent ou évitent une décision explicite fondée sur des éléments objectifs et vérifiables.

La notion s'oppose à celle d'intime conviction, « l'opinion profonde que le juge se forge en son âme et conscience et qui constitue [...] le critère et le fondement du pouvoir d'appréciation souveraine [...] ; jugement [...] que la loi prescrit au juge pénal et aux jurés, et au juge civil d'établir par eux-mêmes et en raison, dans la sincérité de leur conscience, à partir des preuves qui leur sont proposées »[34].

---

30 De Laubadère, *Traité de droit administratif*, Tome 1, L.G.D.J., 1984, n° 594.

31 C. Debbasch et F. Colin, *Droit administratif*, Economica, 10e éd., p. 105. Cependant, l'acte est soumis au contrôle de l'erreur manifeste d'appréciation et du contrôle de proportionnalité.

32 M. Zylberberg, *Le principe « à travail égal, salaire égal » dans la jurisprudence de la Cour de cassation*, Bull. droit du travail, n° 82, avril, mai, juin 2008, 2e trimestre 2008, Études, p. 3.

33 C. Debbasch et F. Colin, *Droit administratif*, Economica, préc., p. 366 et 600 : « la règle veut que les décisions administratives soient explicites. Par exception, des textes prévoient que le silence gardé par l'administration pendant un certain temps sur la demande présentée par un particulier vaut décision implicite ». cf. aussi G. Cornu (dir.), *Vocabulaire juridique*, PUF, 8e éd., v° « décision ».

34 G. Cornu, *Vocabulaire juridique*, préc., v° « Conviction » ; F. Desportes et L. Lazerges-Cousquer, *Traité de procédure pénale*, Econmica, 2009, n° 625 et s. : le

- similarité de la notion avec des notions voisines

La notion est compatible avec celle de pouvoir (compétence) lié(e) : « dès lors qu'il se trouve en présence de telle [...] circonstance ..., l'administrateur est tenu de prendre telle [...] décision, il n'a plus le choix entre plusieurs décisions, sa conduite lui est dictée à l'avance par la règle de droit »[35]. Contrairement à la compétence liée, les « éléments objectifs » ne sont pas toujours prédéterminés. La compatibilité entre les deux notions exige que la conduite de l'autorité soit fondée sur des éléments objectifs (de droit et de fait) et vérifiables.

La notion est similaire à celle de faits de la cause/espèce[36]. Les faits de l'espèce sont des données factuelles objectives, intangibles, incontestables, à l'origine d'un litige et des demandes des parties. La notion d'éléments objectifs est plus large que celle de faits de la cause : la première comporte des éléments objectifs et doit être vérifiable et discutée par les tiers, les parties et le juge. Le caractère intangible de la seconde interdit toute discussion ou appréciation sur sa réalité par les parties ou le juge. La question se pose moins en ces termes en droit pénal où il est question de l'élément matériel de l'infraction[37].

La notion peut être assimilée à celle des prétentions des parties à un procès[38]. Cette dernière comporte des arguments de droit et de fait au soutien d'une demande.

La notion d'éléments objectifs est proche de celle de cause réelle et sérieuse de licenciement (droit du travail). Sans définition légale et jurisprudentielle, la notion de cause réelle et sérieuse s'inspire des débats parlementaires. La cause réelle doit être objective, existante et exacte[39] ; la cause sérieuse (fautive ou non) relève « une certaine gravité, qui rend

---

principe « signifie seulement que le juge apprécie librement la valeur des éléments de preuve qui lui sont soumis sans être tenu de respecter une quelconque hiérarchie légale entre les preuves ». Cette liberté d'appréciation du juge, selon ces auteurs, n'exclut pas la motivation de la décision et a, cependant, pour limite le respect du principe de légalité, le contrôle de la suffisance et de la cohérence de la motivation, le respect du principe de la liberté de preuve et de la présomption d'innocence.

35 De Laubadère, *Traité de droit administratif*, préc., n° 594 ; C. Debbasch et F. Colin, préc., p. 105 : « la compétence est liée lorsque, dès lors que les circonstances de fait et de droit sont réunies, l'administration a l'obligation d'agir dans un sens déterminé ».

36 G. Cornu, *Vocabulaire juridique*, préc., v° « Faits de l'espèce » ; S. Guinchard, C. Chainais et F. Ferrand, *Procédure civile*, Précis Dalloz, 30e éd., n° 479 et s. ; art. 6 et s. C. pr. civ.

37 Cf. F. Desportes et F. Le Gunehec, *Droit pénal général*, Economica, 6e éd., n° 431 et s.

38 G. Cornu, *Vocabulaire juridique*, préc., v° « Prétentions » et « Demande » ; art. 4 C. pr. civ.

39 Sur la notion de cause réelle et sérieuse : J. Pélissier, G. Auzero et E. Dockès, *Doit du travail*, Dalloz, 26e éd., n° 429 et s.

impossible, sans dommages pour l'entreprise, la continuation du travail et qui rend nécessaire le licenciement »[40]. Le « sérieux » est assimilable au caractère pertinent ou proportionné de l'élément objectif. L'interprétation jurisprudentielle de la cause réelle et sérieuse était, il y a peu, loin des débats parlementaires. L'adoption jurisprudentielle de la cause objective de licenciement est récente, comme la notion consacrée par la Cour de cassation de celle de « véritable cause du licenciement »[41] pour préciser l'office du juge dans l'appréciation de la cause apparente et officielle du licenciement (au-delà des énonciations de la lettre de licenciement).

La notion s'apparente à la clarté de la loi[42], à l'objectif de valeur constitutionnelle d'intelligibilité et d'accessibilité de la loi et à la plénitude de la compétence du législateur :

> il incombe au législateur d'exercer pleinement la compétence que lui confie la Constitution et, en particulier, son article 34 ; le plein exercice de cette compétence, ainsi que l'objectif de valeur constitutionnelle d'intelligibilité et d'accessibilité de la loi, qui découle des articles 4, 5, 6 et 16 de la Déclaration de 1789, lui imposent d'adopter des dispositions suffisamment précises et des formules non équivoques ; il doit en effet prémunir les sujets de droit contre une interprétation contraire à la Constitution ou contre le risque d'arbitraire, sans reporter sur des autorités administratives ou juridictionnelles le soin de fixer des règles dont la détermination n'a été confiée par la Constitution qu'à la loi.[43]

---

40 Définition donnée par le ministre du Travail lors du vote de la loi 13 juil. 1973 (JO Déb. AN 30 mai 1973, p. 1699, col. 2) et citée par J. Pélissier *et al.*, *Doit du travail*, préc., n° 439.

41 Cass. soc., 10 avril 1996, 93-41755, Bull. civ. V, n° 149 ; 11 janv. 2006, 03-46055, *ibid.*, n° 3 ; 6 avril 2011, 09-66818 : H. K. Gaba, *La modification du contrat de travail par réduction des responsabilités et prérogatives du salarié*, Dr. soc., n° 7/8 juillet-août 2011, pp. 803-807.

42 Qui découle de l'article 34 de la Constitution : déc. n° 99-423 DC du 13 janv. 2000, *Rec.* p. 33 ; n° 2000-435 DC du 7 déc. 2000, *Rec.* p. 164, n° 2001-455 DC du 12 janvier 2002, Loi de modernisation sociale.

43 Cons. const., 15 nov. 2007, Déc. n° 2007-557 DC, préc. ; déjà : Déc. n° 99-421 DC du 16 déc. 1999, *Rec.* p. 136 ; n° 2001-455 DC du 12 janv. 2002, préc. ; n° 2003-468 DC du 03 avril 2003, Loi relative à l'élection des conseillers régionaux et des représentants au Parlement européen ainsi qu'à l'aide publique aux partis politiques ; CE, 7 mars 2007, n° 300385, Recommandation n° 2006-7 du 7 novembre 2006 du Conseil supérieur de l'audiovisuel à l'intention de l'ensemble des services de radio et de télévision en vue de l'élection présidentielle de 2007. Sur l'ensemble de la question : A.-L. Valembois, *La constitutionnalisation de l'exigence de sécurité juridique en droit français*, Cahiers du Conseil constitutionnel n° 17, mars 2005 ; A. Flückiger, *Le principe de clarté de la loi ou l'ambiguïté d'un idéal*, Cahiers du Conseil constitutionnel n° 21, janvier 2007.

L'exigence de dispositions suffisamment précises et de formules non équivoques équivaut à celle d'éléments objectifs vérifiables excluant l'arbitraire.

II. Finalités et périmètre de la notion et office du juge

La notion de « critères, éléments objectif, raison, situation objective », a plusieurs finalités, d'où un périmètre d'application et office du juge. Certaines émergent *a priori*, en amont, fondant ou justifiant l'acte ou situation en cause ; d'autres *a posteriori*, intéressant le contentieux, surtout le débat contradictoire et l'aménagement de la charge de la preuve.

1. Motivation (décision), justification/constatation (situation, qualité, définition d'un statut, d'une catégorie…)

Une finalité importante de la notion est antérieure au contentieux. Elle porte sur l'acte ou situation envisagée. Il faut assurer aux sujets de droit le caractère vérifiable d'éléments objectifs fondant un acte ou sur lesquels repose une constatation. C'est une exigence de lisibilité, intelligibilité, transparence comme en attestent les termes précités (concret, clair, transparent, vérifiable, mesurable, justifié, etc.) pour définir les éléments objectifs, exigence-limite du pouvoir discrétionnaire des acteurs, liée à l'effectivité de la norme ou des droits.

Le périmètre de la notion découle de ses finalités

Droit de l'UE et droit national obligent les institutions, l'administration, les acteurs économiques à respecter des éléments objectifs de droit et prédéterminés ou non dans leurs décisions ou actes. Dans le droit de l'UE, « le choix de la base juridique d'un acte communautaire doit se fonder sur des éléments objectifs […] »[44]. Tout comme l'appréciation d'une situation de droit ou de fait « doit reposer sur des éléments objectifs et vérifiables par des tiers »[45], des informations qui ne peuvent induire l'acheteur en erreur, doivent se rapporter à des éléments objectifs ou mesurables pouvant être justifiés[46]. Un organe d'évaluation doit fournir

---

44 CJCE, 13 sept. 2005, Aff. C-176-03, préc.

45 CJCE, 12 sept. 2006, Aff. C-196-04, préc. ; Décision 78/670/CEE de la Commission du 20 juillet 1978, préc. ; Règlement (CE) n° 1560/2003 de la Commission du 2 septembre 2003 portant modalités d'application du règlement (CE) n° 343/2003 du Conseil établissant les critères et mécanismes de détermination de l'État membre responsable de l'examen d'une demande d'asile présentée dans l'un des États-membres par un ressortissant d'un pays tiers, JO L 222 du 5.9.2003, pp. 3-23 : « Les situations de dépendance visées à l'article 15, paragraphe 2, du règlement (CE) n° 343/2003 s'apprécient, autant que possible, sur la base d'éléments objectifs tels que des certificats médicaux » (art. 11-2).

46 Directive 86/354/CEE du Conseil du 21 juil. 1986, préc.

des éléments objectifs aux autorités qu'il assiste sur les questions relevant de sa compétence[47]. Dans le droit national, il en va ainsi notamment des critères objectifs d'ordre des licenciements (individuel et collectif) pour motif économique[48].

Cette exigence est préconisée à titre préventif pour que les acteurs se préconstituent des moyens de preuve en cas de litige, par exemple pour le principe « à travail égal, salaire égal », de discrimination, d'égalité de traitement, d'évaluation du salarié. Elle reçoit aussi application en cas de constatation d'une qualité : « la constatation de la qualité d'étranger doit se déduire d'éléments objectifs extérieurs à la personne de l'intéressé ; le fait d'être né à l'étranger et de ne pas répondre aux questions relatives à sa date de naissance ne constitue pas un élément objectif déduit des circonstances extérieures à la personne, susceptible de présumer la qualité d'étranger »[49].

La notion sert également de substrat à la définition de catégories juridiques[50]

Le législateur français utilise en droit pénal des critères objectifs (motifs non prohibés) pour autoriser ou justifier certaines discriminations[51] ; ou pour apprécier une situation de fait à des fins d'exemption ou d'atténuation de la peine prononcée[52].

---

47 Règlement (UE) n° 691/2010 de la Commission du 29 juil. 2010 établissant un système de performance pour les services de navigation aérienne et les fonctions de réseau et modifiant le règlement (CE) n° 2096/2005 établissant les exigences communes pour la fourniture de services de navigation aérienne (691/2010/UE), JO L 201 du 3.8.2010, pp. 1-22 : « l'organe d'évaluation des performances assiste les autorités nationales de surveillance, à la demande de celles-ci, en fournissant des éléments objectifs sur les questions de performance au niveau national ou des blocs d'espace aérien fonctionnels » (art. 3-6. b) ; Pour les tests de dépistage d'animaux susceptibles d'être infectés : Règlement (CE) n° 999/2001 du Parlement européen et du Conseil du 22 mai 2001, préc. (art. 12).

48 Art. L. 1233-5 et s. C. trav.

49 Cass. civ. 1e, 28 mars 2012, 11-11099, à paraître au Bull.

50 Voir par ex. : Décret n° 2012 du 9/1/2012, préc. définit des catégories objectives du personnel ; Cass. soc., 12 déc. 2000, 99-40.265 et 99-40.270, Bull., n° 414 : « l'exercice du droit de grève résulte objectivement d'un arrêt collectif et concerté du travail en vue d'appuyer des revendications professionnelles ».

51 Art. 225-3 C. pen. ; L. 1133-1 à 1133-3 C. trav.

52 Trafic de stupéfiants (Art. 222-43 et 222-43-1C. pén.) ; proxénétisme (Art. 225-11-1, al. 1er et 225-11-1, al. 2 C. pén). Peine réduite de moitié ou exemption de peine si, ayant averti l'autorité administrative ou judiciaire, elle a permis d'éviter la réalisation de l'infraction et/ou de faire cesser l'infraction ou d'éviter que l'infraction n'entraîne mort d'homme ou infirmité permanente et d'identifier, le cas échéant, les autres auteurs ou complices.

2. *Contrôle juridictionnel, aménagement des règles de preuve et office du juge*

En droit de l'UE, la CJUE rappelle (arrêt précité 13/9/2005) qu'un acte communautaire doit se fonder sur des éléments objectifs susceptibles de contrôle juridictionnel[53].

La finalité première de la notion est le contrôle juridictionnel des éléments objectifs fondant un acte. Ce contrôle du juge intervient *a posteriori*. Outre ce contrôle *a posteriori*, il est également consacré un contrôle *a priori* intéressant tous les acteurs qui y ont un intérêt.

Dans les deux cas, le contrôle sur la base d'éléments objectifs renforce les principes du contradictoire et des droits de la défense (comment assurer sa défense en l'absence d'éléments objectifs allégués par l'adversaire ?) qui s'imposent aux parties et au juge[54] et permettent de rendre effectifs des principes : « à travail égal, salaire égal »[55], « égalité de traitement »[56], « non-discrimination »[57], et certains droits (évaluation[58], variation de la rémunération[59] du salarié). En revanche, il est admis le motif tiré du trouble objectif (ou d'une perturbation) dans le fonctionnement de

---

53 CJCE, 13 sept. 2005, Aff. C-176-03, préc.

54 Par ex. : Cass. soc., 6 juil. 2011, 09-72.912 (JCP S 2011, 1446, note S. Brissy) : « le juge doit, en toutes circonstances, faire observer et observer lui-même le principe de la contradiction ». Sur ces deux principes : F., Desportes et L., Lazerges-Cousquer, *Traité de procédure pénale*, préc., n° 437 et s. et 469 et s. ; S., Guinchard *et al.*, préc., n° 731 et s. et 768 et s., précisent que les deux principes sont liés. Art. 6 et s., 14 et s. et 30 C. pr. civ.

55 Cass. soc., 29 oct. 1996, 92-43680, Bull., n° 359 ; 21 janv. 2009, 07-43.452, Bull., n° 15 ; M., Zylberberg, *Le principe « à travail égal, salaire égal » dans la jurisprudence de la Cour de cassation*, préc.

56 Cass. soc., 8 juin 2011, 10-14.725 ; 16 févr. 2012, 10-21864, à paraître au Bull.

57 Crim., 9 nov. 2004, 04-81 397, Bull. crim. 2004, n° 279 ; Cass. soc., 14 janv. 1999, 97-12487, Bull., n° 24 ; 28 sept. 2004, 03-42624, *ibid.*, n° 227 ; 7 févr. 2012, 10-19.505, à paraître au Bull. « Les discriminations dans la jurisprudence de la Cour de cassation », in Rapport annuel 2008 de la Cour de cassation, p. 48 et s. Adde la jurisprudence de la CEDH citée *supra*.

58 Cass. soc., 17 oct. 2006, 05-40.393, Bull., n° 306 : « il est interdit à l'employeur de prendre en considération l'exercice d'une activité syndicale dans l'évaluation du salarié, et toute mesure contraire est abusive et donne lieu à dommages-intérêts » ; 20 février 2008, 06-40.085 et 06-40.615, *ibid.*, n° 38 : « les éléments objectifs dont faisait état l'employeur pour justifier une moindre progression salariale du salarié par comparaison avec ses collègues n'étaient pas établis ».

59 Cass. soc., 2 juil. 2002, 00-13.111, Bull., n° 229 : « une clause du contrat peut prévoir une variation de la rémunération du salarié dès lors qu'elle est fondée sur des éléments objectifs indépendants de la volonté de l'employeur, ne fait pas porter le risque d'entreprise sur le salarié et n'a pas pour effet de réduire la rémunération en-dessous des minima légaux et conventionnels » ; 4 mars 2003, 01-41.864, inédit ; 20 avril 2005, 2 arrêts, 03-43.696 et 03-43.734, inédit.

l'entreprise causé soit par les absences répétées du salarié nécessitant son remplacement définitif[60], soit par des faits de la vie personnelle du salarié[61]. Mais le trouble objectif dans l'entreprise ne peut justifier un licenciement disciplinaire[62].

Ce contrôle a aussi pour effet de rendre inopérants des motifs de l'employeur non fondés sur des éléments objectifs : licenciements pour mésentente entre salariés[63] ou perte de confiance[64]. Le législateur, transposant le droit de l'UE, aménage dans certains domaines les règles de la charge de la preuve en élevant le degré d'exigence de l'administration de la preuve et de la motivation d'un acte[65].

Il est posé, en cas de litige, une présomption simple de discrimination (harcèlement moral ou sexuel et corruption au travail). Le salarié établit des faits permettant de présumer l'existence d'une discrimination. Il incombe au défendeur de prouver sa décision justifiée par des éléments objectifs étrangers à toute discrimination[66] ou tout harcèlement[67] ou aux déclarations ou au témoignage du salarié qui aurait révélé de faits de corruption[68] dont il a eu connaissance dans ses fonctions. La Cour de cassation (arrêt 7/2/2012) a jugé « qu'eu égard à la nécessité de protéger les droits fondamentaux de la personne concernée, l'aménagement légal des règles de preuve prévues par l'article L. 1134-1 du code du travail ne viole pas le principe de l'égalité des armes tel que résultant de l'article 6 de la Convention de sauvegarde des droits de l'homme et des libertés fondamentales »[69]. Le grief de violation du principe de l'égalité des

---

60 Cass. soc., 13 mars 2001, 99-40.110, Bull. n° 84 ; 10 nov. 2004, 02-45.187, *ibid.*, n° 284 ; 25 janv. 2012, 10-26.502, à paraître au Bull.

61 Cass. soc., 22 janv. 1992, 90-42.517, Bull., n° 30 ; 30 juin 1992, 89-43.840, *ibid.*, n° 429 ; 30 nov. 2005, 04-41.206, *ibid.*, n° 343.

62 Ch. mixte, 18 mai 2007, 05-40.803, Bull., Ch. mixte, n° 3 ; Soc., 23 juin 2009, 07-45.256, Bull., n° 160 ; 9 mars 2011, 09-42.150, à paraître au Bull. ; Cependant un motif tiré de la vie personnelle du salarié peut justifier un licenciement disciplinaire s'il constitue un manquement de l'intéressé à une obligation découlant de son contrat de travail : Cass. soc., 27 mars 2012, 10-19.915, à paraître au Bull.

63 Cass. soc., 5 févr. 2002, 99-44.383, Bull., n° 50 : « la mésentente ne constitue une cause de licenciement que si elle repose sur des faits objectifs imputables aux salariés ».

64 Cass. soc., 29 mai 2001, 98-46.341, Bull., n° 183 : « la perte de confiance de l'employeur ne peut jamais constituer en tant que telle une cause de licenciement même quand elle repose sur des éléments objectifs ; [...] seuls ces éléments objectifs peuvent [...] constituer une cause de licenciement, mais non la perte de confiance qui a pu en résulter pour l'employeur ».

65 Cf. les références en note 12.

66 Art. L. 1134-1 C. trav. ; art. 225-1 et s. C. pén.

67 Art. L. 1154-1 C. trav. ; art. 222-33-2 C. pén.

68 Art. L. 1161-1 C. trav. ;

69 Cass. soc., 7 févr. 2012, 10-19.505, à paraître au Bull.

armes laisse perplexe : il est demandé au défendeur de justifier sa propre décision par des éléments objectifs.

Le contrôle juridictionnel porte sur les éléments objectifs. Les juges devant vérifier la validité des raisons données par les parties, disposent du pouvoir souverain d'appréciation[70]. En revanche, la qualification juridique des faits relève du contrôle de la Cour de cassation[71].

En conclusion, ce principe d'objectivite devient obligatoire pour motiver toute décision, y compris juridictionnelle[72]. La notion ne sera efficace que si elle s'impose à tous les actes et situations. Ainsi, peu à peu, le droit communautaire influence-t-il le droit français. Dès lors, la réflexion peut s'acheminer vers le postulat qu'un droit régional existe et influence un droit national, thème du colloque organisé avec P. Chabal, à Almaty en avril 2014, début d'une série de recherches franco-kazakhes.

---

70 Par ex. : Cass. civ. 1e, 5 oct. 1994, 90-21.695 (fixation par la cour d'appel de la valeur d'un immeuble au jour de sa décision alors qu'il lui est fait grief d'avoir statué sans rechercher s'il existait des raisons objectives justifiant que le prix retenu par l'expert soit arrondi) ; Cass. soc., 7 févr. 2012, 10-19.505, préc. : « la cour d'appel a, par une appréciation souveraine des éléments de fait et de preuve soumis à son examen [...] ».

71 Sont ainsi employées les expressions suivantes : « la cour d'appel a pu en déduire » ou « a pu décider » : Cass. soc., 7 févr. 2012, 10-19.505, préc. (discriminations) ; 16 févr. 2012, 10-21864, préc. (principe d'égalité de traitement) ; 4 févr. 2009, 07-41406 à 07-41406, *ibid.*, n° 35 (principe « travail égal, salaire égal »).

72 Non-admission d'un pourvoi en cassation (art. 1014 du Code de Procédure Civile ; ancien art. L. 131-6 du Code de l'organisation judiciaire abrogé par Ordonnance n° 2006-673 du 8 juin 2006, art. 1, Journal Officiel du 9 juin 2006), évaluation du préjudice à l'instar des critères de détermination des sanctions pécuniaires prononcées par l'Autorité de la concurrence en cas d'infractions aux règles de la concurrence. Selon l'article L. 464-2 du code de commerce, ces sanctions « sont proportionnées à la gravité des faits reprochés, à l'importance du dommage causé à l'économie, à la situation de l'organisme ou de l'entreprise sanctionné ou du groupe auquel l'entreprise appartient et à l'éventuelle réitération de pratiques prohibées par le [titre VI du livre IV du code de commerce][...]». Sur l'évaluation du préjudice, H., Gaba, « Action syndicale : intervention volontaire dans un procès prud'homal », D. 2010, n° 12, Chron., pp. 724-727 *adde* les références citées.

Le « service public » français face au « service d'intérêt général » communautaire

La compatibilité des conceptions française et communautaire du « service d'utilité publique » en question

Fabien Bottini

Université du Havre, France

Quel peut être l'intérêt d'une réflexion sur l'opposition de ces deux conceptions des services d'utilité publique (SUP) que sont le service public à la française (SP) et le service d'intérêt général communautaire (SIG) dans un colloque sur l'inter-régionalisme Europe-Asie ? De prime abord, on pourrait penser que sa valeur ajoutée est quasi nulle. En réalité, elle est capitale car ce sujet permet de mettre en lumière le paradoxe actuel de l'influence de l'UE sur la constitution d'autres unions d'États. D'un côté, l'objectif affiché par les pères fondateurs de la construction communautaire d'en faire un État-continent joue un rôle moteur dans le regroupement des États des autres continents, ne serait-ce que par le jeu de la compétition entre les différentes régions du monde. Mais, d'un autre côté, l'UE doit, dans le même temps, faire face à la contestation permanente de ses États membres. Critiquant une orientation libérale contraire à leurs traditions nationales[1], certains d'entre eux militent sous la pression du suffrage universel en faveur d'une réorientation de la construction européenne vers plus de justice sociale. De sorte que l'Europe des années 2000 n'est plus exactement celle des années 1950 et que son influence sur le monde pourrait par ricochet changer de nature. La dialectique qui oppose SP / SIG est au cœur de cette problématique.

Comme l'explique le professeur Chapus, le SP renvoie à une activité d'intérêt général « assurée ou assumée par une personne publique »[2]. C'est

[1] Pour un panorama des différentes conceptions du SUP au sein de l'UE, v. CE, *Rapport public 1994*, Paris, EDCE, n° 46, p. 101 s.

[2] Chapus R., *Droit administratif général*, Paris, Montchrestien, 2001, p. 579.

une notion cardinale du droit français, affirmée au niveau jurisprudentiel[3], législatif[4] et constitutionnel[5].

À l'inverse, le communautaire l'ignore largement. En 1957, l'expression n'est évoquée qu'à l'article 77 du traité de Rome (TCEE), pour admettre la possibilité des États de rembourser aux entreprises de transport les « servitudes inhérentes à la notion de service public ». À la place, son article 90 préfère parler de « Service d'Intérêt économique général » (SIEG) avant que dans les années 1980 la terminologie communautaire ne se fixe sous l'impulsion de la Cour de justice sur la notion plus englobante de SIG[6]. Reprise par le protocole n° 26 du Traité sur le fonctionnement de l'Union européenne signé à Lisbonne le 13 décembre 2007 (TFUE), le terme désigne selon la Commission européenne les « activités de service (...) considérées comme d'intérêt général par les autorités publiques »[7].

Sans doute, ces deux expressions ne sont-elles pas sans points communs, dès lors qu'elles désignent toutes deux 1°) des activités 2°) bénéficiant d'un label reconnu par les pouvoirs publics dont la spécificité est 3°) d'être au service de l'intérêt général. Mais elles ne sont pas synonymes pour autant. D'une part en effet, le droit communautaire fait de la création d'un SIG un pouvoir discrétionnaire alors que le droit français fait de la qualification d'un SP une compétence liée[8]. D'autre part, le premier habilite les instances européennes à créer un SIG alors que le second réserve la création des SP « aux pouvoirs publics nationaux et locaux »[9]. Enfin, la conception communautaire ne voit traditionnellement en l'intérêt général que la somme des intérêts particuliers (conception utilitariste) alors que la conception française y voit leur dépassement (conception volontariste)[10].

Cette opposition se poursuit jusque dans les subdivisions des deux notions. Car si un SP peut en droit interne revêtir la forme d'un service administratif (SPA) ou industriel et commercial (SPIC), il peut en droit communautaire prendre celle d'un service marchand (économique) ou non marchand (non économique). Dans ce dernier cas, on parle tantôt

---

3 TC 8.2.1873, Blanco, *GAJA*.

4 V. par ex. Code de la santé publique, art. L. 6112-2.

5 Préambule de la Constitution du 27.10.1946, alinéa 7 ; Constitution du 4.10.1958, art. 11.

6 Cf. concl. Vilaça sur CJCE 4.5.1988, Corinne Bodson c/ SA Pompes funèbre des régions, *R.* 2479 ; CJCE 19.5.1993, Corbeau, *R.* 1993-I. 2533, pt 19.

7 Communication de la Commission au Parlement européen en date du 29.9.2000.

8 CE Sect. 6.4.2007, Cne d'Aix-en-Provence, *AJDA* 2007. 1020.

9 Denoix de Saint Marc R. (dir.), *Rapport au premier ministre sur la notion de service public*, Paris, DF, 1996, paragraphe 1.1.A.

10 CE, *Rapport public 1999*, Paris, EDCE, n° 50, p. 253 et 257.

de Service d'intérêt général Non économique (SIGNE)[11] ou de Service Non économique d'intérêt général (SNEIG)[12] lorsque le service porte sur les activités régaliennes (ou d'*imperium*) et tantôt de Services Sociaux d'Intérêt Général (SSIG)[13] lorsqu'il remplit « une fonction de caractère exclusivement social, fondée sur le principe de solidarité et dépourvue de tout but lucratif »[14]. Dans le premier cas, on parle tantôt de SIEG (art. 14 et 106.2 TFUE) ou, comme on l'a vu, dans le domaine du transport, « d'obligations de services publics » (art. 93 TFUE) si le service se fonde sur le droit communautaire originaire, tantôt de service universel ou de service de base s'il est prévu par une directive[15] ou par la jurisprudence[16]. Or si elles se recoupent, ces subdivisions ne se confondent pas, dès lors qu'un SPIC, peut s'analyser comme un service non marchand[17] et un SPA, comme un service marchand[18] : la notion d'entreprise s'entendant en droit communautaire de « toute entité exerçant une activité économique » de production, distribution ou de service « indépendamment » de son « statut juridique (...) et de son mode de fonctionnement »[19], les services régaliens et sociaux sont soumis au droit de la concurrence chaque fois qu'ils interviennent dans des domaines ne relevant pas « intrinsèquement des prérogatives de l'État »[20] ou que ce dernier ne parvient pas à démontrer leur caractère exclusivement social[21].

De telles divergences sont source d'insécurité juridique dès lors qu'elles rendent incertaines la marge de manœuvre reconnue aux États pour soustraire les services d'utilité publique au droit communautaire de la concurrence. Aussi la question se pose : l'évolution du droit interne et européen depuis les années 1980 a-t-elle permis d'assurer la

---

11 Dir. 2006/123/CE du Parlement et du Conseil du 12.12.2006, relative aux services dans le marchés intérieur, *JO* 2006-L376. 51, art. 2.2.a.

12 Art. 2 du protocole *préc.* n° 26 du TFUE.

13 Livre blanc de la Commission européenne de 2004 sur les SIG ; Communication du 20.11.2007 sur SIG (COM [725] final).

14 CJCE 16.3.2004, AOK Bundesverband, *AJDA* 2004. 1085, chron. Belorgey, Gervasoni et Lambert.

15 Dir. n° 2002/22/CE du 7.3.2002, concernant le service universel et les droits des utilisateurs au regard des réseaux et services de communications électronique, *JO* 2002-L108. 51.

16 CJCE 18.6.1998, Corsica Ferries, *R.* I-3949, pt. 45.

17 TC 4.7.1983, Gambini, *RDP* 1983. 1381, note Auby : cas de certains services sociaux.

18 CJCE 20.3.1985, British Telecom, *R.* 873.

19 CJCE 23.4.1991, Höfner, *R.*-I. 1979.

20 Communication de la Commission de 2000 sur les SIG, *JOCE* 2001-C17. 9, pt 28 ; CJCE 24.10.2002, ADP, *AJDA* 2003. 436, note Chérot.

21 CJCE 16.11.1995, Féd. franç. des sociétés d'assurance e. a., *AJDA* 1996. 273, chron. Chavrier, Honorat et de Bergues.

compatibilité matérielle des conceptions française et communautaire du service d'utilité public ?

Il semble qu'à la guerre froide qui les a opposées jusque dans les années 1990 (I) a succédé une coexistence pacifique des plus relatives (II).

I. La guerre froide

L'image de la guerre froide rend bien compte du conflit larvé qui a opposé les conceptions française et communautaire des années 1950 jusqu'au début des années 1990. Car les divergences idéologiques qui les sous-tendent (A) ont eu des répercussions sur le plan juridique (B).

1. L'opposition idéologique

Les conceptions française et communautaire du « service public » procèdent de deux idéologies différentes.

Sans doute sont-elles sont toutes deux bâties sur les mêmes présupposés libéraux, dès lors que le droit français et le droit communautaire cherchent tous deux à assurer le respect de la liberté-autonomie des individus en limitant et en encadrant l'action de l'État. D'un côté en effet, ils ont historiquement tous deux défendu l'idée que l'État devait être un État minimum en lui refusant le droit de s'immiscer dans l'économie autrement que pour assurer la sécurité des biens et des personnes à l'aide de ses prérogatives régaliennes[22]. D'un autre côté, ils souscrivent tous deux à l'idée que la puissance publique doit être liée par le droit, dans la mesure où les dépositaires du pouvoir doivent répondre devant un juge de tous les manquements qu'ils commettent à la règle de droit : tandis en effet que le service public est tenu de respecter « la garantie des droits » prévue par l'article 16 de la Déclaration des droits de l'homme et du citoyen[23], le service d'intérêt général se déploie au sein d'une « Communauté de droit »[24].

Malgré cette filiation commune avec la pensée libérale, les droits français et communautaire ne procèdent toutefois pas du même libéralisme. Tandis en effet que le service public s'est progressivement construit depuis la Révolution française sur la base d'un libéralisme politique teinté de socialisme, le service d'intérêt général a davantage été conçu à partir du (néo)libéralisme (économique) anglo-saxon, sous l'impulsion des États-Unis et de l'Allemagne. Alors que, sous la pression du suffrage universel, le libéralisme français s'est trouvé tempéré par l'essor des idées socialistes pour donner naissance à une conception

22 Cf. CE 7.6.1865, Lesbats, *R.* 624 et art. 90 TCEE et 106 TFUE.

23 CE 9.5.1913, Roubeau, *R.* 521 ; CC 44 DC du 16.7.1971, Liberté d'association, *GDCC*.

24 CJCE 23.4.1986, Les verts c/ Parlement européen, *R.* 1365, pt 23.

originale du service public que Léon Bourgeois a pu qualifier de « solidariste »[25], le libéralisme de la construction communautaire s'est au contraire inspiré des modèles américain et germanique pour s'efforcer de limiter l'emprise étatique sur le corps social et faire du libre jeu du marché une condition de la création des richesses et, à travers elle, du progrès social. Tandis que la conception républicaine du service public a acquis à compter des années 1920 une dimension globale (holiste) et sociale justifiant l'intervention de l'État dans de nombreux domaines de la vie en société, la conception communautaire du SIG s'est caractérisée jusque dans les années 1990 par sa dimension sectorielle (atomistique) et économique, justifiant ainsi de circonscrire l'interventionnisme étatique à quelques domaines d'activités clairement ciblés.

Si la divergences entre les deux conceptions se résume pour ces raisons à un profond désaccord sur ce qui doit être le moteur du progrès social – l'État ou les marchés –, la radicalité de leur opposition a eu pour effet de mettre en concurrence les ordres juridiques interne et communautaire.

2. *La compétition juridique*

Sur le plan juridique, l'opposition des deux conceptions se déduit de la marge de manœuvre reconnue au pouvoir politique et, à travers lui, aux citoyens, pour organiser les services d'utilité publique.

En droit français, l'un des principes directeurs du service public le place « sous la direction plus ou moins effective des gouvernants »[26]. Les autorités sont en effet habilitées à créer des services publics en cas de défaillance[27] quantitative[28] ou qualitatives[29] du secteur privé ; mais également lorsqu'il 1°) fonctionne sur le domaine public[30], 2°) est complémentaire d'un autre service public[31], 3°) est rattachable aux attributions légales des personnes publiques[32] et 4°) est destiné à ne satisfaire que les besoins propres de l'administration[33]. De même, le

---

25 Bouveresse J., « La Troisième République eut-elle une politique économique et sociale ? », in *L'État interventionniste*, Paris, L'Harmattan, 2012, p. 93.

26 Rolland L., *Précis de droit administratif*, Paris, Dalloz, 1957, p. 18.

27 CE 29.3.1901, Casanova, *GAJA* ; 30.5.1930, Chambre syndicale du commerce en détail de Nevers, *RDP* 1930. 530, concl. Josse.

28 CE Ass. 24.11.1933, La solidarité ternoise, *R.* 1099.

29 CE Sect. 20.11.1964, Ville de Nanterre, *AJDA* 1964. 686, chr. Puybasset et Puissochet.

30 CE Sect. 29.1.1932, Sct des autobus antibois, *GAJA*.

31 CE Ass. 27.2.1942, Mollet, S. 1942. 41, note P. L.

32 CE Ass. 19.5.1933, Blanc, *S.* 1933. 81, note Alibert.

33 CE 29.4.1970, Sct Unipain, *AJDA* 1970. 430, concl. Braibant ; CE 26.10.2011, Assoc. pour la promotion de l'image, *AJDA* 2012. 35.

législateur est habilité à nationaliser une activité qui acquiert le caractère d'un service public national[34].

Au contraire, l'approche sectorielle et économique du droit communautaire l'a longtemps conduit à promouvoir une interprétation du droit de la concurrence qui restreigne le pouvoir des États sur les SIG.

Sans doute les gouvernants demeurent-ils exclusivement compétents pour organiser les services publics régaliens[35] ou sociaux[36] du fait du caractère non économique de leur activité. Mais, outre qu'elle doit résulter d'un acte exprès[37], la création d'un SIEG n'est valable qu'à la double condition d'être proportionnée à l'objectif poursuivi et de ne pas affecter le développement des échanges intra communautaires « dans une mesure contraire à l'intérêt de l'Union » (art. 90 TCEE et 106 TFUE), c'est-à-dire, au fond, au droit communautaire de la concurrence. L'accès ou le maintien des services sur le marché est de plus rendu plus difficile par le fait que sa régulation doit revenir à des autorités administratives indépendantes (AAI) du pouvoir politique[38].

Bien que parfaitement logique dans la perspective libérale initiale du droit communautaire, la relativisation du pouvoir des autorités sur les SIEG contrevient à la conception française du service public : dans la mesure où elle dépossède les autorités nationales et, à travers elles, les citoyens du pouvoir d'arbitrage dont ils bénéficiaient jusqu'alors entre les SUP et l'initiative privée. C'est en effet, pour reprendre l'analyse de Michel Foucault[39], comme si la conception française plaçait traditionnellement les acteurs économiques sous la surveillance du pouvoir politique alors que la conception communautaire cherchait à renverser la perspective pour placer ce dernier sous la surveillance des premiers. Si cette opposition idéologique a été source de tension juridique jusque dans les années 1990, leur relation a cependant commencé à s'apaiser à partir de cette date pour donner lieu à une relative coexistence pacifique.

---

34 Pr. 27.10.1946, al. 9 ; CC 207 DC des 25 et 26.6.1986, Loi autorisant le Gouvernement à prendre diverses mesures d'ordre économique et social, cs 52.

35 CJCE 19.1.1994, Eurocontrol, *AJDA* 1994. 286, chron. Chavrier, Honorat et Pouzoulet.

36 CJCE 27.9.1988, État belge c/ Humbel, *R.* 1998. 5365.

37 CJCE 21.3.1974, BRT c/ SABAM, *R.* 1974. 51 ; 23.10.1997, Comm. c/ France, *R.* 1997-I. 5815.

38 Art. 90 TCEE et 106 TFUE ; CJCE 19.3.1991, France c/ Comm., *R.* 1991-I. 1223.

39 cité *in* Marty F., « Politique européenne de concurrence et économie sociale de marché », *OFCE* 2010, n° 30, p. 5.

II. La coexistence pacifique

Un certain rapprochement juridique est intervenu (A) du fait des concessions idéologiques consenties par chacune des deux conceptions (B).

1. Le rapprochement juridique

Ce rapprochement juridique est visible à deux égards.

Il se déduit d'abord des concessions faites par les autorités nationale et communautaire quant aux activités susceptibles d'être qualifiées de SUP. De leur côté, les premières acceptent en effet désormais plus facilement qu'une personne privée en charge d'une mission d'intérêt général puisse gérer un SPIC bien qu'elle ne dispose pas de prérogatives de puissance publique[40]. Il s'agit bien là d'une concession au droit communautaire, dès lors que ce dernier estime qu'un SIEG peut se résumer à des obligations particulières pesant sur celui qui le gère, à l'exclusion de tout pouvoir exorbitant du droit commun[41]. Pour leur part, les autorités communautaires sont plus enclines à admettre qu'une activité de service public puisse être qualifiée de SIEG. Depuis les années 1990, elles se contentent en effet d'exercer un contrôle « de l'erreur manifeste d'appréciation »[42] sur la décision des États de qualifier comme telle une activité. Comme le résume les professeurs Colson et Idoux, elles « s'en réfèrent » désormais « essentiellement à la volonté de l'État membre pour identifier un SIEG, là où un jeu de critères communautaires aurait pu imposer une définition réductrice »[43].

Ce rapprochement juridique se déduit ensuite des règles applicables au fonctionnement des SP et des SIG. Les premiers doivent en effet dorénavant respecter le droit de la concurrence d'une façon qui prenne davantage en compte leur spécificité, que le service agisse dans le cadre de ses prérogatives de puissance publique[44] ou non : la substitution d'un principe d'égale concurrence au principe de non concurrence conduit

---

[40] CE 20.7.1990, Ville de Melun, *op. cit.* ; Sect. 22.2.2007, APREI, *AJDA* 2007. 793.

[41] « Communication de la Commission sur les SIG en Europe du 11 septembre 1996 », *JOCE C* 1996-281. 3 : les SIG sont des « activités de service marchand ou non, considérées d'intérêt général par les autorités publiques, et soumises pour cette raison à des obligations spécifiques de service public ».

[42] Décision 2008/765/CE de la Commission européenne du 11 décembre 2007 concernant l'aide n° C 7/06 mise en œuvre par la Finlande, *JOCE L* 2008-270. 18, pt 215 ; TPICE 15.6.2005, Fred Olsen, aff. T-17/02, pt 209 et 216.

[43] Colson J.-P. et Idoux P., *Droit public économique*, LGDJ 2008 n° 101.

[44] CE Sect. 3.11.1997, Sct Million et Marais, *GAJA* ; avis 22.11.2000, Sct L&P publicité, *RDP* 2001. 393, note Guettier ; 29.7.2002, Sct Cegedim, *AJDA* 2002. 1072, note Nicinski.

en effet le juge administratif à considérer qu'un service public ne peut intervenir dans un domaine accessoire à son activité qu'à la condition de ne pas tirer profit de ses prérogatives exorbitantes du droit commun[45]. Sous cette réserve, le gestionnaire peut par exemple désormais se porter candidat à l'attribution d'un marché public[46]. Or il s'agit bien là d'une concession à la conception communautaire, dans la mesure où l'article 106 TFUE (ex. art. 86 TCE) n'autorise un SIEG à bénéficier de droits exclusifs ou spéciaux que « dans la seule mesure où l'accomplissement de la mission particulière qui lui a été impartie ne peut être assuré que par l'octroi de tels droits »[47]. En contrepartie, le droit communautaire admet de plus en plus largement que d'autres considérations d'intérêt général puissent justifier de faire échapper la création ou le fonctionnement d'un SIEG au droit de la concurrence. La jurisprudence européenne estime en effet désormais qu'il n'est plus « nécessaire que la survie » du service « soit elle-même menacée »[48] pour qu'il puisse déroger à ce droit. Surtout, les SIG sont désormais soumis à un certain nombre de règles communes qui rappellent les principes directeurs du service public à la française dégagées, sous la IIIe République, par le professeur Rolland. Dans un mémorandum de 1995, la France avait invité les instances communautaires à promouvoir des « principes généraux communs à l'ensemble des services publics » au nombre desquels figureraient les principes de « continuité », d'« égalité », d'« adaptation » et de participation. Or le droit originaire a fini par entériner cette solution : non seulement les TUE (art. 1er et 10) et TFUE (art. 15) font de la transparence un principe du droit européen permettant « d'assurer une meilleure participation des citoyens au processus décisionnel »[49], mais le protocole n° 26 garantit « un niveau élevé de qualité, de sécurité » des SIEG ainsi que leur « caractère abordable, l'égalité de traitement et la promotion de l'accès universel et des droits des utilisateurs » (art. 1er, al. 4). De sorte que certains auteurs sont tentés de voir dans ces évolutions la consécration à l'échelle communautaire « des lois du service public à la française »[50].

Ces rapprochements juridiques n'ont toutefois pu s'opérer que parce que chaque conception consentait à faire des concessions à l'autre sur le plan idéologique.

---

45 CE avis 8.11.2000, Sct J.-L. Bernard Consultant, n° 222208 ; CE Sect. 31.5.2006, Ordre des avocats au barreau de Paris, *AJDA* 2006. 1592, chron. Landais et Lenica ; CE 3.3.2010, Dpt de la Corrèze, *AJDA* 2010.960.

46 CE 10.7.2009, Dpt de l'Aisne, *AJDA* 2009. 2006, note Dreyfus.

47 CJCE 23.10.1997, Comm. c/ France, *R.* 1997-I. 5815.

48 CJCE 23.10.1997, Comm. c/ France, *R.* 1997-I. 5815, pt. 59.

49 CJUE GC 9.11.2010, Volker und Markus Schecke, aff. C-92/09.

50 Kovar R., « Droit communautaire et service public », *RTDE* 1996. 236 ; Frier P.-L. et Petit J., *Droit administratif général*, Montchrestien 2010 n° 395.

2. *Les concessions idéologiques*

D'un point de vue idéologique, les autorités françaises ont concédé au droit communautaire la reconnaissance d'un certains nombres de droits subjectifs aux acteurs économiques, notamment quant à l'exercice des droits et libertés liés à la liberté du commerce et de l'industrie ou au droit de propriété. Alors que le culte de la « loi, expression de la volonté générale » conduisait traditionnellement le droit français à placer les administrés dans une situation globalement légale et réglementaire vis-à-vis du service public[51], l'influence du droit communautaire a contribué à renverser la perspective[52]. En même temps qu'ils « confèrent aux particuliers des droits »[53], les textes européens organisent en effet un mécanisme de renvoi préjudiciel (ex-article 234 CE devenu art. 267 TFUE) destiné à garantir leur effectivité. Or ces dispositions ont conduit les autorités nationales à abandonner la théorie de la loi-écran – qui interdisait aux particuliers de se prévaloir de leurs droits et libertés dans le silence de la loi ou des règlements – en matière conventionnelle[54], obligeant ainsi les autorités nationales et, à travers elle, les services publics à davantage respecter les libertés économiques.

En contrepartie, le droit communautaire a atténué la rigueur de son libéralisme originaire, de façon à prendre davantage en compte la dimension sociale des SIG. À l'initiative de la France[55], les États membres ont en effet amendé les traités fondateurs pour remettre en cause le primat de l'économie qui sous-tendait la construction communautaire depuis son origine. Le droit communautaire de la concurrence s'est ainsi trouvé réconcilié avec l'intérêt national étatique dès lors que le premier est devenu un aspect – et un aspect seulement ! – de l'intérêt général dont les autorités communautaires ont la charge. Ces dernières sont concrètement désormais tenues d'admettre que l'existence des SIG peut se justifier par des considérations extra économiques tenant à la « *cohésion sociale et territoriale* de l'Union » ou à des considérations « *géographiques* » et « *culturelles* » (cf. art. 16 (ex. art. 7 D) du Traité d'Amsterdam, 36 de la Charte des droits fondamentaux de l'UE, 3 et 4 du TFUE et 1er du protocole n° 26 précité).

---

51 Duguit L., « La situation des particuliers à l'égard des services publics », *RDP* 1907. 439.

52 Foulquier N., *Les droits publics subjectifs*, Paris, Dalloz, 2003, sp. n° 94 ; 292 ; 394 et 395.

53 CJCE 4.12.1974, Van Duyn c/ Home Office, *R.* 1337.

54 Cass. civ. 2e 24.5.1975, Sté Cafés Jacques Vabre ; CE 20.10.1989, Nicolo, *GAJA* ; CE Ass. 30.10.2009, Perreux, *AJDA* 2009. 2385.

55 V. les projet de Charte européenne des services publics de janvier 1993 et Mémorandum de mars 1995.

C'est donc la sensibilité nouvelle du droit français aux droits subjectifs combinée à celle du droit communautaire pour les questions extra économiques (sociale, territoriale ou géographique et culturelle) qui explique leur relative coexistence pacifique sur le terrain juridique depuis les années 1990.

En conclusion, le rapprochement du régime juridique des SP et des SIG apparaît bien réel. Mais il reste malgré tout partiel, dès lors notamment que les droits français et communautaire ne s'accordent pas sur la signification des lois du service d'utilité publique. Certes ni le droit français ni le droit communautaire ne consacrent la loi d'adaptabilité au plus haut niveau de leur hiérarchie des normes. Mais alors que celle de continuité est garantie au niveau constitutionnel au sein de la République, elle est simplement affirmée par le droit dérivé en droit communautaire, et encore de façon variable[56]. Tandis en outre que le droit français promeut une égalité formelle et abstraite qui justifie de délivrer à tous les mêmes prestations de service public sans distinction de richesse, le droit communautaire en retient une conception réelle et abstraite qui réduit le service d'intérêt général à un service public « du pauvre »[57], en lui donnant la forme de discriminations positives devant bénéficier aux plus démunis dans l'accès à des prestations dont le nombre reste limité[58].

Du fait de ces divergences persistantes, la question de la viabilité sur le long terme de la coexistence pacifique entre deux traditions si différentes se pose et, à travers elle, celle de la capacité de l'UE à continuer de servir d'exemple aux autres constitutions d'Unions d'État.

---

56 Dir. 2009/72-73/CE du Parlement et du Conseil du 13.7.2009, concernant des règles communes pour le marché intérieur respectivement de l'électricité et du gaz naturel modifient les dir. préc. du 26.6.2003 de façon à ne plus mentionner le principe de continuité (et ceux d'égalité et d'adaptation).

57 Lebreton G., *Droit administratif général*, Paris, Dalloz, 2009, n° 83.

58 Denoix de Saint Marc R., *op. cit.*, paragraphe 2.1.B.

Les relations commerciales en Asie comme vecteur de coopération et de développement

Le cas du Kazakhstan et du Japon

Karimjan SHAKIROV

Université Nationale Kazakhe al-Farabi, Almaty

(traduit du russe par K. Baizakova)

Les relations entre Kazakhstan et Japon ont franchi en 2012 le vingtième anniversaire de leur établissement. Pour mieux comprendre leur caractère organique, leur développement, et l'engagement du Kazakhstan dans leur élargissement, il faut observer le dynamisme de l'activité politique extérieure de la république du Kazakhstan dès le moment de sa proclamation d'indépendance. Les relations entre Kazakhstan et Japon ont pris leur envol (II) au sein du développement des relations bilatérales entre le Japon et toute l'Asie centrale (I).

I. le développement des relations bilatérales entre le Japon et l'Asie centrale

Un domaine important des initiatives précoces de politique étrangère du Japon en Asie centrale est le développement des relations bilatérales avec le Kazakhstan, qui a largement prédéterminé l'intérêt du Japon pour le développement et le renforcement de ses relations également avec les autres pays de l'Asie centrale.

La position du Japon en ce qui concerne cette région s'est exprimée à l'occasion de nombreuses initiatives, parmi lesquelles figurent les initiatives diplomatiques suivantes :

- l'initiative visant à intégrer les pays d'Asie centrale dans l'organisation pour la coopération et de développement économique (OCDE), ce qui leur a permis de recevoir une aide financière dans le cadre du programme d'aide officielle au développement (AOD) ;

- l'initiative « diplomatie eurasienne », consistant en un renforcement de la coopération économique et politique entre Japon, Russie et Asie centrale. Ses trois grands principes sont : le bénéfice mutuel, la confiance réciproque et la perspective à long terme ;

- l'initiative dans le cadre du programme « diplomatie de la route de la soie » pour soutenir la transition démocratique et encourager les réformes économiques, la reconstruction des infrastructures de transport et l'exploration des ressources naturelles ;

- l'initiative « Asie centrale + Japon », lançant des rencontres régulières entre ministres et hauts fonctionnaires des ministères pour promouvoir la coopération régionale ;

- l'initiative « transformation de l'Asie centrale dans un couloir de paix et de stabilité », qui tient en une approche de l'Asie centrale par une vision à long terme, un soutien envers une coopération régionale inclusive, la recherche basée sur des valeurs universelles communes.

Un certain nombre d'autres initiatives ont contribué à la compréhension mutuelle entre le Japon et les pays d'Asie centrale et ont rendu possible de prévoir une assistance matérielle du Japon à l'Asie centrale pour la réalisation de divers projets.

II. les relations entre le Japon et le Kazakhstan

Le dialogue politique kazakhstano-japonais a débuté en mai 1992 par la visite au Kazakhstan du vice-premier ministre et ministre des affaires étrangères M. Watanabe. Depuis 1993, il existe un mécanisme bilatéral pour la coopération économique.

La visite au Japon du président de la république du Kazakhstan, du 6 au 9 avril 1994, fut l'événement fondamental des relations bilatérales. Lors de cette visite, une « déclaration conjointe » a été signée et des « notes diplomatiques » échangées sur la reconnaissance des anciens traités et accords conclus entre l'URSS et le Japon.

Dans ce document politique, le Japon a en particulier souligné son soutien envers les efforts entrepris par le Kazakhstan pour la réalisation de réformes.

La visite au Kazakhstan en juillet 1997 d'une délégation présidée par K. Obouti, député puis premier ministre, a renforcé le dialogue kazakhstano-japonais. Son rapport sur sa visite en Asie centrale et en Russie relève du concept de politique étrangère japonaise « diplomatie eurasienne », par lequel s'est exprimé le premier ministre du Japon, R. Hashimoto, le 24 juillet 1997 à la tribune de la Société japonaise des acteurs économiques « Keizai Doyukai », divisé la politique du Japon en relation à la région d'Asie centrale en trois directions :

- dialogue politique destiné à approfondir la confiance et compréhension mutuelles ;

- coopération économique et les ressources naturelles pour la prospérité de la région ;

- maintien de la paix : non-prolifération nucléaire, démocratisation et stabilisation.

La deuxième visite au Japon du président kazakh, du 5 au 8 décembre 1999, a accentué l'impulsion des relations bilatérales. Lors de cette visite, les parties ont signé la « déclaration conjointe sur l'amitié, le partenariat et la coopération entre la République du Kazakhstan et le Japon », confirmant le haut niveau du partenariat stratégique entre les deux pays.

En 2006, le Kazakhstan a reçu le Premier ministre du Japon J. Koizumi et, en 2007, une large délégation de chefs d'entreprise et cadres supérieurs de grandes sociétés nationales, de l'électricité, des sociétés commerciales et des institutions financières du Japon, dirigée par le ministre de l'économie, commerce et industrie, A. Amari. Les entretiens ont fait de la promotion d'un partenariat stratégique dans l'énergie nucléaire le sujet principal.

La visite au Japon du président kazakh, en juin 2008, a permis de signer la « déclaration conjointe sur le développement ultérieur de l'amitié, du partenariat et de la coopération », pas important sur la voie d'une collaboration mutuellement bénéfique et synergique avec le Japon. L'idée est de rapprocher la haute technologie japonaise d'avec les importantes ressources naturelles et matières premières de la république du Kazakhstan.

Ces accords sont des pas importants pour une coopération nourrie entre le Japon, pays fort dans les technologies avancées et voulant devancer d'autres pays de haute technologie dans leurs liens proches avec l'Asie centrale, et le Kazakhstan, qui possède de vastes matières premières et souhaite en retirer des avantages comparatifs auprès de l'Asie de l'est par rapport à ses voisins et concurrents d'Asie centrale.

Ces relations bilatérales ont contribué à une forte dynamique commerciale du partenariat économique et d'investissement, intensifiant les visites et contacts à différents niveaux entre les ministères et les milieux d'affaires des deux pays, et contribuant à accroître l'intérêt, pour le marché du Kazakhstan, des institutions financières.

Cette conjoncture favorable des relations bilatérales nourrit le partenariat commercial, économique et d'investissements, et intensifie visites et contacts entre les ministères et les départements, les milieux d'affaires des deux pays, d'où également le renforcement de l'intérêt des institutions financières du Kazakhstan pour le marché. La *Bank of Tokyo Mitsubishi UFJ*, a ouvert une représentation à Almaty en 2008.

Le président kazakh a appelé les entreprises japonaises à investir au Kazakhstan, créant les conditions nécessaires : une économie de marché libérale et une législation qui protège les investissements étrangers. Lors d'entretiens d'affaires, le président kazakh a rappelé que : « aujourd'hui, non seulement les centres de production du monde, mais la consommation se déplacent progressivement vers les pays en développement, notamment en Asie. Et à cet égard, le Kazakhstan a beaucoup à offrir. La disponibilité des ressources énergétiques et de grands marchés à proximité fait du Kazakhstan une base très efficace et pratique pour le développement des industries orientées vers l'exportation. »

Les deux pays ont précisé le fondement juridique de leur coopération économique. En décembre 2008, à Tokyo, a été signée, une première dans l'histoire des accords et relations interasiatiques, une « convention sur la prévention de la double imposition et la prévention de l'évasion fiscale en matière d'impôts sur le revenu ». Dans un proche avenir, on s'attend à voir signé un accord sur la libéralisation, la promotion et la protection des investissements.

En 2009, la 1re Commission mixte du gouvernement et du secteur privé au Kazakhstan et au Japon sur la coopération économique, a amené à Astana une délégation japonaise de 90 dirigeants et cadres supérieurs, 25 entreprises japonaises et organisations spécialisées. La signature d'une série d'accords intergouvernementaux et interministériels en a été le résultat.

En parallèle, pour 2009-2011, plusieurs documents interministériels importants ont été signés, notamment un accord de coopération entre « Kazatomprom » et les entreprises japonaises impliquées dans le cycle du combustible nucléaire. « Kazatomprom » a signé avec les plus grandes corporations japonaises des accords prévoyant la création, sur le territoire kazakh, des entreprises de traitement des métaux rares et métaux alcalins et leur production.

Le commerce bilatéral s'est depuis plus de 20 ans fortement développé. D'après les données de l'association japonaise du commerce extérieur, les échanges bilatéraux ont augmenté en 2010 de 171,7 % par rapport à 2009, s'élevant à 825 millions $. Les exportations du Kazakhstan s'élèvent à 604 millions $ (hausse de 81,9 %) ; les importations en provenance du Japon à 221 millions $ (hausse de 48,8 %). En 1996, ce chiffre était de 105,29 millions $. En outre, en 2010, des visites mutuelles des ministres des affaires étrangères des deux pays ont confirmé le développement dynamique des relations bilatérales.

Kazakhstan et Japon ont des positions similaires sur la sécurité internationale. Tokyo se félicite de l'adhésion du Kazakhstan au traité de non-prolifération nucléaire (2006) et accueille bien les initiatives kazakhes d'intégration dans les organisations internationales et régionales. Le Japon est le seul pays développé coauteur de la résolution de l'AG de l'ONU faisant du 29 août la « journée internationale contre les essais nucléaires ». Il a lancé à Tokyo, en septembre 1999, une conférence internationale sur les problèmes de l'ancien polygone de Semipalatsinsk. Le Japon a alloué 6 millions $ pour du matériel médical dans la région et, en mars 1998, des recherches conjointes ont été menées sur les effets des essais nucléaires au Kazakhstan. Des progrès ont été réalisés dans leur coopération culturelle et humanitaire.

Soutenant l'initiative de convoquer la conférence CICA, Tokyo participe à son forum comme observateur. Astana soutient le Japon dans l'élection des membres permanents au conseil de sécurité de l'ONU. Les deux pays placent donc leur coopération aussi dans le cadre des forums *multilatéraux*.

S'exprimant en novembre 2012, à Tokyo, le ministre kazakh des affaires étrangères a déclaré, dans le cadre du dialogue « l'Asie centrale plus le Japon », que les relations entre le Japon et les pays d'Asie centrale, en vingt ans, se développent dans toutes les directions. « Dans la prochaine période, le Forum initié par la partie japonaise peut apporter une réelle contribution à la stabilité dans la région et au développement du commerce, de l'investissement, de la coopération économique, culturelle et humanitaire. »

Il a salué le fait que le Japon, avec son haut niveau technologique et sa grande expérience de coopération économique interrégionale, veuille être un catalyseur de nombreux processus d'Asie centrale, pour contribuer à la coopération régionale. Selon Astana, la solution des problèmes urgents de l'Asie centrale est possible dans ce cas à un niveau supérieur, technologique, et la coordination des efforts de gestion des pays d'Asie centrale.

En conclusion, le renforcement du partenariat stratégique entre Kazakhstan et Japon est liée à plusieurs facteurs. Un dialogue politique visant à approfondir la compréhension et la confiance mutuelles, la coopération économique et des positions communes sur les questions internationales, la non-prolifération des armes nucléaires, la démocratisation et stabilisation sociale. Le succès de la coopération entre les deux pays tient à des intérêts communs dans de nombreux domaines et répond à leurs besoins de politique étrangère.

Construire le libre-échange interrégional par les accords commerciaux UE-Corée

Limites de la responsabilité des fournisseurs d'accès à *Internet* dans le droit coréen de la propriété intellectuelle selon les accords de libre-échange COR-UE et COR-USA

Chan-Mo Chung

Université InHa, Corée du Sud

(traduit de l'anglais par P. Chabal)

La responsabilité des fournisseurs d'accès à Internet (FAI) ou son exemption est un thème délicat et pressant. Les progrès de la technologie de l'information ont changé la façon dont les gens travaillent, communiquent et expriment leurs idées et émotions. Le commerce électronique est en passe de remplacer le mode traditionnel d'échange et permet de créer des liens nouveaux, qui n'existaient pas avant. Le volume de communication a explosé, facilité par les FAI. La plupart des gens n'entrent en activité en ligne que par les moyens fournis par les FAI. Accès à *Internet*, affichage de messages, blogs, navigation, jeux, achat et vente de produits, etc., toutes ces activités sont possibles grâce à ces intermédiaires, ces FAI. Certains ont crû au point de devenir les joyaux de la couronne de l'économie numérique.

La société de l'information a ses côtés sombres : diffamation, violation du droit d'auteur, contrefaçon de marque et autres dérives illicites atteignent le cyberespace. Un problème plus grave que dans l'espace réel y est la violation du droit d'auteur, fortement accrue grâce à la technologie *Internet* ; où l'on peut produire et livrer des copies multiples de contenus originaux, en une minute et de la même qualité. Des mesures spéciales ont été jugées nécessaires pour protéger le droit d'auteur à rendre des travaux disponibles sur *Internet* tout en interdisant le contournement de la protection technologique de ce droit. De même, interdire l'annulation d'informations sur le droit d'auteur est l'instrument juridique inventé pour protéger ce droit dans le cadre d'*Internet*. Les auteurs tiennent de plus en plus pour responsables de la violation de leur droit les utilisateurs des services des FAI. Ces derniers n'étant pas directement responsables, diverses théories invoquent leur responsabilité indirecte « de cotisation », « du fait d'autrui » ou « d'incitation ».

Imposer une charge accrue aux FAI envers leurs utilisateurs pourrait entraver l'industrie *Internet* au lieu qu'elle adopte des technologies innovantes et de nouveaux services. Pour équilibrer protection du droit d'auteur et promotion de nouvelles entreprises sur *Internet*, les pays ont élaboré un mécanisme délicat accordant l'immunité aux FAI sous des conditions qui aident à protéger les droits d'auteur, par exemple en Corée le mécanisme de « refuge » (*safe harbour*) pour les FAI par amendements à la loi sur le droit d'auteur en réponse à l'Accord de libre-échange UE-Corée (COR-UE) (I, II) et l'Accord de libre-échange Corée-États-Unis (COR-USA) (III), entrés en vigueur en juillet 2011 et mars 2012.

I. La propriété intellectuelle des FAI avant l'accord de libre-échange UE-Corée

On distinguera les dispositions statutaires et légales des questions d'interprétation par la jurisprudence.

1. Dispositions statutaires relatives à la sécurité de la propriété intellectuelle

Les dispositions limitant la responsabilité des FAI en matière de droit d'auteur ont été introduites pour la première fois dans la loi coréenne sur le droit d'auteur modifiée en mai 2003 par les articles 77 et 77 bis. Ces dispositions ont ensuite été renumérotées articles 102 et 103 en décembre 2006, avec seulement des modifications techniques mineures.

Les principes fondamentaux de la responsabilité des FAI sont prévus par les dispositions de l'article 102 (ex-article 77) :

> Article 102 (Limitation de la responsabilité des fournisseurs de service en ligne)
>
> (1) Dans le cadre de la prestation de services par un fournisseur de services en ligne liés à la reproduction ou la transmission interactive d'œuvres, etc., la responsabilité d'un tel fournisseur de services en ligne pour violation par d'autres personnes des droits d'auteur ou autres droits protégés en vertu de la présente loi peut être réduite ou supprimée dans les cas où un tel fournisseur de services en ligne empêche ou arrête la reproduction ou la transmission de celui-ci après avoir été informé que les droits d'auteur ou autres droits protégés en vertu de la présente loi seraient bafoués en raison de la reproduction ou la transmission interactive d'œuvres, etc. par les autres personnes.

(2) Dans le cadre de la prestation de services par un fournisseur de services en ligne liés à la reproduction ou la transmission interactive d'œuvres, etc., la responsabilité d'un tel fournisseur de services en ligne pour violation par d'autres personnes des droits d'auteur ou autres droits protégés en vertu de la présente loi est supprimée dans les cas où un tel fournisseur de services en ligne tente d'empêcher ou arrêter la reproduction ou la transmission interactive de celui-ci lorsque mis au courant que les droits d'auteur ou autres droits protégés en vertu de la présente loi seraient bafoués en raison de la reproduction ou la transmission interactive d'œuvres, etc. par les autres personnes, mais qu'il est techniquement impossible de le faire.

L'article 103 (ex-article 77-bis), communément appelé « procédure de notification et de retrait », dispose en complément que :

Article 103 (Cessation de reproduction ou de transmission Interactive)

(1) Toute personne qui prétend que ses droits d'auteur ou autres droits protégés en vertu de la présente loi sont bafoués en raison de la reproduction ou la transmission interactive d'œuvres, etc. par l'utilisation de services fournis par un fournisseur de services en ligne (ci-après dénommé « requérant » dans le présent article) peut demander à ce fournisseur de services en ligne de cesser la reproduction ou la transmission interactive de tels travaux, etc. dès lors qu'il justifie du fait incriminé.

(2) Dans les cas où il est demandé d'arrêter la reproduction ou la transmission interactive en vertu de l'alinéa précédent (1), un fournisseur de service en ligne doit arrêter immédiatement la reproduction ou la transmission interactive de ces travaux, etc. et en donner avis à la personne qui reproduit ou transmet de manière interactive ces travaux, etc. (ci-après dénommé « reproducteur-émetteur interactif ») et le demandeur d'une telle demande.

(3) Dans les cas où un reproducteur/émetteur interactif, qui est notifié conformément à l'alinéa précédent (2), prouve que sa reproduction ou transmission interactive est basée sur des droits légitimes et demande la reprise de la reproduction ou de la transmission interactive d'œuvres, etc., le fournisseur de service en ligne notifie sans délai le demandeur d'une telle demande pour la reprise et la date prévue de reprise, et reprend la reproduction ou la transmission interactive à la date prévue.

(4) Un fournisseur de service en ligne doit désigner une personne qui sera chargée de recevoir les demandes d'arrêter ou de reprendre la reproduction ou la transmission interactive conformément aux paragraphes ci-dessus (1) et (3) (ci-après dénommé « récepteur » dans le présent article) et faire une annonce publique de celle-ci pour permettre à ceux qui utilisent ses installations ou ces services d'en avoir facilement connaissance.

(5) Dans les cas où un fournisseur de service en ligne fait une annonce publique conformément à l'alinéa qui précède (4), et arrête ou reprend la reproduction ou la transmission interactive d'œuvres, etc. en vertu des paragraphes qui précèdent (2) et (3), cette responsabilité du fournisseur de services en ligne

pour l'infraction par d'autres personnes des droits d'auteur et autres droits protégés en vertu de la présente loi ainsi que les dommages subis sur le reproducteur/émetteur interactif peut être réduite ou supprimée : à condition que cette disposition ne s'applique pas à toute responsabilité encourue à partir du moment où ce fournisseur de service en ligne prend connaissance du fait que les droits d'auteur et autres droits protégés en vertu de la présente loi sont bafoués en raison de la reproduction ou de la transmission interactive d'œuvres, etc. par d'autres personnes jusqu'au moment où une demande d'arrêter la reproduction ou la transmission interactive conformément au paragraphe qui précède (1) est faite.

(6) Toute personne qui demande que la reproduction ou la transmission interactive d'œuvres, etc. soit arrêtée ou reprise conformément aux paragraphes ci-dessus (1) et (3) sans droits légitimes doit faire réparation de tout préjudice subi de ce fait.

(7) Les éléments nécessaires à la fourniture de preuves, à la suspension, à la notification, à la reprise de la reproduction ou la transmission interactive, la désignation d'un récepteur de communications, d'annonce publique, etc. conformément aux paragraphes ci-dessus (1) à (4) doivent être fixées par Décret présidentiel. Dans ce cas, le ministre de la Culture, des Sports et du Tourisme doit engager des consultations préalables avec les chefs des autorités administratives centrales appropriées.

En temps normal, le propriétaire des droits d'auteur prend les mesures technologiques nécessaires pour protéger ses œuvres contre la reproduction ou transmission non autorisée. Le gouvernement coréen pense que, sans coopération active des fournisseurs de services *Internet*, il sera difficile d'endiguer la piraterie cybernétique. L'article 104, introduit en 2006, impose aux FAI de prendre certaines mesures technologiques pour des services comme le partage de fichiers d'œuvres protégées (P2P, stockage sur disque Web, etc.). Cette obligation n'est toutefois activée que sur demande des ayants droit.

Article 104 (Responsabilité de types spéciaux de fournisseurs de services en ligne)

(1) les fournisseurs de services en ligne dont le but principal est de permettre à différentes personnes de transmettre de manière interactive des œuvres, etc. entre elles par ordinateurs (ci-après dénommé « types particuliers de prestataires de services en ligne ») prennent les mesures nécessaires telles que des mesures technologiques pour intercepter la transmission interactive illégale d'œuvres, etc. à la demande des titulaires de droits. Dans de tels cas, les questions liées aux demandes des titulaires de droits et les mesures nécessaires doivent être fixées par Décret présidentiel.

(2) Le ministre de la Culture, des Sports et du Tourisme peut déterminer et notifier la portée des types particuliers de prestataires de services en ligne, conformément au paragraphe (1).

Certaines caractéristiques des dispositions légales coréennes diffèrent des dispositions européennes pertinentes d'au moins quatre manières. Si la Directive européenne du commerce électronique de l'UE[1] adopte une limitation de la responsabilité des intermédiaires d'*Internet* applicable à toutes les activités de leurs utilisateurs de services, la Corée a une disposition spéciale pour déterminer la responsabilité des FAI en cas de violation du droit d'auteur de leurs usagers[2]. Si la Directive européenne différencie les fonctions des FAI (simple transmission, mise en cache temporaire, hébergement de services) et définit les conditions d'exonération de responsabilité au cas par cas, la Corée différencie seulement une catégorie de service de partage de fichiers aux risques élevés pour les détenteurs de droits d'auteur. Si la Directive de l'UE indique clairement que les FAI ne devraient pas avoir l'obligation générale de surveiller les activités problématiques des usagers, la Corée n'a pas adopté une telle disposition : législation et jurisprudence coréennes imposent au contraire à une catégorie particulière de services de partage de fichiers une obligation générale de surveiller les matériaux enfreignant les droits d'auteur dans leurs services. Si la Directive européenne offre l'immunité pour les fournisseurs de services *Internet* répondant à certaines conditions légales, la Corée laisse au tribunal de décider d'une exonération partielle ou totale de responsabilité.

2. Les apports de la jurisprudence en matière de propriété intellectuelle

L'affaire *Soribada 5*[3], système de partage de fichiers utilisateur-à-utilisateur a créé un vif débat en Corée sur la responsabilité des FAI pour violation du droit d'auteur par ses utilisateurs. La Cour suprême américaine s'était appuyée sur la théorie de l'incitation quand elle tint Grokster pour indirectement responsable d'une violation par l'utilisateur d'un droit d'auteur[4] mais une chambre de la Haute cour de Séoul estima que *Soribada 5* était responsable de n'appliquer qu'un système de filtre

[1] Directive 2000/31/EC du Parlement européen et du Conseil du 8/6/2000 sur certains aspects légaux des services de sociétés d'information (commerce électronique, etc.) sur le marché interne. OJ L 178, 17/7/2000, pp. 1-16. Même texte que l'ALE COR-UE (cité section III.1. de ce chapitre). La seule différence est la permutation des termes « États-membres » et « Parties ».

[2] La Corée adhère au « general ISP liability provisions in the Act for Promotion of the Usage of Broadband Networks and Information Protection (Article 44 bis and 44 ter) ».

[3] Haute Cour de Séoul, 2006 ra1245, jugement du 10 octobre 2007.

[4] *MGM v. Grokster*, 545 US 125.

négatif[5], pas de filtrage positif[6]. Dans le système de filtrage de *Soribada 5*, les utilisateurs pouvaient télécharger plus de 60 % de la musique sans l'autorisation des ayants droit. La Cour alla plus loin et demanda que *Soribada 5* applique un filtrage qui ne permette aux utilisateurs que le partage de fichiers musicaux licites, position très critiquée[7].

La défense argua que l'article 103 (« l'avis et le retrait ») devait être activé par un avis du détenteur du droit, que l'article 104, adopté pour imposer une tâche supplémentaire à un type particulier de fournisseurs de services *Internet*, stipulait que les mesures techniques doivent être prises à la demande des titulaires de droits, ainsi que les trois articles 102, 103 et 104 au titre du Chapitre VI (limitation de la responsabilité des fournisseurs de service en ligne) présupposaient un système dans lequel les FAI filtrent passivement les fichiers concernés à la présentation d'informations nécessaires par les ayants droit.

La Cour rejeta ces allégations, déclarant que les articles 103 et 104 n'offraient pas de critères pour la responsabilité des FAI, seulement une procédure spéciale pour le règlement extra-judiciaire rapide des différends.

Mais la Cour reconnut que les gestionnaires de *Soribada 5* avaient par imprudence rendu possible la forte probabilité d'une violation du droit d'auteur par ses utilisateurs. Cette imprudence la poussa à décider que *Soribada 5* avait favorisé la violation du droit d'auteur par ses utilisateurs. Ce point a été soutenu par une décision ultérieure de la Cour suprême[8].

II. La propriété intellectuelle des FAI selon l'Accord de libre-échange Corée-UE

On distinguera l'accord de libre-échange Corée-UE des amendements ultérieurs de la loi coréenne.

1. La responsabilité des FAI dans l'ALE Corée-Union européenne

Le contenu de cinq articles présente très clairement l'état du droit positif, les enjeux pour les opérateurs et les principes de base engagés.

---

5 Les FAI conservent les données pour les informations musicales *non* autorisées pour un partage.

6 Les FAI conservent les données pour les informations musicales *autorisées* pour un partage.

7 Cf. Jongsoo Yoon, « Copyright Infringement Liability Limitation and Obligation on Online Service Providers to Apply Technological Measures », in *Human Rights and Justice*, vol. 395, July 2009.

8 Cour Suprême 2005, doc 872, jugement du 14 décembre 2007.

Article 10.62 (Responsabilité des fournisseurs de services en ligne)

Les parties reconnaissent que les services d'intermédiaires peuvent être utilisés par des tiers pour des activités illicites. Afin d'assurer la libre circulation des services d'information et en même temps respecter les droits de propriété intellectuelle dans l'environnement numérique, chaque Partie prévoit des mesures énoncées aux articles 10.63 à 10.66 pour les prestataires de services intermédiaires où ils ne sont en aucune façon impliqués dans l'information transmise.

Article 10.63 (Responsabilité des fournisseurs de services en ligne : « simple conduite »)

1. Lorsqu'un service d'une société d'information est fournie qui consiste en transmission dans un réseau de communication d'informations fournies par un destinataire du service ou la fourniture d'accès à un réseau de communication, les Parties veillent à ce que le prestataire de services ne soit pas responsable des informations transmises, à condition que le prestataire :

(A) ne soit pas l'initialiseur de la transmission ;

(B) ne sélectionne pas le destinataire de la transmission, et

(C) ne sélectionne ni ne modifie pas les informations contenues dans la transmission.

2. Les actes de transmission et de fourniture d'accès visés au paragraphe 1 englobent le stockage automatique, le stockage intermédiaire et le stockage transitoire des informations transmises, pour autant que ce stockage ait lieu dans le seul but de réaliser la transmission dans le réseau de communication, et à condition que les informations ne sont pas stockées pour une période plus longue que ce qui est raisonnablement nécessaire à la transmission.

3. Le présent article n'affecte pas la possibilité, conformément aux systèmes juridiques des Parties, pour une autorité judiciaire ou administrative demandant au prestataire de services de résilier ou de prévenir une infraction.

Article 10.64 (Responsabilité des fournisseurs de service en ligne : « *caching* »)

1. Lorsqu'un service de société d'information est fourni qui consiste en la transmission dans un réseau de communication d'informations fournies par un destinataire du service, les Parties veillent à ce que le prestataire de service ne soit pas responsable du stockage automatique, intermédiaire et temporaire de cette information, fait dans le seul but de rendre plus efficace la transmission ultérieure de l'information à d'autres destinataires du service à leur demande, à condition que le prestataire :

(A) ne modifie pas l'information ;

(B) se conforme aux conditions d'accès à l'information ;

(C) se conforme aux règles concernant la mise à jour de l'information, indiquées d'une manière largement reconnue et utilisée par l'industrie ;

(D) n'interfère pas avec l'utilisation licite de la technologie, largement reconnue et utilisée par l'industrie, pour obtenir des données sur l'utilisation de l'information ;

(E) agisse promptement pour retirer ou rendre l'accès à l'information qu'il a stockée à l'obtention d'une connaissance réelle du fait que l'information à la source initiale de la transmission a été retirée du réseau, ou que l'accès à l'information a été désactivé, ou qu'une autorité judiciaire ou administrative ait ordonné un tel retrait ou une telle invalidation.

2. Le présent article n'affecte pas la possibilité, conformément aux systèmes juridiques des Parties, qu'une autorité judiciaire ou administrative n'exige du prestataire de services qu'il résilie ou empêche une infraction.

Article 10.65 (Responsabilité des fournisseurs de services en ligne : « hébergement »)

1. Lorsqu'un service de société d'information est fourni qui consiste à stocker des informations fournies par un destinataire du service, les Parties veillent à ce que le prestataire de services ne soit pas responsable des informations stockées à la demande d'un destinataire du service à condition que le fournisseur :

(A) n'aie pas connaissance de l'activité ou de l'information illicites et, en ce qui concerne les demandes de dommages et intérêts, n'ait pas connaissance de faits ou de circonstances selon lesquels l'activité ou l'information illicite est apparente ou

(B) dès l'obtention de telles connaissances, agisse promptement pour retirer ou désactiver l'accès à l'information.

2. Le paragraphe 1 ne s'applique pas lorsque le destinataire du service agit sous l'autorité ou le contrôle du prestataire.

3. L'article n'affecte pas la possibilité, conformément aux systèmes juridiques des Parties, d'une autorité judiciaire ou administrative demandant au prestataire de services de résilier ou d'empêcher une infraction, ni n'affecte la possibilité pour les Parties d'établir des procédures régissant le retrait ou la désactivation de l'accès à l'information.

Article 10.66 (Pas obligation générale de surveillance)

1. Les parties ne doivent pas imposer une obligation générale aux prestataires, pour la fourniture des services visés par les articles 10.63 à 10.65, de surveiller les informations qu'ils transmettent ou stockent, ni une obligation générale de rechercher activement des faits ou des circonstances révélant des activités illicites.

2. Les parties peuvent établir des obligations pour les fournisseurs de services de société d'information pour informer rapidement les autorités compétentes d'activités illicites alléguées entreprises ou des renseignements fournis par des destinataires de leurs services, ou à communiquer aux autorités compétentes, à leur demande, les informations permettant d'identifier les

destinataires de leurs services avec lesquels ils ont conclu des ententes d'entreposage.

Il en va exactement de même avec les articles 12 à 15 de la Directive adoptée par l'Union européenne sur le commerce électronique.

2. *Amendement à la loi coréenne sur la propriété intellectuelle*

La loi modifiant la loi sur le droit d'auteur adoptée par le Parlement le 30 juin 2011 et entrée en vigueur le 1er juillet 2011 a largement retouché l'article 102 de la loi coréenne sur le droit d'auteur. Sans reproduire l'ensemble du texte, nous en mentionnons trois points-clefs :

- l'amendement a accepté les critiques académiques selon lesquelles l'ancienne disposition de l'article 102 (1) (« peuvent être réduits ou supprimés ») permettait la discrétion de la Cour, qui trouvait cela pénible à exercer[9]. La nouvelle disposition a changé cela pour instaurer une exemption obligatoire de responsabilité (« ne sera pas responsable »). Le gouvernement coréen n'a pas adopté tel quel le texte pertinent de l'ALE COR-UE. Il y a ajouté quelque chose. Pour savoir quels sont les ajouts, il convient de noter que, bien que l'ALE COR-UE soit entré en vigueur avant l'ALE COR-USA, l'ALE COR-USA a été négocié et conclu avant l'ALE COR-UE[10]. Cela signifie que le gouvernement coréen était conscient de la nécessité d'assurer tôt ou tard la conformité de la loi coréenne sur le droit d'auteur avec les dispositions de l'ALE COR-USA une fois adopté. Ainsi, lorsque le gouvernement coréen a préparé le projet de loi portant modification de la Loi sur le droit d'auteur pour la ratification de l'ALE COR-UE, il a également pris en compte les dispositions pertinentes de l'ALE COR-USA.

- cela a entraîné une différence entre les textes de l'ALE COR-UE et la Loi coréenne sur le droit d'auteur telle que modifiée le 30 juin 2011. Contrairement à l'ALE COR-UE, la loi coréenne a classé les services de recherche par outils de repérage de l'information dans une catégorie distincte des fonctions des FAI. Quant à l'exonération de responsabilité pour le service d'hébergement, la loi coréenne contenait des ajouts dérivés de l'ALE COR-USA. Ainsi, le FAI ne pouvait recevoir d'avantage financier directement attribuable à l'activité illicite, dans les circonstances où il a le droit et la capacité de contrôler cette activité, et tenu de désigner un représentant devant recevoir la notification de la violation alléguée par les détenteurs de droits d'auteur.

---

9 Cf. Sangjo Jung et Junseok Park, « Suggestions for an Amendment for the Copyright Act : ISP Liability », *Law & Technology* 4 (4), July 2008.

10 Première négociation officielle de l'ALE COR-USA (juin 2006) : accord final en avril, 2007. Première négociation officielle de l'ALE COR-UE (mai 2007) : accord final en juillet 2009.

- le dernier point est la nette différence entre l'ALE COR-UE et l'ALE COR-USA : la procédure de notification et de retrait. L'ALE COR-UE n'intègre pas de notification, ni de procédure de retrait, tandis que l'ALE COR-USA le fait. L'origine de cette différence remonte à la législation nationale du droit d'auteur de l'UE et des États-Unis. Si l'on peut trouver des bases juridiques pour une procédure de notification et de retrait dans les directives de l'UE[11], celles-ci laissaient l'adoption de la procédure de notification et de retrait détaillée pour une réforme ultérieure, fondée sur des accords volontaires entre toutes les parties concernées[12]. Mais la loi américaine du droit d'auteur *Digital Millenium*, comporte des dispositions concrètes de procédure de notification et de retrait[13].

III. La propriété intellectuelle des FAI dans l'accord de libre-échange Corée-États-Unis

La loi modifiant la loi sur le droit d'auteur adoptée par le Parlement le 2 décembre 2011 et entrée en vigueur le 15 mars 2012 a entraîné quatre modifications.

1/ L'ajout de nouvelles conditions d'exonération de responsabilité. Deux d'entre elles se rapportent directement à la limitation de la responsabilité des FAI : les FAI (y compris les simples fournisseurs, les services d'hébergement et les services de cache) doivent fermer les comptes en ligne des auteurs récidivistes d'infraction aux droits d'auteur[14]. Les FAI doivent accepter et ne pas interférer avec les mesures techniques appliquées par les ayants droit pour identifier et protéger leurs œuvres[15].

2/ La résiliation du compte comme moyen de mise en œuvre du chapitre 18.10 du paragraphe 30 (vi) (A) de l'ALE COR-USA. La formule « suppression ou désactivation de l'accès à l'information » dans l'ALE COR-UE ne semble pas comprendre cette exigence de cessation de compte en ligne. Cependant, en avril 2009, la Corée a introduit la procédure dite des « trois avertissements et puis dehors » de résiliation du compte en ligne (articles 133-2 et 133-3)

Article 133-2 (supprimer les reproductions illégales par information, réseaux de télécommunications, etc.)

[11] Article 14 de la « E-commerce Directive » ; Articles 9 et 11 ; et Articles 9, 11 et 17 de la « IP Enforcement Directive » (Directive 2004/48/EC).

[12] Recital 40 de la « E-commerce Directive ».

[13] Section 502(c) DMCA.

[14] Article 102(1)1.da. See also Article 103(2).

[15] Article 102(1)1.ra.

(1) Dans le cas où des reproductions ou des informations portant atteinte à des droits d'auteur et autres droits protégés en vertu de la présente loi ou des programmes ou des informations permettant de contourner les mesures techniques de protection (ci-après dénommées « reproductions illégales, etc. ») sont interactivement transmises par l'information et de réseaux de télécommunications, le ministre de la Culture, des Sports et du Tourisme peut ordonner à un fournisseur de services en ligne de prendre l'une quelconque des mesures suivantes comme prescrit par décret présidentiel après délibération par la Commission :

1. avertissements contre reproducteurs et émetteurs interactifs de reproductions illégales, etc. ;

2. suppression ou suspension de la transmission interactive de reproductions illégales, etc.

(2) Si un reproducteur ou transmetteur interactif qui a reçu trois ou plusieurs avertissements comme prescrit au sous-alinéa 1 du paragraphe (1) du présent article transmet des reproductions illégales, etc., le ministre de la Culture, des Sports et du Tourisme peut ordonner à un fournisseur de services en ligne de suspendre le compte [ce qui se réfère aux comptes sur les droits d'utilisation utilisés par les fournisseurs de services en ligne pour identifier et gérer les utilisateurs (à l'exclusion des comptes de messagerie exclusifs) et comprend d'autres comptes fournis par les fournisseurs de services en ligne correspondants] du reproducteur correspondant ou transmetteur interactive dans un délai de pas plus de six mois prescrit par décret présidentiel après délibération par la Commission.

(3) Un fournisseur de service en ligne qui reçoit une ordonnance prescrite à l'alinéa (2) en avise le reproducteur correspondant ou transmetteur interactif du fait que le compte correspondant sera suspendu en vertu du décret présidentiel dans les sept jours avant de suspendre le compte.

(4) Si un babillard établi sur un réseau d'information et de télécommunications de fournisseurs de services en ligne (ce qui se réfère à un tableau d'affichage qui fournit intérêts commerciaux ou la commodité d'utilisation chez les personnes sous-alinéa 9, paragraphe (1), l'article 2 de la loi sur promotion de l'information et des communications Réseau utilisation et la protection des renseignements, etc. ; ci-après le même se applique.) qui a reçu trois ou plus commandements prescrits au sous-alinéa 2 du paragraphe (1) du présent article et est considéré comme nuisant gravement à l'utilisation rationnelle des œuvres, etc., à la lumière du format du tableau d'affichage correspondante, le montant ou la nature de reproductions publiées sur ce, etc., le ministre de la Culture, des Sports et du Tourisme peut ordonner à un fournisseur de services en ligne de suspendre tout ou partie du service de babillard dans un délai ne excédant pas six mois prescrit par décret présidentiel après délibération par la Commission.

(5) Un fournisseur de service en ligne qui reçoit une ordonnance prescrite en vertu de l'alinéa (4) doit afficher le fait que le service de la carte d'affichage

correspondant sera suspendu en vertu du décret présidentiel sur la page d'accueil du fournisseur de service en ligne correspondant et le tableau d'affichage correspondant à l'intérieur dix jours avant de suspendre le service.

(6) Dans les cinq jours de la réception d'une ordonnance en vertu du paragraphe (1), dans les dix jours à compter de la réception d'une ordonnance en vertu du paragraphe (2), et dans les 15 jours à compter de la réception d'une ordonnance en vertu du paragraphe (4), les fournisseurs de services en ligne doivent aviser le ministre de la Culture, des Sports et du Tourisme des conséquences de l'exécution de l'ordre tel que prescrit par décret présidentiel.

(7), (8) omis

Article 133-3 (Recommandation, modification, etc.)

(1) Lors de l'investigation des réseaux d'information et de télécommunications de fournisseurs de services en ligne et apprenant que les reproductions illicites, etc. sont transmises de manière interactive, la Commission peut délibérer sur le fait ou recommander aux fournisseurs de services en ligne de prendre des mesures de correction sous une des caractéristiques suivantes :

1. avertissements contre reproducteurs et émetteurs interactifs de reproductions illégales, etc.

2. suppression ou suspension de la transmission interactive de reproductions illégales, etc. ; et

3. suspension des comptes de reproducteurs et émetteurs interactifs qui transmettent plusieurs reprises de manière interactive les reproductions illégales, etc.

(2) omis

(3) Si les fournisseurs de services en ligne ne parviennent pas à suivre une recommandation au titre du § (1), la Commission peut demander au ministre de la Culture, des Sports et du Tourisme de rendre une ordonnance en vertu du § (1) et (2) de l'article 133-2.

(4) omis.

Cette résiliation de compte comme limitation de responsabilité va inciter les FAI à se conformer à l'ordonnance de résiliation du ministre. Cela soulève la délicate question de savoir si cette résiliation peut contrevenir à des droits fondamentaux comme la liberté d'expression et l'accès à l'information. Cette dernière exigence reflète l'obligation prévue par le chapitre 18.10 du paragraphe 30 (vi) (B) de l'ALE COR-USA. La condition semble raisonnable et peut avoir des conséquences importantes sur l'ancienne jurisprudence relative à l'obligation de filtrage. On l'a vu, la Haute cour de Séoul a enjoint les FAI d'appliquer le système de filtrage positif : les FAI doivent s'assurer que seuls des matériaux licites soient partagés par leurs usagers. La nouvelle disposition pose que c'est aux ayants-droit d'appliquer les mesures techniques. Le système de filtrage négatif serait le maximum qui puisse être tiré de cette disposition. Par conséquent, la jurisprudence qui pourrait être déduite de la décision de la Haute cour de Séoul est aujourd'hui écartée par la législation.

3/ La disposition pour avertissement et fermeture existante en cas de litige entre les télé-chargeurs et les ayants droit est complétée, notamment l'article 103 (3) : « Le prestataire de services doit restaurer le contenu en ligne si la personne qui a affiché le contenu fait une contre-notification effective *à moins que la personne qui procède à la notification effective d'origine n'informe d'un dépôt de recours judiciaire avant le jour de la restauration* »[16]. Cela établit un juste équilibre.

4/ Une procédure est mise en place, qui permet aux titulaires de droits d'obtenir le nom, l'adresse et autres informations nécessaires du contrevenant suspecté pour intenter une poursuite. Dans le cas où les FAI refusent de fournir ces informations, les ayants-droit peuvent demander au ministre de la culture, des sports et du tourisme d'ordonner la fourniture d'informations après consultation de l'avis de la commission du droit d'auteur[17]. Si le *Digital Millenium Copyright Act* autorise un tribunal à citer à comparaître pour identifier le contrevenant,[18] la loi coréenne modifiée y autorise un agent administratif. La société civile craint l'indépendance des juges et les effets dissuasifs contre la liberté d'expression et la vie privée.

En conclusion, l'évolution du droit de limiter la responsabilité des FAI montre que la Corée a modifié sa loi sur le droit d'auteur en fonction de ses relations avec l'UE et les États-Unis, en particulier de l'ALE COR-UE et de l'ALE COR-USA. La Corée a modifié la loi du droit d'auteur sous la pression des pays occidentaux mais ce n'est que partiellement vrai pour le changement en réponse aux technologies de l'information. Si « l'amendement numérique » de la Corée dans sa loi sur le droit d'auteur (2000) a postdaté le DMCA américain et la Directive européenne sur le commerce électronique (1998), les décideurs coréens ont exploité les évolutions internationales en matière de protection du droit d'auteur, dans sa quête volontaire de progrès de la protection du droit d'auteur à l'ère numérique.

Quant à l'évolution des dispositions concernant les limitations de la responsabilité des FAI, la Corée s'est retenue d'adopter le dénominateur commun minimum des dispositions pertinentes de la loi DMCA américaine et la Directive de l'UE sur le commerce électronique, mais

---

16 Reflection of Chapter 18.30(x) of the KOR-US FTA.

17 Article 103(3). Reflection of Chapter 18.30(xi) of the KO-RUS FTA.

18 Section 512(h) US Copyright Act as amended by the DMCA.

au moment de la ratification de l'ALE COR-UE, elle a adopté l'approche de « l'ALE COR-UE + » pour répondre aux normes de protection requises par l'ALE COR-USA déjà conclu. La procédure de notification et de retrait en est un exemple. La Commission européenne a également exprimé son intention d'adopter une initiative horizontale sur la procédure de « mise-en-demeure et action » en 2012[19]. L'adoption du système de « trois avertissements et puis dehors » de résiliation du compte en ligne des récidivistes est clairement autonome. Bien que l'ALE COR-USA contienne une disposition similaire, les groupes d'intérêts privés représentant les ayants-droit nationaux et étrangers ont joué un rôle plus important que la pression de l'USTR[20].

La pertinence des dispositions coréennes en matière de responsabilité des FAI (notamment les articles 102 et 103 de la loi sur le droit d'auteur) a été diminuée par l'article 104 sur la responsabilité de types particuliers de prestataires de services en ligne. Cette dernière disposition est vague et délègue trop à une législation inférieure. Sa constitutionnalité est douteuse. Les fournisseurs de services *Internet* étant visés par cette disposition, les mesures à prendre doivent être plus strictement définies dans la loi.

La Corée a récemment ajouté la résiliation de compte en ligne du récidiviste comme condition d'admissibilité à l'exemption de la responsabilité des FAI telle que requise par l'ALE COR-USA. Il faudra évaluer s'il s'agit d'une étape sage ou d'un outrepassement biaisé qui met en péril l'équilibre des intérêts entre les titulaires de droits et d'autres parties prenantes de la société de l'information, y compris les FAI et les utilisateurs ordinaires.

---

19 « Un cadre cohérent pour renforcer la confiance dans le marché unique numérique pour l'*e-commerce* et les services en ligne », Communication de la Commission, COM(2011) 942 final, Bruxelles, 11.1.2012.

20 Les États-Unis étaient satisfaits au point d'annoncer qu'ils retiraient la Corée de la liste de surveillance en 2009. Cf. « Special 301 Report » : <http://www.ustr.gov/sites/default/files/Full%20Version%20of%20the%202009%20SPECIAL%20301%20REPORT.pdf>.

Les nouveaux accords commerciaux entre la Corée et l'Union européenne dix ans après l'accord de 2001

Michel Bruno

Université du Havre, France

« Nous unissons des hommes et non des États ».

Jean Monnet

Corée du Sud et Communauté européenne fondent leurs relations diplomatiques en 1963 et leurs premières rencontres annuelles se déroulent en 1983. Le premier accord commercial Corée-CEE est signé en 1986, celui sur la coopération scientifique et technique en 1992, puis c'est l'accord-cadre du 28 octobre 1996, entré en vigueur le 1er avril 2001.

Cet « Accord-cadre de commerce et de coopération entre la Communauté européenne et ses États-membres d'une part et la République de Corée d'autre part » marque une étape importante dans les relations entre Corée et CE. Il est novateur dans sa conception et la diversité des thèmes abordés. Pour l'Europe, ce type d'accord « de troisième génération » a été conclu avec d'autres en Asie (Cambodge, Inde, Mongolie, Népal, Sri Lanka et Vietnam).

La nouvelle approche ou « clause démocratique » voit les partenaires s'engager à « respecter les droits de l'homme, les principes démocratiques, l'État de droit » comme base de leur coopération (article 1er). Une « clause évolutive » permet d'élargir la coopération. Une « clause de sauvegarde » prévoit de prendre des mesures de protection ou de rétorsion après l'échec de la résolution d'un éventuel contentieux par le dialogue.

Une commission mixte fait appliquer l'accord-cadre, rendant possible des accords spécifiques et de régler certains litiges. Les domaines de coopération sont variés, d'abord le dialogue politique au plus haut niveau. Certains aspects commerciaux et de coopération sont individualisés. L'article 5, surtout, porte de façon générale sur les relations commerciales, favorisant les échanges par les conditions d'accès au marché, abaissant les droits de douane et supprimant les barrières non-tarifaires. Cet accord-cadre a rapproché Corée du Sud et UE[1].

Après l'échec du cycle de Doha (OMC), la CE a lancé en 2006 une nouvelle politique en matière commerciale internationale : « Europe globale ». Dans ce cadre et celui des relations bilatérales Corée-UE, de nouvelles négociations débutent en mai 2007 sur le renouvellement de l'accord-cadre pour l'élargir et mettre en œuvre un accord de libre-échange.

L'UE et la Corée veulent faire de leurs relations un véritable partenariat stratégique.

Un premier accord provisoire est signé le 15 octobre 2009 sur le libre-échange, dans l'attente du nouvel accord-cadre auquel l'accord de libre-échange (ALE) est juridiquement et institutionnellement lié et du règlement de certaines questions dans l'ALE. Le nouvel accord-cadre est signé le 10 mai 2010 et l'ALE est définitivement adopté le 6 octobre 2010.

Ces accords sont entrés en vigueur le 1er juillet 2011 après approbation par les Parlements nationaux de l'UE, du Parlements européen (17 février 2011) et du Parlement coréen (4 mai 2011). Ceci a eu pour conséquence de débloquer la ratification de l'ALE Corée-USA. Le Congrès américain, qui refusait le nouvel accord commercial avec la Corée, l'a ratifié en octobre 2011 pour ne pas laisser le commerce coréen à l'avantage de l'UE. Ces nouveaux accords, ambitieux, posaient nombre de questions aux parlementaires américains : leur opportunité, leurs inconvénients pour les producteurs américains, le fait que la Corée risquait d'en retirer plus d'avantages que les USA. La même question se pose pour les nouveaux accords entre la Corée du Sud et l'Union européenne.

Ces nouveaux accords Corée-Union européenne sont très ambitieux (I), sans doute trop si l'on s'en tient aux inquiétudes qu'ils font naître de part et d'autre (II).

I. De nouveaux accords d'une grande ampleur

Il faut distinguer le nouvel accord-cadre et l'accord de libre-échange entre l'UE et la Corée. Seuls les principaux points de ces accords seront évoqués, qui marquent par leur ampleur la volonté des deux partenaires d'aller vers des relations très poussées.

---

1 Voir M. Bruno, « L'Accord-cadre de commerce et de coopération entre la Communauté européenne et ses États-membres d'une part et la République de Corée d'autre part », in P. Chabal (dir.), *Régions, Institutions, Politiques*, Paris, Apopsix, 2011, pp. 313-328.

1. Le nouvel accord-cadre entre l'UE et la Corée

Cet accord démontre le renforcement des relations entre Union européenne et Corée dans tous les domaines, par la coopération et le dialogue. Il concerne particulièrement le renforcement des liens en matière scientifique : technologies, innovation, éducation, environnement, et en matière commerciale. Le nombre de centres d'études sur l'UE passera en Corée de deux à quatre[2]. Au plan politique, l'accord forge des préoccupations communes en matière internationale : droits de l'homme, non-prolifération d'armes de destruction massive, coopération dans la lutte contre le terrorisme, contre le changement climatique, pour la sécurité énergétique. Comme le précédent accord-cadre, ce nouvel accord-cadre institue une commission mixte UE-Corée pour veiller à son application et régler les litiges, y compris commerciaux. Le 28 mars 2012, s'est déroulé à Séoul le sommet bilatéral Corée-UE, portant notamment sur la mise en œuvre du nouvel accord-cadre.

2. L'accord de libre-échange entre l'UE et la Corée

L'accord de libre-échange Corée-UE est le plus important accord de ce type depuis l'accord de libre-échange nord-américain (ALENA) signé en 1994. Pour l'UE, c'est un ALE d'une ampleur inégalée avec *un* partenaire et qui lance sa nouvelle politique commerciale. Pour la Corée, ce type d'accord n'est pas nouveau : elle en a déjà signé avec plusieurs autres États ou organisations régionales : Chili, Canada, Australie, Nouvelle-Zélande, USA, ASEAN et en prévoit de nombreux autres pour développer ses exportations.

L'accord de libre-échange UE-Corée prévoit l'élimination de 98,7 % des droits de douane sur les produits industriels et agricoles en huit ans (2019), mais en cinq ans (2016) pour la plupart ; seuls quelques produits agricoles ne sont pas concernés, dont le riz. Pour bénéficier de cette suppression de droits, les produits doivent être originaires de l'UE ou de Corée ou y avoir été largement transformés. Les produits fabriqués ou transformés sur le territoire des partenaires pourront bénéficier de la suppression de droits si la valeur ajoutée par composants importés ne dépasse pas 45 % de la valeur totale du produit. Les exportateurs coréens ou européens doivent établir une déclaration d'origine des produits mais sans passer par les autorités douanières, ce qui est rare dans un ALE, et n'ont qu'à être déclarés exportateurs agréés par leurs autorités douanières nationales. Cette obligation ne concerne que les expéditions dépassant 6000 € (en-deçà, pas besoin de posséder un agrément).

[2] Une concurrence tendue se joue, pour l'obtention pérenne d'un centre d'études européennes, entre la plus grande université publique (SNU) et une des plus grandes universités privées (Yonsei).

Cet ALE prévoit aussi l'élimination des barrières « non-tarifaires » (« obstacles techniques au commerce », « mesures d'effet équivalant à des restrictions quantitatives aux échanges »). Les engagements vont au-delà des obligations imposées par l'OMC. D'une part, l'ALE vise la suppression des obstacles techniques au commerce par l'harmonisation des normes et autres aspects réglementaires, insistant sur une coopération transparente. D'autre part, il indique pour quatre secteurs définis des engagements très précis : équipements électriques et électroniques grand public, véhicules à moteur et composants, produits pharmaceutiques et dispositifs médicaux, produits chimiques.

L'UE et la Corée se sont engagées à respecter l'accord sur les marchés publics de l'OMC et à appliquer des règles transparentes, non discriminatoires, pour les appels d'offres relatifs aux biens et services. Elles vont là aussi au-delà de l'accord de l'OMC en l'élargissant aux concessions de travaux publics dans l'UE et aux contrats « constructions-exploitation-transfert » en Corée. Tous les grands projets d'infrastructures sont concernés. En matière de contrôles sanitaires et phytosanitaires, l'accord pose que la Corée et l'UE appliqueront les normes internationales de façon harmonisée. Pour la propriété intellectuelle (*cf.* Chun *supra*), l'ALE institue des normes protégeant les droits de la propriété intellectuelle, inspirées de l'accord sur les droits de propriété intellectuelle dans le cadre de l'OMC. Pour libéraliser les services et les investissements, l'accord est très novateur. Au total, c'est pour les deux signataires un accord ample : plus d'une centaine de services sont concernés.

L'ALE comprend trois protocoles, relatifs aux règles d'origine des produits, à l'assistance administrative en matière douanière, à la coopération en matière culturelle. Pour le faire respecter, sept comités sectoriels sont institués et sept groupes de travail spécialisés. Un comité « commerce » supervise l'ensemble de sa mise en œuvre. Ce comité est chargé notamment de régler les différends mais aussi de rendre compte à la commission mixte paritaire UE-Corée prévue par l'accord-cadre, dont dépend juridiquement l'ALE. En cas de litige persistant, une clause de sauvegarde pourra être appliquée pour l'une ou l'autre partie.

Ces accords entre la Corée et l'UE, ambitieux, font naître des inquiétudes.

II. Des accords trop ambitieux : de nombreux facteurs d'inquiétude

Ces accords, surtout l'ALE, suscitent des interrogations, voire des inquiétudes, justifiées par la conjoncture économique en Corée et en UE.

1. Les inquiétudes du côté européen

Elles tournent autour du déséquilibre entre les deux marchés : côté européen environ cinq cents millions de consommateurs, côté coréen cinquante millions, dix fois moins. Une balance commerciale déficitaire : en 2010, le commerce bilatéral atteint 67 milliards € avec un déficit commercial pour l'UE de près de 15 milliards €. Pour la Commission européenne, l'ALE est une opportunité de résorber ce déficit commercial. Elle prévoit en effet une augmentation annuelle favorable de son commerce de 19 milliards €, pour la Corée de 12 milliards €, diminuant son déficit commercial avec la Corée de près de moitié.

Les chiffres annoncés par la Commission européenne semblent trop optimistes et trop favorables à l'UE et le déficit commercial de l'Union risque de s'accentuer avec la Corée : supprimer les droits de douane ôte le dernier rempart protectionniste côté européen sur les produits coréens, qui souffrent peu ou pas des barrières non-tarifaires européennes, moins nombreuses et surtout moins drastiques que les barrières non-tarifaires coréennes.

Tout dépend de la suppression des barrières non-tarifaires coréennes protectionnistes, qui s'avère complexe et difficile : les normes coréennes devront s'aligner sur celles de l'UE. De plus, la Corée a signé de nombreux accords de libre-échange. Elle possède des coûts de production bien plus faibles que dans la majorité des États-membres de l'Union européenne.

La Corée souhaite par sa politique, devenir une plaque tournante du commerce international. Elle est le dénominateur commun de tous ces ALE et va attirer de nombreux investisseurs du monde entier : les produits fabriqués ou transformés en Corée auront libre accès à une zone couvrant plus d'un milliard de consommateurs. Parmi les investisseurs potentiels, les européens investissant et délocalisant en Corée, l'UE est déjà le premier investisseur en Corée. Le risque pour elle est une désindustrialisation encore plus forte des États-membres d'Europe de l'Ouest, surtout ceux de l'Europe du Sud, dont la France.

Le pari coréen avec tous ces accords de libre-échange à son profit est géostratégique et commercial. L'UE va perdre des recettes en droits de douane. L'accord ne profitera à ses consommateurs que si leur pouvoir d'achat, déjà réduit dans de nombreux États-membres, est maintenu. La perte d'investissements dans l'UE et les délocalisations supplémentaires causées par cet ALE vont aggraver le chômage et diminuer la consommation et la croissance.

Un État-membre s'est déjà préoccupé de tout cela : l'Italie qui d'abord a refusé cet accord de libre-échange. Elle a souligné les risques encourus par le secteur de la construction automobile. Elle a fait valoir le lourd déficit commercial existant déjà dans ce secteur, qui s'accentuera avec le nouvel accord. En 2008, 450 000 voitures coréennes ont été importées dans l'Union européenne contre seulement 33 000 voitures européennes importées en Corée (3 % seulement du marché coréen).

Cette inquiétude a été relayée par tous les industriels de l'automobile en Europe ainsi que par ceux du textile qui se sentent aussi menacés par cet ALE. Tous font aussi remarquer que la Corée n'a pas ratifié les conventions fondamentales de l'Organisation internationale du travail (OIT), contrairement aux États-membres de l'UE, ce qui met les industriels coréens en situation avantageuse s'agissant des droits des travailleurs par rapport aux industriels européens.

La Commission européenne a voulu rassurer les industriels de l'automobile et du textile : la clause de sauvegarde sera utilisée pour les produits coréens si les importations coréennes deviennent trop importantes dans ces secteurs. La Commission précise que cette clause pourra être mise en œuvre rapidement en cas de besoin. Elle a souligné qu'elle surveillera en permanence le marché européen et les importations coréennes pour évaluer la nécessité d'appliquer la clause de sauvegarde.

Le Parlement européen a même renforcé la clause de sauvegarde en permettant le cas échéant des enquêtes parlementaires parallèles. Le Parlement européen et la Commission ont également demandé à la Corée d'appliquer les normes de l'OIT.

Autre inquiétude : la « clause de ristourne » des droits de douane acquittés sur les produits dits « intrants » qui fait peur à certains industriels européens et aux syndicats européens. L'ALE prévoit, en effet, pour les règles d'origine des produits, que l'UE et la Corée rembourseront les opérateurs nationaux des droits de douane versés sur les produits en provenance d'États tiers et utilisés pour la conception des produits destinés à l'exportation vers l'UE ou vers la Corée dans la limite de 45 % « d'intrants ». Or, la Corée utilise beaucoup de pièces détachées, de composants ou de matières premières en provenance de Chine pour la fabrication de ses productions. Elle sera donc logiquement avantagée.

La Chine et d'autres Etats « ateliers » vont donc indirectement profiter de l'accord de libre-échange Corée-UE. De plus, cette clause risque d'encourager certains industriels européens à importer encore plus de produits « intrants » hors UE.

Cette clause sur les « intrants » a été voulue par la Corée. La Commission européenne en a minimisé l'impact économique, faible selon elle : un huitième seulement de la valeur globale des concessions tarifaires coréennes. Elle reconnaît le danger : les industriels seront encore plus enclins à s'implanter en Corée grâce à cette clause sur les produits « intrants ».

C'est la raison pour laquelle la Commission européenne a demandé une clause de sauvegarde spécifique pour les ristournes de droits sur les « intrants ». Toutefois, cette clause de sauvegarde ne pourra être invoquée qu'après les cinq premières années d'application de l'ALE. Cette disposition favorisant les « intrants » est une nouveauté dans un ALE. Elle comporte des risques pour les producteurs européens même s'ils peuvent en profiter... théoriquement car l'Europe est éloignée de l'atelier mondial des pièces détachées qu'est devenue l'Asie et en particulier la Chine.

La proximité de la Chine et des autres pays asiatiques « ateliers » est, pour la Corée, un atout concernant « les intrants » avec de moindres coûts de transport vers la Corée pour les produits fabriqués en zone asiatique. Cela encourage encore les investissements en Corée et les délocalisations des productions européennes vers la Corée ou d'autres pays d'Asie.

Les industriels européens pourront aussi choisir de les faire venir des pays voisins de l'UE (Russie, Ukraine, etc.) et de la Turquie déjà spécialisée et avantagée grâce à l'Union douanière avec l'UE (1995, 2002). Mais les économies nationales des États-membres risquent « d'y perdre », surtout celles dont les coûts de production ne sont pas concurrentiels, et parmi eux la France.

En dernier lieu, la question culturelle inquiète les Européens. La Corée n'a pas signé la convention de l'UNESCO (20 octobre 2005) sur la protection et la promotion de la diversité des expressions culturelles et dont l'Union européenne est partie.

Il existe également des inquiétudes en Corée à propos de ces nouveaux accords.

2. *Les inquiétudes du côté coréen*

Le Parlement coréen a ratifié l'accord le 4 mai 2011 par 163 voix sur 299. Le parti centriste d'opposition refusa de voter. Seul le Grand parti national l'a voté après plusieurs péripéties. Les craintes en Corée ont d'autres raisons.

Le débat au Parlement coréen concernant l'ALE avec l'UE ne fut malgré tout pas comparable à celui sur l'ALE avec les USA. Ce dernier se déroula dans un climat de tension extrême : manifestations importantes d'opposants (plus de 50 000 personnes) avec des motifs fondés sur l'accord lui-même et plus politiques, un député d'opposition tenta même d'empêcher le vote en jetant une bombe lacrymogène. Cet accord avec les USA est pourtant très proche de celui passé avec l'UE. L'explication est que l'UE est bien perçue par la population coréenne et n'est pas considérée comme ayant une politique commerciale agressive. L'accord avec les États-Unis fut finalement adopté le 2 décembre 2011 par le Parlement coréen.

Les craintes sur l'accord avec l'UE portent sur le fait que le texte générerait plus d'avantages pour les européens que pour les coréens. Selon elles, les barrières non-tarifaires, encore très nombreuses en Corée vont toutes disparaître et donc permettre aux produits et services européens de pénétrer aisément le marché coréen.

L'inquiétude en Corée concerne surtout les services. Avant l'entrée en vigueur de l'accord, les échanges y étaient déjà favorables à l'UE : la balance commerciale en faveur de l'UE (3,5 milliards € en 2008). Le syndicat coréen KCTU a insisté sur cet aspect : l'accord va livrer à la concurrence européenne la plupart des services publics sud-coréens. Seraient surtout visés les services publics de l'eau, de l'électricité, du gaz, de la santé et de l'éducation. Le KCTU précise que cette privatisation des services publics va engendrer une augmentation générale des prix de ces services et une baisse de leur efficacité[3].

L'inquiétude touche aussi certains produits coréens qui risquent de pâtir de la concurrence avec les produits européens : produits pharmaceutiques coréens qui seront fortement concurrencés par les produits pharmaceutiques allemands et français.

De même pour les produits agricoles coréens, surtout laitiers : les produits agricoles européens vont bénéficier de la suppression progressive des droits de douane coréens. Avant l'entrée en vigueur de l'accord, les produits agricoles européens étaient taxés (35 % en moyenne) et les produits agricoles coréens ultra-protégés.

Enfin, il existe une crainte en Corée relative à l'ouverture des marchés publics à la concurrence européenne, surtout pour les grands projets d'infrastructures, notamment la construction d'autoroutes, où les Européens sont *leaders*.

Au total, les inquiétudes sont réelles, en Europe comme en Corée, face à ces nouveaux accords, surtout sur l'application de l'accord de libre-échange. Cet accord a permis une augmentation des échanges bilatéraux dès l'entrée en vigueur : près de 18 % d'augmentation des échanges dans les mois qui ont suivi. De plus, l'ALE Corée-États-Unis, entré en vigueur le 1er janvier 2012, a eu des effets sur l'ALE Corée-UE : les produits européens, qui avaient acquis un avantage sur certains produits américains, l'ont perdu. De plus, l'ALE Corée-UE ne sera pleinement opérationnel qu'en 2019 même si la majorité des obstacles aux échanges sera levé dès 2016.

---

3 Relire le chapitre de F. Bottini dans cet ouvrage sur les concurrences franco-européennes dans les conceptions des services publics et leur dose de caractère public ou privé.

3. Les questions qui demeurent

Se pose pour finir la question de savoir à qui vont profiter les accords entre la Corée et l'Union européenne : à la Corée, à l'Union européenne, à l'une et à l'autre ? Les deux partenaires ont des raisons de s'inquiéter : les avantages de l'un sont des inconvénients pour l'autre. Dans l'ensemble pourtant, la Corée, compte tenu de ses atouts, devrait sortir gagnante.

Dans l'UE, les consommateurs vont bénéficier de l'ALE pour les automobiles, les produits électriques et les produits électroniques grand public. Il faut nuancer ce propos : leur pouvoir d'achat ne cesse de se réduire sous l'effet de la crise économique, surtout dans les pays d'Europe de l'ouest. Industriels et producteurs européens bénéficieront peut-être de cet accord pour les services, les travaux publics, certains médicaments et produits agricoles. Ils souffriront pour l'automobile, les produits électriques, les produits électroniques grand public.

La Corée va sans doute attirer de nouveaux investissements européens (certains par délocalisations) au détriment des États de l'UE, surtout des États d'Europe de l'ouest aux coûts de production très élevés et aux coûts de fonctionnement élevés (train de vie de l'État, collectivités territoriales trop nombreuses, services publics et… hommes politiques). La Corée va se retrouver au cœur d'une vaste zone de libre-échange et pourra alimenter en produits plus d'un milliard de consommateurs, d'où l'intérêt des investisseurs pour la Corée, d'autant plus que les coûts de production y sont plus faibles qu'en Europe de l'ouest. Seuls quelques pays européens pourront soutenir la concurrence, comme la République fédérale d'Allemagne…

Les consommateurs coréens auront des prix plus bas sur certains produits agricoles européens et certains médicaments fabriqués en Europe. Leur pouvoir d'achat va augmenter. S'agissant des industriels et producteurs coréens, certains secteurs risquent de souffrir momentanément de la concurrence (le secteur agricole, le secteur pharmaceutique, le secteur des services, peut-être le secteur des travaux publics) mais à court terme, l'économie coréenne devrait profiter des accords avec l'Union européenne.

La Corée multiplie les accords de libre-échange plus vite que l'Europe. Grâce à eux et à ses moindres coûts de production, elle se sort mieux du jeu économique et commercial et attire les investisseurs, profitant de sa proximité avec la Chine et des autres pays d'Asie (pour ses besoins en composants, pièces détachées et matières premières), lesquels profiteront indirectement de ces accords Corée-UE. La croissance économique en Corée puisera dans ces accords avec l'Europe et les 500 millions de consommateurs qu'ils apportent (de même avec l'accord Corée-USA).

L'Union européenne souhaite multiplier les ALE avec l'Inde, Singapour, l'Ukraine, le Canada et le Japon. Les États-Unis aussi ont déjà passé deux autres accords (Colombie, Panama) en plus de l'ALENA (Canada, Mexique) et souhaitent une vaste zone de libre-échange trans-pacifique. USA et UE négocient aussi une zone de libre-échange transatlantique.

Ces accords de libre-échange compensent l'échec du cycle de négociation de Doha (destiné à libéraliser les échanges dans le cadre de l'Organisation mondiale du commerce). Il faut suivre les concurrences entre ces accords, qui dépassent le cadre Europe-Asie, sur toile de fond de crise économique et financière, laquelle aura un impact sur leur application.

La Corée a pris beaucoup d'avance sur l'Union européenne et sur les États-Unis et se trouve dans une situation favorable pour le moment[4].

La Commission mixte UE-Corée a analysé l'application de l'ALE. Déjà, la Commission européenne est insatisfaite : les barrières non-tarifaires coréennes persistent, notamment pour les automobiles. L'UE risque de perdre la bataille économique avec la Corée du Sud, du moins les États d'Europe de l'ouest, surtout du sud, dont la France. Sauf à ce que la Commission fasse jouer les clauses de protection du marché européen, si une majorité d'États-membres y est favorable, ce qui paraît illusoire vu leurs intérêts divergents[5].

L'UE doit donc aller vers plus d'harmonisation. Ses législations sociales divergent trop selon les États-membres et, on le constate avec les accords Corée-UE, les effets d'un tel ALE peuvent se révéler bénéfiques pour certains États-membres et risqués pour d'autres.

La Corée va bénéficier de ces accords, qui lui permettront d'augmenter sa croissance et le niveau de vie de ses citoyens. L'UE aurait dû, avant de se lancer dans le libéralisme voulu par l'OMC et par certaines grandes entreprises européennes et les « multinationales », harmoniser les règles

[4] Elle envisage un accord de ce type avec la Chine et le Japon, ce dernier ayant développé une politique offensive en matière de libre-échange et percevant mal l'ALE Corée-UE. En Europe, la Suisse, a déjà adopté de nombreux ALE, d'abord avec l'UE mais aussi avec 16 autres pays, et elle en négocie d'autres. Pour l'UE, les négociations sont bien avancées avec l'Inde, le Canada, l'Ukraine, Singapour et le Japon.

[5] Les membres de l'UE ne peuvent pas tous relever les défis d'un ALE type Corée-UE passés avec des États aux coûts de production plus bas que les leurs. Il y a pour ces derniers le risque d'amplifier la récession et de faire chuter le pouvoir d'achat des citoyens. D'autres États-membres y trouveront sans doute leur compte mais beaucoup comme la France seront fragilisés par cet accord de libre-échange de nouvelle génération avec la Corée qui a inauguré ces nouvelles relations commerciales « débridées » dans le cadre du libéralisme.

sociales et salariales de ses membres. Elle a agi avec précipitation mais sans doute pour obliger ses membres non concurrentiels à devenir plus « compétitifs »[6].

En conclusion, à qui profite le grand marché unique européen, qui se dilue peu à peu dans le grand marché mondial ? Aux grandes entreprises et aux citoyens d'Europe de l'est, qui ont vu, par ce grand marché, augmenter leur pouvoir d'achat et leur niveau de vie mais au prix des sacrifices imposés aux citoyens d'Europe de l'Ouest. Quelles perspectives alors ? La première condition pour créer un marché commun est d'harmoniser les législations sociales, salariales et fiscales sauf à aboutir à une implosion[7]. Quand ces nouveaux accords Corée-UE s'appliqueront pleinement en 2019 et dès 2016 pour la plupart des dispositions, ils auront des conséquences commerciales mais aussi économiques, sociales et politiques défavorables pour les pays de l'UE et sur l'Union elle-même. La Corée sera confrontée à de telles conséquences. Les principaux bénéficiaires seront des pays tiers encore plus compétitifs, profitant du libre-échangisme généralisé et du « capitalisme débridé ».

---

6 L'UE ne parvient pas à imposer à ses membres une législation sociale harmonisée favorable à l'ensemble des citoyens européens en raison des distorsions de concurrence entre États depuis 2004 et 2007 (avec l'entrée dans l'UE de nombreux Etats d'Europe centrale et orientale). Le maître-mot est « compétitivité ». La solution qui nous est donc imposée est d'inciter par tous les moyens la réduction des droits des salariés et leurs salaires pour une meilleure « compétitivité » y compris par des ALE présentés sous leur angle positif.

7 Comme le soulignait dès 1958 Jean-François Deniau, in « Le marché commun », P.U.F.

La concurrence fiscale interrégionale en Asie-Pacifique entre les zones de libre-échange et les paradis fiscaux

John McLaren

Université de Canberra, Australie[1]

(traduit de l'anglais par P. Chabal)

Paradis fiscaux et centres financiers offshore (CFO) sont menacés de sanctions, par l'Organisation de coopération et de développement économiques (OCDE) et par le G-20, contre leurs lois sur le secret bancaire et leur refus de coopérer par l'échange d'informations sur les contribuables non résidents qui utilisent les services des paradis fiscaux.

La paradoxe est que les zones de libre-échange (ZLE), acceptées et encouragées, offrent des avantages fiscaux similaires à ceux fournis par les paradis fiscaux.

Les pays de l'Asie-Pacifique sont en concurrence pour attirer les investissements : paradis fiscaux et zones franches sont un même marché. Le rapport 2010 du Groupe d'action financière internationale (GAFI) affirme que les ZLE sont utilisées pour blanchir l'argent et financer le terrorisme. Les ZLE ont adopté des lois sur le secret bancaire dans les pays et un manque de transparence dans les opérations. Les zones franches sont-elles *de facto* des paradis fiscaux, doivent-elles être mises au même niveau de conformité internationale que celui frappant les paradis fiscaux sous la pression de l'OCDE et du G-20 ?

Il existe trois mille ZLE dans 135 pays pour un chiffre d'affaires de plusieurs milliards de dollars (GAFI)[2]. Il en existe plusieurs variantes : « zones franches d'exportation », « ports francs », « zones de commerce

---

[1] Merci à Carmen Sieger, étudiante à l'Université de Canberra, pour ses recherches sur le rôle des ZLE. J. McLaren est professeur invité de l'Université du Havre.

[2] « Financial Action Task Force, Money Laundering vulnerabilities of Free Trade Zones », Paris, 4/3/2010.

extérieur », « zones économiques spéciales », « zones d'exportation de manufacture unique », etc. Les ZLE doivent encourager l'investissement dans les secteurs économiques où les produits sont fabriqués/exportés et les résidents employés, secteurs qui profitent à la nation. En échange d'un investissement dans la ZLE, une firme multinationale se voit offerte des tolérances fiscales : opérations en franchise d'impôt, absence de droits d'importation/exportation sur les biens qu'elle utilise.

Ces avantages fiscaux des zones franches rappellent ceux offerts dans les paradis fiscaux ; la différence est que la multinationale qui investit dans l'État étranger par l'achat de terrains, la construction d'usines, etc. réalise une certaine forme de fabrication. Ils ne sont pas critiqués par l'OCDE ou le G-20 alors qu'ils sont utilisées par les entreprises multinationales pour minimiser l'impôt, comme les paradis fiscaux sont utilisés pour payer moins d'impôts.

Les pays d'Asie-Pacifique et leurs zones de libre-échange ont été très compétitifs pour attirer les investissements étrangers en échange d'avantages fiscaux généreux.

Le souci des membres de l'OCDE, de l'UE et du G-20 est que la crise financière mondiale ne résulte en l'endettement des pays développés pour stimuler leurs économies, comme c'est le cas en Australie, États-Unis, Royaume-Uni, etc. La dette contractée doit être remboursée grâce aux recettes fiscales. Les paradis fiscaux et les centres financiers offshore (CFO) sont à la fois un problème et une partie de solution, surtout si les recettes fiscales perdues peuvent être récupérées. Les paradis fiscaux et CFO ont été considérés par le G-20 et l'OCDE comme parties à la crise financière mondiale, point de vue rejeté pour la fiscalité des entreprises : la réglementation financière des banques et des institutions d'investissement n'a que peu à voir avec l'application effective de l'impôt[3].

Il est clair que les paradis fiscaux et les CFO ont empêché les pays développés de collecter des recettes fiscales exigibles des contribuables dans leur pays de résidence. Les recettes fiscales perdues à cause de paradis fiscaux et CFO ont été détaillées par nombre de pays et organisations[4] : aux États-Unis (2008), 100 milliards $ et pour 2002-2012 1,030 milliard de $[5]. Le Comité du Sénat américain sur la sécurité intérieure et les affaires gouvernementales constate (2006) que les paradis fiscaux et

---

3 Geoffrey Loomer et Giorgia Maffini, 'Tax Havens and the Financial Crisis', 2009, Paper PA 09/03, *Oxford University Centre for Business Taxation*.

4 OCDE, Oxfam, etc. ont dénoncé la perte de ressources pour plusieurs pays comme conséquence directe de la dissimulation de biens de la part des paradis fiscaux.

5 Timothy Addison, « Shooting Blanks : The War on Tax Havens », 2009, 16(2) *Indiana Journal of Global Legal Studies*, pp. 703-704.

CFO détiennent plus d'un milliard d'actifs de particuliers fortunés[6]. Les États-Unis souffrent des paradis fiscaux : « Avec un manque à gagner fiscal annuel de $345 milliards et $248 milliards de déficit, nous ne pouvons pas tolérer une ponction de 100 milliards de dollars sur notre Trésor chaque année de la part d'abus fiscaux *offshore* »[7].

Les accords d'échange d'informations entre États-Unis et paradis fiscaux ne seront d'aucun effet à moins que le fisc ne contrôle plus de particuliers fortunés : « le sous-comité permanent sur les enquêtes » a constaté que des particuliers fortunés (détenant un million de dollars ou plus en actifs) possèdent 11 milliards $ *offshore*. En 2007, seuls 9,25 % de ces contribuables ont été contrôlés et le fisc n'a contrôlé que 2,26 % des contribuables au revenu situé entre 200 000 et 1 million $, environ 9,3 millions de personnes ayant un revenu net de 1 million $ en 2007. En Australie, l'*Australian Tax Office* a lancé une même démarche pour assurer la conformité fiscale des personnes les plus riches[8]. Le fisc australien a identifié environ 1 200 Australiens riches (30 millions de dollars australiens et plus) pour s'assurer qu'ils respectaient la législation fiscale. Depuis la création d'un Groupe d'action sur les personnes les plus riches (1996), le fisc australien a recueilli 1,766 milliard de dollars et empêché 934 millions de dollars en pertes d'impôts et 777 millions de pertes en capital.

La perte de recettes fiscales dans les paradis fiscaux représente dans le monde plus de 255 milliards $ par an[9]. On estime que 15 % des États sont des paradis fiscaux et que la moitié du commerce mondial passe par eux, bien qu'ils ne créent que 3 % du PIB mondial. Ces paradis attirent les capitaux mobiles par leur système bancaire et leurs services financiers mais ce capital est investi dans les grands centres financiers : États-Unis, Royaume-Uni, Australie, etc. Les fonds, improductifs dans les paradis fiscaux, doivent être réinvestis dans les économies prospères et stables du monde[10].

Dans de nombreux pays, les zones franches permettent aux multinationales d'importer des matières premières et de produire des biens qui ne sont soumis ni à l'impôt sur l'importation (matériaux), ni

---

6 *Ibid.*, p. 707. Le rapport est intitulé *Tax Haven Abuses : The Enablers, the Tools and Secrecy.*

7 *Ibid.*, p. 706. Citation du Sénateur Levin : <http://www.senate.gov/levin/newsroom/release.cfm?id=269479>.

8 Australian Taxation Office, *Wealthy and Wise : A tax guide for Australia's wealthiest people*, 2008, Canberra, p. 7.

9 Addison, *op. cit.*, p. 708.

10 Reuven Avi-Yonah, « The OECD Harmful Tax Competition Report : A Retrospective After A Decade », 2008-2009, 34 *Brooklyn Journal of International Law*, pp. 783, 793.

à l'impôt sur l'exportation (produits finis). Elles concurrencent donc les paradis fiscaux en offrant ces avantages fiscaux aux multinationales.

Examiner ce qui constitue un paradis fiscal et un CFO et l'attitude de l'OCDE et du G-20 envers les avantages fiscaux offerts par ces États (I) permet de discuter des avantages fiscaux offerts par les zones franches Asie-Pacifique et l'ampleur de la concurrence entre nations (II). En conclusion, paradis fiscaux et zones franches n'offrent pas des avantages fiscaux similaires mais les zones franches sont considérées comme bénéfiques aux pays d'accueil.

I. Paradis fiscaux et centre financiers *offshore* : attitudes de l'OCDE et du G-20

1. Description des paradis fiscaux et des centres financiers offshore

Les pays avec peu ou pas d'impôt sur le revenu sont « engagés dans une concurrence fiscale néfaste »[11]. Le terme « paradis fiscaux » couvre les pratiques fiscales considérées par l'OCDE et le G-20 comme contraires aux intérêts des pays occidentaux pratiquant des taux progressifs d'imposition sur le revenu et un système de protection sociale exigeant de fortes recettes fiscales. Les paradis fiscaux prennent des formes variées, notamment quatre[12].

Des « *paradis de production* » (*production havens*) : les investisseurs étrangers y produisent réellement des biens ou services grâce aux faibles taux d'imposition et avantages fiscaux offerts par le pays hôte : Irlande, où nombre d'entreprises multinationales ont établi des opérations ; Singapour, qui offre aussi des avantages fiscaux généreux aux entreprises qui y établissent des installations de production ou des sociétés de services (Singapour est une zone franche offrant des avantages fiscaux proches de ceux des paradis fiscaux[13]). Des « *paradis de maisons mères* » (*headquarters havens*) : les entreprises y sont encouragées à intégrer leur société même si la participation (*shareholding*) est ailleurs (Singapour, Belgique, etc.). Des « *paradis fictifs* » (*sham havens*) : le pays hôte y impose peu ou pas d'impôt sur les bénéfices générés par l'investisseur étranger ou le CFO situé dans le paradis et offre des services bancaires et d'assurance à l'entité étrangère (paradis fiscaux du Pacifique – Vanuatu –, des Caraïbes – Bermudes, îles Caïmans). Des « *paradis du secret* » (*secrecy havens*) : les détails des

---

[11] OCDE, « Harmful Tax Competition, An Emerging Global Issue », 1998.

[12] Robert T. Kudrle et Lorraine Eden, « The Campaign Against Tax Havens : Will it Last? Will it Work? », 2003, 9 *Stanford Journal of Law, Business & Finance*, p. 37.

[13] Financial Action Task Force, *op. cit.*, p. 9.

transactions monétaires y sont gardés secrètes pour le pays d'origine du contribuable (Suisse, Luxembourg, Autriche, Singapour : taux d'imposition faibles et possibilité de cacher les investissements élevés). L'Office fiscal australien définit un paradis fical avec les critères de l'OCDE :

> Un pays est un paradis fiscal si i) il prélève des impôts inexistants ou seulement nominaux, ii) il y a un manque d'échange d'informations efficace entre pays en raison de lois sur le secret bancaire, et iii) il y a un manque de transparence en ce que les taux d'imposition spéciaux peuvent être négociés et ne sont pas toujours consistants entre les entreprises étrangères. [...] Le fait d'impôts inexistants ou seulement nominaux ne suffit pas [...] pour caractériser un territoire comme paradis fiscal. L'OCDE reconnaît que tout territoire a le droit de déterminer s'il convient d'imposer des impôts directs et [si oui] d'en déterminer le taux approprié[14].

L'Australie pourrait être considérée comme paradis fiscal : elle offre aux investisseurs étrangers des avantages fiscaux non disponibles aux résidents[15]. Un « résident temporaire » y est exonéré de l'impôt sur le revenu (IR) sur tout revenu étranger généré pendant qu'il vit et travaille en Australie. Un investisseur étranger dans des actions australiennes ou des parts d'un fonds commun de placement est exonéré de l'impôt sur tout gain en capital provenant de la vente de l'investissement, mais un résident paie l'impôt sur ce gain. Le régime d'imposition de ces gains a été réduit pour les résidents étrangers jusqu'à n'inclure que les biens immobiliers et les actifs commerciaux détenus dans un établissement permanent[16].

Les paradis fiscaux et CFO offrent un environnement bancaire et financier aux activités commerciales légitimes (assurance, réassurance, expertise de gestion pour fonds souverains) et la protection d'actifs détenus par des investisseurs non résidents vivants dans des pays persécutant leurs citoyens sur une base religieuse, raciale ou sexuelle. S'ils cessaient d'exister, la couverture d'assurance pour les entreprises et les actifs dans des paradis fiscaux seraient impossible à obtenir ou trop coûteuse pour les particuliers et les entreprises. L'impact sur les entreprises aurait des conséquences graves à terme. Les paradis fiscaux et CFO sont de gros employeurs pour les services bancaires et financiers à des investisseurs non résidents et si les paradis fiscaux cessaient, nombre de petits paradis fiscaux et CFO exigeraient du monde un soutien financier pour compenser la perte de chiffre d'affaires et d'emplois.

---

14 Australian Taxation Office, *Tax havens and tax administration*, 2004, p. 2.

15 Szekely, Les, *IntaxMagazine*, October (2006), p. 3.

16 « Explanatory Memorandum to the Tax Laws Amendment » (2006 Measures n° 4), Bill 2006, présenté au Commonwealth Parliament le 22 juin 2006.

2. Approche de l'Australie envers les paradis fiscaux

L'ancien trésorier fédéral, lors de la conférence du conseil des assureurs d'Australie en 2004, à propos des paradis fiscaux, a pu suggérer que :

> les paradis fiscaux minent le chiffre d'affaires et ne sont pas équitables. Les contribuables respectueux des lois sont légitimement indignés par l'usage de paradis fiscaux *offshore* pour éviter l'impôt australien. L'action contre ces paradis a été longtemps l'une de mes priorités internationales. En 2000 – j'étais président de l'OCDE –, nous avons approuvé une stratégie pour faire avancer une 'Initiative de Pratique Fiscale Néfaste' contre ces paradis. [...] Mais, en 2003, la Suisse et trois autres pays de l'OCDE on refusé le programme de l'OCDE contre les lois sur le secret bancaire. J'ai alors dit : « Si l'on cherche une faible application de la législation fiscale, l'on sait où la trouver : le secret des comptes bancaires suisses. [...] À mon instruction, les fonctionnaires du Trésor tentent de relancer ce travail. Nous demandons i) aux pays de rendre leurs systèmes fiscaux plus transparents, ii) l'abrogation des lois sur le secret bancaire, iii) aux pays de conclure des accords pour l'échange d'informations en matière fiscale.[17]

En 2001-2002, les Australiens ont transféré 5 milliards $ dans cinq paradis fiscaux identifiés par l'OCDE (Bermudes, îles Caïmans, Jersey, Guernesey, Vanuatu[18]), information fournie au fisc par le Centre australien d'analyse des déclarations d'opérations (AUSTRAC). Depuis 2006, le gouvernement dirige son effort contre les contribuables australiens ayant recours aux paradis fiscaux (projet Wickenby) : nombre d'entre eux sont accusés du délit de « frauder le Commonwealth ». Le gouvernement pense que 300 contribuables seront condamnés de délits fiscaux et que la fraude fiscale se situe aux environs de 1,3 milliard $[19].

Les paradis fiscaux et les CFO sont critiqués par tous (OCDE, UE, G-20, États-Unis, Royaume-Uni, Australie) d'offrir un cadre sans impôt à la mobilité de capitaux, de firmes multinationales et des lois protégeant le secret bancaire et l'identité de l'investisseur. Ces deux facteurs (pas/peu d'impôts ni de transparence) servent l'évitement fiscal et l'évasion fiscale des non-résidents. Les projets de l'OCDE (« concurrence fiscale néfaste », « accords d'échange d'informations fiscales ») et les menaces du G-20 (sanctions contre les paradis fiscaux) font un enjeu de la survie

---

[17] Discours de Peter Costello, Trésorier fédéral, à la conférence du conseil australien des assureurs, Canberra, 12 août 2004, <http://www.treasurer.gov.au/tsr/content/speeches> (8 août).

[18] *Les paradis fiscaux et l'administration fiscale*, Australian Taxation Office, *supra*, n° 17, p. 10.

[19] Fleur Anderson et Fiona Buffini, « ATO targets business tax havens », *The Age Newspaper*, Melbourne, 31 August 2006, p. 1.

des paradis fiscaux et des CFO. Peuvent-ils fournir des services financiers et bancaires aux contribuables et investisseurs non résidents dans un cadre sans impôt *et* garder leurs lois sur le secret bancaire ? Ou sont-ils contraints de lâcher leur fiscalité et le secret pour des activités moins fiables dans une économie mondiale plus complexe et fragile ? Les zones franches et leurs vastes concessions fiscales ne sont pas sous la même pression que les paradis fiscaux : les organisations indiquées ci-dessus ne les ciblent pas comme une menace pour la fiscalité des pays développés.

3. *Approche contradictoire envers les paradis fiscaux : Australie et États-Unis*

L'Australie tire avantage de l'existence de paradis fiscaux et CFO. Les fonds venant de paradis fiscaux vers l'Australie dépassent ceux qui partent vers les paradis fiscaux : en 2005-2006, 5,3 milliards $ sont partis mais 8,4 milliards $ sont entrés[20]. Un rapport dans *The Age Newspaper* (chiffres du fisc australien) indique qu'en 2007-2008, 16 milliards $ sont partis mais 29 milliards $ ont reflué vers l'Australie. Si les paradis fiscaux cessaient, le pays n'attirerait pas ce niveau de capitaux mobiles à la recherche d'un havre sûr pour investir[21].

L'avantage fiscal offert aux résidents temporaires australiens fait qu'ils ne paient pas d'impôt sur les revenus réalisés hors d'Australie, les capitaux venant de paradis fiscaux et de CFO[22]. L'Australie a adopté ces lois fiscales pour attirer les investissements de riches étrangers souhaitant vivre en Australie. Que le résident temporaire détienne des fonds investis dans un paradis fiscal en franchise d'impôt est sans effet pour l'Australie ; comme la situation du non-domiciliaire (Royaume-Uni) soumis à un seul système « territorial » d'imposition ; ou le citoyen néo-zélandais rentrant au pays ; ou le nouvel immigrant en Nouvelle-Zélande, qui ne paie d'impôt que sur le revenu réalisé dans le territoire. Les résidents australiens à des fins fiscales ne sont pas « cantonnés »[23] et peuvent profiter d'avantages fiscaux similaires.

La loi fiscale sur l'investisseur non résident et le non-paiement de l'IR pour des plus-values réalisées par vente d'actions et autres produits financiers est un autre exemple. Seuls les biens immobiliers (terre,

---

20 Australian Taxation Office, « *Tax havens and tax administration* », 2007, p. 8.

21 Ruth Williams, « ATO ups attack on tax cheats », *The Age Newspaper* (Melbourne), 21 novembre 2009, p. 4.

22 Cf. John McLaren, « Should the International Income of an Australian Resident be Taxed on a Worldwide or Territorial Basis ? », *Journal of the Australasian Tax Teachers Association* 71, 2009, 4(1).

23 Le terme « cantonnement » (« ring fencing ») renvoie à l'octroi d'avantages fiscaux à des investisseurs étrangers mais non accessibles aux investisseurs résidents.

appareils –*fixtures* –, participation dans une société foncière) génèrent de l'IR pour un gain réalisé par un investisseur étranger. L'idée est de rendre attractif pour les investisseurs étrangers d'investir dans des actions et produits de placement australiens. La vente des magasins Myer par un consortium privé (TPG Myer) a généré un bénéfice de 1,58 milliard $, sur lequel aucun IR n'a été versé[24], les fonds ayant transité par des paradis fiscaux vers les investisseurs d'origine. Le fisc australien a tenté d'empêcher les fonds de quitter l'Australie et, arrivé trop tard, d'intenter une action pour recouvrer l'IR à condition de pouvoir appliquer la loi de 1997 sur l'évaluation de l'impôt sur le revenu qui impose une fiscalité si le bénéfice vient d'un « compte de revenu » et non d'un « compte de capital ». Cette action du fisc australien peut dissuader de futurs investissements, desservant le pays[25].

Le fonds australien *Future*, fonds souverain détenant 64 milliards $, récolte des actifs situés dans les îles Caïmans[26]. Le ministre des Finances et de la Déréglementation a justifié cela : les îles Cayman négocient un AERF (accord d'échange de renseignement en matière fiscal) avec l'Australie et « compte tenu de la structure de l'industrie et de la complexité du droit international, cela est pratique courante »[27]. Les dirigeants australiens apprécient que les paradis fiscaux offrent des services financiers d'investissement tant que cela sert les intérêts de l'Australie ; que les investissements étrangers des paradis fiscaux et CFO arrivent en Australie. Le fisc australien s'efforce de détecter et décourager l'usage de paradis fiscaux par les résidents pour contrer l'évitement fiscal et l'évasion fiscale.

Manhattan et Londres sont parmi les plus importants paradis fiscaux du monde pour leur capacité d'attirer la richesse[28] par les avantages fiscaux aux investisseurs étrangers.

Les banques américaines ne prélèvent pas d'impôt-source avant de créditer les paiements d'intérêts à des non-résidents américains. Le Comité mixte sur la fiscalité estimait à 3,1 milliards $ les intérêts versés à des étrangers sur plus de 36 milliards $ de dépôts bancaires en 1975. Ce

24 Jennifer Hewett, « Tax office sense of humour just not understood », *The Australian* (Sydney) 17 décembre 2009, p. 28.

25 Susannah Moran, « ATO under fire for TPG Ruling : Canberra may intervene in Myer tax fight », *The Australian*, 17 décembre 2009, p. 19.

26 Peter Martin, « Fund to maintain tax-haven investments », *The Age Newspaper* (Melbourne), 26 novembre 2009.

27 Lindsay Tanner, « The Future Fund : Delivering for Australia », discours au club de la presse nationale d'Australie, 25 novembre 2009, 2, www.financeminister.gov.au/speeches/2009/, 24 février 2010.

28 Marshall Langer, « Harmful Tax Competition : Who Are the Real Tax Havens ? », 18 décembre 2000, *Tax Notes International*, p. 3.

chiffre serait beaucoup plus élevé car depuis plus de 80 ans, les banques n'ont à déclarer ces transactions au fisc que si le titulaire du compte est un résident des États-Unis ou contribuable résidant au Canada. Les intérêts sur les obligations d'État, obligations et bons du Trésor, libres de précompte fiscal, peuvent être soumis à déclaration au fisc (IRS).

L'État du Delaware a été l'un des plus propices pour constituer une société. Plus de 40 % des sociétés côtés au NYSE et 50 % des sociétés du *Fortune 500* y sont implantées[29]. Les lois sont très favorables à la fiscalité des trusts et sociétés. Une société à responsabilité limitée peut être constituée et, si elle pas de revenus de source américaine, n'est pas soumise à l'IR des États-Unis et n'a même pas à déposer une déclaration d'impôt[30]. C'est une société enregistrée aux États-Unis avec « la possibilité » de payer des impôts aux États-Unis. En Australie, la loi exige qu'une entreprise enregistrée en Australie paie de l'impôt sur son revenu mondial, même si la source de revenu est située en dehors de l'Australie.

Les sociétés enregistrées au Delaware ont des avantages fiscaux proches des paradis fiscaux ou un CFO mais les États-Unis n'ont pas l'intention de les supprimer. Le système fiscal « cantonne » ses contribuables hors de la non-imposition des dépôts bancaires et obligations, tout en attirant des capitaux mobiles à partir de l'extérieur des États-Unis.

4. *Utilisation licite des paradis fiscaux*

Selon le commissaire australien à la fiscalité, toutes les transactions financières impliquant un paradis fiscal n'équivalent pas à une activité illégale :

> Des contribuables de tous groupes d'imposition du système fiscal australien sont de plus en plus impliqués dans les affaires et investissements internationaux. La plupart des transactions avec les paradis fiscaux sont légales. Certains paradis fiscaux, y compris ceux offrant des grandes transactions de contribuables australiens, ont développé des niches. D'autres sont bien considérés comme CFO. Les paradis fiscaux sont très attractifs pour les firmes internationales impliquées dans la gestion de portefeuille : compagnies d'assurances, auto-assureurs, *hedge funds*, fonds communs de placement, fonds d'investissement offshore car ils prélèvent peu ou pas d'impôts. Ces firmes ses internationales doivent avoir accès aux gros marchés de changes internationaux et à une gestion 24 h/jour. Les îles Caïmans sont un centre de finances et d'assurances captives avec de grosses transactions d'intermédiation pour des capitaux propres et des fonds spéculatifs. Jersey

[29] Catherine Barnard, « Social Dumping and the Race to the bottom : Some Lessons for the European Union from Delaware », (2000) 25(1) *European Law Review*, pp. 57, 59.

[30] Marshall Langer, *op. cit.*, p. 5.

et Guernesey ont des industries de services financiers réglementés, et de nombreuses banques internationales y sont représentées.

Certaines sociétés multinationales ont leur siège social dans des paradis fiscaux. Les filiales australiennes de sociétés multinationales peuvent avoir besoin d'effectuer des transactions dans des paradis fiscaux qui font partie de leur structure multinationale. Les gouvernements peuvent y effectuer des transactions pour des programmes d'aide étrangère dans ces pays.[31]

Les paradis fiscaux doivent être préservés pour d'autres raisons : être un refuge pour que des personnes, victimes de persécution religieuse, politique, ethnique, sexuelle, puissent soustraire une partie de leurs avoirs aux organismes gouvernementaux de leur pas d'origine[32]. La clé des paradis fiscaux pour protéger la richesse est que l'information financière sera gardée secrète : le respect de la vie privée ou la confidentialité d'information financière personnelle est primordiale pour les personnes confrontées à ces drames. Les lois sur le secret bancaire sont essentielles pour atteindre cet objectif.

5. *Compagnies d'assurances et sociétés d'assurance captives*

L'un des principaux usages licites des paradis fiscaux (Îles Caïman, etc.) tient aux compagnies d'assurance captives[33]. La déductibilité des primes d'assurance qui sont versées à ces compagnies en Australie est examinée par le fisc australien :

> Une assurance captive est une entité dont la société-mère n'est pas avant tout engagée dans des activités d'assurance. Elle est créée pour assurer les risques de la société-mère et ses filiales mais peut être utilisée pour assurer

---

31 Australian Taxation Office, *Les paradis fiscaux et l'administration fiscale*, *op. cit.*, p. 11.

32 Daniel Mitchell, « The Moral Case for Tax Havens », (2006) Occasional Paper 24, *The Liberal Institute of the Friedrich Naumann Foundation*, 19. L'auteur donne des exemples : un Juif du Moyen-Orient, riche et susceptible d'être persécuté ; des Chrétiens vivant dans quelque 13 pays, susceptibles d'être opprimés ou persécutés dans 31 pays ; une famille vivant au Zimbabwe plaçant de l'argent dans un paradis fiscal afin de protéger ses biens de la persécution et des problèmes économiques qui dévaluent la monnaie ; des minorités chinoises persécutées en Indonésie et aux Philippines plaçant de l'argent dans les banques à Singapour ; un homosexuel vivant en Arabie Saoudite constamment confronté à des poursuites et utilisant un paradis fiscal pour protéger son patrimoine. Il affirme que 84 pays ont des lois visant les homosexuels (pp. 22-23).

33 *Ibid.* Des compagnies d'assurance captives sont les compagnies d'assurance en propriété exclusive d'une grande société qui assure les risques associés à l'entreprise. La compagnie d'assurance captive obtient alors réassurance d'un grand assureur pour des pertes importantes, mais garde le risque lui-même pour les petites pertes. Beaucoup de grandes entreprises et de banques australiennes ont leur propre compagnie d'assurance captive généralement situé dans les Caraïbes ou à Singapour.

les risques de tiers. Une assurance captive peut conserver les risques ou en transférer tout ou partie. Elle fonctionne d'une manière similaire à d'autres activités d'assurance générale ou de réassurance.[34]

Les primes sont déductibles selon le risque assuré, la prime, la réassurance et la capacité de répondre aux réclamations de l'assuré. L'affaire *WD & HO Wills (Australie) v Federal Commissioner of Taxation* (1996) (32 168 ATR) crée un précédent : les primes versées à une compagnie d'assurance captive, associée du contribuable, sont déductibles. De nombreuses grandes entreprises ne peuvent assurer plusieurs de leurs risques sauf à créer une compagnie d'assurance captive et la situer dans un paradis fiscal ou OFC spécialisé.

Dans les paradis fiscaux (Bermudes, etc.), les compagnies d'assurance/réassurance peuvent investir leur chiffre d'affaires sans payer l'impôt sur les bénéfices : il y a plus d'argent pour rembourser les sinistres, par exemple l'ouragan Katrina en 2005. Sans cet avantage fiscal, de nombreuses sociétés ne pourraient acquérir la couverture en responsabilité requise pour leur secteur, cas d'entreprises aux États-Unis dans les années 1980[35]. Les compagnies d'assurances domiciliées aux Bermudes, face aux changements fiscaux aux États-Unis pourraient se déplacer en Irlande ou Suisse si les États-Unis leur imposaient une fiscalité[36].

Les Bermudes dominent le secteur mondial de l'assurance (35 %) et réassurance (65 %). La moitié des risques assurés est d'origine américaine, un tiers européen. Environ 60 % des polices vendues aux Bermudes (ré)-assurent des biens immobiliers. Grâce aux réassureurs, les assureurs peuvent couvrir plus de risques de clients. Sans fiscalité privilégiée du chiffre d'affaires dans des paradis fiscaux ou CFO, nombre de risques encourus par des entreprises dans le monde ne seraient pas assurés et ces entreprises non autorisées à fonctionner. Pour la (ré)-assurance, les paradis fiscaux sont reconnus comme d'importance mondiale.[37]

Les zones franches aussi offrent des avantages fiscaux aux entreprises multinationales.

---

34 Australian Taxation Office, Practice Statement Law Administration PS LA 2007/8, 2.

35 Yelena Tsvaygenbaum, « A tax treaty that doesn't tax ? The unique history of the United States-Bermuda tax treaty and the subsequent problems facing the United States insurance industry », (2008-2009) 15 *Connecticut Insurance Law Journal* 267, p. 281.

36 Caroline McDonald, « Bermuda Carriers Not Expected to Rush off the Island Despite U.S. Tax Concerns », (2009) 19 octobre *National Underwriter* 22.

37 Tsvaygenbaum, *op. cit.*, p. 279.

II. Les zones franches / zones de libre-échange

Par les zones de libre-échange, les gouvernements encouragent les firmes multi-nationales à investir dans le pays. Dans un « sanctuaire économique », les entreprises exercent leurs activités selon des règles distinctes de celles applicables aux entreprises nationales. Créées pour des raisons diverses, elles partagent les caractéristiques suivantes : attirer les investissements étrangers dans le pays ; les produits et services développés dans ces zones doivent être exportés (protection des marchés intérieurs locaux) ; exonération totale ou réduction de taxes sur les ventes, bénéfices et autres, pour une période déterminée ou indéterminée ; emploi et amélioration des qualifications de la population locale ; réduire la « paperasserie » et procédures bureaucratiques par des solutions administratives de « guichet unique » ; libre importation de matières premières, composants et équipements ; injection d'investissement direct étranger (IDE) et de capital dans le pays.

Ces zones peuvent être i) des zones ou parcs industriels, espaces désignés impliquant surtout des produits de substitution à l'importation, la transformation des matières premières obtenues par le marché intérieur ; ii) des zones de traitement des exportations, surtout axées sur la transformation des produits ou services destinés à l'exportation : iii) des zone de libre-échange destinées à accroître les échanges commerciaux avec les pays voisins, qui obtiennent des réductions ou exemptions de droits de douane et autres taxes : iv) les zones économiques spéciales, engagées dans une gamme d'activités jusqu'à la recherche et le développement, la fabrication ; v) les centres de facilitation des investissements : une parcelle de terrain, avec ou sans installations immobilières ou construction, contenant certaines infrastructures de base – eau courante, électricité, routes – pour faciliter activités économiques ou commerciales[38].

Une zone franche d'exportation (ZFE) : « zone industrielle clairement délimitée qui constitue une enclave de libre-échange en dehors du système fiscal national et commercial ordinaire, où les entreprises étrangères produisent principalement pour l'exportation et bénéficient de certaines incitations fiscales et financières »[39]. Une ZLE est « une ville intégrée avec une infrastructure entièrement développée » alors qu'une ZFE est une enclave industrielle. On désignera ici tous les types de zones comme ZLE.

---

[38] ASEAN Secretariat [and] United Nations Development Programme, *Industrial estates, export processing zones, free trade zones, science and technology parks in ASEAN* (2002) vii.

[39] P. Arunahalam (ed.), *Special economic zones in India : China's way of development* (Serials Publications, 2010) 167.

La surface allouée à ces zones diffère entre pays. Parfois « des pays entiers (Singapour, Hong Kong, etc.) sont eux-mêmes pratiquement des ZLE. Dans d'autres, comme les 'zones économiques spéciales' (Chine), elles existent à une échelle si vaste qu'elles ne semblent pas correspondre à la définition [...] Des entreprises individuelles ont obtenu le statut de zone (Tunisie : près de 580 entreprises [...] et neuf régions entrent dans cette catégorie) »[40]. « Semblables aux tendances du monde, la plupart des zones [...] en exploitation se concentrent sur des activités d'assemblage à forte main-d'œuvre tels que les appareils, l'électronique et les appareils électriques, les femmes formant la majorité de la main-d'œuvre »[41].

La Banque mondiale a constaté (Bangladesh, Inde, Sri Lanka) que les pays se neutralisent en partie, « les aspects non fiscaux d'une ZLE l'emportant pour déterminer des investissements. Les incitations seraient pourtant des facteurs importants lors du choix entre ces derniers et d'autres pays aux programmes d'incitation substantiellement différents »[42].

1. Les zones de libre-échange dans la région de l'ASEAN

Les institutions internationales ont pesé dans la création et la légitimation de zones franches d'exportation (ZFE), pas seulement la Banque mondiale. L'ONUDI (Organisation pour le développement industriel des Nations Unies) a joué un rôle sûr dans la création de l'Association mondiale des Zones de traitement des exportations (AMZFI). La Conférence des Nations Unies sur le commerce et le développement (CNUCED) a œuvré à légitimer les zones franches d'exportation par des études de base sur leurs coûts, bénéfices et avantages. L'Organisation internationale du travail (OIT) a joué un rôle-clef en formulant des lignes directrices pour les politiques de l'emploi dans les zones franches d'exportation[43].

En 2002, on comptait 257 zones industrielles dans l'ASEAN, dont 130 zones franches d'exportation (ZFE) et 114 parcs scientifiques et technologiques. De tous les pays créant des zones franches, ceux de l'ASEAN ont eu le plus de succès ces trente dernières années.

40 *Ibid.*

41 Richard Newfarmer, William Shaw, Peter Walkenhorst (eds.), *Breaking into New Markets : Emerging Lessons for Export Diversifications*, The World Bank, 2009, p. 225.

42 *Ibid.*

43 Arjya B. Majumdar, *Special economic zones : policy and procedure*, CCH India, 2010, pp. 121-122.

Analyse comparée des incitations de ZLE en Asie du Sud-Est[44]

	Inde	**Chine**	**Philippines**	**Thaïlande**	**Malaisie**	**Vietnam**
Impôt sur les sociétés	33,9 %	15 %	35 %	30 %	28 %	10 %
100 % congés payés	5 ans (après la 1re année)	2 ans (après année bénéficiaire)	4-8 ans (après année bénéficiaire)	3-8 ans (après année bénéficiaire)	5-10 ans (après année bénéficiaire)	4 ans (après année bénéficiaire)
50% congés payés	les 10 ans suivants	les 2 ans suivants	....	....	....	....

En 2010, plus de 80 pays avaient établi des zones de type franche[45] mais ce n'est pas nouveau : ces zones dans les villes évoquent les zones franches modernes (Gibraltar dès 1704 ; Singapour dès 1819[46]). Pour les PVD, les zones franches sont l'un des principaux outils économiques d'industrialisation rapide par les exportations[47].

Le niveau de réussite de ces zones tient au soutien du gouvernement. La Chine, par exemple, n'y comptabilise pas les faillites mais en transfère les pertes ailleurs. En Australie, les instances fédérales et provinciales n'agissent pas de concert pour des incitations et attirer les IDE. Les incitations fiscales ne sont pas les seules raison menant les multinationales à s'établir dans ces zones. Lorsque les incitations fiscales similaires existent, la plus attrayante des incitations non fiscales est la plus susceptible d'y attirer des IDE.

2. Les différents systèmes de zones franches dans la région de l'Asean

Les avantages fiscaux offerts par l'établissement d'une zone franche sont détaillés pour un ensemble de pays et de régions.

– L'Inde définit les zones franches aux objectifs clairs : « [H] abituellement une enclave d'unités dans une zone bien définie et des limites géographiques d'un pays où des activités économiques sont aidées par des mesures politiques généralement non applicables au reste du pays, qui comprennent : incitations fiscales comme : allègement de l'impôt, moindres restrictions sur les investissements, notamment

---

44 *Ibid.*, 127.

45 P. Arunahalam (ed.), *op. cit.*, p. 330.

46 Richard Newfarmer, William Shaw, Peter Walkenhorst (eds.), *op. cit.*, p. 224.

47 Rabi Narayan Misra (ed.), *Role of FTZ in economic development of the country*, Sonali Publications, 2010.

étrangers. Les incitations non fiscales incluent des lois moins strictes sur le bien-être au travail, des démarches par guichet unique réduisant les coûts de mise en place d'opérations, l'aide du gouvernement pour des terres, des services publics et autorisations. L'objectif est : attirer investissements directs étrangers et devises étrangères, contribuer à la stabilité du change ; stimuler les exportations, surtout non traditionnelles ; créer des emplois et élever le niveau de vie ; transférer des compétences et expertises vers le marché local du travail ; créer des liaisons amont-aval pour élever la production des entreprises locales fournisseurs de biens et services dans la zone ; introduire de nouvelles technologies ; développer les régions en retard en y localisant ces ZLE ; stimuler les secteurs d'importance stratégique pour l'économie (électronique, informatique, R&D, tourisme, infrastructures, ressources humaines) ; tester des réformes en zones pilotes »[48].

Le ministère du Commerce prévoit d'investir 1 million de roupies et des IDE de 5 milliards $ d'ici fin 2017. Deux entités sont impliquées : les « développeurs », qui fournissent l'infrastructure de la zone franche (particuliers, entreprises indiennes et étrangères, gouvernements centraux ou leurs agences conjointes) et les « unités », qui font fonctionner l'activité de zone franche, fabrication, services ou auxiliaires : selon la loi, une unité est créée par un entrepreneur dans la zone franche et inclut les unités existant avant l'entrée en vigueur, les unités bancaires *offshore* et centres internationaux de services financiers. La seule exigence imposée aux unités est de rapatrier les devises étrangères, y compris en fournissant biens ou services à des clients hors d'Inde. Enfin, aucune limite imposée au pourcentage en IDE réalisé par les unités dans la zone franche, le gouvernement autorisant jusqu'à 100 % de l'IDE[49].

En avril 2000, l'Inde a remplacé avec les zones franches l'ancien système de zones d'exportation. L'objectif des ZLE : « offrir un environnement d'affaires internationalement concurrentiel pour obtenir devises étrangères et IDE, faciliter le transfert de technologie, créer des emplois ». En mai 2005, est adoptée la loi sur les zones économiques spéciales, prévoyant la création, le développement, l'exploitation d'une zone franche, l'identification des règles et incitations prévues pour développeurs et unités dans la zone franche. La loi crée un commissaire au développement responsable du contrôle administratif de la zone, de rang minimum ministre-délégué, pour une ou plusieurs zones franches, et un président du conseil d'agrément, créé par la loi, plus haut organe chargé de « promouvoir le développement ordonné des zones franches »,

48 Arjya B. Majumdar, *op. cit.*, p. 8.

49 Arjya B. Majumdar, *op. cit.*, pp. 39-40.

fournir les agréments aux développeurs et aux unités, statuer sur les appels ; ses membres viennent du gouvernement central. La loi crée aussi un comité d'approbation, qui doit trancher les propositions reçues des développeurs et des unités. Les règles établies par les ZLE ont pris effet en février 2006.

Une zone franche est, légalement, hors zone tarifaire intérieure : « toute circulation de marchandises dans une zone franche est considérée comme une exportation, exonérée de tout droit d'accise » (Règles d'accise centrale, 2002). L'exemption pour les importations vers une zone franche se fait par remboursement de l'accise. Les prestations aux fournisseurs des ZLE sont offertes par l'État (article 23 de la Loi sur les ZLE). La loi sur les ventes (1956) fait obligation de taxer tout commerce franchissant les frontières mais l'article 8 (6) prévoit une exemption si l'échange vise à « mettre en place, entretenir, fabriquer, vendre, produire, transformer, assembler, réparer, remettre en état, rénover, emballer utiliser comme matériau d'emballage ou accessoire d'emballage dans une unité ».

Les zones franches sont essentiellement « des enclaves en franchise de droits [...] traitées comme territoires étrangers pour les opérations commerciales, les taxes et droits ». La loi sur les zones franches (chapitre 7) prévoit des exemptions pour les unités (droits de douanes, accises, ventes, services, etc.) Pour les développeurs, la loi de finances 2006 exempt de droits spéciaux compensateurs. Pour les unités, les droits de douane sont exemptés pour : les unités important des marchandises d'une zone tarifaire intérieure : importation de marchandises à l'intérieur des marchés nationaux et marchandises exportées à partir de la zone franche vers n'importe quel destination en Inde.

- La Chine vise, par sa politique de zones économiques spéciales, des zones franches pour : développer les liens économiques avec Hong Kong (Shenzhen), Macao (Zhuhai), Taiwan (Xiamen) et communautés chinoises d'outre-mer (Shantou) pour la réunification du pays ; servir de laboratoires des forces du marché et de vitrine à la technologie de pointe ; attirer des capitaux étrangers et créer des emplois à salaires majorés[50]. Une ZLE à plusieurs niveaux se compose de zones économiques spéciales, villes côtières ouvertes au monde extérieur, zones franches d'exportation, zones franches économiques côtières.

Les premières zones économiques spéciales sont établies en 1979 (Shenzhen, Zhuhai, Shantou, Xiamen). En 1984, des villes côtières sont ouvertes au monde (Dalian, Qinhuangdao, Tianjin, Yhantai, Qingdao, Lianyungang, Nantong, Shanghai, Ningbo, Wenzhou, Fuzhou, Guangzhou, Beihai). En 1985, trois deltas sont ouverts (Xiamen,

50 David Wall, *Special Economic zones in China : the administrative and regulatory framework*, ANU, 1991, p. 3.

Zhangzhou, Quanzhou). En 1988, les deltas sont élargis à Liaodong et Jiaodong, aux vallées de Bohai, et à Shenyang, Nanjurig et Hangzhou. En 1990, on recense 288 zones franches côtières couvrant 160 millions d'habitants sur 320 000 km^2.

Ces zones ont des objectifs assignés : développer les productions générant des devises étrangères (exportations) et restructurer la production agricole et l'industrie de transformation selon les principes du commerce ; attirer des fonds et technologies étrangères pour promouvoir la science, la technologie, la croissance économique ; apprendre des méthodes étrangères d'exploitation et gestion avancée ; promouvoir les marchés nationaux.

Les milieux d'affaires étrangers de Hong Kong et Macao doivent établir des *joint-ventures* dans des secteurs scientifiques et technologiques. Les incitations fiscales ne laissent aux entreprises implantées dans la zone franche que 80 % de l'IR, dont elles peuvent même être exonérées sur approbation gouvernementale. Ces avantages sont accordés aux étrangers investissant dans les régions rurales. La ZLE au plus fort essor, Shenzhen, est passé, en vingt ans, d'un village à une ville de 10 millions d'habitants. Sa haute technologie devient en 1999 l'une des meilleures, atteignant 80 milliards de *yuans* (40 % du total de la ville).

En Chine, peu de documents précisent les règles d'exploitation des ZES. Celles utilisées sont issues des lois sur l'investissement privé étranger et des décisions prises par les divers niveaux des gouvernements provinciaux et municipaux sur les modalités et conditions faites aux investisseurs individuels[51]. Les investissements privés étrangers en Chine sont presque toujours une *joint-venture* : le partenaire étranger a besoin des contacts du partenaire chinois. En l'absence de système bancaire de type occidental, l'investisseur étranger dépend du partenaire chinois pour le capital financier. Ce partenaire chinois est souvent une filiale d'une entité gouvernementale : des pertes sont reportées sur une nouvelle entreprise.

- En Thaïlande, les initiatives du gouvernement ont conduit à l'aménagement de zones industrielles, de zones franches, de zones industrielles générales et de zones de libre-échange. Le pays les a approuvées en 1987 pour la première fois et une *joint-venture* thaï-japonaise a construit la première en 1988 : 150 hectares occupés par les investisseurs dans les trois mois. En plus du cadre politique pour ces installations, l'État a créé un conseil d'investissement, dont le rôle est de promouvoir et superviser les incitations fiscales et non fiscales aux investissements étrangers dans ces zones. En 2000, le conseil a créé une

[51] David Wall, *op. cit.*, p. 9.

zone de libre-échange et un port franc à Sabang. En 2009-2010, trente zones existaient dans tout le pays couvrant trois secteurs : automobiles, produits de consommation, électronique. Contrairement à la Chine, l'Inde et le Vietnam, où les entreprises étrangères louent les terrains, en Thaïlande, elles peuvent les acheter.

- L'Indonésie a créé des « zones économiques collées (*bonded*) ». En 2009, vingt-six zones couvrent 6000 hectares. La plus grande, créée en 1978, couvre toute l'île de Batam, où en 2008 neuf cents entreprises étrangères sont en opération. Les incitations prévues comprennent : réduction de l'IR ou exonération fiscale complète pour les industries pionnières, réduction ou exonération totale des droits d'importation pour les machines (y compris les pièces de rechange), dispense totale ou partielle pendant les deux premières années pour l'importation de matières premières, amortissement accéléré, impôt foncier déductible, compensation des pertes ou pertes reportables jusqu'à cinq-dix ans, réduction de l'impôt local et régional et des « rétributions »[52]. Les incitations non fiscales comprennent : installations conformes à la loi sur le régime foncier, procédures d'investissement simplifiées, infrastructures de classe mondiale (énergie, transports, télécommunications, etc.), absence de liste d'investissements négatifs, sauf pour les activités fermés, réglementation du travail flexible, des quartiers sécurisés. Une société privée, le parc industriel ou un gouvernement régional est en mesure de demander la formation d'une zone au gouvernement central sur proposition au ministère. Une fois l'approbation reçue, une période préparatoire de trois ans est exigée avant que la zone soit approuvée en tant que zone franche.

- La Corée du Sud a créé la première zone franche à Inch'eon, près de l'aéroport international. L'objectif en est d'établir « une logistique internationale des affaires, des loisirs et du tourisme pour la région d'Asie du Nord-Est ». Elle intègre trois régions : Songdo, Cheongna, l'île de Yeongjong, pour une surface totale de 210 km². Un complexe technologique y accueille la recherche et des centres de *joint-ventures* aux côtés de l'Institut coréen de technologie KAIST. En 2008, deux autres bâtiments s'ouvrent à la biotechnologie et les activités et investissements dans la connaissance et l'information. La zone comprend un « district des services financiers internationaux et la ville intelligente de Songdo », cette dernière avec un centre mondial du commerce de soixante étages, immeubles de bureaux, hôtels de luxe, centres commerciaux, un terrain de golf. Le soutien politique de haut niveau comprend la fourniture d'incitations fiscales et non fiscales, parmi ces dernières : procédures administratives simplifiées, soutien linguistique, fortes subventions

[52] Mizuho Research Institute Ltd, *Survey of the status of Indonesia's special economic zones*, Mizuho Research Institute Ltd, 2008, p. 56.

pour les baux fonciers sur les terrains du gouvernement. Les incitations fiscales sont des incitations d'impôts.[53]

Les informations sur ces « sanctuaires économiques » diffèrent sensiblement. L'Inde en fournit d'importantes mais la Chine demeure vague dans certains domaines. Philippines et Malaisie fournissent peu ou pas d'informations. Cela tient à des facteurs linguistiques mais surtout à un manque de transparence. Les sources de ce chapitre ont été trouvées sur papier : aucune revue juridique ou source en ligne ne fournit d'information, en dehors d'une référence à la législation (chinoise, etc.) et ces sources « papier » ne sont pas des sources juridiques. L'information vient de documents économiques. Aucune de nos sources n'a d'indication sur l'identité des sociétés qui exercent leurs activités dans leurs zones.

En conclusion, les zones de libre-échange concurrencent les paradis fiscaux. Les pays se concurrencent pour attirer les capitaux, les placements d'entreprise, actifs ou passifs, et les investissements d'institutions financières. Les paradis fiscaux et les zones franches se concurrencent pour attirer les IDE. L'action de l'OCDE et du G-20 contre les paradis fiscaux pour qu'ils pratiquent des « accords d'échange de renseignements fiscaux », éliminent leurs lois sur le secret bancaire et soient plus transparents a touché les paradis fiscaux[54]. Ce type d'approche OCDE/G-20 peut être nécessaire pour les ZLE.

L'examen de plusieurs pays d'Asie-Pacifique montre donc que les pays avec zones franches offrent des incitations fiscales semblables à celles offertes par les paradis fiscaux. Les ZLE nécessitent des investissements directs des entreprises multinationales pour établir des unités de production mais l'existence de zones franches et le manque de transparence facilitent des pratiques comme le blanchiment d'argent et autres formes d'évasion fiscale.

Selon le groupe d'action financière internationale (GAFI), un examen plus approfondi des modalités de financement des ZLE est requis sur des bases semblables à l'examen des paradis fiscaux[55]. Les ZLE sont *de facto* des paradis fiscaux et devraient comme telles être l'objet d'un examen plus approfondi. Il semblerait que les entreprises multinationales utilisent une combinaison de paradis fiscaux et de zones franches afin de minimiser leurs obligations fiscales et si cela devait être stoppé, les ZLE devraient prendre des mesures pour rendre leurs avantages fiscaux plus transparents, tout comme leurs pratiques bancaires.

---

53 Arjya B. Majumdar, *op. cit.*, p. 126.

54 John McLaren, « Exchange of Information Agreements with Tax Havens : How Will this Affect the Rights of Non-Resident Taxpayers and Investors ? », 2010, 5(1) *Journal of the Australasian Tax Teachers Association*, pp. 117, 136.

55 Financial action task Force, *op. cit.*, p. 5.

Il est temps que OCDE et G-20 examinent le rôle et le but des zones franches dans le contexte économique mondial actuel et évaluent la perte de recettes fiscales des pays développés comme conséquence directe du fait que les zones franches offrent des allégements fiscaux sur une échelle semblable aux paradis fiscaux. Cet examen révèlera sans doute que les paradis fiscaux ne sont pas seuls responsables des difficultés financières des pays développés et qu'une plus grande surveillance des zones franches est nécessaire.

Paradis fiscaux et zones franches sont en concurrence pour le capital d'investissement, en particulier de la part des entreprises multinationales.

CONCLUSION

De la concurrence aux concurrences multipliées entre les régions

Peu de place pour les « petits pas » de la paix interrégionale

Pierre CHABAL

Université du Havre, France

Campus Europe-Asie de Sciences-po

La mise en relation de tous les chapitres de cet ouvrage permet de discerner, par petites touches, le décor de cet après-guerre froide. Ce dernier est un théâtre où certaines formes de tensions sont remplacées par d'autres. Nous les appelons « concurrences » parce qu'elles mettent en contact des entités qui ne peuvent plus s'ignorer mais surtout plus se concevoir comme mutuellement exclusives. Les régions doivent désormais, tout en rivalisant, composer les unes avec les autres. C'est cet impératif de collaboration qui forme notre cadre d'étude.

Une région, qu'est-ce que c'est ? C'est une centralité qui se trouve et qui se pense comme pivot d'un espace-carrefour. Inspiré par la préface d'esprit comparé, nous ne croyons trahir personne en nous exprimant ainsi. Peut-être même sommes-nous compris, lu par l'auteur du texte sur l'Afrique de nord ou par l'auteure du texte sur l'Asie de l'est, comme si nous nous exprimions sur « leur » région alors que nous pensons pourtant, de manière égale, à l'Europe et à l'Asie centrale. Le comparatisme peut ainsi partir d'Afrique du Nord, comme de toute autre région du monde. Il existe plusieurs points de départ possibles de l'interrégional, cet « entre-régions », comme des centralités multiples et bientôt multilatérales offrant au monde de l'après-guerre froide les pôles d'un maillage de pivots et de carrefours « pan-centriques » (J. Ibrachev).

Les dynamiques arabes du VIIe siècle ont engendré la première mondialisation arabo-musulmane (Bras : *L'idée d'Afrique du Nord après les printemps arabes*). Les indépendances du XXe siècle ont vu de nouveaux États-Nations s'inscrire résolument dans des ensembles régionaux, leur souveraineté s'exprimant d'abord dans les relations de voisinage régional. Puis, un défaut de cohérence régionale a conduit à un paradoxe : une verticalisation du Maghreb à travers des relations d'échanges avec le nord (l'Europe) et une affirmation identitaire vers l'est (Maghreb-Machrek). Dans ce contexte, le « printemps arabe » a pour effet à court terme d'interrompre encore plus la régionalisation du nord de l'Afrique par des tensions entre États africains. Ni les données européennes (Euromed ; Union pour la Méditerranée), ni le rayonnement du modèle turc pourtant fort (stabilité ; laïcité) n'ont pour l'instant su insuffler un interrégionalisme arabo-européen ou arabo-moyen oriental.

Il existe – et c'est logique – plusieurs nuances entre dynamiques régionales (Santander : *L'inter-régionalisme, l'UE et les puissances émergentes*). Le comprendre impose d'évoquer d'emblée le glissement historique entre, d'une part, l'ancien régionalisme, où la concurrence opposait la régionalisation comme entente commerciale et le régionalisme comme construction stratégique commune et, d'autre part, le nouveau régionalisme qui s'enclenche vers un interrégionalisme. Ces nuances tendent toutes vers la dimension interrégionale. Les régions évoluent vers la capacité juridique d'agir d'une seule voix et, débarrassées du carcan bipolaire de la guerre froide, sont libres aujourd'hui de choisir pour elles-mêmes et de poursuivre leur propre voie « désalignée » et, pour certaines, décolonisée.

Dans ce nouveau jeu interrégional, l'Europe pousse les feux de l'avantage comparatif du savoir-faire institutionnel. Cette velléité d'exportation de son modèle, qui enjoint les autres régions à se doter, elles aussi, de la capacité juridique d'être « une » chacune pour elle-même et d'être « ensemble » toutes régions confondues, relève d'une tactique européenne de « proximisation ». Comme le rappelle S. Santander, il s'agit d'une volonté de partenariat volontariste et même de « relations interrégionales *idéalisées* » (nous soulignons) comme si l'interrégional était devenu une valeur, voire une culture, nouvelle, de l'international. Les relations partenariales intenses entre l'UE et l'Amérique Latine vont même jusqu'à suggérer que cet interrégionalisme-là confine à un néo-bi-régionalisme.

La démarche « Europe-Asie » éclaire un autre interrégionalisme structurant pour le monde aujourd'hui, le dialogue ASEM, qui fait écho au dialogue UE-Amérique latine, tous deux depuis les années 1990. Dans les deux cas, il s'agit de remplacer des relations postcoloniales par des relations partenariales[1]. La spécificité UE-AL tient au fait qu'un pays européen, l'Espagne, sert d'interface entre les deux continents, et ce

---

1 Pour l'Asie, voir Park, Sun-Hee, thèse de doctoral de science politique, Université Paris VIII, juillet 2006.

même avant son entrée dans la CEE en 1986. Envers l'Asie, c'est l'Europe de l'est tout entière, communiste jusqu'en 1989/1990, qui sert d'interface avec l'Asie sino-centrale communiste : aujourd'hui encore, Pologne, Finlande, Bulgarie « facilitent » grandement le dialogue avec l'Asie (ex) communiste.

Dans les deux cas, UE-AL et UE-Asie, la qualité du dialogue, donc la confiance-méfiance, est un élément au moins aussi important que les données économiques, politiques, institutionnelles... En filigrane de tous ces rapprochements interrégionaux, il existe, pour l'Europe, pour l'Amérique Latine, pour l'Asie ... l'inconnue états-unienne de l'équation interrégionale. Lorsque S. Santander écrit « l'approche européenne se dissocie de celle des États-Unis », nous lisons et suggérons que les États-Unis demeurent un « régionaliseur » plus timoré que d'autres acteurs dans leur/les région(s), notamment vis-à-vis de la Chine en Asie (cf. notre chapitre *supra*).

Dès lors, vient à l'esprit une suggestion comparatiste, qui fera sourire : et s'il suffisait parfois de ... remplacer le nom d'une région par celui d'une autre pour donner aux propos bi-régionaux leur réel sens interrégional ?

I. L'idée de région débouche sur celle de concurrence interrégionale de manière logique, au terme d'une évolution historique simple

La réflexion sur l'Asie comme entité internationale commence dans l'inégalité. Et ce, dès le XIXe siècle (Wang : *L'idée d'Asie et d'asianisme dans la pensée politique de la Chine et de l'Asie de l'Est*). Ce contexte d'inégalité, du point de vue asiatique, est double. À la situation de dominations occidentales, situation non libre dans laquelle a lieu la réflexion régionale, s'ajouta la dialectique sino-japonaise. D'une part, la Chine affaiblie est la Chine ancienne, celle qui n'a qu'une vision tronquée du monde, entre un Centre chinois, supérieur, et des périphéries (asiatique, mondiale) un peu floues. D'autre part, le Japon renforcé est le Japon modernisé à l'occidental, qui est asiatique mais se pense occidental et ne conçoit l'Asie, après ses victoires sur la Chine (1894) et sur la Russie (1904), que comme terre à prendre, à commencer par la Corée.

Dans ce difficile dialogue de sourds, l'idée d'Asie devient un « asianisme » forcé et forcené pour le Japon et subi par la Chine. Les premiers révolutionnaires chinois, avant 1949, croient voir dans le Japon une solution contre la domination occidentale avant de comprendre que les projets japonais pour l'Asie sont des projets du Japon en Asie (grand asianisme ; sphère de coprospérité).

La vision régionale chinoise change alors radicalement pour cette Chine de la 2e révolution, après 1949, et surtout après l'ouverture de

1978, c'est-à-dire la Chine qui prend la suite du Japon vaincu en 1945, de ce Japon qui ne renonce pourtant pas, même après 1945, à sa propre vision d'asianisme. Cet asianisme japonais est simplement transposé vers un asianisme économique (commerce, IDE, aide au développement) tout autant occidentalisé. Et même plus occidentalisé puisque poursuivi dans le cadre de l'alliance nippo-étatsunienne après 1953. « L'idée japonaise d'Asie » est donc liée à une vision d'alliance inégale nippo-chinoise puis nippo-étatsunienne.

« L'idée chinoise d'Asie » est une vision antioccidentale parce qu'antijaponaise, mais non impériale. C'est une idée (de rivalité régionale) d'emblée interrégionale : l'Asie contre l'Occident (l'Europe) dans une concurrence ouverte où le succès est possible, moins par les armes que par le commerce et les idées. Le réalisme l'emporte sur « l'idéalisme », notamment confucéen. Cette idée chinoise d'Asie est d'abord et avant tout à la fois « chinoise et d'Asie », non une idée communiste importée de l'URSS. Elle transcende les dimensions bipolaires, unipolaires, multipolaires parce qu'elle les traverse dans l'histoire à moyen terme, où la Chine d'Asie orientale est devenue la Chine de toute l'Asie (orientale et centrale), puisque « l'ouest » de la Chine a rejoint l'Asie « moyenne et Kazakhstan » des soviétiques (Asie centrale)[2].

La suggestion d'aborder les constructions régionales comparées à travers leur nature, par seulement leurs caractéristiques, permet de mettre en évidence leur dimension concurrentielle logique (Chabal : *La concurrence interrégionale comme nouvel ordre international*). Le passage de relations internationales en guerre à des relations interrégionales en paix n'a été qu'une évolution depuis des constructions militaires (moins régionales que mondiales) vers des constructions régionales (moins militaires que commerciales). La substance concurrentielle de la recherche de puissance est simplement passée du niveau des nations (et des guerres entre nations) au niveau des régions (et des tensions entre régions).

Cette avancée dans l'étude comparée des dynamiques régionales amène facilement à un constat bipolaire. Les tensions actuelles sont celles, derrière l'apparence d'une tension sino-américaine interétatique, entre deux « super-régionaliseurs », la Chine et les États-Unis. Ces acteurs anciens, agissant de manière innovée, opèrent nécessairement à travers des groupements régionaux, avec une différence tactique : leur comportement est soit encore tenté par le verticalisme (États-Unis) ou déjà engagé dans l'horizontalisme (Chine).

2 Cette dynamique sino-russo-centralasiatique est celle de l'OCS. Voir *La Nouvelle Asie de l'Organisation de Coopération de Shanghai*, à paraître, 2015.

Dans cette dynamique, la Chine a deux temps d'avance. D'une part sa localisation lui permet de « régionaliser » de manière contiguë alors que les États-Unis ne peuvent le faire que de manière projetée. D'autre part, la Chine tend désormais, à travers l'Organisation de coopération de Shanghai (OCS), à inclure le territoire-clef de l'Afghanistan dans la nouvelle région, au moment où les États-Unis n'ont plus la possibilité d'y peser de leur présence, présence indirecte depuis 1979 et directe depuis 2001, et doivent s'en être retirés depuis 2014.

Le fait que la concurrence interrégionale soit un concept valable pour comprendre le nouvel ordre mondial d'après la guerre froide n'est guère contestable. Le degré de bellicisme de ce nouvel ordre mondial, lui, est encore incertain, et si l'analyse réaliste suggère d'imminentes guerres régionalistes (cf. Ionescu), l'analyse libérale pourra dans une autre publication, présenter une approche constructionniste.

L'hypothèse belligène abordée frontalement est brutale (Ionescu : *L'absence de solution interrégionale comme cause de guerre ? la mondialisation économique durable en crise depuis 2008*). Elle ne fait pourtant que reprendre celle formulée, il y a plus de vingt ans, à propos d'un affrontement sino-américain sous l'appellation *Head to head : the coming to war*[3]. Une tension soviéto-américaine, remplacée par une tension sino-américaine puis par une guerre économique occidentalo-asiatique, voilà un scénario sans nuance abordé par Ionescu sous l'angle économique. La rareté des ressources qui engendre le déséquilibre entre les acteurs économiques a subi une double évolution. D'une part, elle est passée de (mono)-régionale à interrégionale, c'est cela le sens véritable du concept de mondialisation dans l'après-guerre froide. D'autre part, elle a durablement glissé du plan matériel productif, voire monétaire, au plan immatériel financier et bancaire.

Le développement économique est donc tout entier menacé, selon Ionescu, surtout le développement durable, mais la crise, elle, semble avoir atteint un état qui va se poursuivre sur le long terme. Signe de confirmation de cette gravité, les prévisions effectuées par les organismes spécialisés ne sont d'une part plus à moyen ou long terme, mais à court terme et, d'autre part, pas homogènes mais contradictoires entre lesdits organismes. Il est possible d'y voir le signe d'une confusion qui va jusqu'à toucher les solutions envisageables à la crise : les économies touchées ont un besoin croissant d'IDE (cf. McLaren) mais les investisseurs potentiels sont désarçonnés par les prévisions affichées par Eurostat et le BRIC, certaines suggérant d'investir, d'autre de s'abstenir d'investir.

3 Thurow Lester, Carl (1993), « Head to Head : The Coming Economic Battle Among Japan, Europe & America », Warner Books, 336 p.

L'idée-force qui se dégage de ces analyses est contraire aux régionalisations. La crise renforce une certitude : les régions ne sont plus à même de fournir des outils de stabilisation qui seraient adéquats pour chacun de leurs membres. La dimension nationale est celle des problèmes spécifiques qui se posent à chaque pays. Dès lors si « la mondialisation [en crise] en est venue à engendrer une bataille théorique entre le régionalisme et la mondialisation » (Ionescu), la régionalisation serait en train de raviver le(s) nationalisme(s). L'analyse est celle de « la fin des régions », thème du quatrième colloque Europe-Asie (Almaty, 2014).

Ces évolutions poussent alors à « repenser » les régions, à commencer par « l'affiliation régionale » des pays et nations, en partie au regard de l'histoire, par exemple de la Mongolie (Bayasakh : *Repenser l'affiliation régionale de la Mongolie dans la nouvelle Asie du Nord-Est*). La question de savoir où se situe la Mongolie importe. Loin qu'il ne s'agisse que d'une question mongolo-mongole, existentielle pour une nation enclavée, voire d'une question nombriliste, c'est une interrogation épistémologique : lorsque la Mongolie parle, « d'où » parle-t-elle ? de l'Asie centrale historique, altaïque et turcique de Touva ? de l'Asie postsoviétique « moyenne avec le Kazakhstan », donc finalement de l'Asie centrale avec l'Asie méridionale du Sud ? Cette dernière d'ailleurs n'est-elle pas la vraie Asie orientale, celle de l'OCS[4] ? ou bien la Mongolie parle-t-elle « depuis » l'Asie de l'Est, cette dernière ayant amalgamé l'Asie du Sud-Est et celle du Nord-Est ?

Pour la Mongolie, la question est, en filigrane, on le sait, celle d'appartenir à l'Asie centrale perçue comme musulmane ou à l'Asie orientale vécue comme prospère ; mais cette hésitation culturalo-économique dépasse le cas de la Mongolie. Les « affiliations » qu'il s'agit de « repousser » ou de « repenser » sont fondatrices de « l'esprit régional », que ce dernier soit asiatique (Wang), nord-africain (Bras) ou latino-américain (Santander). C'est « l'esprit des lois » régionales ...

Cet esprit est à son tour, porteur de plus ou moins de cohésion régionale. Que ce degré de cohésion soit estimé très bas (Bayasakh) ou bien réel (Chabal), c'est lui qu'il faut interroger. Une région est en effet avant tout, du moins si elle « existe », un projet, une vision, une idée, un idéal, bref du domaine de l'abstrait, avant de devenir matérielle et construite. Exactement comme une nation. La bien connue 'communauté imaginée' d'E. Renan, est nation (aux XIXe-XXe siècles) ou région (aux XXe-XXIe siècles) selon l'évolution historique.

Cette historicité est à son tour riche (Nam, Barzman) car les régions ont déjà existé dans l'histoire, sous forme impériale, puis coloniale,

4 Voir Chabal, Pierre (dir.), *La Nouvelle Asie*, *op. cit.*

puis idéologique, aujourd'hui sous forme communautaire. Les régions-communautés ne sont qu'une des manifestations de dynamiques entres voisins contigus (empires classiques ou régions d'aujourd'hui) ou voisins distants (colonies, alliances).

Les régions entretiennent donc depuis longtemps des enjeux interrégionaux, qui les peuvent bloquer et qu'il faut parfois « déconstruire » par un autre rapprochement (Lagro : *Déconstruire l'enjeu Europe-Turquie par le rapprochement Turquie-Asie*), comme d'ailleurs entre Asie de l'est et Asie centrale. Les recompositions multiples dans le monde quant aux rapports de puissance, depuis la fin de la guerre froide en 1991 et l'intervention en Afghanistan en 2001, concernent aussi la Turquie. Celle-ci, puissance moyenne, puissance régionale, membre actif du G-20, est abordée grâce au concept de « partenaire », à travers sa dimension de « puissance relative » (H. Nau).

C'est l'occasion de voir ce qui rend la puissance turque, qui est réelle, tributaire de ses évolutions intérieures, contradictoires dans les messages de modération de régime qu'elles prêchent, par exemple à la Syrie ; de ses priorités diplomatiques et de sa détermination à jouer un rôle accru au carrefour des mondes européen, arabe et asiatique, jusqu'en Afghanistan ; des évolutions chez ses partenaires – voisins ou concurrents, ancien ennemis devenus proches, comme la Russie, ancien inconnus devenus demandeurs, comme la Chine. Il s'agit moins de contradictions que de diversification à la fois des partenaires et des critères d'évaluation de l'activisme de la politique étrangère turque.

Que, dans ces conditions de diversifications plurielles de la politique étrangère turque, le rapprochement moindre désormais de la Turquie envers l'UE ne soit pas une surprise n'est effectivement pas une surprise. La valse-hésitation pendant cinquante ans de la part de l'Europe, depuis le Traité d'Ankara en 1963 jusqu'à aujourd'hui, a en effet poussé la Turquie ailleurs : le rapprochement formel en 2012 avec l'Asie institutionnelle de l'Organisation de coopération de Shanghai, organisme sino-russe et centrasiatique dès l'origine (1996-2001) et largement ouvert à l'Asie du Nord (Mongolie), du Sud (Inde, Pakistan) et de l'Ouest (Iran). La Turquie n'est plus seulement en Asie par la géographie et l'histoire, elle l'est aussi par le commerce et l'économie et, désormais, par la diplomatie au plus haut niveau, comme Partenaire de dialogue de l'OCS depuis juin 2012. S'il était encore de mise, il y a dix ans, d'évoquer *Les chemins de la Turquie vers l'Europe*[5], désormais la Turquie a franchi, sur le « chemin vers l'Asie », le premier pas de la route « des dix mille *li* ».

[5] P. Chabal et A. de Raulin (dir.), *Les Chemins de la Turquie vers l'Europe*, Artois Université Presse 2002.

II. Au-delà de l'histoire, les évolutions dépassent les ruptures pour rendre possibles les coopérations matérielles et logistiques concrètes

L'histoire nous vient en aide pour comprendre la forme particulière qu'ont pris les relations Europe-Asie au temps des colonisations (Barzman : *Héritage historique de la colonisation dans les relations Europe-Asie du XVIe au XXe siècles*). S'il s'est agi de concurrence entre puissances européennes pour la mainmise sur l'Asie, il s'est agi aussi de concurrence entre modèles de colonisation, que le Japon a pu étudier et appliquer ensuite pour lui-même à d'autres pays d'Asie. Le cas du Japon en Asie est donc spécifique, comme celui de l'Angleterre, première puissance à mener en Europe une révolution industrielle et à mener en Asie une opération de force pour aboutir à l'ouverture des territoires, en commençant par la Chine, condition physique et territoriale *sine qua non* de la conquête commerciale, logistique et financière du continent. L'influence européenne a engendré quatre sortes de pays d'Asie, ceux ayant été entièrement colonisés par l'occident, ceux ayant été partiellement colonisés par l'occident, ceux ayant été colonisés par un pays d'Asie, ceux n'ayant jamais été colonisés.

Par un jeu de transposition d'échelle, l'interrogation sur la Corée (Nam : *L'intégration régionale économique par l'autoritarisme japonais et la résistance nationale coréenne par la religion*) permet d'aborder la logique économique de la constitution forcée de toute région (ici : impériale japonaise). Elle permet aussi d'envisager la forme agressive de la dynamique de construction régionale, à travers la concurrence inégale partout entre colonisateur (Japon) et colonies (Corée, Taiwan) comme, ailleurs, entre Europe et Afrique, et Amérique. Il est ainsi possible, en « parlant » de Corée et de Japon (et de Chine et de Formose-Taiwan), de « parler » d'Europe et d'Asie et de construction régionale forcée (par l'économie) et de résistance politique nationale (par les idées). Le détour par la pensée philosophique, religieuse, ésotérique et spirituelle coréenne n'enlève rien à la validité générale du propos.

On suivra également l'auteur dans l'insistance (avec Kallander ; et Chabal[6]) à comprendre le passé historique pour comprendre le présent politique. Si l'Europe a inventé la région communautaire « par absence de choix » après la double preuve de sa capacité autodestructrice (guerre de Trente Ans ; guerres mondiales), l'Asie peine à inventer seule sa région car son histoire régionale est celle de son ouverture forcée par des

[6] Chabal, Pierre (2002), « Situation géostratégique de la Corée et perspectives de réunification dans le multilatéralisme interrégional : en relisant Myun-Hyun Cho », in *Les pays du Pacifique en crise : à la recherche de l'unité dans la multiplicité*, Paris, L'Harmattan, pp. 47-81.

agressions extérieures (occidentales en Asie, japonaise en Asie de l'Est continentale). Dès lors, en Asie (de l'Est), quand la dimension nationale a, dans l'histoire, été transcendée, cela s'est fait par la pénétration impérialiste de l'un chez les autres. La confiance régionale est encore à inventer (cf. Kallander, Makasheva).

En témoigne, aujourd'hui, la double réalité d'une Asie de l'Est des puissances moyennes (Japon, Corée) tournées vers l'Ouest et d'une Asie de l'Est et du centre des grandes puissances (Chine, Russie) et autres (Asie centrale) tournées vers *La nouvelle Asie*[7], celle de la coopération de Shanghai (de Shanghai à Ankara et de Minsk à Colombo). Il semble donc que, du point de vue de l'Asie, la notion de concurrence interrégionale, notion tout à fait comprise, soit celle d'une concurrence subie à laquelle il convient de résister, alors qu'en Europe, la notion de concurrence interrégionale, notion tout à fait souhaitée, soit celle d'une concurrence imposée, par laquelle il convient de dominer.

Le parallèle historique détaillé entre la situation régionale à la fin du XVIe siècle (Nam) et cette même situation au début du XXe siècle (Kallander : *Construire la confiance en Asie de l'est : la Corée prémoderne à la fin du XVIe siècle*), aide à mettre en exergue le sens des concepts de coopération et de concurrence. Au risque de simplifier, au XVIe siècle, le Japon n'envisage la construction de l'Asie que sous l'angle de la conquête et de la soumission des voisins, notamment la Corée et la Chine (Hideyoshi voulait aller jusqu'en Inde). En réaction, la Corée et la Chine ont lutté ensemble contre l'invasion (de la Corée) et la menace d'invasion (de la Chine) dans la logique comme dans la hiérarchie de leur relation de vassalité, la Corée demandant l'aide de la Chine des Ming et la Chine accordant sa protection à la Corée. Ce faisant la Chine des Ming dut faire des concessions aux Manchous, ce qui lui en coûta, et commit l'erreur, après la défaite du Japon, de ne pas pousser l'avantage jusqu'à soumettre, voire écraser, le pays en son archipel.

Dès lors, le Japon put se reconstituer[8] et, de même qu'il avait acquis une supériorité technologique, à la fin du XVIe siècle, grâce aux mousquets portugais, il s'équipa, à la fin du XIXe siècle, d'une armée et d'une flotte fortement mécanisées grâce aux échanges et aux coopérations avec les anglo-américains. Il lança à nouveau, trois siècles après – *bis repetitam...* – une démarche d'invasion et de soumission des voisins (Corée puis Manchourie) en interprétant la « coopération » régionale comme réalisation « verticale » d'une grande sphère de coprospérité dominée par... lui-même.

---

7 Cf. *La Nouvelle Asie*, P. Chabal (dir.), 2015.

8 Se reconstruire et reconstruire sa puissance, au sens de K. Haushofer.

Il semble que, entre le Japon et l'Asie, il ne puisse y avoir que concurrence. Cela ne veut pas dire que, par contraste, il n'y a dans le reste de l'Asie que velléité de construction, même si aujourd'hui la Chine a lancé avec la Russie et l'Asie centrale la dynamique de Shanghai et que la Corée (du Sud) soit le seul autre pays de l'Asie de l'Est à faire partie de la CICA (cf. Makasheva), cette « Asie de Séoul au Caire ». Mais les leçons du passé, que Kallander souligne et qui attirent notre attention, sont celles d'une sorte d'unilatéralisme japonais ambitionnant l'hyper-puissance en Asie. D'ailleurs, de tous les ressentiments de l'Asie envers le Japon, ce sont peut-être les rapprochements, voire les connivences du Japon avec l'Occident (le Portugal au XVIe siècle, les Anglo-Américains fin XIXe siècle, l'accord Taft-Katsura de 1905) qui ont laissé les traces diplomatiques les plus profondes[9].

Il ressort que, en Asie, la coopération ou construction politique ou militaire a moins de chance de l'emporter que la coopération économique et commerciale, ce qui rend d'ailleurs encore plus remarquable le potentiel de l'OCS, laquelle a refusé, à ce Japon ambitieux et aux États-Unis « projetés », le statut d'observateur.

En Asie comme en Europe, pourtant, la confiance peut se décider, voire s'inventer (Makasheva : *L'invention de la confiance en Asie : le rôle de la CICA*). Il s'agit de décider de la construire pour qu'elle devienne, sinon possible *ipso facto*, du moins qu'elle concoure à rompre avec le passé et à rendre la guerre improbable. L'on doit rappeler, en ce sens, le parallèle, souligné dès 1992, entre le projet de CICA pour l'Asie et le rôle joué en Europe par la CSCE (aujourd'hui OSCE) dans le dialogue européen interrégional Est-Ouest. C'est une autre manière d'aborder « l'idée de région » à travers la notion de « volonté de région ».

La nuance entre l'Europe et l'Asie, la « concurrence idéelle » en quelque sorte, est une nuance d'échelle. D'une part, l'Europe s'est construite en tant qu'Europe de l'Ouest parce que le contexte était celui de la fermeture et de la rigidité de la guerre froide. C'était l'Europe des Six, l'Europe occidentale, l'Europe atlantique. D'autre part, l'Asie se construit, si on l'aborde à travers le prisme de la CICA, en tant que dynamique continentale parce que le contexte est celui de l'ouverture et de la fluidité de l'après-guerre froide, c'est l'Asie des 22 pays couvrant les Asie de l'Est, du Nord, du Sud et de l'Ouest jusqu'au Moyen Orient.

Certes l'Europe a aussi ses dimensions d'ouvertures (Conseil de l'Europe ; CSCE-OSCE) mais il s'agit de dimensions qui entourent l'Europe-cœur communautaire formalisée par des institutions communes et un droit contraignant. L'Asie n'a pas ce « noyau-dur institutionnel » mais

[9] Les traces humaines sont celles du massacre de Nankin, des « femmes de réconfort », des années 1930 et 1940.

elle a pourtant d'emblée, par la CICA, posé les jalons de ses plus grandes dimensions. La démarche est inverse, au moins dans sa chronologie.

Il y a donc concurrence entre l'Europe et l'Asie dans le sens que l'Europe s'est initiée par le centre et se construit par cercles et approfondissements successifs ; tandis que l'Asie s'élance par la périphérie et, de ce point de vue, la CICA, lancée très tôt, dès 1992, « ratisse » très large en empiétant sur son flanc sud-est (ASEAN), son flanc extrême-ouest (le Golfe) et « double » l'idée de « confiance mutuelle » des pays de la dynamique de Shanghai, qui est celle du « bon voisinage ».

Il n'y a donc pas de sens à aborder *la Nouvelle Asie*, pas plus que l'Europe, à travers une seule dynamique. Qui peut se limiter, pour comprendre l'Europe, à l'UE, sans aborder le Conseil de l'Europe, l'OSCE, etc. ? Qui pourrait se limiter, pour comprendre l'Asie, à l'OCS, sans aborder la CICA, l'OTSC, l'ASEAN... ? C'est le mérite de K. Makasheva d'attirer notre attention sur cette Asie discrète et peu revendiquée, celle de la CICA. Pas d'Asie constituée et ouverte sans la CICA ? La question est la même que celle vivant à savoir si l'on pourrait avoir l'Europe sans la Détente des années 1970 et cette Détente sans la CSCE, aujourd'hui OSCE.

L'accent mis, après le principe de confiance, sur ses manifestations concrètes et notamment les questions logistiques (Khojayev/Agzamov : *Le rôle des transports terrestres dans la coopération régionale économique*) éclaire d'un jour nouveau les relations régionales. Ces questions, compliquées d'un point de vue géostratégique, diplomatique et inter-souverainiste, surtout si elles sont abordées de manière lointaine, voire distante, en Europe le sont en effet beaucoup moins au plan logistique, économique et concret des interconnections physiques entre les pays et les territoires de la région.

Au risque de simplifier, l'on dira que la mise en service de 34 km de chemin de fer entre l'Ouzbékistan et l'Afghanistan a sans doute fait autant pour « l'affiliation » de ce dernier à la région – sinon son intégration, qui passe par le biais institutionnel, notamment de l'OCS[10] – que plusieurs conférences internationales, à Bonn 2001, Tokyo 2002, Berlin 2004, Londres 2006, Paris 2008, La Haye 2010, Londres 2010, Kaboul 2010, Bonn et Istanbul 2011. De même, pour l'Ouzbékistan, les auteurs posent-ils la question de la « place » du pays dans la région, de ses « relations », de ses « alliances » avec d'autres pays, question rendue plus concrète et significative par le rôle et l'impact de l'aéroport de « Navoï » comme plaque tournante aéroportuaire à l'échelle continentale. Si l'on connaît l'importance des reconfigurations du transport aérien dans l'espace

[10] Voir les chapitres de Asas, Baizakova/Akatayeva et Chabal dans *La Nouvelle Asie*, *op. cit.*

anciennement soviétique[11], l'on voit très particulièrement comment le « corridor » Inch'eon-Navoï-Istanbul-Europe place l'Ouzbékistan dans un rôle de puissance (relative) pertinente pour toute la région. Le fait que ce soit *Korean Air* qui opère Navoï ajoute aux plans symbolique et opérationnel un gage d'efficacité et d'engagement (est)-asiatique continu en Asie (centrale).

La dimension interrégionale est ici coréano-ouzbèke. La concurrence interrégionale est celle qui rogne les monopoles de la logistique aérienne dans les mains occidentales. Au plan terrestre, les choses sont encore plus claires. Le territoire de l'Ouzbékistan est le centre par excellence de l'Asie centrale, celui qui relie l'Eurasie à l'Asie du Sud et qui relie l'Asie de l'Est au Moyen Orient. Les projets routiers, ferroviaires et énergétiques offrent de plus l'avantage de diversifier des corridors de transport eurasien qui auraient tendance à (n')être (qu')est-ouest, voire sino-russes (cf. Alix et Verny). La concurrence interrégionale contribue ici à la diversification géostratégique de la Chine et de la Russie.

L'analyse des concurrences terrestro-maritimes Europe-Asie (Alix et Verny : *Les ponts terrestres eurasiatiques comme outils de géostratégie économique Chine-Russie*) prolongent donc Khojayev/Agzamov en détaillant les questions concrètes et logistiques. L'analyse révèle à la fois le besoin de « comprendre la logistique pour comprendre l'Asie » aujourd'hui, la nouvelle Asie de l'après-guerre froide, et à la fois le caractère discutable des fausses certitudes en matière de transport transfrontières.

De manière générale, s'il y a concurrence entre acteurs, il y a surtout complémentarité entre déterminants et ce pour trois raisons. D'une part, la rivalité entre le terrestre et le maritime renvoie plutôt aujourd'hui à une rencontre entre les acteurs du maritime et ceux du terrestre, qui sont parfois les mêmes : parmi les grands investisseurs de rénovations des liens ferroviaires, on retrouve les compagnies maritimes et les grands ports ; on constate que les tonnages transportés par mer complètent ceux, marginaux en comparaison, transitant par terre. D'autre part, la rivalité entre pays de l'Eurasie tend à céder face aux nécessaires interdépendances des liens logistiques. Non seulement le tracé des routes terrestres oblige à s'étendre pour rendre le transport possible, même si demeurent des obstacles non tarifaires – comme l'écartement des rails et la lenteur due à des vitesses moyennes limitées de trains –, mais, de plus, l'ouverture

[11] Voir Thorez, Pierre (2011), « Les relations aériennes régulières en Asie entre les territoires postsoviétiques et le reste du continent » in Chabal, P. (dir.), *Régions, Institutions, Politiques*, Paris, Apopsix, pp. 267-277.

des frontières a rendu possible la mise en service renouvelée de deux corridors Asie-Europe, celui du nord par la Russie, celui du sud par l'Asie centrale. Enfin, la rivalité est donc stratégique, notamment entre la Russie, dont le territoire demeure incontournable, et la nouvelle Asie du Centre, qui n'est plus dépendante du premier. La complémentarité, la diversité et les orientations des tracés des réseaux de transport conduisent au remplacement de verticalités en Eurasie (verticalité chinoise à l'est, russe au nord, indienne au sud et iranienne à l'ouest) par des transversalités impérieuses qui, seules, peuvent permettre un multiplicateur de profits géoéconomiques à l'échelle du continent.

Ainsi, la question des transports eurasiens, la prise en compte des enjeux matériels et physiques et les découvertes des besoins et des potentiels d'un continent aux frontières ouvertes et aux échanges à nouveau au niveau des anciennes routes commerciales de l'histoire, ouvrent-elles l'analyse vers la remise en question des déterminants désormais insuffisants : clivages Est/Ouest, rôle de l'idéologie, voire de l'incompatibilité des régimes. La mer s'étant « propagé à terre » par les liens entres formes de transport, le continent s'est ouvert et s'intègre par-delà les frontières, faisant des anciennes périphéries intérieures (Asie centrale, Europe de l'Est) les nouvelles centralités intermodales.

L'espace russe figure donc parmi les clefs de l'intégration logistique de l'Eurasie. C'est l'espace par excellence de la concurrence entre perceptions russes (Travert : *Les relations postsoviétiques entre la Russie et l'Asie centrale*) de l'appartenance soit à l'Europe, soit à l'Asie. Cette concurrence s'est, depuis 2000, tournée vers une double évolution profonde. Celle surtout, analysée par P. Travert, d'un retour de l'Asie centrale dans le giron russe, partiellement atteinte dans les limites de partenaires d'Asie centrale désormais indépendants, souverains et néo-nationalistes. Celle aussi, qui fait l'objet d'autres développements, dans le cadre de l'OCS, avec la Chine.

D'une manière qui en fait presque un cas d'école, cette évolution est présentée en trois étapes – divorce à l'amiable, réflexion et bilan, union libre nouvelle – de ces relations entre la Russie historique et néo-asiatique et l'Asie centrale « renée » et « émergée ». Entre-temps, la réalité s'est changée en une nécessité pour la Russie « d'engager » autrement ses voisins-partenaires d'Asie centrale surtout au plan économique. Il y a ici complémentarité russo-centralasiatique. Au plan de la sécurité, il y a concurrence mais plutôt entre la Russie (maîtresse d'œuvre de l'OTCS et ses manœuvres militaires communes) et la Chine (maîtresse d'œuvre de l'OCS, elle aussi organisatrice de manœuvres militaires communes). Peut-être une quatrième étape va-t-elle s'enclencher après 2014 et le retrait de la FIAS d'Afghanistan.

III. L'affirmation des territoires régionaux implique leur sécurisation sectorielle à travers un dépassement de la géopolitique par des engagements culturels et farouches

La construction d'une région en particulier, la plus « nouvelle » du monde, l'Asie centrale depuis les indépendances de 1991, est un thème d'apparence simple. Il ne peut pourtant être traité simplement (Baizakova : *La construction de l'Asie : perspectives géopolitiques dans l'histoire*). Autour d'un cœur constitué des nouvelles républiques d'Asie centrale, insérées dans le triangle russo-indien-chinois, existent en effet plusieurs cercles concentriques, avec aussi le Pakistan et l'Iran voisins, comme avec l'Europe et les USA plus lointains.

Ce cœur n'est pourtant pas encore constitué. D'une part, les relations entre les membres de chaque niveau sont tendues, entre pays d'Asie centrale eux-mêmes, entre Chine et Russie, entre Inde et Chine, entre Pakistan et Inde, et autour de l'Iran. D'autre part, les changements qui se produisent par rapport à ce schéma de départ sont d'apparence modeste mais de nature profonde et durable et la construction de l'Asie centrale n'est donc, de manière générale, ni simple, ni paisible.

Ces changements sont au moins au nombre de trois. D'abord, la Chine mène de front la poursuite et l'intensification de relations bilatérales privilégiées d'une part et, d'autre part la construction multilatérale d'un avantage comparatif par ses capacités macro-économiques d'investissements et d'aides, forme « *soft* » d'interventionnisme économique et l'on imagine mal l'OCS perdre de son *momentum*. Ensuite, les États-Unis qui ont initié une longue période d'intervention en Afghanistan (2001-2014) tendent à inverser les perspectives de retrait pour ne mener celui-ci à bien que le plus progressivement possible (il a pourtant été « demandé » par un Sommet de l'OCS en… 2005) car il s'agit pour eux, quand ils se retireront définitivement, de laisser le champ libre à la Chine dans l'OCS. Enfin, les logiques sécuritaires sont en train de devenir moins structurantes que les questions énergétiques. La sécurité étroite au sens de la lutte contre les « maux » (terrorisme, séparatisme, extrémisme) – d'ailleurs plutôt des priorités chinoises – est en marche et implique surtout les États-membres de l'OCS. La sécurité *lato sensu* est celle des approvisionnements énergétiques au nom desquels, d'une part, l'Inde adoucit sa vision du Pakistan, territoire de transit vers l'Inde depuis la région de la Caspienne ; et d'autre part l'Iran apparaît comme un voisin beaucoup plus fréquentable, toujours dans la logique des livraisons énergétiques Caspienne-Inde-Chine ; enfin, la Chine adoucit sa position vis-à-vis de l'Inde pour les mêmes raisons.

C'est une profonde évolution des « perceptions » des rivalités, d'encerclements et de concurrences qui relevaient de la guerre froide mais aussi des relations de méfiance en Asie. Si l'Asie se construit toujours en grande partie autour d'une détermination géopolitique classique – disposer d'un territoire fort –, cette dimension géopolitique évolue à travers un cœur (l'Asie centrale) qui n'est plus « à prendre » et K. Baizakova permet de mesurer à quel point les capacités occidentales de mener le jeu (investissements de l'UE, Grande route de la soie) sont décalées par rapport à la nouvelle réalité.

Les interrogations sur les territoires de l'Eurasie, amorcées par Bayasakh, Khojayev/Agzamov et Alix/Verny, ouvrent celles sur la nature du « lien » russe dans l'Eurasie (Pushkina/Zincavage : *Existe-t-il un lien géopolitique entre l'Europe et l'Asie ?*). Un lien par « l'équilibrage » de puissance, voilà la manière russe de gérer la concurrence Europe-Asie. Au plan institutionnel et organisationnel (la *géographie* d'un territoire intercalé n'est qu'un élément de contexte), la Russie aujourd'hui s'est dotée par décret d'une doctrine nouvelle, incarnée dans un « Concept de politique étrangère » (2012) qui rejette toute velléité d'interventionnisme chez elle ou autour de chez elle.

Les critères de non-intervention et de respect affirmé de la souveraineté territoriale des autres pays, à commencer par les voisins, est un élément commun entre la Russie et les organisations d'Asie. Du moins est-ce là l'apparence des choses car, si c'est vrai de l'OCS, la Russie a tenté de modifier les règles de l'OTSC pour que tous les membres aient un droit de veto sur la liberté de chacun d'accueillir des bases étrangères, ce qui a motivé le retrait de l'Ouzbékistan de l'OTSC en 2012.

Il y a donc une ambiguïté tactique russe. C'est peut-être là l'écho de l'ambivalence de son territoire européo-asiatique. Cette bi-appartenance territoriale est, en un sens, dépassée pour expliquer aujourd'hui, en elle-même, les choix stratégiques de la Russie mais elle demeure pertinente pour qualifier l'hésitation russe entre, d'une part, la tradition européenne de jeu de puissance verticale, voire historiquement impériale, et d'autre part l'invention asiatique, de jeu multilatéral de construction d'une région nouvelle.

Ces hésitation, ambivalence, ambiguïté renvoient au lexique disponible. L'appellation « eurasienne » de l'Espace économique eurasien ou du projet d'Union eurasienne, signifie russo-asiatique alors qu'il semble signifier européo-asiatique. L'élément « européen » est finalement russe, comme si l'Eurasie appartenait essentiellement à la Russie et à la Chine. Au-delà du vocabulaire, il se passe bien quelque chose, une rivalité entre trois dimensions : l'Europe *constituée*, dominant commercial et en expansion ; la Russie postsoviétique *contractée* et en butte aux indépendances farouches dans la CEI ; la Chine en *expansion* à l'ouest, c'est-à-dire au sud de l'ancienne URSS et dominant l'OCS par ses atouts macro-économiques et financiers.

Toute avancée dans la construction de l'Asie prive la Russie de chance de « retour » dans la dominance régionale : mais toute réticence russe envers ses voisins légitime ceux-ci à chercher d'autres voies, y compris l'exportation de leurs ressources énergétiques vers l'est (la Chine…) sans passer par le territoire russe.

Il est possible, d'une autre manière, de croire dans les vertus d'un territoire-lien (Altantsetseg : *De l'enclavement territorial au territoire-lien : la Mongolie dans les échanges eurasiens*). La dynamique interrégionale, ici encore (cf. *supra* Pushkina), est politique et commerciale. Le territoire [n']est [qu']une donnée, qui crée le besoin de liens mais, s'il gêne les échanges physiques de marchandises, comme pour la Mongolie, il semble alors presque stimuler les diversifications des liens politiques et leur concrétisation financière (IDE).

Le territoire mongol (plus que le russe), enchâssé dans l'inconfort de son enclavement, a une vocation multilatérale qui, pour paradoxale qu'elle soit, correspond à la réalité. N. Altantsetseg projette ainsi les pistils de la diplomatie nationale, désormais libre et dotée comme la Russie d'un « concept » de politique étrangère adopté par révision constitutionnelle, jusque dans les eaux du Pacifique (asiatique) et les rives de l'Atlantique (européen).

On savait déjà que, depuis 1991, la diplomatie mongole est activiste, qu'elle obtient de l'ONU en 2000 le statut de zone non nucléaire (zone à un seul pays….) et qu'elle accueille dès 2007 le Forum des entrepreneurs de l'OCS[12]. En lisant Altantsetseg, l'on confirme que la Mongolie a noué ou intensifié ses liens formels, ses échanges, ses projets avec tous les pays de l'Eurasie, avec la Russie et la Chine bien sûr, avec le reste de l'Asie de l'Est, y compris la Corée du Nord, et avec l'Asie centrale, mais également avec plusieurs « troisième(s) voisins », pas seulement les États-Unis mais aussi le Canada, l'Australie, l'Europe, etc.

Avec l'Europe, ces rapprochements multiples sont même d'une double nature : avec l'UE et avec les membres pris séparément, ces derniers se rangeant à leur tour dans deux catégories : les pays d'Europe « de l'Est », anciennement socialistes, avec qui la Mongolie a conservé des liens étroits ; et en Europe « de l'Ouest », l'Allemagne, le Royaume uni, la France, l'Irlande, pour n'en mentionner que quelque uns.

L'enclavement territorial semble ainsi bien éloigné d'un déterminisme géopolitique qui « périphériserait » la Mongolie. Le pays est à la fois un

[12] En 2016, elle accueillera le sommet des chefs d'État de l'ASEM.

lien au double sens de sino-russe et du transport du pétrole et du gaz de la région Caspienne jusqu'en Corée et au Japon ; et il est d'autre part lié au reste du monde malgré les inévitables transits par les territoires chinois et russes. La Mongolie, dans l'après-guerre froide et au XXIe siècle, est en train d'inventer un nouveau concept, celui de « l'enclavement-chance ». Il faut rendre hommage aux concepteurs mongols de l'avoir compris et aux diplomates mongols de l'avoir mis en œuvre.

Changeant de registre mais toujours dans l'exploration de la concurrence, ici entre conceptions et valeurs de l'action (Lagrange : *Relativisme culturel interrégional et neutralité de l'action humanitaire*), la question est de savoir, ayant repéré une dynamique de concurrence, d'y mettre fin. Elle dépasse le cadre de ce chapitre sur l'action humanitaire et elle se révèle stimulante pour la réflexion sur les régions.

Le raisonnement tient en trois temps. D'abord, dans le domaine humanitaire, une concurrence émerge entre principes de neutralité et d'universalité d'une part et dimensions culturelle et particulariste d'autre part. Ensuite, dans le domaine régional, une concurrence pourrait de même être évoquée entre projet constructif *sui generis* (se construire pour être en paix entre voisins) et projet constructif *inter alia* (se renforcer pour dominer d'autres régions). Enfin, dans le domaine international, la thèse de la concurrence par tension entre civilisations (Huntington) s'appuie sur celle d'un choc entre monde chrétien et monde musulman.

Cette concurrence islamo-chrétienne apparaît, d'après Lagrange, dans l'action humanitaire. Elle renvoie aux craintes de la Russie envers un élargissement de certaines organisations régionales hors de la zone de la CEI et au souci de la Chine d'un islamisme à ses portes. Elle cherche donc à « engager » l'Asie de l'Ouest musulmane pour la stabiliser dans le giron de l'OCS.

Bref, l'approche de Lagrange stimule la réflexion sur les dimensions culturelles régionales. Il y répond, pour l'humanitaire (Delagneau *infra* y répond pour les langues), par l'idée d'une solution aux tensions renvoyant à « l'efficacité » et un retour au fondement de l'action. Ce fondement consiste, pour l'humanitaire, à revenir à la neutralité de cette action. Il pourrait consister, pour le régional, à s'en tenir à « la paix qui marche » et aux « petits pas ».

L'on voit pourtant « vers où »[13] se dirige la dynamique interrégionale des régions. Au-delà des ébauches intergouvernementales, se construit une culture de la région, une culture régionale avec valeur et identité, et un régionalisme. Or, l'on sait comment se sont construites les

[13] Voir Tolipov, Farkhad « Vers où se dirige l'Asie centrale ? », in P. Chabal (dir.), *La Nouvelle Asie*, *op. cit.*

nations, avec leurs valeurs et leur identité mobilisée en nationalisme puis en affrontement internationaux entre nations. La dialectique de l'affrontement, que Lagrange voit à l'œuvre dans la diversification des acteurs de l'humanitaire, est active aussi dans « la prolifération des nations »[14] et impose d'inclure dans notre arsenal conceptuel régionalisé l'idée de confrontations dures entre régions sauf à un retour vers la capacité des régions à pacifier les après-guerres.

Des valeurs et de la culture aux langues, il n'y a qu'un pas aisément franchi (Delagneau : *L'influence culturelle des langues dans la dynamique régionale*). La dimension culturelle les langues, qui semble évidente au-delà de toute discussion sans doute, comment agit-elle ? *Mutatis Mutandis*, comment une région agit-elle vis-à-vis de la culture commune de ses membres ? Delagneau dissèque les concomitances-coopérations et les superpositions-concurrences des langues : langues multiples liées aux vagues de migration dans une même nation, langues plurielles juxtaposées du fait de la fluidité de la mondialisation, langues « franches », voire monolinguisme de *linguae francae* appauvries et fonctionnelles.

Ces thèmes linguistiques ont un écho saisissant dans les régions. S'il faut désormais parler non seulement de langues mais plutôt de langues-cultures, de même il convient sans doute non de parler seulement de régions mais de « régions-cultures ». Ces dernières véhiculent, non pas principalement la fusion (irréelle) des cultures nationales des membres d'une région mais font de la culture régionale un idéal, un projet, une identité.

Quant à l'Europe et l'Asie, la transposition est simple. D'une part, elle évoque un avantage comparatif de l'Asie postsoviétique, qui dispose du russe comme langue commune et non comme simple *lingua franca* : la culture et les valeurs communes se sont implantées en trois générations (tout au plus est-ce une *lingua franca* dans l'OCS, où les Chinois l'apprennent pour les réunions de travail). D'autre part, cette transposition suggère un désavantage comparatif de l'Europe communautaire, où l'anglais s'impose réellement comme langue franche fonctionnelle mais où demeurent par nécessité une demi-dizaine de langues officielles.

Qu'il n'y ait pas d'histoire des hommes sans histoire des langues est une évidence. Que les déterminismes linguistiques aient été, dans les affrontements nationalistes, surtout européens, au moins aussi importants que les déterminismes territoriaux, semble en être une autre. Ce que toute réflexion sur les régions doit désormais prendre en compte, c'est la nécessité d'une politique commune des langues au même titre

14 Voir notre chapitre dans le présent ouvrage sur la « concurrence interrégionale ».

que toutes les politiques communautaires pour lesquelles les « régions se construisant » affirment leur stabilité. Le trilinguisme kazakh décrété depuis vingt ans constitue ici un exemple qu'il faudrait creuser.

La réflexion sur les concurrences Europe-Asie transposée à un plan sectoriel (Gubaidullina : *La gestion commune régionale de l'eau en Asie centrale comme fondement d'intégration sectorielle*) permet de préciser tout le propos de cet ouvrage. Dans la mesure où ces problèmes d'eau en Asie centrale résultent de décisions historiques dépassées (irrigation et productions du temps de l'URSS) mais susceptibles aujourd'hui de causer des guerres (cf. Ionescu *supra*), il est possible de les comparer aux affrontements européens et à l'invention, en Europe, de la paix régionale.

La gestion de l'eau, comme synthèse des solutions possibles, suggère des pas concrets, en se gardant de seuls grands accords de haut vol peu ou pas appliqués. Une gestion commune de l'eau par une approche communautaire, voilà ce qui suggère de créer, au plan résolument multilatéral, une Communauté centrasiatique de l'eau (CCEau), qui jouerait dans la région le rôle de la CECA en Europe pour inventer la paix.

La situation en Asie centrale n'est pas encore l'acceptation de la multilatéralisation, comme en Europe avant 1949 où cette multilatéralisation a été suggérée de l'extérieur pour l'OECD distribuant le Plan Marshall, puis imposée de l'intérieur par les pouvoirs accordés à la Haute autorité de la CECA de contraindre les États. L'exemple européen montre pourtant qu'une évolution fondamentale est possible dans une région lorsqu'il s'agit de transcender les risques d'auto-restriction/destruction.

Deux caractéristiques européennes viennent alors à l'esprit quant aux années 1950 et la CECA. D'une part un niveau très bas de généralisation : une communauté européenne mono-sectorielle, comme le serait une CEEau d'Asie centrale coordonnant seulement les flux saisonniers de l'eau. D'autre part, un niveau très haut de pouvoir de contrainte : une Haute autorité (CECA) capable de contraindre et sanctionner les États en matière de production de charbon et de l'acier comme une CEEau pourrait se doter d'une Haute autorité exerçant en Asie centrale une autorité non contestable, sauf devant des juridictions régionales à créer, en matière d'usage agricole et industriel de l'eau, de production d'énergie hydroélectrique, voire de stockage dans des lacs artificiels, des réservoirs, des canaux de dérivation, etc.

Il s'agirait bien sur d'une gestion d'un patrimoine commun dont l'usage par chacun bénéficierait à tous. Le défi est à la hauteur de la gestion commune des questions transfrontalières depuis vingt ans, d'abord par les négociations de frontières (années 1990), puis par le contrôle des trois

« maux » définis par l'OCS (années 2000), aujourd'hui par l'invention d'une efficacité sectorielle commune dans le domaine aquifère[15].

Les dispositifs toujours concrets, mais cette fois militaires, peuvent se multiplier au point de créer une impression et une réalité d'enchevêtrement nuisant à l'efficacité (Guillot : *Concurrence et complémentarité des architectures de sécurité dans les Balkans et « l'étranger proche » russe*). Tel est le tableau dépeint pour la zone concurrencée appelée Balkans pour les uns et « étranger proche » (européen ?) par les autres. L'auteur détaille avec grande minutie les interventions depuis vingt ans dans l'ex-Yougoslavie et dans le Caucase, faisant quelques comparaisons avec d'autres interventions, notamment en Afrique.

L'on reprendra ici une idée transversale plutôt que le détail des exemples étudiés. S'il y a concurrence entre actions multilatérales et entre organisations internationales, c'est parce qu'il y a une tendance à rassembler les États souverains en une action commune. Mais s'il y a concurrence au détriment de ces actions communes dans les mains d'organisations internationales, sécuritaires ou régionales, alors la tendance se change en la reprise en mains de l'ordre par les États souverains, indépendamment les uns des autres.

Les éléments de la concurrence inter-organisationnelle, détaillés par Guillot, ont pour conséquence, qui doit être envisagée à sa juste importance, de remettre en cause la régionalisation du monde de l'après-guerre froide. Cette régionalisation est pour l'instant au cœur des hypothèses qui sous-tendent cet ouvrage et, plus généralement, les colloques Europe-Asie dans lesquels il s'inscrit. Un « retour aux États » à travers une dé-régionalisation du monde nourrit dès lors une problématique d'un 4e colloque Europe-Asie (avril 2014 au Kazakhstan), sur le thème des « limites » des constructions régionales.

Pour l'instant, l'analyse suggère une concurrence entre États et Régions, en faveur des premiers dorénavant, à l'encontre de la même concurrence entre États-Régions en faveur des secondes depuis vingt ans. Une autre façon de poser le problème est de dire que la concurrence entre bilatéralismes et multilatéralismes, qui se traduit notamment par le mécanisme de prise de décision (consensus, unanimité, majorité) entre membres d'une organisation, distingue notamment l'OCS, l'ASEAN et l'UE. L'avenir dira si l'évolution multirégionale est condamnée à ne pas durer. Pour l'instant, on en soulignera une limite : l'intervention extérieure que pratiquent certaines organisations et pas d'autres.

---

15 Ces réflexions sur l'eau comme « patrimoine commun », au même titre que l'air, les collines et les flocons de neige, évoquent des conversations avec l'ancien ambassadeur ouzbèk à Paris, que nous remercions.

La concurrence concrète et militaire dans les interdictions imposées par les traités de dénucléarisation existe (Clerckx : *L'Asie centrale et le droit de la dénucléarisation : le traité de Semipalatinsk de 2006*). Elle ouvre un champ de réflexion. Le traité instituant une zone exempte d'armes nucléaires en Asie centrale se caractérise surtout par le fait qu'il concerne une partie de l'ancienne Union soviétique, où la Russie entend conserver une influence forte. À la différence des nombreux autres traités dans le monde créant des zones non nucléaires, celui de Semipalatinsk contient donc des ambiguïtés voulues.

Ces ambiguïtés visent à « interdire sans rendre impossible ». Ainsi, la question du transit éventuel d'armes nucléaires est imprécise dans la durée et la fréquence possible d'un tel transit, créant une ambiguïté entre « transit » et « entreposage ». Plus généralement, le traité semble contenir des limites qui vont dans le sens de ménager le rôle de la Russie comme ancienne puissance tutélaire. Le traité n'interdit par ailleurs pas la présence d'installations nécessaires pour faire face à une attaque nucléaire (installation de communication, de surveillance ou de renseignement) ni l'équipement nucléaire civil (énergie). Pour autant, il ne couvre pas un espace sensible dont sont pourtant limitrophes deux signataires : la Mer caspienne que bordent Kazakhstan et Turkménistan, aux portes de l'Iran, ce dernier puissance nucléaire suspectée.

Surtout, à la différence d'autres traités similaires quant aux garanties offertes à l'AIEA, celui de Semipalatinsk ne contient pas de clause conduisant à un réel contrôle extérieur sur son application effective. De même, à la différence encore une fois d'autres ZNN, la région de Semipalatinsk n'est-elle pas dotée d'organes institutionnels (commission, forum, comité exécutif) à même d'asseoir sa pérennité fonctionnelle. Les États signataires ne disposent même pas de procédure de signalement (plainte) qu'ils pourraient émettre contre une violation du traité (sauf par consensus mais il n'y a pas d'organe exécutif qu'ils pourraient saisir).

Ce traité, signé en 2006, par les cinq républiques d'Asie centrale, indépendantes et souveraines depuis 1991, semble les confiner dans un statut de zone exempte d'armes nucléaires qui n'est pas réellement capable d'empêcher un droit de regard chinois, ni surtout un droit de surveillance russe, voire de détournement de la part de la Russie.

Faut-il y voir une concurrence entre le but visé par tout accord de ce type – la paix nucléaire – et un risque réel de dévoiement de l'impact d'un tel traité ? Sans doute pas car la vraie concurrence qui se profile derrière Semipalatinsk est celle entre un monopole à dicter les règles d'un régime nucléaire international, dans l'esprit du TNP de 1968, qui donne un monopole à cinq détenteurs, et une capacité à inventer des régimes régionaux spécifiques où les voisins-partenaires adoptent pour eux-mêmes des règles qui correspondent à leur situation.

Il s'agit donc d'une concurrence entre la dimension globale du monde après la Seconde Guerre mondiale et la dimension régionale du monde après la guerre froide.

IV. Droit et accords et institutions juridiques viennent entériner les dynamiques régionales parfois de manière paradoxale et concurrente

L'émergence d'un droit régional comme concurrent du droit national ou plutôt des droits régionaux (Gaba : *L'origine d'un droit régional : critères, éléments objectifs, raisons, situation objective ?*) est un thème courant en Europe, qui trouve son actualité renouvelée par rapport à l'Asie. La recension des nuances textuelles et jurisprudentielles européennes de la question « objective » des critères d'identification d'un droit régional en Europe ouvrent ainsi la voie à la prise en compte comparatiste de l'émergence d'un tel droit ailleurs.

Une approche européenne rend à première vue malcommode l'envie de la transposer en Asie. Il n'y a pas en Asie, ni à l'est ni au centre de celle-ci, de droit communautaire « se faisant ». En Asie, la situation est celle simplement d'accords de droit international, de rencontres diplomatiques et d'énonciations de principes. Pourtant, le caractère possible de l'invention d'un droit régional (en Europe) et sa progression rapide vers un droit communautaire supranational, tout comme le caractère « inspiré » des principes juridiques européen à partir des réflexions d'instances généralistes comme le Conseil de l'Europe, la CSCE devenue OSCE, sont deux puissants éléments de comparaison.

Si l'Asie régionale se cherche encore, en effet, et si elle est loin d'envisager de se « communautariser », elle s'inspire déjà de l'existence de grands organismes. Non seulement l'idée d'une Union (d'Asie centrale) est lancée dès 1992 et les indépendances postsoviétiques de 1991, mais encore l'Asie est-elle dotée, à travers la CICA, de « son » « Conseil de l'Asie », ou encore à travers la CSCA, de « sa » « CSCE en Asie ». Tout l'arsenal paisible de concepts de paix, d'égalité, de justice, de liberté et même de libres circulations existent.

Quand aux organismes plus concrets, comme en Europe l'UEO, l'OTAN et l'UE, l'Asie (centrale) a sa CEI, son OTSC et son OCS, même si l'on ne peut que suggérer que ces organismes, comparables, soient similaires. C'est la limite mais également le bien-fondé du comparatisme que de mettre côte à côte non pas des similitudes mais des logiques ou enchaînements qui se tiennent. L'Europe et l'Asie ont inventé la paix, la première lentement entre 1648 et 1950, la seconde plus rapidement depuis 1992.

Il existe bien des « critères objectifs » du côté de l'Asie. Il s'agit par exemple des efforts préalables de définition, au sens de l'OCS, de notions aussi complexes et concrètes que terrorisme, activisme, séparatisme, « bon voisinage », à côté d'embryons de politiques communes (investissements, affaires, éducation, transports et – un jour – l'eau ?...).

La concurrence entre les États et leur région intégrante par le droit est examinée tout aussi utilement à travers le prisme d'apparence techniciste pour le non-juriste mais, au fond, finement conceptuel et presque épistémologique, entre diverses conceptions des services publics ou services d'intérêt général en France et en Europe (Bottini : *Le 'service public' français face au 'service d'intérêt général' communautaire : (in)compatibilité des conceptions française et communautaire du service d'utilité publique*). Le juriste appréciera l'exégèse de la doctrine, des textes, des jurisprudences.

Le politiste y voit une illustration parmi d'autres du jeu à somme nulle qu'États et régions engagent parfois. Car quel est l'enjeu ? Dominer par le droit et à travers le droit, présider à l'introduction de la logique de marché, donc inégalitaire, ou de la logique de l'égalité entre tous, donc d'accès aux services offerts par la collectivité quelles que soient les situations des usagers. Au fond, la question qui est posée est celle de savoir si une région unit les citoyens, comme l'ont fait les États-Nations, ou si elle les divise en les mettant face à leur inégal pouvoir d'achat.

La multitude de régions « organisées » dans le monde aujourd'hui suggère que de nombreux schémas organisateurs soient valables dans diverses régions. Dans le cas de l'Europe, les critères de démocratie qu'elle s'est donnée (Copenhague, 1998) rendent étrange qu'une conception politique où « un homme égale une voix », sous-entendu « tous les hommes ne valent qu'une voix chacun », côtoie une conception économique où « certains homme vaudraient dix fois plus que d'autres » sur un marché d'inégal accès à des services qui fondent l'État hégélien comme réconciliateur des intérêts publics et des intérêts privés.

Cette conception hégélienne de l'État peut n'être pas la seule valable. D'autres régions du monde peuvent considérer, que de région à région, seule la conception de Bruxelles est à utiliser comme référence européenne quand il s'agit, pour les pays d'Asie, d'envisager des services publics pour leurs sociétés humaines voisines. De fait, si l'Asie de l'est coréano-japonaise a déjà instauré des sociétés où n'existe guère ce que l'on appelle en France la « gratuité des services publics », on voit mal comment l'Asie (ex)-communiste, où règne encore de très grandes disparités entre régions infranationales, entre pays, entre ethnies, entre classes sociales et surtout entre professions, pourrait se construire sans une forte dose de services publics « à la française » c'est-à-dire un jardin d'égalité où le revenu des ménages ne soit pas un critère d'accès à ces services.

La concurrence dont il s'agit est donc entre le SP français et le *SIC* européen comme modèle de réflexion pour l'Asie (et d'autres régions).

La dynamique concurrente entre pays d'Asie centrale, comme entre pays d'Asie de l'est, suggère la recherche d'un ou plusieurs partenaire(s) particulier(s) (Shakirov : *Vecteur de coopération et développement en Asie : relations commerciales Kazakhstan-Japon*). Ainsi, du Japon et du Kazakhstan qui ont noué tôt, il y a vingt ans, des rapports privilégiés. Il s'agit ici d'une sorte « d'axe à deux » dans le but de se positionner et se renforcer dans une nouvelle « effervescence » interrégionale[16].

Le Japon a déjà démontré ce genre de réactivité à l'histoire. Premier pays à investir en Chine après l'ouverture de 1978, tout en ayant été le premier aussi à investir en Corée après 1965, il est aussi celui qui normalise le premier les relations avec la Chine après Tian an Men (1989) et qui se positionne, après 1991, en Asie centrale.

Le Kazakhstan démontre sa capacité depuis 1991 à suggérer des initiatives régionales, à ambition multilatérale, notamment la CICA, qui s'est concrétisée dès 1992, et l'Union de l'Asie centrale qui reste un projet. Certes, nouvelle république indépendante, le Kazakhstan poursuit des objectifs propres et unilatéraux. Mais il est capable et crédible dans sa propension à animer la région. Logiquement, le Japon a saisi l'occasion, comme le suggère avec justesse Shakirov, à travers ses relations bilatérales avec le Kazakhstan, de s'ouvrir les marchés d'Asie centrale dans un multilatéralisme Japon-Asie centrale. Le vecteur kazakh joue donc un rôle interrégional dans le sens novateur qu'explore ce livre.

Au-delà des seuls Japon et Kazakhstan, ce qui est à l'œuvre, c'est une nouvelle conscience du rôle qu'un pays peut jouer grâce à la marge de manœuvre que lui confère la pleine souveraineté et l'indépendance. Le Japon a pourtant bénéficié de la tutelle militaire et politique des USA, qui a libéré ses énergies technologiques, commerciales et financières. Le Kazakhstan cherche à court-circuiter toute velléité russe de continuer à peser sur les choix des acteurs de l'Asie « centrale » ou « moyenne ». La carte japonaise a représenté un atout précoce que le Kazakhstan a saisi d'emblée.

[16] Sur l'hypothèse d'axes en Asie avec le Kazakhstan comme membre, Cf. P. Chabal, « Le 'Pan-Kazakh centrisme' et la construction d'un axe régional dans l'Asie innovée » (Пан-Казах-Центризм и строительство региональной оси в Обновленной Азии), conférences internationales, Université *al-Farabi*, Almaty, 'The role of independent Kazakhstan in regional security', octobre 2010 et avril 2011.

S'il y a concurrence entre l'Europe et l'Asie, elle se situe ici, dans la capacité à agir tôt. À la décharge de l'Europe, qui a (eu) un peu de mal à « percevoir » l'Asie centrale[17], l'Europe ne peut agir qu'en écoutant ses 28 voix puis en les synthétisant, d'où un « document stratégique » tardif sur l'Asie centrale, qui ne sort qu'en 2007. Il reste que l'Europe construit à son rythme son action extérieure, en direction de l'Asie du Sud-Est (ASEM) depuis 1996 et l'Amérique latine (Sommet UE-AL) depuis 1995, et maintenant l'Asie centrale ; et que l'Asie centrale représente la zone de plusieurs innovations, ce que le Japon, la Corée et même Taïwan ont compris pour l'Asie centrale, zone que la Chine investit institutionnellement (OCS) et qui devient, enfin, après des siècles, la « terre centrale » abordée constructivement, par une construction *multilatérale*.

La concurrence entre modèles d'inspiration ou partenariat de pression sur la législation d'un pays tiers (Chung : *Les limites de la responsabilité des FAI dans le droit coréen de la propriété intellectuelle après les accords de libre-échange COR-UE et COR-USA*) ouvre un débat renouvelé. Ce débat rejoint d'autres approches par le temps. En effet, si la législation coréenne (protection d'un droit de la propriété intellectuelle dans le rôle des FAI) a évolué sous la double influence des ALE qu'elle a conclus avec l'Union européenne et les États-Unis, dans cet ordre chronologique-là, il est clair que, bien que l'ALE avec l'UE ait été conclu *avant* celui avec les USA, il a anticipé le contenu de ce dernier et inséré des clauses voulues moins par la Corée ou l'UE que par les USA, avec lesquels cet ALE a été conclu *après*.

Cette analyse détaillée des lois et de la jurisprudence est aussi un texte stratégique. Il montre que, si l'UE est le premier partenaire commercial du monde et si, logiquement, les nouvelles formes de commerce (électronique, etc.) doivent être cadrées, régies et soutenues-crédibilisées par le bon sens et le droit, rien ne se fait en Corée sans l'aval (même indirect) des États-Unis. La concurrence interrégionale « en Corée » est ici une concurrence entre Européens et Américains « par-dessus la tête » des Coréens ou par Corée interposée (comme la guerre dite « de Corée » était plutôt une éruption de la guerre froide « en Corée »).

Bien d'autres concurrences sont abordées, celle entre liberté d'expression et contrôle de cette liberté et celle entre contenu et accès de/à cette information. Il s'agit bien d'un débat très élevé sur les grandes libertés publiques, y compris le respect de la vie privée (intrusion de certains sites par « *caching* » ou « *phishing* » sur les ordinateurs

[17] Chabal, Pierre (2011), « Euro-Centralasian interregional recognition in the post cold war : comparing conceptual and interpretative suggestions », in C. Puigelier (dir.), *La Reconnaissance*, Bruxelles, Bruylant, pp. 401-433.

d'utilisateurs). Par rapport à cette concurrence-là, entre le droit et le non-droit, entre les évolutions favorables et dangereuses de la technologie, les acteurs étatiques, comme les régions, se rejoignent. Une concurrence peut en cacher une autre…

Au total, de même que l'Asie centrale peut être le point de convergence entre Europe et Asie de l'Est (Shakirov), l'Asie de l'Est (Corée, Chine) peut être l'objet d'une concurrence entre Europe et États-Unis. Ces concurrences par le droit (commercial, cf. aussi Bruno *infra*) sont les nouvelles formes à étudier, au-delà des grandes stratégies militaires et diplomatiques, et des « grands jeux » géopolitiques du passé. C'est désormais une rivalité aussi tendue mais résolument tournée vers le commerce comme contenu, et le droit comme cadre, que les régions se dirigent. Les nouvelles « armes de domination massive » (ADM) sont les chiffres du commerce extérieur et le PIB ; les nouvelles affirmations de victoires stratégiques « préemptives » sont le cadrage par les règles, les nouvelles règles qui enserrent l'avenir presque plus efficacement que les voies de recours judiciaires *ex-post* ouvertes.

La concurrence interrégionale de nature commerciale (Bruno : *Les nouveaux accords commerciaux UE-Corée 10 ans après l'accord de 2001*) pourrait-elle mieux être mise en évidence que par l'extrait suivant de l'auteur : l'entrée en vigueur des nouveaux accords « *a eu pour conséquence directe de débloquer le processus d'adoption de nouveaux accords commerciaux Corée-USA [...] Le Congrès américain, qui bloquait le nouvel accord commercial avec la Corée [...], a finalement ratifié l'accord [...] afin de ne pas laisser le champ commercial coréen à l'avantage de l'UE* » ?

Le texte démontre aussi comment l'accord UE-Corée peut bénéficier indirectement à la Chine, éclairant encore un peu plus les multiples formes que prennent les concurrences interrégionales à travers des « proximisations » intra-régionales, ici entre la Corée et la Chine, partenaires géo-économiques en rapprochement exponentiel depuis 1992 (ouverture des frontières commerciales artificiellement fermées par une guerre politique : la guerre froide « par-dessus » Corée et Chine en tant que guerre politique américano-soviétique).

La réflexion est stratégique, au-delà de la concurrence ou des multiples concurrences entre régions. L'Union européenne, en son sein, trouve plus pratique d'inciter ses membres à réformer leur politique productive intérieure en signant des Accords à l'extérieur de l'UE, comme avec la Corée, dont les conséquences (l'application) ne laissent pas de choix ensuite que des réformes (coûts du travail, marges des retraites, rentabilité des productions) pour rendre possible *ex-post* l'efficacité d'application d'accords internationaux conclus *ex ante*.

La dynamique de concurrence entre Europe et Corée, entre Europe et États-Unis « en Corée » évolue finalement vers un scénario, favorable à la Chine, de contraintes mutuellement imposées sur elles-mêmes par la Corée et l'Europe, faisant apparaître la Chine, pays communiste, comme plus concurrentiel dans le jeu capitaliste mondial. Il y aurait là une concurrence intrigante encore entre « socialisme de marché » et « communisme libéral ».

Au total, l'on assiste à des néo-stratégies commerciales entre grands acteurs publics, États et régions, construites sur le long terme. Pour ce qui concerne la Corée et l'Europe, ce genre d'accords commerciaux a été lancé dans les années 1990 puisque le premier est signé en 2001. Ce chapitre (Bruno) se penche sur la deuxième vague de tels accords.

L'analyste des relations internationales appréciera que ce chapitre conclue que la Corée pourrait se trouver d'ici à 2016 au centre de la dynamique commerciale mondiale : il y a 60 ans, ce pays, détruit par la guerre, se trouvait dans un état de délabrement proche du quart-monde. Les thèses d'Amin et Wallerstein, sur la dynamique concentrique évolutive des mondes, ont encore de beaux jours devant elles.

La concurrence dans la capacité à attirer les capitaux étrangers d'investissements (McLaren : *Concurrence entre zones de libre-échange et paradis fiscaux*) clôt cet ouvrage dont, au fond, la vertu principale, si elle existe, aura été de préciser le sens du prisme de la « concurrence » pour comprendre les régions. Ces dernières ont des buts similaires mais des moyens différents d'y parvenir.

En matière économique, commerciale, financière, les régions sont de vastes ensembles ouverts interconnectés par la fluidité des facteurs de production. Ces régions d'affaires disposent de moyens nationaux et internationaux d'attirer les capitaux. La fiscalité internationale cherche à conserver dans les pays les capitaux et les bénéfices. La fiscalité internationale cherche à attirer les capitaux et leur caractère reproducteur et multiplicateur. À la fiscalité internationale des zones franches, licites, s'ajoute celles des paradis fiscaux[18], illicites. Du point de vue de leur efficacité et des tolérances, les deux se rejoignent.

Dans une approche résolument réaliste, McLaren interroge en effet non la licéité de ces fiscalités mais leur « efficacité », démarche quasi-machiavélienne. Pour attirer les capitaux, tous les moyens sont bons, surtout en période de crise internationale de la finance, quitte à introduire une concurrence entre résidents et non résidents. Les résidents sont soumis pleinement à la fiscalité sur les revenus, les bénéfices, les

[18] Traduction erronée, pourtant admise, de *tax « havens »* (refuges) et non pas *tax « heavens »* (paradis).

capitaux, et les non résidents y échappent. Le propos doit être nuancé selon les pays et les législations mais, au fond, l'essentiel est qu'il existe deux catégories de contribuables traités différemment.

Ces différences de traitement qui pourraient causer à terme de vives tensions sociales, sont tolérées par les législations nationales comme aussi par les organismes de tutelle, notamment l'OCDE et le G-20. S'il s'agissait pour ces deux grands organismes internationaux de ne pas se mêler de législation nationale de manière interventionniste, cela ne serait pas si grave. Mais il s'agit de grands organismes de lutte contre la finance illicite, celle des paradis fiscaux, pourtant en grande partie tolérés par les États et en partie même utilisés par eux. De plus, ces grands organismes ne luttent pas contre les zones franches, fiscalement licites, alors même que ces zones offrent des avantages très comparables à ceux des paradis fiscaux.

Il y a donc bien concurrence entre zones franches et paradis fiscaux, concurrence tendue et exacerbée par la crise financière internationale. Ces premières tendent à « sur-autoriser » dans les exemptions fiscales au lieu que ces derniers soient touchés par une série de restrictions de leurs marges de manœuvre. Et l'Asie-Pacifique en retire un avantage comparatif certain vis-à-vis de l'Europe.

Au total, les concurrences interrégionales sont vives et surtout multisectorielles. Aucun domaine n'échappe à la course aux résultats régionaux. Les régions ne sont pas des « solutions » aux après-guerres, lesquelles demeurent des périodes de tension. Mais, aux problèmes du monde, quelles autres solutions que les régions ?

Postface

Régimes, politiques, concurrences

Limites de la coopération régionale et des constructions régionales

Pierre Chabal

Université du Havre, France

Campus Europe-Asie de Sciences-po

Parti à la recherche de la nature de la concurrence entre régions, qu'avons-nous découvert ? D'une part que cette nature existe mais qu'elle est multiple. D'autre part que les constructions institutionnelles ne la « contiennent » pas. Il suffit pour s'en convaincre de mentionner les formes de cette concurrence, presque aussi nombreuses que les auteurs des chapitres de ce livre. À l'effet de surenchère dans la diversité, il faudrait substituer l'idée, ce faisant, que les logiques de ces concurrences sont complémentaires.

Une logique sous-jacente existe dans le phénomène régional, dont les auteurs nous aident à discerner la partition. Le concert des régions n'est pas écrit, les instruments de l'orchestre interrégional ne sont pas encore accordés, pourtant les sons et les gammes répétées que l'on entend évoquent des registres consistants.

Les cuivres de l'héritage de la tension sont puissants. Les concurrences aujourd'hui opposent une région colonisante, l'Europe, à une région colonisée, l'Asie (Barzman), une région qui illustre comment la violence économique régionale perpétrée engendre la résistance nationale (Nam), violence ancienne étudiée à la fin du XIXe siècle (Nam) mais qui remonte, en termes similaires, à la fin du XVIe siècle (Kallander), pour opposer encore aujourd'hui des « super-régionaliseurs » (Chabal), avec un risque de guerre économique par manque d'accord interrégional (Ionescu) ou au moins de cacophonie entre les régions, soit au plan commercial (Chung, Bruno), soit au plan fiscal (McLaren) entre formes de régulation.

Les percussions résonnent donc d'interrogations sur la notion même d'appartenance à une région, plus sonores encore du côté des nations inscrites dans les espaces-liens. Ce doute concerne l'affiliation dans une région pour la Mongolie (Bayasakh), la Turquie (Lagro), la Russie (Pushkina/Zincavage), cette dernière travaillée par l'idée de Russie aujourd'hui (Travert). Ces interrogations existent aussi pour les nouvelles indépendances et leur conflit d'identité entre nation et région (Gubaidullina).

Les vents soufflent une dynamique de concorde ou de confiance possible. Et le droit s'en mêle pour suggérer deux mélodies complémentaires proposant toutes deux que le droit régional existe, qu'il a ses 'critères objectifs' (Gaba) et qu'il influence le droit national y compris dans la conception des services des États aux citoyens ou services 'publics' (Bottini). Après le droit, l'espace physique offre lui aussi une ouverture, où l'enclavement devient un facteur positif d'activisme régional (Altantsetseg).

Les cordes résonnent alors de perspectives d'entente et de construction, pour autant que l'idée de région dépasse l'histoire (Wang) et que la confiance continue de s'inventer dans un espace plus vaste, transcendant justement les cadres territoriaux connus (Makasheva). Dès lors, les complémentarités semblent évidentes, que ce soit au plan commercial (Shakirov), logistique (Khojayev/Agzamov et Alix/Verny) ou linguistique (Delagneau).

En pleine écriture, le concert régional se heurte à des dissonances prégnantes, qui reflètent des affirmations identitaires à partir de revendications culturelles (Lagrange), sécuritaires (Guillot), voire de reprises *da capo* et de dissonance par rapport à la tendance au contrôle des armes de destruction massive nucléaires (Clerckx) et de retour au jeu géostratégique de recomposition des grands ensemble (Baizakova).

Pourquoi les régions et l'interrégionalisme seraient-ils plus faciles à mettre en place à l'échelle de l'histoire du monde que les nations et les relations internationales de la fin du Moyen âge ? À tout prendre, il est courant d'apprécier les dynamiques nationales et régionales depuis la Seconde Guerre mondiale *a contrario*, en soulignant l'absence de guerre généralisée comme critère de changement. Ce qui est faux, bien sûr, puisque les guerres ont pris des formes différentes, notamment économiques, précisément financières et monétaires.

Pourtant, et c'est l'objet plus raisonnable de cet ouvrage, il faut suggérer que malgré sa faible ancienneté, le phénomène régional offre le prisme nécessaire aujourd'hui pour comprendre le monde.

Les colloques Europe-Asie participent ainsi à cette recherche de sens. Le premier s'est interrogé de manière très ouverte sur les dynamiques institutionnelles des régions (*regional regime dynamics*) ; et le second sur les politiques publiques de la coopération (*functional or institutional policies*).

Après quelques années, le rythme accéléré du changement régional a changé la donne et le troisième colloque s'est tourné vers les concurrences entre régions (*interregional competition*) en raison des tensions et des risques de guerre. Le quatrième pose franchement la question des *limites de la construction régionale*, donc de la dynamique interrégionale, et le retour des États. Il n'est pas sûr cependant que la remise en cause des régions générerait un retour aux blocs, voire aux empires.

Un cinquième colloque examinera donc les régions dans leurs dimensions également non étatiques et les émergences d'acteurs privés (*Des régions peuvent-elles se comprendre ?*), ce qui semble plus complexe que le simple choc des civilisations.

Oulan Bator, octobre 2014

Liste des auteurs

Ulugbek AGZAMOV, Université nationale d'Économie Mondiale et de Diplomatie (UMED), Tashkent, Ambassade d'Ouzbékistan à Paris – u.agzamov@ouzbekistan.fr.

Yann ALIX Fondation Sefacil, IPER, Logistel (Portugal). Auteur de (dir.) *Les corridors de transport*, Caen, Ed. EMS, collection « Les Océanides », 341 p. (2012) – spezet@hotmail.com.

Nosgoi ALTANTSETSEG, Université Nationale de Mongolie, *School of Foreign Service*, auteure de « Mongolia's external environment and policy options » (2012) – altaa_sfs@yahoo.com.

Kuralay BAIZAKOVA, Université Nationale Kazakhe *al-Farabi*, auteure de « The SCO's Role in Countering Threats », *Russian Politics and Law*, 2013, pp. 59-79 – kbaizakova@mail.ru.

John BARZMAN, Université du Havre, directeur du Centre de recherches interdisciplinaires CIRTAI – john.barzman@univ-lehavre.fr.

Jamsran BAYASAKH, Université Nationale de Mongolie, *School of Foreign Service*, auteur de « Mongolian view of the Korean Peninsula Security » (2010) – bayasakhjk@gmail.com.

Fabien BOTTINI, Université du Havre, représente le Grand Réseau de Recherche *Culture et Sociétés en Normandie*, Faculté des Affaires Internationales – fabien.bottini@univ-lehavre.fr.

Jean-Philippe BRAS, professeur de droit public à l'Université de Rouen, préside le conseil scientifique des Instituts Français de recherche au Maghreb – jean-philippe.bras@univ-rouen.fr.

Michel BRUNO, Université du Havre, doyen honoraire de la Faculté des Affaires Internationales – michel.bruno@univ-lehavre.fr.

Pierre CHABAL, Université du Havre, Conseil de direction du LexFEIM, a dirigé *Institutionalising Regions* (2010), *Régions, Institutions, Politiques* (2011) – pierrechabal@yahoo.fr.

Chan-Mo CHUNG, Université InHa, Corée du Sud, auteur de « FTA, Asian Regionalism and Korea », *Korean Journal of International Economic Law*, 2009 – cmc@inha.ac.kr.

Jocelyn CLERCKX, Université du Havre, auteur de *La vérification de l'élimination de l'arme chimique*, LGDJ, 2001, 307 p. – jocelyn.clerckx@univ-lehavre.fr.

Jean-Marc DELAGNEAU, Université du Havre, directeur du département des langues romanes et germaniques – jean-marc.delagneau@univ-lehavre.fr.

Harold Kobina GABA, Université du Havre, auteur de « Nature de l'action juridictionnelle en suppression des clauses abusives d'un contrat », D. 2002, n° 42 – harold.gaba@univ-lehavre.fr.

Mara GUBAIDULLINA, Université Nationale Kazakhe, *al-Farabi*, Directrice du Centre d'Études Germaniques, département de Relations Internationales – maragubaidullina@gmail.com.

Philippe Ch.-A. GUILLOT, Écoles des Officiers de l'Armée de l'Air et université de Rouen, questions de sécurité internationale – philippe.guillot@univ-rouen.fr.

Victor IONESCU, vice-président de l'Université du Danube (Galati, Roumanie) et de l'Association roumaine des sciences régionales (RRSA) – ionescu_v_romeo@yahoo.com.

George KALLANDER, Université de Syracuse, auteur de *Salvation through Dissent : Tonghak Heterodoxy in Early Modern Korea*, Univ of Hawai Press, 2013 – glkallan@maxwell.syr.edu.

Bakhodyr KHOJAYEV, Université nationale ouzbèke d'Économie Mondiale et de Diplomatie (UMED), Tashkent, vice-président chargé des affaires académiques – c/o kbaizakova@mail.ru.

Philippe LAGRANGE, Université de Poitiers, co-auteur avec Patricia Buirette de *Le droit international humanitaire*, Paris, La découverte, 2008 – philippe.lagrange@univ-poitiers.fr.

Esra LAGRO, C.R.I.P, Istanbul & Lagro *et al.* Consulting, chercheur Jean Monnet pour la gouvernance économique de l'UE – lagroper@gmail.com – <http://esralagro.com>

Klara MAKASHEVA, Université Nationale Kazakhe *al-Farabi*, auteure de « Foreign Policy of Kazakhstan », *Himalayan and Central Asian Studies*, July-December 2010 – m.klara@mail.ru.

John McLAREN, université de Caberra, co-auteur de « Why should there be any opposition to a MRRT ? » (2011), *Journal of the Australasian Tax Teachers Association* – johmcl@uow.edu.au.

Chang-Hee NAM, Université InHa, Corée du Sud, auteur de « Relocating the US Forces in South Korea », *Asian Survey*, vol. XLVI, n° 4, juillet/août 2006 – namlee94@inha.ac.kr.

Darya PUSHKINA, Université de Saint-Petersbourg et Bard College, auteur de *Mission Possible ? UN Peacekeeping in Civil Wars* (à paraître) – dpushkina@smolny.org.

Sébastian SANTANDER, Université de Liège, auteur de *L'essor de nouvelles puissances : vers un système multipolaire ?* Paris, Ellipses, 2009, 252 p. – sebastian.santander@ulg.ac.be.

Karimjan SHAKIROV, Université Nationale Kazakhe, *al-Farabi*, doyen de la Faculté des Relations Internationales – c/o kbaizakova@mail.ru.

Polina TRAVERT, Université du Havre, auteure de « Russie et Chine : coopération dans un monde multipolaire », *Balgarska istoricheska biblioteka*, Sofia, n° 1, 2013 – polina.travert@noos.fr.

Jérôme VERNY, Rouen Business School, auteur de (dir.) *Vers un renouveau du fret ferroviaire intercontinental eurasiatique*, Rouen, RBS, 126 p. 2013 – jvr@rouenbs.fr.

Yun-ping WANG, Université de Xiamen, auteure de « Modern political philosophy as foundation of public administration ethics », *Marxism and Reality*, 2010 – yunping01@gmail.com.

Helen ZINCAVAGE, Rutgers University, États-Unis. Recherches sur la prise de décision en politique étrangère dans la Fédération de Russie – helen.zincavage@gmail.com.

« Enjeux internationaux »

L'étude des relations internationales, tout particulièrement dans le champ historique, est issue d'une histoire diplomatique largement rénovée à travers la prise en compte des forces profondes telles que les a jadis définies Pierre Renouvin. Elle place les États et ceux qui sont chargés de définir et de mettre en oeuvre leur politique, au coeur de la vie internationale. Selon cette conception, les États conduisent leur action en jouant sur la palette des moyens les plus divers sur lesquels ils peuvent s'appuyer, tels que l'économie ou la culture, et qui agissent ou interagissent les uns par rapport aux autres.

La démultiplication des champs d'analyse de la vie internationale se développe ainsi tout au long du XXe siècle, mais est l'objet d'un nouveau regard en ces temps de mondialisation. Cette dernière, contemporaine du développement des analyses néo-libérales depuis les années 1980, témoigne tout à la fois de la prise de conscience de la démultiplication des acteurs en présence – ONG, entreprises multinationales par exemple – et de la large autonomie d'action de ces multiples acteurs.

La collection se veut représentative de ces perspectives renouvelées et de leur impact sur les recherches actuelles. Sans abandonner l'étude des relations internationales centrées sur les États, elle cherche à mieux appréhender la diversité des segments qui composent le champ international et le mode de relations entre ces derniers : de l'enjeu que constitue le sport à celui de l'usage de la mémoire coloniale. Elle s'adresse ainsi aux universitaires et analystes souhaitant interroger les grandes thématiques du siècle dernier au service d'une réflexion sur le présent.

Dans la collection

N° 1 – Catherine Lanneau, *L'inconnue française. La France et les Belges francophones (1944-1945)*, 2008, ISBN 978-90-5201-397-8

N° 2 – Frédéric Dessberg, *Le triangle impossible. Les relations franco-soviétiques et le facteur polonais dans les questions de sécurité en Europe (1924-1935)*, 2009, ISBN 978-90-5201-466-1

N° 3 – Agnès Tachin, *Amie et rivale. La Grande-Bretagne dans l'imaginaire français à l'époque gaullienne*, 2009, ISBN 978-90-5201-495-1

N° 4 – Isabelle Davion, *Mon voisin, cet ennemi. La politique de sécurité française face aux relations polono-tchécoslovaques entre 1919 et 1939*, 2009, ISBN 978-90-5201-496-8

N° 5 – Claire Laux, François-Joseph Ruggiu & Pierre Singaravélou (dir./eds.), *Au sommet de l'Empire. Les élites européennes dans les colonies (XVIe-XXe siècle) / At the Top of the Empire. European Elites in the Colonies (16th-20th Century)*, 2009, ISBN 978-90-5201-536-1

N° 6 – Frédéric Clavert, *Hjalmar Schacht, financier et diplomate (1930-1950)*, 2009, ISBN 978-90-5201-542-2

N° 7 – Robert JAblon, Laure Quennouëlle-Corre et André Straus, *Politique et finance à travers l'Europe du XXe siècle. Entretiens avec Robert Jablon*, 2009, ISBN 978-90-5201-543-9

N° 8 – Alain Beltran (ed.), *A Comparative History of National Oil Company*, 2010, ISBN 978-90-5201-575-0

N° 9 – Sarah Mohamed-Gaillard, *L'Archipel de la puissance ? La politique de la France dans le Pacifique Sud de 1946 à 1998*, 2010, ISBN 978-90-5201-589-7

N° 10 – Marie-Anne Matard-Bonucci, Anne Dulphy, Robert Frank et Pascal Ory (dir.), *Les relations culturelles internationales au vingtième siècle. De la diplomatie culturelle à l'acculturation*, 2010, ISBN 978-90-5201-661-0

N° 11 – Yves-Marie Péréon, *L'image de la France dans la presse américaine, 1936-1947*, 2011, ISBN 978-90-5201-664-1

N° 12 – Léonard Laborie, *L'Europe mise en réseaux. La France et la coopération internationale dans les postes et les télécommunications (années 1850-années 1950)*, 2010, ISBN 978-90-5201-679-5

N° 13 – Catherine Horel (dir.), *1908, la crise de Bosnie cent ans après*, 2011, ISBN 978-90-5201-700-6

N° 14 – Alain Beltran (ed.), *Oil Producing Countries and Oil Companies. From the Nineteenth Century to the Twenty-First Century*, 2011, ISBN 978-90-5201-711-2

N° 15 – Frédéric DESSBERG et Éric SCHNAKENBOURG (dir), *Les horizons de la politique extérieure française. Régions périphériques et espaces seconds dans la stratégie diplomatique et militaire de la France (XVIe-XXe siécles)*, 2011, ISBN 978-90-5201-717-4

N° 16 – Alya AGLAN, Olivier FEIERTAG et Dzovinar KÉVONIAN (dir.), *Humaniser le travail. Régimes économiques, régimes politiques et Organisations internationale du travail (1929-1969)*, 2011, ISBN 978-90-5201-740-2

N° 17 – Pierre JOURNOUD & Cécile MENÉTREY-MONCHAU (dir./eds.), *Vietnam, 1968-1976. La sortie de guerre / Vietnam, 1968-1976. Exiting a War*, 2011, ISBN 978-90-5201-744-0

N° 18 – Louis CLERC, *La Finlande et l'Europe du Nord dans la diplomatie française. Relations bilatérales et intérêt national dans les considérations finlandaises et nordiques des diplomates et militaires français, 1917-1940*, 2011, ISBN 978-90-5201-750-1

N° 19 – Yann DECORZANT, *La Société des Nations et la naissance d'une conception de la régulation économique internationale*, 2011, ISBN 978-90-5201-751-8

N° 20 – Lorenz PLASSMANN, *Comme dans une nuit de Pâques ? Les relations franco-grecques 1944-1981*, 2012, ISBN 978-90-5201-769-3

N° 21 – Alain BELTRAN (dir./ed.), *Le pétrole et la guerre / Oil and War*, 2012, ISBN 978-90-5201-770-9

N° 22 – Valentine LOMELLINI, Les relations dangereuses. *French Socialists, Communists and the Human Rights Issue in the Soviet Bloc*, 2012, ISBN 978-90-5201-843-0

N° 23 – Martial LIBERA, *Un rêve de puissance. La France et le contrôle de l'économie allemande (1942-1949)*, 2012, ISBN 978-90-5201-859-1

N° 24 – Séverine Antigone MARIN, *L'apprentissage de la mondialisation. Les milieux économiques allemands face à la réussite américaine (1876-1914)*, 2012, ISBN 978-90-5201-853-9

N° 25 – Claire SANDERSON & Mélanie TORRENT (dir./eds.), *La puissance britannique en question. Diplomatie et politique étrangère au 20e siècle/ Challenges to British Power Status. Foreign Policy and Diplomacy in the 20th Century*, 2012, ISBN 978-90-5201-892-8

N° 26 – Elena GRETCHANAIA, *« Je vous parlerai la langue de l'Europe... ». La francophonie en Russie (XVIIIe-XIXe siècles)*, 2012, ISBN 978-90-5201-885-0

N° 27 – Alfred WAHL, *Histoire de la Coupe du monde de football. Une mondialisation réussie*, 2013, ISBN 978-2-87574-046-5

N° 28 – Catherine FRAIXE, Lucia PICCIONI et Christophe POUPAULT (dir.), *Vers une Europe latine. Acteurs et enjeux des échanges culturels entre la France et l'Italie fasciste*, 2013, ISBN 978-2-87574-047-2

N° 29 – Danièle FRABOULET, Andrea M. LOCATELLI & Paolo TEDESCHI (eds.), *Historical and International Comparison of Business Interest Associations. 19th-20th Centuries*, 2013, ISBN 978-2-87574-079-3

N° 30 – Annie GUENARD-MAGET, *Une diplomatie culturelle dans les tensions internationales. La France en Europe centrale et orientale (1936-1940 / 1944-1951)*, 2014, 978-2-87574-169-1

N° 31 – Catherine HOREL (dir.), *Les guerres balkaniques (1912-1913). Conflits, enjeux, mémoires*, 2014, ISBN 978-2-87574-185-1

www.peterlang.com

Printed by
CPI books GmbH, Leck

FSC
www.fsc.org
MIX
Papier | Fördert gute Waldnutzung
FSC® C083411

Kolibri 360 GmbH
Ferdinand-Jühlke-Straße 7
99095 Erfurt, Deutschland
produktsicherheit@kolibri360.de